KB151737

세밀화와 사진으로 보는

한국의 귀화식물

세밀화와 사진으로 보는

한국의 귀화식물

박수현 지음

일조각

New Illustrations and Photographs of Naturalized Plants of Korea

by

Park, Soo Hyun

2009

Ilchokak

책머리에

한국의 귀화식물은 1995년 일조각에서 『韓國歸化植物原色圖鑑』이 출판되면서 30과 176종 5변종 1품종 총 182분류군으로 정리되었다. 이후 이 분야에 대한 연구가 활발해지면서 미기록 귀화식물이 계속 발표되어 새로 확인된 24과 84종 1변종 총 85분류군을 수록한 『한국귀화식물원색도감 보유편』이 출간되어 많은 독자들의 과분한 사랑과 격려를 받았다. 그러나 독자의 입장에서는 두 권의 책을 각각 보아야 하는 번거로움이 있었기에 합본의 요구가 많았고 최근 밝혀진 귀화식물이 늘어나면서 이를 포함하여 증보시킬 필요성도 점차 커지게 되어, 두 책의 내용을 합하고 20여 종을 추가시켰으며 일부는 새로운 정보로 수정하여 새롭게 집대성한 내용으로 『세밀화와 사진으로 보는 한국의 귀화식물』을 출간하기에 이르렀다.

우리나라에서 나타난 귀화식물의 분포 변화를 살펴보면 8·15 광복을 전후해서는 89분류군이었던 것이 한국전쟁을 치르면서 9분류군, 1980년까지 48분류군이 추가되어 146분류군에 이르게 된다. 그 후 산업의 급속한 발전과 함께 세계 여러 국가들과의 국제 교류가 활발해지고 교역량과 여행객 수가 증가하면서 외래식물의 유입이 함께 늘어나게 되었고, 도시화와 산업화가 빠르게 진행되면서 귀화식물의 전파도 폭발적으로 확대되어 현재 300분류군에 가까운 종류가 전 국토에 걸쳐 분포하고 있다.

알려진 귀화식물의 수가 많지 않았을 때에는 이에 대해 관심을 가지는 이 역시 많지 않았다. 하지만 최근 우리 주변에 나타나는 귀화식물의 종류가 늘어나고 식물에 대한 관심이 높아지면서 귀화식물의 중요성은 크게 부각되기 시작하였다. 그러나 귀화식물은 주로 자연 생태계가 훼손된 지역을 중심으로 나타나므로 인간에 의한 자연 파괴의 결과이자 지표인 귀화식물들이 자연을 파괴한 주체로 잘못 이해되기도 하는 것이 현실이다. 특히 1999년과 2002년에 환경부는 돼지풀, 단풍잎돼지풀, 서양등골나물, 도깨비가지, 물참새피, 털물참새피 등 6분류군을 생태계 위해식물로 지정, 고시하였다.

물론 이러한 식물들처럼 꽃가루 알레르기의 원인이 되거나 식물상을 단순화시키고 일부 농작물이나 임상林相에 침입하는 등 좋지 않은 영향을 미치는 경우도 있다. 그러나 모든 외래식물이 자연 생태계에 부정적인 영향을 미치는 것은 아니며 귀화식물 중에는 큰김의털처럼 자원으로서의 가치를 지니는 종류도 여럿 있다. 따라서 이미 우리나라에 유입되어 생태계의 한 구성 요소로 자리 잡은 귀화식물에 대해 생태계에 미치는 영향, 자원으로서의 가치, 분포 현황 등 정확한 실태를 충분히 관찰하고 연구할 필요가 있으며, 그 첫 단계는 종에 대한 정확한 분류 동정同定이다.

처음 접한 귀화식물을 동정하여 실체를 파악하는 데는 상당한 어려움이 따른다. 대부분은 확증 표본을 만들고 이를 관찰하여 문헌을 통해 알아내게 되지만 때로는 오랫동안 자료를 쌓아두고 고심하기도 한다. 이러한 경우 필자는 새로운 식물을 우리나라에 귀화한 식물과 비교한 후 정확하게 규명할 수 있었다. 중국 북부와 몽골 지역에서 발견한 흰독말풀, 좀다닥냉이, 얇은명아주 그리고 일본 남부 지역에서 발견한 긴까락빕새귀리, 까락빕새귀리가 이에 해당한다. 여기서도 드러나듯 귀화식물을 정확히 분류하여 연구하기 위해서는 자생식물 분류 능력이 기본적으로 갖추어져야 한다. 더불어 귀화식물을 본격적으로 연구하기 시작하면서 진행한 세밀화 도해도 작업은 미기록 식물의 특징을 정확히 이해하는 데 매우 큰 도움이 되었다. 이러한 경험을 바탕으로 이 책에는 사진과 함께 필자가 직접 그린 도해도를 수록하여 독자들의 이해를 돕고자 하였다.

부족한 책이 다시 엮여 세상에 나오기까지 많은 분들의 도움이 있었다. 가장 먼저 기초를 마련해주신 은사 안학수 박사님, 어려웠던 초기 연구에 함께 전국을 답사하며 힘을 더해주신 김동성 선생님, 연구 활동을 전폭 지원해주며 함께 연구해온 국립수목원의 이유미 박사님께 많은 도움을 받았으며 깊은 감사를 드린다. 또한 귀화식물이 많은 제주도 조사에 도움을 주신 양영환 박사,

강영식 님, 원고 교정과 정보를 함께 나눈 길지현 박사님, 국립수목원의 최혁재, 양종철 연구원, 라인드로잉을 도와준 정인영 양, 아울러 평생을 식물 연구에 전념하도록 내조해준 아내 김주희 여사에게 감사를 드린다.

끝으로 여러 가지 어려움 속에서도 저자의 뜻을 받아들여 새 출간을 결정해주신 일조각 김시연 사장님을 비롯하여 책이 만들어지기까지 노고를 아끼지 않은 직원분들께 감사의 마음을 전한다.

이 책이 식물을 공부하는 모든 이들이 우리나라의 귀화식물을 제대로 이해하는 데 작은 보탬이 되었으면 하는 바람이다.

2009. 4.

박 수 현

차례

한국의 귀화식물

귀화식물 이란

귀화식물歸化植物의 정의는 학자에 따라 다르나 대체로 '외국의 자생지로부터 인간의 매개에 의해 의도적 또는 무의도적으로 우리나라에 옮겨져 여러 세대를 반복하면서 야생화 내지는 토착화된 식물'을 말한다. 그러므로 '백합, 튤립'처럼 필요에 의해 수입되어 사람의 도움을 받으며 자라는 재배 식물은 외래식물이더라도 귀화식물은 아니다. 귀화식물로 분류되려면 다음의 세 가지 조건을 갖추어야 한다.

첫째, 그 식물의 발생지 즉 원산지가 외국이어야 하며 외국에서 생육 장소를 우리나라로 옮겨온 식물이어야 한다. 둘째, 인간에 의하여 옮겨진 식물이어야 한다. 즉 필요에 의하여 개인에 의해서나 정책적으로 옮겨진 것으로, 예를 들면 '어저귀'처럼 섬유용, '독말풀'이나 '나팔꽃류'처럼 약용, '오리새'나 '자주개자리'처럼 사료용 등으로 재배하던 중 귀화되는 경우가 있다. 그러나 이와 달리 '돼지풀', '미국쑥부쟁이', '서양등골나물'처럼 국제간 교류를 통해 화물이나 사람의 몸에 묻어 우리도 모르는 사이에 이입移入되거나 사료나 곡류에 섞여서 슬며시 들어오는 경우가 대부분이다. 셋째, 외래식물이 우리나라에서 야생화하여 대를 거듭하는 생활 고리를 이루어야 한다. 겨우 싹이 터서 한 세대를 살고 사라지거나 분포 지역을 넓히지 못하거나 자력으로 살아남지 못하면 귀화식물이 아니다.

우리나라에서는 개항(1876) 이전에 들어온 식물을 모두 묶어 사전귀화식물史前歸化植物로 취급한다. 예를 들면 벼의 도입과 함께 '돌피', '강피', '물달개비', '마디꽃', '방동사니', '바람하늘지기' 등 남방계 식물들이 들어오게 되었고 이들 대부분은 귀화된 후 오랜 시간이 흘러 우리나라 각지에 광범위한 생활권을 형성하면서 논 잡초를 이루었다. 또한 대륙 문화와 접촉이 이루어지면서 보리가 전래되었고 이와 더불어 '수영', '냉이', '벼룩이자리', '쇠별꽃', '질경이' 등 유럽 식물이 중국을 경유하여 이입된 뒤 밭 잡초가 되었다. 그러나 우리나라에 벼나 보리가 도입된 연대와 이에 수반하여 들어온 논이나 밭 잡초에 대한 정확한 기록은 찾을 길 없다.

개항 이후에는 국내외 학자들에 의해 우리나라의 식물 자원에 대한 조사와 연구가 활발하게 이루어졌고 많은 기록이 남아 있어 그 이입 시기와 경로를 대략 추측할 수 있게 되었다. 그러므로 개항 이후에 들어온 식물을 신귀화식물新歸化植物이라 한다. 개항 이후에는 주로 일본을 경유해서 들어왔는데 한국전쟁 이후 경제 발전과 국제간 문화 교류의 증대로 최근에는 원산지에서 직접 들어오기도 하며 그 수가 급격히 증가하여 280여 종에 달한다. 일반적으로 귀화식물이라 함은 이 '신귀화식물'을 가리킨다.

1차 귀화

교역이나 문화 교류를 통해 화물이나 사람의 몸에 씨가 묻거나 수입 곡류나 사료 등에 씨가 혼합되어 무의식적으로 이입된 경우는 그 이입 시기나 이입 방법 등이 분명치 못하다. 신귀화식물의 대부분이 이에 속한다. 이렇게 무의식적으로 이입된 종자들은 땅에 떨어져 싹이 트고 자라면서 생활이 시작된다. 이 단계를 1차 귀화라고 하며 그 장소를 귀화센터center라 부른다. 우리나라에서는 귀화센터에 대한 연구가 별로 이루어지지 않아서 꼬집어 제시할 만한 것이 많지 않다. 그러나 필자의 현장 답사 체험을 통해 보면 항구, 쓰레기 매립지, 도시 강변의 둔치, 공항 부근, 목장지대, 외국군 주둔지 등이 이에 해당된다.

가) 항구

항구는 외래식물이 침입할 수 있는 여건이 가장 좋은 곳이다. 특히 외항선이 정박하면서 화물 하역이 이루어지고 창고에 화물이 보관되는 동안 묻어 들어온 외래식물의 씨앗이 자연으로 일출逸出하여 발아하게 된다. 인천 남항 원목 적재소 부근에서 '염소풀', '서양무아재비', '갯드렁새' 등을 찾을 수 있었다.

나) 쓰레기 매립지

대도시의 쓰레기 매립지 역시 중요하다. 서울의 난지도 쓰레기 매립지를 살펴보면 서울 시내 모든 지역의 쓰레기와 함께 들어온 외래식물의 씨나 어린 개체를 한곳으로 모아놓은 형국이다. 필자는 난지도에서 '큰비짜루국화', '털독말풀', '노랑까마중', '미국까마중' 등 한국 미기록종을 발견할 수 있었다.

다) 도시의 강변, 하천 둔치

도시를 통과하는 강변이나 하천 둔치도 귀화센터이다. 둔치에는 생활쓰레기가 쌓이기도 하고 인공적으로 초지 조성을 하기도 하며 때로는 주민들이 채소를 경작하느라 땅을 파헤쳐놓는다. 한강 둔치에서 '애기노랑토끼풀', '선토끼풀', '주걱개망초' 등 미기록 귀화식물을 발견한 바 있다.

라) 공항 부근

공항 역시 외국과 직접 접촉하는 장소이다. 운송 화물, 비행기 바퀴 등에 씨가 묻어 들어와 인근 초지를 형성하므로 중요한 귀화센터가 된다. 제주 공항 부근에서 발생한 '큰참새피', 그리고 김포공항 부근에서 발생이 시작된 '가시상추'는 좋은 예이다.

마) 외국군 주둔지

외국군 주둔 지역 역시 중요한 귀화센터가 된다. '단풍잎돼지풀', '돼지풀' '미국쑥부쟁이', '털별꽃아재비' 등이 중부지방의 포천, 운천, 문산 등지의 외국군 주둔지 근처로부터 발생하였다.

바) 목장지대

목장지대도 마찬가지다. 초지를 조성하기 위해 수입된 목초 씨앗 일부가 자연 상태로 일출되면서 야생화된다. '오리새', '자주개자리' 등이 좋은 예이다.

사) 수입 사료와 곡물

수입 사료와 곡물에 외국의 잡초 종자가 섞여 들어와 이입된다. '카나리새풀', '가는잎미선콩', '들갓' 등의 씨가 산업도로 주변이나 목장지대 근처에 발생하는 경우가 많다.

2차 귀화

귀화센터에서 1차 귀화가 이루어진 식물이 세대를 거듭하는 생활 고리를 반복하면서 점차 분포 지역을 넓혀나가는 것을 2차 귀화라고 한다. 1992년 서울의 난지도에서 발생한 '큰비짜루국화'는 상암동 쪽 저변에서 처음 발생하여 1994년에는 난지도 전역을 덮었고 한강 둔치 쪽으로 번졌으며, 지금은 그 외의 중부지방과 남부지방의 경주, 포항, 울산, 순천 그리고 제주도 등지까지 분포 지역을 확장시켰다. 그러나 귀화식물의 대부분은 식물 군집의 천이 과정에서 다음 단계의 식물에 의해 소멸되고 만다. 따라서 이들은 새로운 생육지를 찾아 계속 2차 귀화를 할 수밖에 없다. 이들이 정착하여 살 수 있는 2차 귀화지는 사람들이 파헤쳐놓은 땅이다. 사람이 택지 조성, 공장 부지 조성, 도로 공사 등 개발이라는 미명하에 자연을 파괴한 장소와 농경지가 이에 속한다.

귀화 시기의 추정

문헌 기록을 중심으로 우리나라에 귀화된 외래식물의 귀화 시기를 추정하면 다음과 같다. 이는『자연보존』제85호(1994)에 그때까지 알려진 181종의 귀화식물에 대해 필자가 발표한 논문에서 추정한 내용으로 1921년까지를 귀화식물 이입 제1기, 1922년부터 1963년까지를 귀화식물 이입 제2기, 1964년부터 현재까지를 귀화식물 이입 제3기로 나눈다.

제1기에는 개항 이전에 중국이나 아시아 원산인 '털여뀌', '쪽', '자리공', '갓', '큰꿩의비름', '자운영', '전동싸리', '황금', '어저귀' 등 이용 가치가 있는 종이 재배 식물로 이입되었으며 유럽 종의 일부가 중국을 경유해서 미미하게 유입되었을 것으로 추정된다. 개항 이후 '애기수영', '소리쟁이', '말냉이', '잔개자리', '붉은토끼풀', '토끼풀', '망초', '실망초' 등이 북미와 일본을 경유해서 물밀듯 이입되었다.

제2기에는 태평양전쟁, 한국전쟁 등의 소용돌이 속에서 국가간의 자유로운 교역이나 왕래가 적었으므로 귀화식물의 이입이 주춤했으며 또한 학자들의 연구 활동도 둔화되어 밝히지 못한 식물이 있었을 것이다. 1937년 이전에 '큰달맞이꽃', '창질경이' 등이 일본을 경유하여 이입된 것이 주목되며, 1949년 이전에 '물냉이'나 '불란서국화' 등이 북미를 경유해서 남미의 '큰망초'와 함께 일본에 귀화되면서 이어 우리나라에 이입되었고, 한국전쟁을 통해 '돼지풀'이 직접 또는 일본을 통해 들어온 것은 유명하다.

제3기에는 우리나라의 경제 발전과 산업의 현대화 등에 편승해서 많은 식물이 이입되었다. '단풍잎돼지풀', '콩말냉이', '미국쑥부쟁이', '별꽃아재비' 등이 국내 미군 기지촌 근처에서 발견되어 주변으로 확산되는 것으로 볼 때 일본을 경유하는 경로와 병행해서 원산지에서 직송되는 경우가 나타나고 있다.

2008년 현재의 귀화식물

2008년 4월 현재 필자가 집계한 우리나라의 귀화식물은 38과 160속 270종 13변종 3품종으로 총 286종류가 자라고 있으며 과별로는 국화과 64종류, 벼과 53종류, 배추과 29종류, 콩과 18종류의 순이었다.

한국 귀화식물의 과별 통계(2008년 4월 현재)

과명	속	종	변종	품종	종류
삼과 Cannabaceae	1	1			1
마디풀과 Polygonaceae	3	7			7
자리공과 Phytolaccaceae	1	2			2
석류풀과 Aizoaceae	1	1			1
석죽과 Caryophyllaceae	6	8			8
명아주과 Chenopodiaceae	2	7			7
비름과 Amaranthaceae	2	10			10
미나리아재비과 Ranunculaceae	1	2			2
삼백초과 Saururaceae	1	1			1
물레나물과 Guttiferae	1	1			1
양귀비과 Papaveraceae	2	3			3
배추과 Cruciferae	**19**	**27**	**2**		**29**
돌나물과 Crassulaceae	1	1			1
장미과 Rosaceae	2	3			3
콩과 Leguminosae	**8**	**18**			**18**
괭이밥과 Oxalidaceae	1	2			2
쥐손이풀과 Geraniaceae	2	2			2
대극과 Euphorbiaceae	1	3			3
아욱과 Malvaceae	5	9			9
제비꽃과 Violaceae	1	2			2
박과 Cucurbitaceae	1	1			1
부처꽃과 Lythraceae	1	1			1
바늘꽃과 Onagraceae	1	4			4
미나리과 Umbelliferae	6	6			6
꼭두서니과 Rubiaceae	2	3			3
메꽃과 Convolvulaceae	5	8	1		9
지치과 Boraginaceae	2	2			2
마편초과 Verbenaceae	1	2			2
꿀풀과 Labiatae	2	2			2
가지과 Solanaceae	4	10	2		12
현삼과 Scrophulariaceae	4	7			7
질경이과 Plantaginaceae	1	3			3
마타리과 Valerianaceae	1	1			1
국화과 Compositae	**36**	**59**	**4**	**1**	**64**
수선화과 Amaryllidaceae	1	1			1
붓꽃과 Iridaceae	2	2			2
닭의장풀과 Commelinaceae	1	1			1
벼과 Gramineae	**28**	**47**	**4**	**2**	**53**
38	160	270	13	3	286

주목해야 할 귀화식물

귀화도 4(한정된 지역에 분포하나 그 양이 많음)나 귀화도 5(광포종廣布種이며 그 양이 많음)이면서 이입 제3기(1964년 이후 현재까지)에 속하는 식물은 계속 감시해야 할 식물이다. 특히 귀화도 4이면서 이입 제3기인 식물은 급속도로 전국으로 확산될 가능성이 있다.

주목해야 할 귀화식물 30종류(이입 제3기, 귀화도 4, 5)

1. 유럽점나도나물 *Cerastium glomeratum* Thuill	귀화도: 4
2. 양장구채 *Silene gallica* L.	귀화도: 4
3. 가는털비름 *Amaranthus patulus* Bertoloni	귀화도: 5
4. 콩다닥냉이 *Lepidium virginicum* L.	귀화도: 5
5. 애기노랑토끼풀 *Trifolium dubium* Sibth.	귀화도: 4
6. 종지나물 *Viola papilionacea* Pursh	귀화도: 4
7. 가시박 *Sicyos angulatus* L.	귀화도: 4
8. 애기달맞이꽃 *Oenothera laciniata* Hill	귀화도: 4
9. 유럽전호 *Anthricus caucalis* M. Bieb.	귀화도: 4
10. 솔잎미나리 *Apium leptophyllum* F. Muell ex Benth.	귀화도: 4
11. 백령풀 *Diodia teres* Walt.	귀화도: 4
12. 미국실새삼 *Cuscuta pentagona* Engelm.	귀화도: 5
13. 단풍잎돼지풀 *Ambrosia trifida* L.	귀화도: 4
14. 미국쑥부쟁이 *Aster pilosus* Willd.	귀화도: 4
15. 큰비짜루국화 *Aster subulatus* Michx. var. *sandwicensis* A. G. Jones	귀화도: 5
16. 미국가막사리 *Bidens frondosa* L.	귀화도: 5
17. 울산도깨비바늘 *Bidens pilosa* L.	귀화도: 4
18. 서양등골나물 *Eupatorium rugosum* Houtt.	귀화도: 4
19. 선풀솜나물 *Gnaphalium calviceps* Fernald	귀화도: 4
20. 서양금혼초 *Hypochaeris radicata* L.	귀화도: 4
21. 가시상추 *Lactuca scariola* L.	귀화도: 5
22. 만수국아재비 *Tagetes minuta* L.	귀화도: 4
23. 큰도꼬마리 *Xanthium canadense* Mill.	귀화도: 4
24. 긴까락빕새귀리 *Bromus rigidus* Roth	귀화도: 4
25. 큰이삭풀(개보리) *Bromus unioloides* H. B. K.	귀화도: 4
26. 큰김의털 *Festuca arundinacea* Schreb.	귀화도: 5
27. 흰털새 *Holcus lanatus* L.	귀화도: 4
28. 큰참새피 *Paspalum dilatatum* Poir.	귀화도: 4
29. 물참새피 *Paspalum distichum* L.	귀화도: 4
30. 털물참새피 *Paspalum distichum* var. *indutum* Shinners	귀화도: 4

위의 30종류 중 귀화도 5인 '가는털비름'은 '털비름', '콩다닥냉이'는 '다닥냉이', '미국실새삼'은 '실새삼'으로 각각 오誤동정되어 보다 앞서서 이입되었는데도 이입 3기에 속하는 식물로 분류되어 있으며 '미국가막사리', '가시상추', '큰김의털', '가시박' 등 4종류는 짧은 기간 내에 전국에 고루 귀화될 정도로 확산 속도가 빨라 향후 계속 관찰을 요하는 식물이다.

또한 귀화도 4인 식물 중 '단풍잎돼지풀'은 1999년 화분병의 발원 식물로, '서양등골나물', '물참새피', '털물참새피' 등 3종류는 각각 자연 생태계를 교란시키는 역할을 하여 2002년 3월 환경부에서 생태계 교란 야생식물로 지정고시하고 이들의 동태를 주시하고 있다.

일러두기

1. 이 책은 1995년에 출간한 『韓國歸化植物原色圖鑑』의 182분류군과 2001년에 출간한 『한국귀화식물원색도감 보유편』의 85분류군을 합하고 그 후에 발표된 20분류군을 추가하여 수록하였다.
2. 과科의 분류는 A. Engler의 분류계(Melchior, 1964)를 따랐고 쌍자엽식물, 단자엽식물 순으로 배열하였다. 속屬 및 종種의 배열은 알파벳순으로 하였다.
3. 학명과 한국명은 국가표준식물목록(국립수목원 · 한국식물분류학회, 2007)을 따랐고 학명은 모두 원전原典을 밝혔으며 분류군별 동정同定에 참고한 문헌을 약기略記하였다. 또한 외국명을 함께 수록하여 참고하도록 하였다.
4. 본문에 사용한 학술 용어는 필요한 경우 한자를 병기하였고 혼란을 피하기 위하여 일부러 한글로 풀이하지는 않았다.
5. 분류군별로 원색 사진과 펜화, 형태 기록을 한눈에 볼 수 있도록 배치하여 사진과 그림을 따로 보아야 했던 종전의 불편을 덜었다. 원색 사진은 생태 전형과 그 외 중요한 특징을 담은 사진을 함께 수록하였다.
6. 분류군별로 원산지를 밝히고 현재 우리나라의 분포 지역을 기록하였다.
7. 그림은 모두 펜화이며 실물 크기로 그려서 축소했고 생식 기관과 그 외에 형태적 특징이 있는 부위의 미세 구조를 해부현미경을 이용하여 확대, 묘사하고 축척을 달았다.
8. 분류군별로 유사종과의 주요 차이점을 별도로 짧게 기록하였고 펜화에도 분류군별 주요 특징을 ➡로 강조하여 이해에 도움을 주고자 하였다.

1. 삼

Sam [Kor.]
Asa [Jap.]
Hemp [Eng.]

***Cannabis sativa* L.**, Sp. Pl. 1027(1753); T. Osada in Col. Illus. Nat. Pl. Jap. 360(1976); V. L. Komarov. in Fl. U.S.S.R. Vol. 5: 303(1985).

1년생 초본으로 식물체에 샘털(腺毛)이 있다. 줄기는 곧추 자라며 높이 1~2m, 둔한 사각형으로 잔털이 있고 녹색이다. 잎은 밑부분에서 마주나기(對生)이며 윗부분은 어긋나기(互生)이다. 5~9개의 소엽小葉으로 된 장상복엽掌狀複葉이며 규칙적인 톱니가 있다. 꽃은 7~8월에 피며 자웅이주雌雄異株이다. 수꽃은 원추화서圓錐花序이며 화피편花被片 5개와 5개의 수술이 있고 꽃밥이 화피편과 길이가 같다. 암꽃은 몇 개가 잎겨드랑이(葉腋)에 모여 나며 화피가 없고 1개의 포엽苞葉에 둘러싸이며 암술머리가 2개이다. 씨는 지름이 4mm 정도이고 익으면 딱딱해진다.

* 중앙아시아 원산으로 유럽, 북미, 아시아 등지에서 섬유 자원으로 재배하던 것이 일출逸出되어 귀화된 식물이며 일명 대마大麻라고도 부른다.

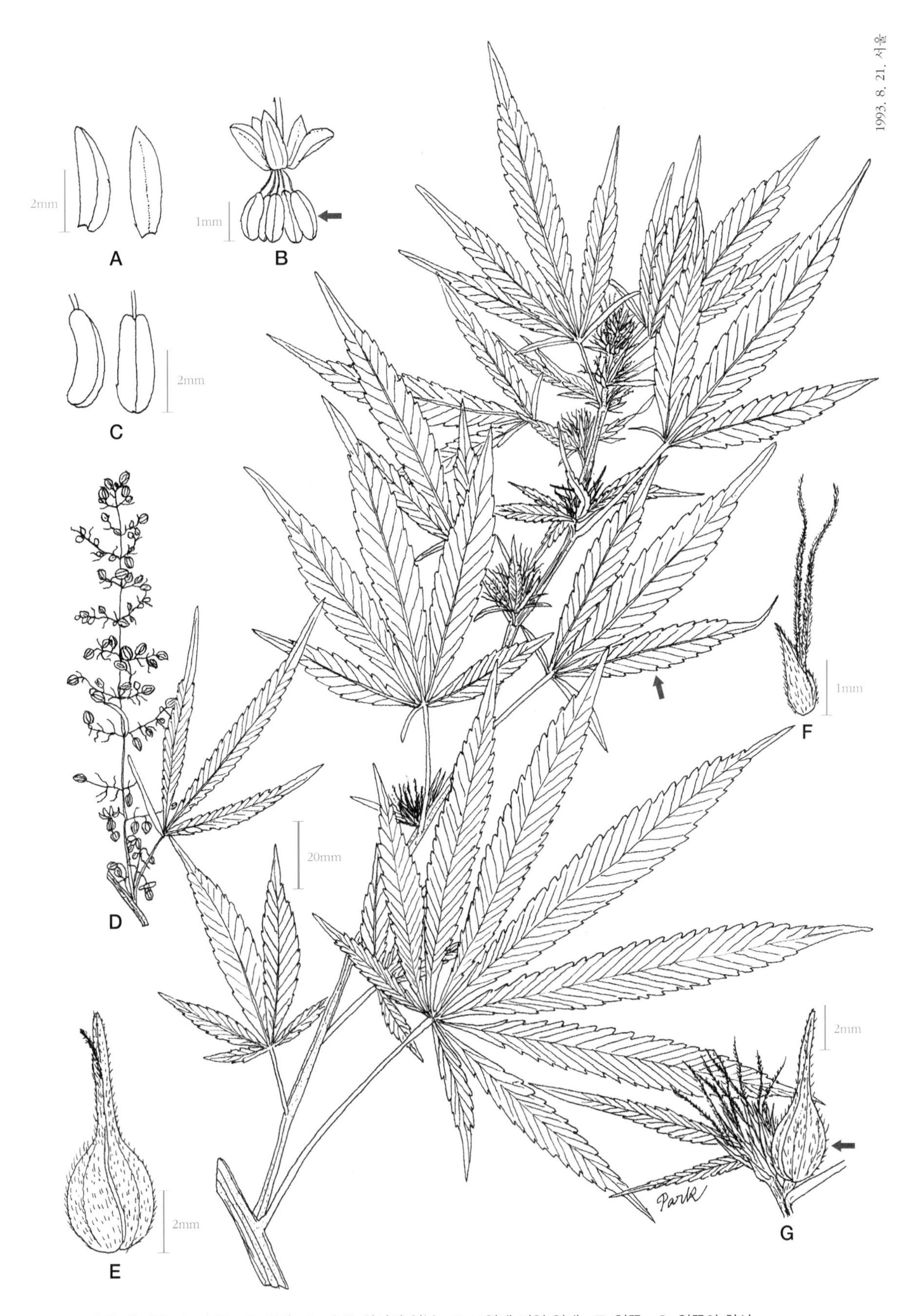

A. 수꽃 화피편, B. 수꽃, C. 꽃밥, D. 수꽃 화서의 일부, E. 포엽에 싸인 열매, F. 암꽃, G. 암꽃의 화서

2. 나도닭의덩굴

Na-do-dag-ui-deong-gul [Kor.]
Soba-kazura [Jap.]
Black Bindweed [Eng.]

***Bilderdykia convolvulus* Dum.**, Fl. Belg. Prodr. 28(1827).
-*Polgonum convolvulus* L., Sp. Pl. 364(1753); T. Osada in Col. Illus. Nat. Pl. Jap. 352(1976).

1년생 초본이다. 줄기는 덩굴성으로 가늘고 길이 40~120cm이다. 잎은 어긋나기(互生) 잎차례이고 화살형(箭形)이며 길이 3~6cm, 폭 1.5~4.5cm, 잎자루는 길이 1~5cm이다. 꽃은 5~10월에 핀다. 잎겨드랑이(葉腋)에서 생긴 작은 가지에 수상화서穗狀花序를 이루거나 잎겨드랑이에 여러 개가 뭉쳐난다. 길이 2mm의 화피花被는 5개로 백록색이고 짧은 돌기상의 털이 덮인다. 열매가 익으면 화피는 길이 3.5mm 정도가 되어 열매를 둘러싸고 날개는 생기지 않는다. 열매(瘦果)는 세모진 난형卵形이고 길이 3mm, 흑색으로 광택이 없다.

* 유럽과 서아시아 원산으로, 우리나라에는 전국에 분포하고 있으나 흔히 볼 수 있는 식물은 아니다.

* 닭의덩굴〔*Bilderdykia dumetora* (L.) Dum.〕과 달리 열매를 둘러싼 화피에 날개가 생기지 않는다.

A. 칼집 모양의 탁엽, B. 열매일 때의 화피, C. 씨

3. 닭의덩굴

Tag-ui-deong-gul [Kor.]
Tsuru-tade [Jap.]
Copse Buckwheat [Eng.]

***Bilderdykia dumetora* (L.) Dum.**, Fl. Belg. Prodr. 18(1827).
– *Polygonum dumetorum* L., Sp. Pl. Ed. 2: 522(1762); T. Osada in Col. Illus. Nat. Pl. Jap. 351(1976).

1년생 초본이다. 줄기는 덩굴성으로 가늘고 길이는 70~180cm이다. 잎은 어긋나기(互生)이며 탁엽托葉은 극히 짧고 잎자루는 길이 1~3cm 정도이다. 잎새(葉身)는 길이 3~7cm, 폭 1.5~4cm, 심장형心臟形으로 톱니는 없다. 꽃은 6~9월에 피고 담홍색이며 잎겨드랑이(葉腋)에 몇 개씩 모여 나기도 하고 짧은 총상화서總狀花序를 이루기도 한다. 화피花被는 길이 2mm 정도이며 5개이고 열매가 익으면 그중 3개가 크게 자라며 뒷면에 날개가 발달한다. 수술은 8개, 암술은 1개로 암술머리는 3개이다. 열매(瘦果)는 길이 2.7mm로 세모진 난형卵形이며 흑색으로 광택이 있다.

* 유럽 원산으로 시베리아, 인도, 몽골, 중국, 일본, 만주 등지에 분포하며 국내에서도 전국 각지에 자라고 있다.
* 나도닭의덩굴(*Bilderdykia convolvulus* Dum.)과 달리 열매가 익으면 화피 중 3개가 크게 자라며 날개가 발달한다.

A. 칼집 모양의 탁엽, B. 잎, C. 줄기의 한 마디, D. 씨, E. 열매

4. 털여뀌

Teol-yeo-kkwi [Kor.]
Oho-ketade [Jap.]
Princess-feather [Eng.]

***Polygonum orientale* L.**, Sp. Pl. 362(1753).
-*Persicaria orentalis* (L.) Spach., Hist. Nat. Veg. 10: 535(1841).
-*Amblygonon pilosum* Nakai in Rigakkai 24-4: 297(1926).

1년생 초본이다. 식물체 전체에 털이 많고 줄기는 높이 1~1.5m이다. 잎은 어긋나기(互生)이고 길이 10~20cm, 폭 7~15cm이며 끝이 뾰족하고 밑부분이 원형圓形-심장저心臟底이다. 탁엽托葉은 칼집 모양(鞘狀)이고 길이 1~2cm로 위쪽이 넓으며 위쪽 가장자리에 털이 있다. 꽃은 6~7월에 피며 수상화서穗狀花序는 담홍색 또는 홍자색, 화피花被는 5개로 길이 3~4mm, 수술은 8개로 꽃받침보다 길다. 암술은 1개이고 씨방은 원형이며 암술머리는 2개로 갈라진다. 열매(瘦果)는 흑갈색으로 원반형이며 꽃받침에 싸여 있다.

* 인도, 말레이시아, 중국 원산으로 북아메리카, 유럽, 아시아 등지에 널리 분포한다. 우리나라에도 거의 전국적으로 분포하며 집 근처나 하천변 등에서 볼 수 있다.
* 다른 여뀌류에 비해 잎이 난형卵形으로 크고 털이 많으며 칼집 모양의 탁엽 끝에 좁은 잎 모양의 구조나 털이 발달한다.

A. 꽃, B. 수술, C. 암술, D. 칼집 모양의 탁엽

5. 애기수영

Ae-gi-su-yong [Kor.]
Hime-suiba [Jap.]
Sheep-sorrel [Eng.]

Rumex acetosella **L.**, Sp. Pl. 338(1753); Britton & Brown in Illus. Fl. U. S. & Can. Vol. 1: 653(1970); V. L. Komarov in Fl. U.S.S.R. Vol. 5: 354(1985).

다년생 초본이며 자웅이주雌雄異株이다. 땅속의 근경根莖으로 번식한다. 줄기는 높이 15~50cm로 많은 가지가 갈라진다. 근생엽根生葉은 총생叢生하고 길이 3~5cm, 폭 1~2cm의 잎새(葉身)는 창검 같은 모양(戟形)이며 끝이 예두銳頭이고 아래쪽에 귀 같은 돌기가 좌우로 퍼진다. 경생엽莖生葉은 어긋나기(互生)이며 피침형披針形이다. 꽃은 5~6월에 피는데 홍록색 단성화單性花이고 성긴 원추화서圓錐花序를 이룬다. 수꽃은 6개의 수술이 있고 암꽃은 암술머리가 3개이며 끝이 가늘게 술처럼 갈라졌다. 씨는 3개의 능선이 있고 길이 1.5mm, 담갈색이다.

* 유럽 원산으로 난대, 온대의 전 세계에 귀화하였으며 우리나라에서도 중부 이남과 도서지방의 양지바른 곳에 잘 자라고 있다.
* 수영(*Rumex acetosa* L.)에 비해 식물체가 작고 지하경地下莖이 발달한다.

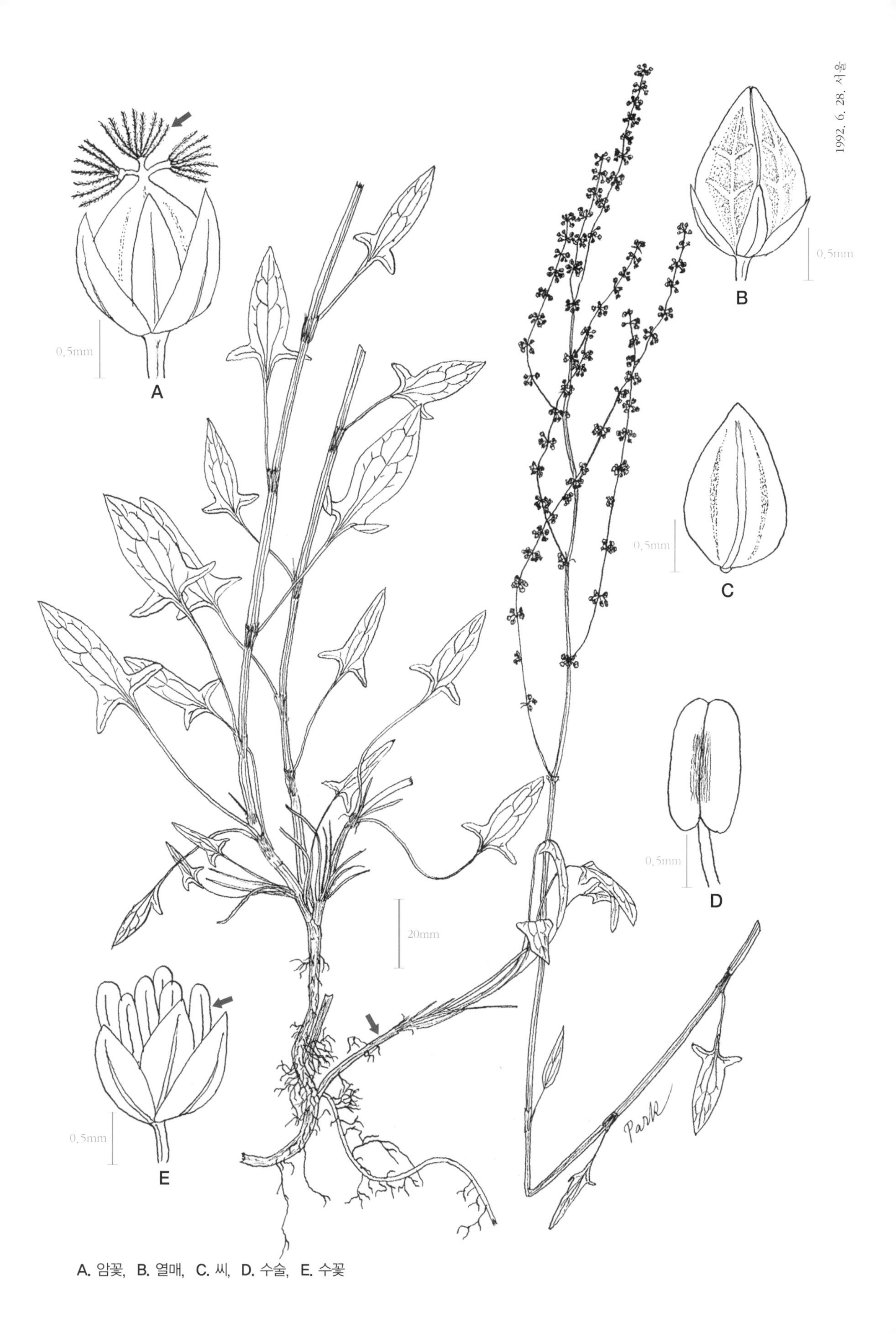

A. 암꽃, B. 열매, C. 씨, D. 수술, E. 수꽃

6. 소리쟁이

So-ri-jaeng-i [Kor.]
Nagaba-gishigishi [Jap.]
Curled Dock [Eng.]

***Rumex crispus* L.**, Sp. Pl. 335(1753); Britton & Brown in Illus. Fl. U. S. & Can. Vol. 1: 657(1970); T. Osada in Col. Illus. Nat. Pl. Jap. 354(1976).

다년생 초본으로 식물체 전체에 털이 없다. 줄기는 높이 30~80cm, 진한 녹색이며 일부 자줏빛이 돈다. 근생엽根生葉은 총생叢生하며 잎새(葉身)는 피침형披針形으로 길이 13~30cm, 폭 4~6cm이며 잎 가장자리는 톱니가 없으나 파상波狀이다. 경생엽莖生葉은 어긋나기(互生)이고 피침형이다. 꽃은 6~7월에 피며 20~30개가 윤생輪生하여 원추화서圓錐花序를 만든다. 내화피內花被는 원형圓形 또는 난형卵形이고 길이 4~5mm로 톱니가 없으며 중앙맥의 하부가 부풀어서 된 타원형의 유체瘤體가 있다.

* 유럽 원산이며 북아프리카, 북아메리카, 아시아 등지에 널리 분포하며 습지 근처 어디서나 흔히 자라고 있다.
* 참소리쟁이(*Rumex japonicus*)에 비해 잎 가장자리에 주름이 많고 열매의 내화피가 원형이며 톱니가 없는 것이 특징이다.

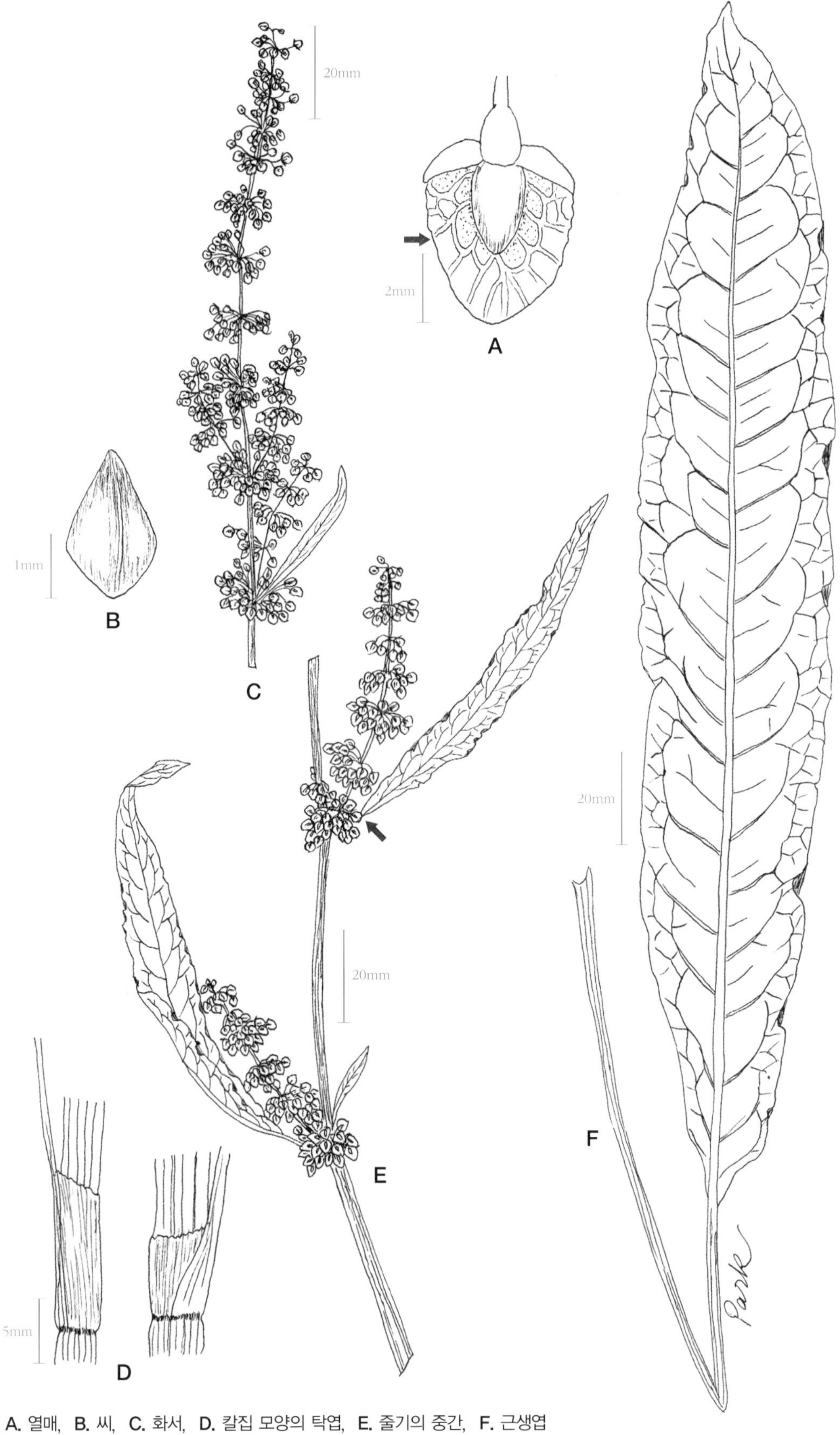

A. 열매, B. 씨, C. 화서, D. 칼집 모양의 탁엽, E. 줄기의 중간, F. 근생엽

7. 좀소리쟁이

Jom-so-ri-jaeng-i [Kor.]
Ko-gishigishi [Jap.]

Rumex nipponicus **Franch. et Sav.** Enum. Pl. Jap. 2: 471(1876); J. Ohwi in Fl. Jap. 405(1984: in Eng.); Kitamura & Murata in Col. Illus. Herb. Pl. Jap. 296(1990).

다년생 초본으로 줄기는 많은 가지를 치며 높이는 30~50cm이다. 아래쪽의 잎은 장타원상 피침형長楕圓狀披針形으로 끝이 뭉툭하고 기부는 둥글며 길이 6~11cm이고 잎 가장자리는 파상波狀으로 주름져 있다. 꽃은 5~6월에 피며 잎겨드랑이(葉腋)에 녹색의 꽃이 돌려나기(輪生)를 하고 화륜花輪은 열매일 때에도 넓게 떨어져 있다. 내화피內花被는 삼각상 난형三角狀卵形으로 열매일 때 길이 4~5mm, 폭 2~3mm이며 가장자리에 길이 2mm 정도의 침상 돌기針狀突起가 3~4쌍 있고 중앙맥의 기부는 유체瘤體가 있다.

* 일본에 자생하며 우리나라에는 제주도와 남부지방에 분포한다.
* 소리쟁이(*Rumex crispus* L.)에 비해 식물체가 작고 줄기 끝 화서花序까지 잎자루가 발달하며 열매 내화피의 가장자리에 침상 돌기가 크게 발달한다.

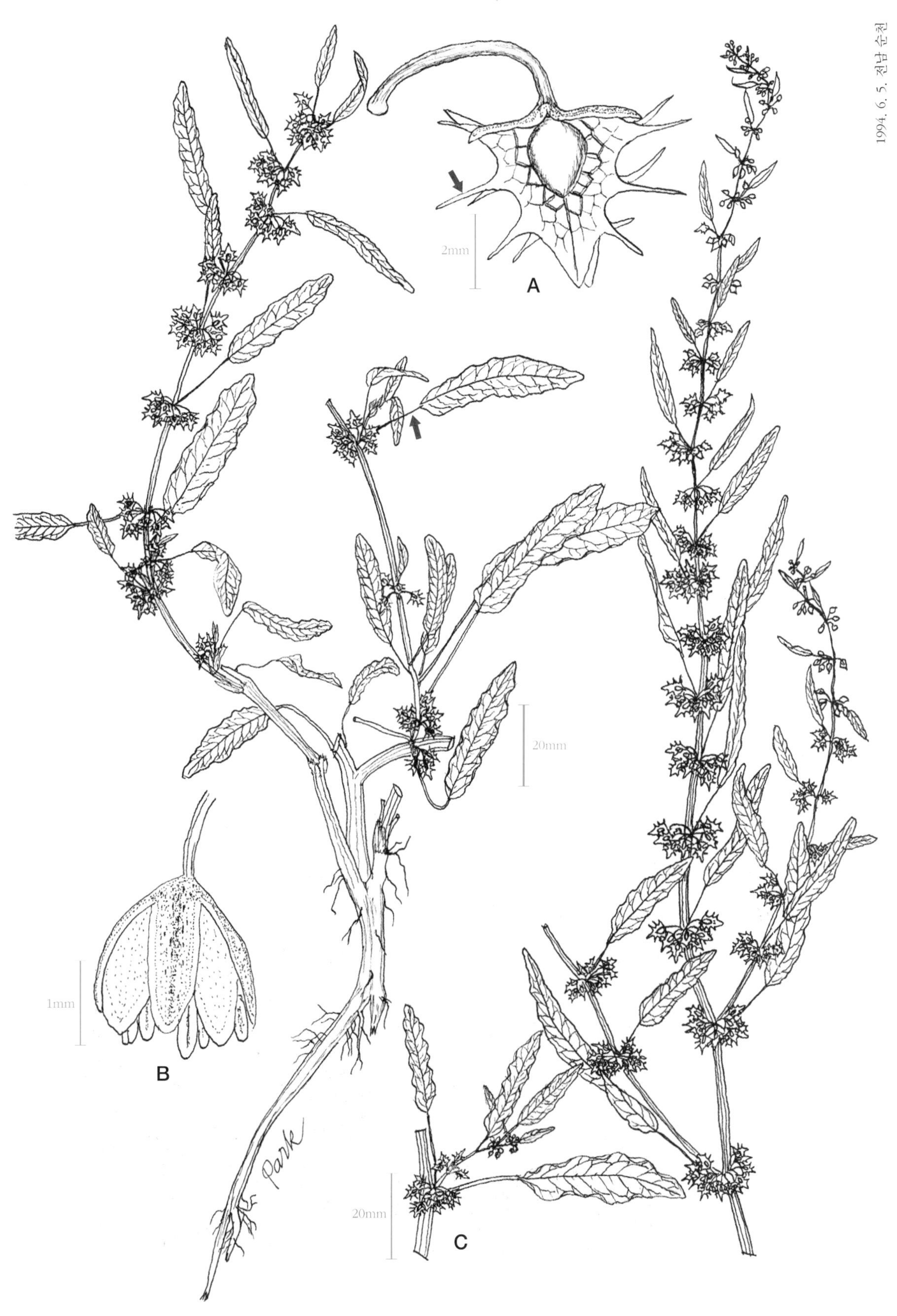

A. 열매, B. 꽃, C. 줄기의 일부

8. 돌소리쟁이

Tol-so-ri-jaeng-i [Kor.]
Ezono-gishigishi [Jap.]
Broad-leaved Dock [Eng.]

***Rumex obtusifolius* L.**, Sp. Pl. 335(1753); Britton & Brown in Illus. Fl. U. S. & Can. Vol. 1: 658(1970); T. Osada in Col. Illus. Nat. Pl. Jap. 355(1976).

다년생 초본으로 줄기는 높이 60~120cm이다. 잎은 어긋나기(互生)이고 잎 가장자리는 주름이 지며 뒷면 맥 위에는 원주상圓柱狀의 돌기모突起毛가 있다. 경생엽莖生葉은 잎자루가 짧고 피침형披針形으로 길이 5~15cm이다. 꽃은 6~8월에 피며 담녹색으로, 계단상으로 돌려나기(輪生)를 해서 총상화서總狀花序를 만든다. 열매(瘦果)는 세모꼴이며 길이 2.5mm, 암적색이다. 내화피內花被는 좁은 난형卵形으로 길이 3.5~5mm, 가장자리에 여러 개의 가시 모양 톱니가 있고 3개의 유체瘤體 중 1개가 현저하게 부풀었다.

* 구아대륙歐亞大陸 원산으로 북아메리카, 일본 등지에 귀화하였으며 우리나라에는 중국을 통해서 북부에 먼저 들어왔고 지금은 중부, 남부, 제주도에까지 분포하고 있다.
* 소리쟁이(*Rumex crispus* L.)에 비해 잎이 크고 끝이 뭉툭하며 잎 뒷면 주맥主脈 위에 원주상의 돌기모, 열매의 내화피에 침상 돌기針狀突起가 발달한다.

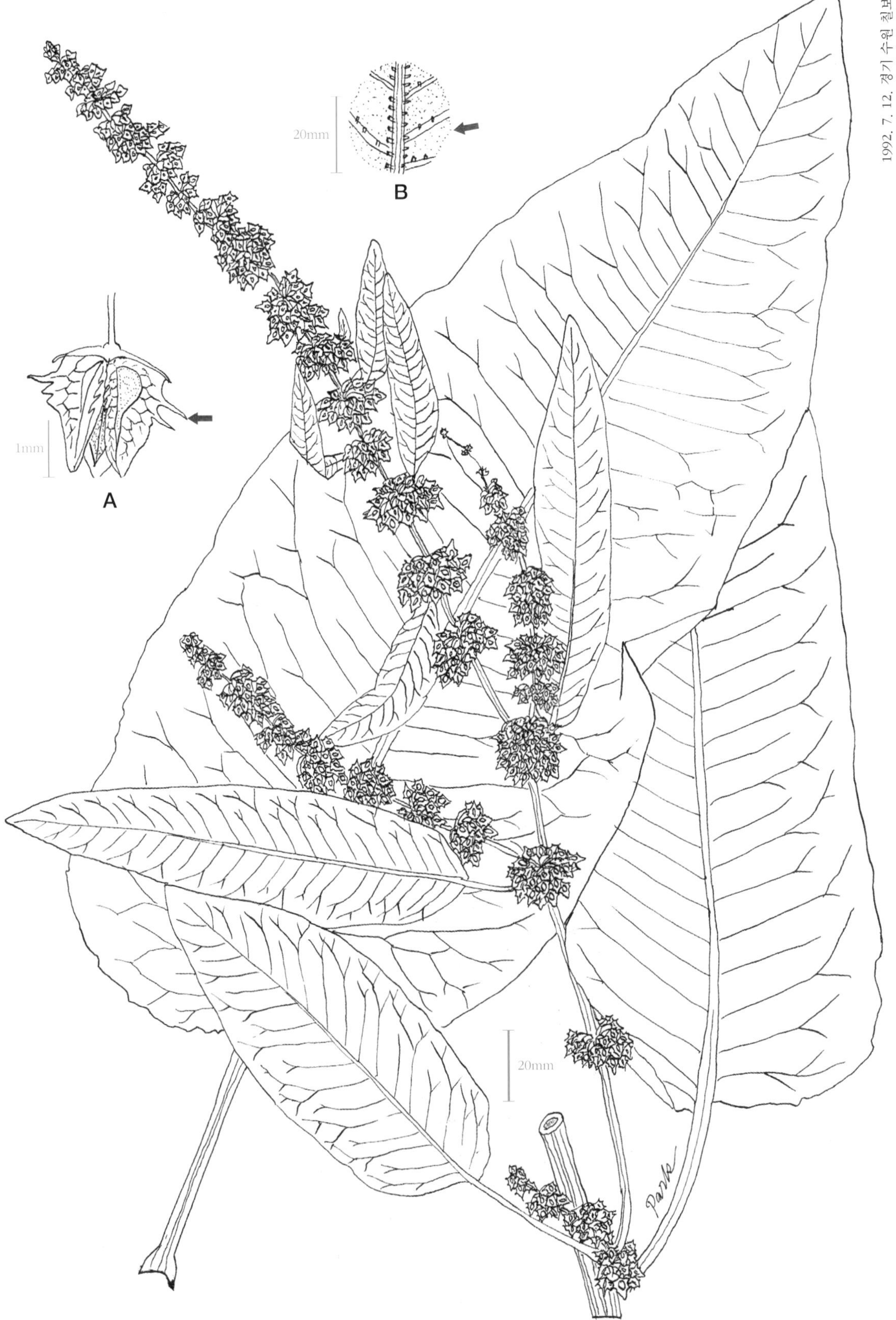

A. 열매, B. 잎 뒷면 주맥 위의 돌기모

9. 미국자리공

Mi-guk-ja-ri-gong [Kor.]
Amerika-yamagoboh [Jap.]
Poke-berry [Eng.]

***Phytolacca americana* L.**, Sp. Pl. 441(1753); Britton & Brown in Illus. Fl. U. S. & Can. Vol. 2: 26(1970); T. Osada in Col. Illus. Nat. Pl. Jap. 322(1976).

다년생 초본으로 뿌리는 비대해지며 방추상紡錘狀이다. 줄기는 높이 1~3m로 초록색 바탕에 적자색으로 물이 들며 많은 가지를 친다. 잎은 어긋나기(互生)이고 난상 타원형卵狀楕圓形이다. 꽃은 6~9월에 피고 총상화서總狀花序를 이루며 잎과 마주 달린다. 총상화서는 길이 10~15cm로 아래를 향하여 늘어지며 꽃자루가 있다. 화피열편花被裂片은 5개로 광난형廣卵形이며 백색 또는 붉은색을 띤다. 꽃잎은 없고 수술은 10개, 암술은 1개, 씨방은 녹색 구형球形으로 10실室이다. 열매는 10개의 골이 있으며 편구형扁球形으로 지름 7~8mm, 육질肉質이며 적자색이다.

* 북아메리카 원산이며, 우리나라에도 한국전쟁을 전후하여 침입하였고 지금은 중·남부와 제주도 각지에 귀화하였다.
* 자리공(*Phytolacca esculenta* Van Houtte)과 달리 열매는 10실이며 꽃이나 열매가 늘어지는 특징이 있다.

1992. 7. 8. 서울 난지도

2mm

A

0.5mm

B

4mm

C

20mm

Park

A. 꽃, B. 수술, C. 열매

10. 자리공

Ja-ri-gong [Kor.]
Yamagoboh [Jap.]
Indian Poke [Eng.]

***Phytolacca esculenta* Van Houtte** in Fl. Serr. 4: 398(1848); T. Osada in Col. Illus. Nat. Pl. Jap. 321(1976); Ahn, Lee, Park in Agr. Enum. Kor. Pl. Res. 38(1982).

다년생 초본으로 줄기의 높이는 1m이고 담녹색이다. 잎은 어긋나기(互生)이고 잎새(葉身)는 피침형披針形으로 길이 10~20cm, 잎 가장자리는 톱니가 없다. 꽃은 5~6월에 피고 총상화서總狀花序는 잎과 마주난다. 총상화서는 길이 5~12cm로 곧추서거나 비스듬히 위를 향한다. 꽃은 백색으로 지름 8mm 정도인데 꽃잎은 없고 화피열편花被裂片은 5개이다. 수술은 8개, 씨방은 8개로 윤생輪生하고 각각 밖으로 젖혀진 1개씩의 암술대가 있다. 과수果穗는 곧추서며 8개의 분과分果가 윤생하고 익으면 흑자색이 된다.

* 중국 원산이다. 약용 식물로 재배하던 것이 일출逸出하여 야생화하였고 제주도를 비롯하여 한반도에서 간혹 볼 수 있다.
* 미국자리공(*Phytolacca americana* L.)과 비교하면 과수가 곧게 서며 씨방이 8개인 점으로 구분된다.

A. 꽃, B. 포엽, C. 열매

11. 큰석류풀

Keun-seog-ryu-pul [Kor.]
Kurumabazakurosoh [Jap.]
Carpet-weed [Eng.]

***Mollugo verticillata* L.**, Sp. Pl. 89(1753); Britton & Brown in Illus. Fl. U. S. & Can. Vol. 2: 35(1970); T. Osada in Col. Illus. Nat. Pl. Jap. 320(1976).

1년생 초본으로 줄기는 높이 10~25cm이며 밑부분에서 많은 가지를 쳐서 사방으로 넓게 지면을 덮는다. 잎은 한 마디에 4~7개가 돌려나고(輪生) 주걱형으로 길이 12~25mm이며 잎 가장자리는 톱니가 없다. 꽃은 7~9월에 여러 개가 잎겨드랑이(葉腋)에 모여서 피며 화피열편花被裂片은 5개로 장타원형長楕圓形이다. 꽃의 길이는 1.8mm 정도로 끝이 둔두鈍頭이고 3맥이 있으며 맥을 따라 녹색이고 그 외에는 백색이다. 수술은 3~5개, 암술은 1개이며 씨방은 타원형이고 3개의 짧은 암술대가 있다. 열매(蒴果)는 길이 3mm, 씨는 많으며 콩팥형(腎臟形)이고 지름 1/3mm, 다갈색으로 윤이 난다.

* 열대 아메리카 원산이다. 우리나라에는 한국전쟁을 전후해서 중 · 남부지방에 귀화하였다.
* 석류풀(*Mollugo pentaphylla* L.)과 달리 잎은 한마디에 4~7개가 돌려나며 가지를 많이 쳐서 지면을 덮는 특징이 있다.

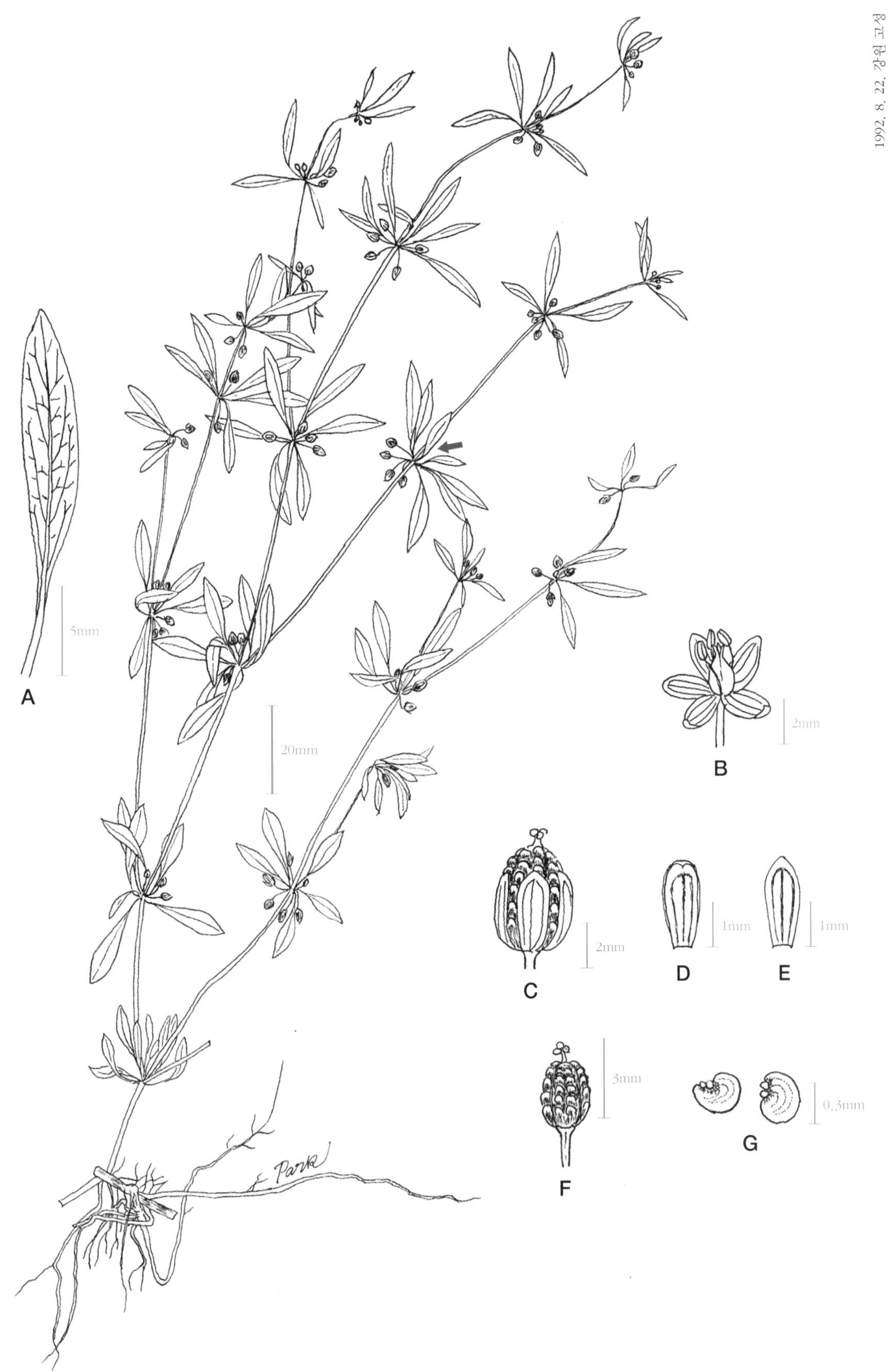

A. 잎, B. 꽃, C. 꽃받침과 열매, D. 안쪽에서 본 꽃받침, E. 바깥쪽에서 본 꽃받침, F. 열매, G. 씨

12. 유럽점나도나물

Yu-reop-jeom-na-do-na-mul [Kor.]
Oranda-miminagusa [Jap.]
Sticky Mause-ear [Eng.]

***Cerastium glomeratum* Thuill,** Fl. Paris, Ed. 2: 226(1824).
- *Cerastium viscosum* L., Sp. Pl. 437(1753); S. H. Park in Kor. Jour. Pl. Tax. 24(2): 127(1994).

2년생 초본으로 줄기는 높이 10~30cm이고 대개 담녹색을 띠며 줄기 상부에는 점질粘質의 털이 밀생密生한다. 근생엽根生葉은 주걱형이며 길이 1~2cm, 위쪽의 잎은 타원형으로 잎자루는 없고 녹색으로 양면에 털이 밀생한다. 꽃은 4~6월에 피며 취산화서聚繖花序는 꽃이 필 때는 둥글게 뭉쳐지며 열매일 때는 성기게 배열된다. 꽃받침은 5개이며 담녹색으로 배면背面은 물론 끝 부분까지 긴 털과 선모腺毛가 혼생한다. 꽃잎은 5개로 백색, 수술은 10개, 암술은 1개로 암술머리가 5열裂된다. 열매는 원통형이고 10치齒가 있다. 씨는 담갈색, 지름 0.5mm이며 사마귀 모양의 작은 돌기로 덮여 있다.

* 유럽 원산이며 우리나라에는 제주도, 중 · 남부지방에 분포한다.
* 점나도나물〔*Cerastium holosteoides* var. *hallaisanense* (Nakai) Mizush.〕과 달리 식물체가 담녹색이며 개출모開出毛와 선모가 밀포密布되며 취산화서가 뭉쳐나는 특징이 있다.

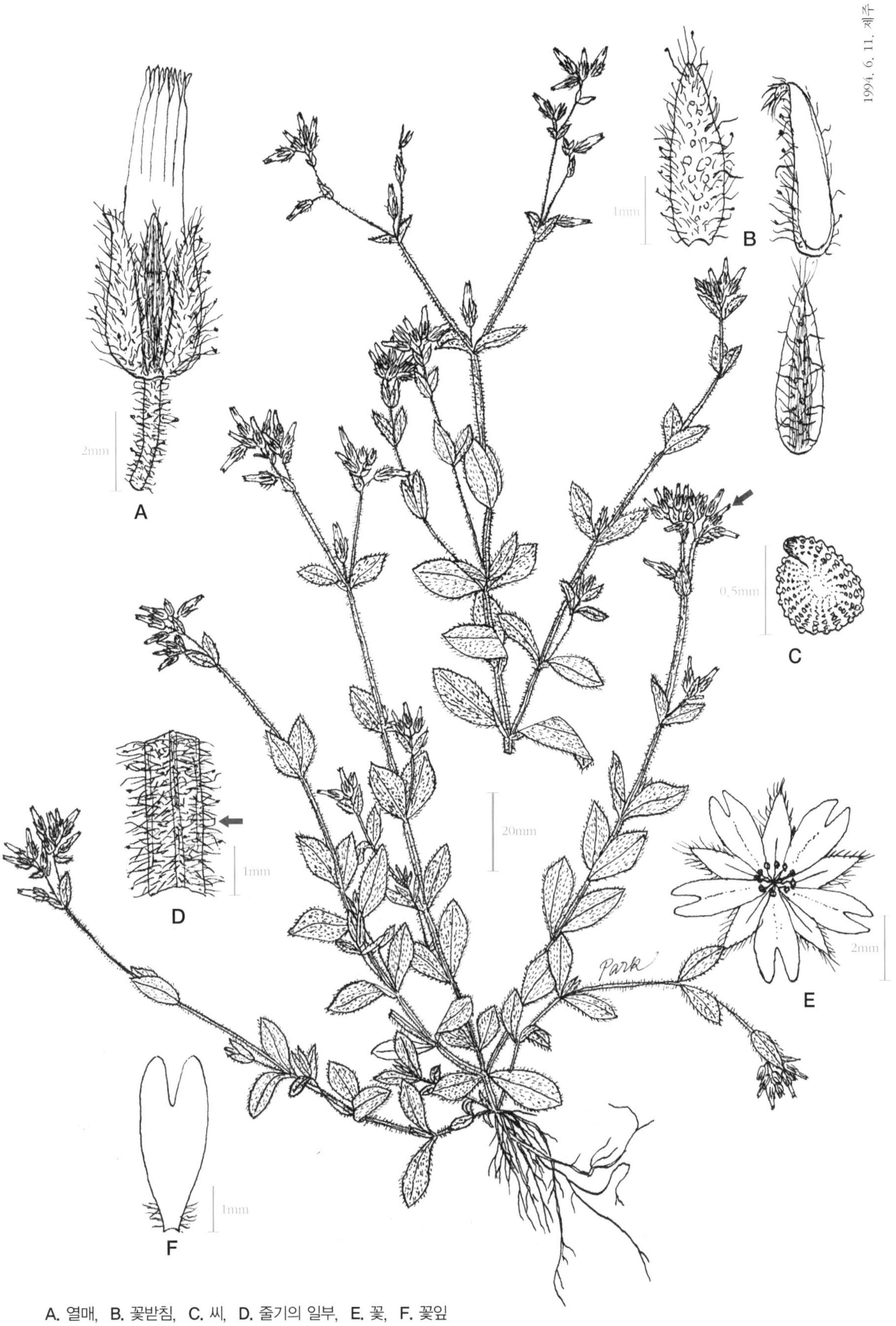

1994. 6. 11. 제주

1mm
B

2mm
A

0.5mm
C

20mm

1mm
D

2mm
E

1mm
F

Park

A. 열매, B. 꽃받침, C. 씨, D. 줄기의 일부, E. 꽃, F. 꽃잎

13. 다북개미자리

Da-buk-gae-mi-ja-ri [Kor.]
Shiba-tsumekusa [Jap.]
Annual Knawel [Eng.]

***Scleranthus annuus* L.**, Sp. Pl. 406(1753); T. Osada in Col. Illus. Nat. Pl. Jap. 313(1976); S. H. Park. Kor. Jour. Pl. Tax. Vol. 31(4): 375(2001).

1년생 초본으로 많은 가지를 치며 옆으로 펼쳐지고 높이는 7~20cm이다. 잎은 마주나기(對生)이고 송곳 모양으로 기부가 막질膜質이면서 폭이 넓고 좌우의 것이 연결되어 줄기를 둘러싼다. 탁엽托葉은 없다. 꽃은 5~9월에 피며 지름 2~3mm, 담녹색으로 줄기 끝 잎겨드랑이(葉腋)에 1개씩 달리며 많은 꽃이 뭉쳐난다. 꽃받침은 녹색이며 통부筒部는 10개의 능선이 있고 열편裂片은 5개로 가장자리가 백색의 막질로 되어 있으며 통부보다 짧다. 꽃잎은 없고 수술은 5개이며 수술 사이에 수술이 퇴화된 헛수술이 있다. 암술은 1개이며 씨방은 난형卵形이고 2개의 암술대가 있다. 씨는 길이 1mm로 딱딱한 과피果皮 속에 1개씩 있다.

* 유럽 원산이며, 우리나라에서는 경북 감포읍 북쪽 해변과 지리산 뱀사골 야영장, 제주시내에서 확인하였다.
* 다북개미자리속식물(*Scleranthus* L.)은 잎이 송곳형으로, 기부가 연결되고 꽃이 가지 끝에 다수 뭉쳐나며 열매 속에 1개의 씨가 있는 것이 특징이다.

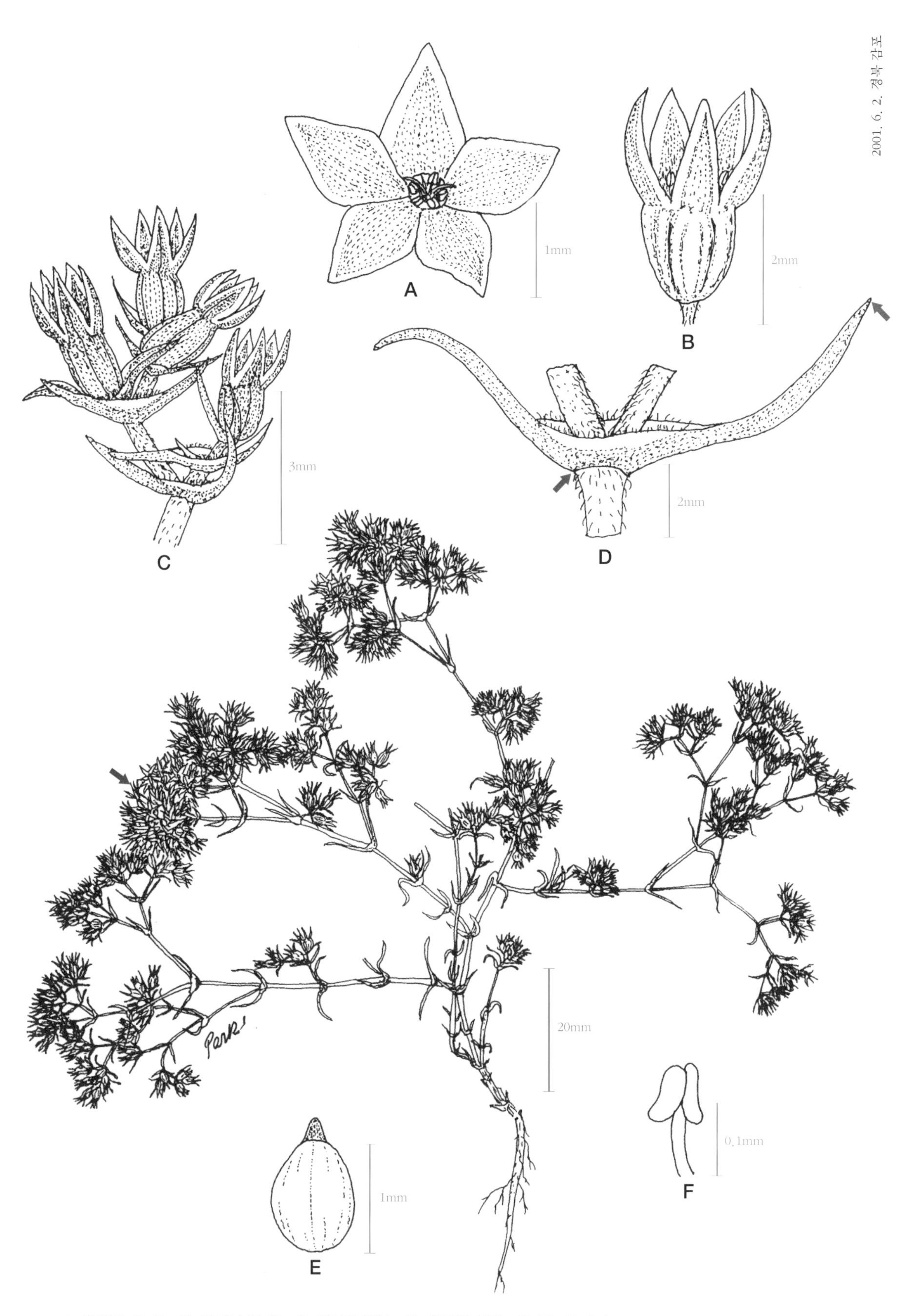

A. 위에서 본 꽃, B. 옆에서 본 꽃, C. 화서의 일부, D. 줄기의 마디, E. 씨, F. 수술

14. 끈끈이대나물

Kkeun-kkeun-i-dae-na-mul [Kor.]
Mushitori-nateshiko [Jap.]
Sweet William-catshfly [Eng.]

***Silene armeria* L.**, Sp. Pl. 420(1753); T. Osada in Col. Illus. Nat. Pl. Jap. 300(1976); Makino in Mak. Illus. Fl. Jap. 151(1988).

1년생 초본으로 줄기는 높이 50cm 정도이고 전체에 분백색粉白色이 돌며 위쪽 마디 밑에 점액을 분비하는 부분이 있다. 잎은 마주나기(對生)이며 난형卵形으로 길이 3~4.5cm, 잎 가장자리는 톱니가 없고 잎자루도 없다. 꽃은 6~8월에 피며 산방화서繖房花序로 자주색 또는 분홍색이고 지름은 1cm 정도이다. 꽃받침은 곤봉형棍棒形이며 꽃잎은 5개, 현부舷部는 담자색이고 도란형倒卵形으로 끝이 요두凹頭이고 2개의 뾰족한 인편鱗片이 붙는다. 수술은 10개이며 암술은 1개, 암술대가 3개이다. 씨는 반원형半圓形으로 편평하고 지름은 0.8mm 정도이다.

* 유럽 원산이며 관상용으로 재배하고 있으나 일부가 일출逸出하여 바닷가나 하천변에서 야생화하였다.
* 다른 장구채류와 비교하면 줄기 위쪽 마디 밑에 점액을 분비하는 부분이 있고 꽃이 자주색 또는 분홍색인 점이 다르다.

A. 꽃, B. 꽃잎, C. 암술, D. 뿌리, E. 꽃봉오리, F. 수술

15. 달맞이장구채

Dal-ma-ji-jang-gu-chae [Kor.]
Matsuyoi-sennou [Jap.]
White Campion [Amer.]

***Silene alba* (Mill.) E. H. L. Krause,** Sturm. Fl. Deutschland, Ed. 2, 5: 98 (1901); T. Osada in Col. Illus. Nat. Pl. Jap. 303(1976).
- *Silene latifolia* Poiret. in Gleason & Cronquist, Manu. Vas. Pl. U. S. & Can. 2nd Ed. 124(1991).

자웅이주雌雄異株의 2년생 또는 다년생 초본으로 줄기는 높이 30~70cm이다. 전면에 털이 있고 위쪽에는 선모腺毛도 있다. 잎은 마주나기(對生)이며 피침형披針形으로 길이는 3~10cm이고 양면에 모두 짧은 털이 있다. 꽃은 6~9월에 피며 백색이고 지름 2~2.6cm로 저녁때에 피며 방향芳香이 있다. 꽃잎은 5개로 백색이며 끝이 2열裂되고 부속체附屬體는 길이 1~1.5mm이다. 수꽃에는 수술이 10개, 암꽃은 암술이 1개이다. 열매(蒴果)는 난형卵形으로 길이는 10~15mm이고 익으면 끝이 10열裂된다. 씨는 회색이며 철점凸点이 밀포密布한다.

* 유럽 원산으로 국내에서는 대관령, 울릉도와 서울 월드컵공원에서 확인하였다.
* 양장구채(*Silene gallica* L.)에 비해 식물체가 장대하며 꽃의 지름은 2~2.6cm이다.

A. 암꽃, B. 암꽃의 꽃받침, C. 수꽃, D. 수꽃의 꽃받침, E. 암술, F. 수술, G. 꽃잎과 부속체, H. 씨, I. 뿌리

16. 양장구채

Yang-Jang-gu-chae [Kor.]
Shirobana-mantema [Jap.]
Catchfly [Amer.]

***Silene gallica* L.**, Sp. Pl. 417(1753); Gleason & Cronquist, Manu. Vas. Pl. U. S. & Can. 2nd Ed. 125(1991); Takematsu & Ichizen in Weeds World 2: 557(1993).

1~2년생 초본으로 줄기는 높이 10~45cm로 가늘며 털이 많고 위쪽에는 선모腺毛도 있다. 아래쪽의 잎은 주걱형, 줄기의 잎은 피침형披針形으로 길이 1.5~4cm, 가장자리가 밋밋하며 빳빳한 털이 있다. 꽃은 4~7월에 피며 총상화서總狀花序는 길이 15cm이고 짧은 꽃자루를 가진 꽃이 포엽苞葉의 겨드랑이에 달린다. 열매일 때의 꽃받침은 길이 7~10mm로 기부는 둥글고 긴 연모軟毛와 선모가 있으며 10맥이 뚜렷하고 끝에 피침형의 꽃받침 열편이 붙는다. 꽃잎은 백색 또는 분홍색이며 꽃받침보다 길고 끝이 요두凹頭이다. 열매는 3실室이며 씨는 지름 1mm로 오글쪼글한 주름이 있다.

* 유라시아 원산이며, 우리나라에서는 제주도 저지대의 풀밭에 자라고 있다.
* 달맞이장구채〔*Silene alba* (Mill.) E. H. L. Krause〕에 비해 키가 작고 줄기가 직립하며 가지 끝과 꽃받침에 긴 털과 선모가 밀생密生하는 특징이 있다.

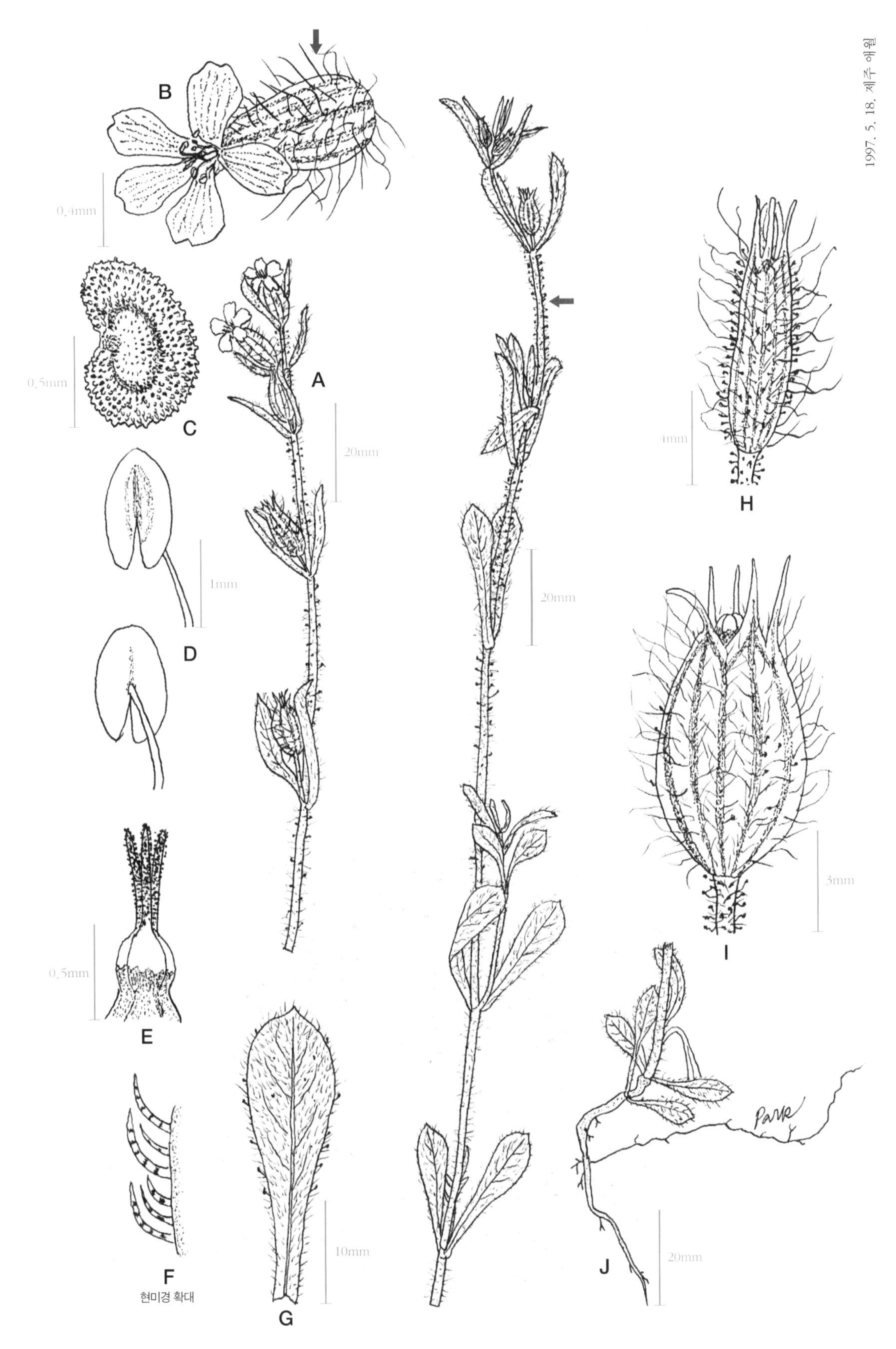

A. 가지의 윗부분, B. 꽃, C. 씨, D. 수술, E. 암술머리, F. 잎 가장자리, G. 잎, H. 꽃봉오리, I. 열매, J. 근생엽과 뿌리

17. 들개미자리

Deul-kae-mi-ja-ri [Kor.]
Nohara-tsumekusa [Jap.]
Spurry [Amer.]

***Spergula arvensis* L.**, Sp. Pl. 440(1753); M. L. Fernald in Gra. Manu. Bot. 615(1950); Britton & Brown in Illus. Fl. U. S. & Can. 2: 59(1970).

1년생 초본으로 줄기는 높이 20~50cm이며 아래쪽에서 가지를 치고 윗부분에 선모腺毛가 있다. 잎은 좁은 선형線形으로 길이는 1.5~4cm이고 12~18개가 마디에 모여서 돌려나기(輪生)처럼 보인다. 탁엽托葉은 작고 삼각형으로 길이 1mm, 막질膜質이다. 꽃은 6~8월에 피며 백색이고 지름 5~6mm이며 엉성한 취산화서聚繖花序를 만든다. 꽃받침은 5개, 꽃잎 또한 5개로 백색이다. 수술은 10개, 암술대는 5개이다. 열매(蒴果)는 길이 4.5mm로 넓은 난형卵形이다. 씨는 렌즈 모양으로 부풀고 지름 1mm 정도로 흑색이며 유두상乳頭狀의 돌기가 있고 가장자리에 좁은 날개가 있다.

* 유럽 원산이며, 우리나라에서는 중 · 남부지방과 제주도의 들판에 자란다.
* 개미자리(*Sagina japonica* Ohwi)와 비슷하나 12~18개의 잎이 마디에 모여서 돌려나기를 하고 줄기의 윗부분에 선모가 있는 점이 다르다.

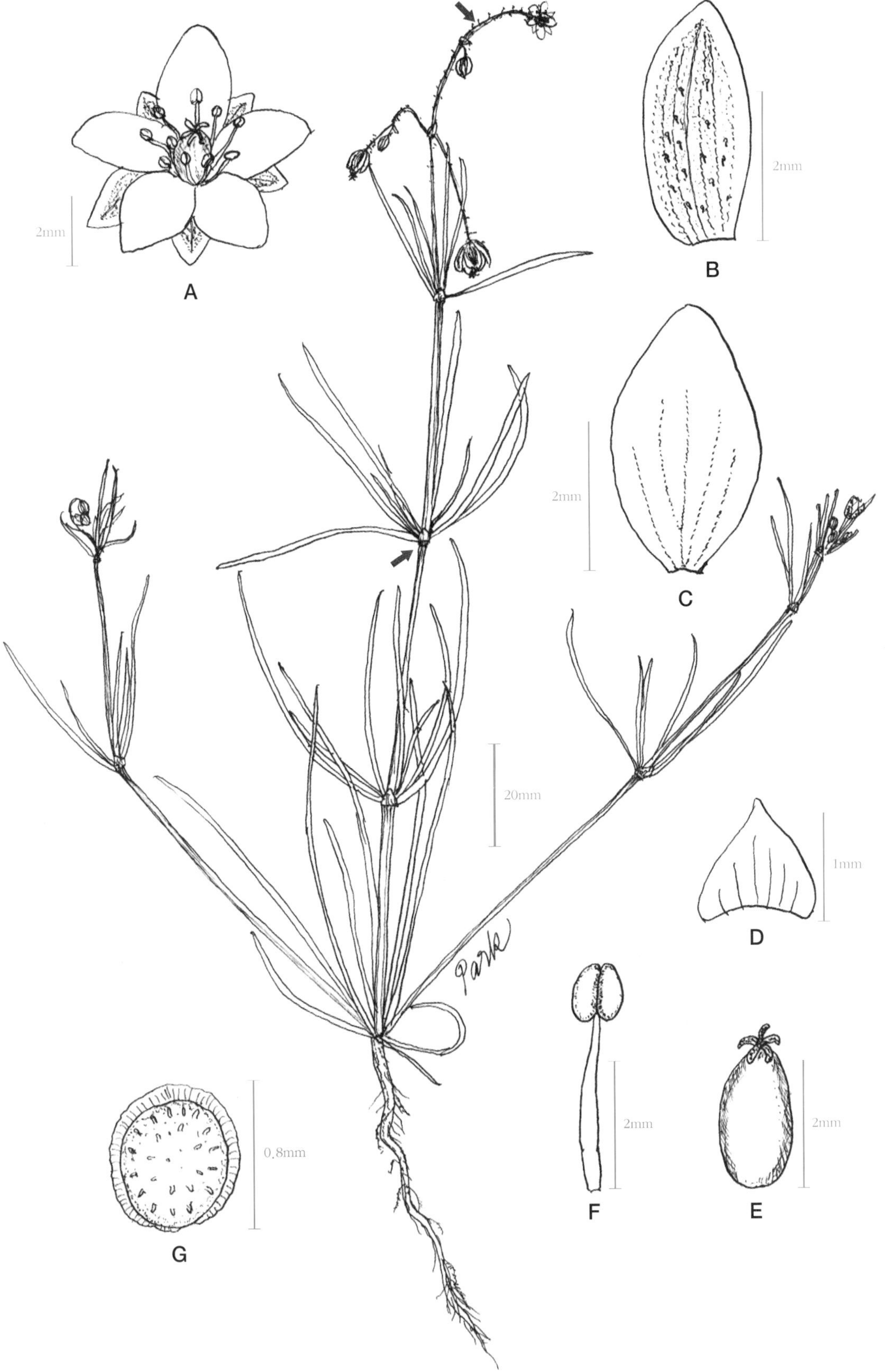

A. 꽃, B. 꽃받침열편, C. 꽃잎, D. 탁엽, E. 암술, F. 수술, G. 씨

18. 유럽개미자리

Yu-reop-gae-mi-ja-ri [Kor.]
Usubeni-tsumekusa [Jap.]
Sand Spurrey [Amer.]

Spergularia rubra **(L.) J. et C. Presl**, Fl. Cech. 93 (1819); T. Osada in Col. Illus. Nat. Pl. Jap. 317(1976); S. H. Park in Kor. Jour. Pl. Tax. 27(4): 505 (1997).

1년생 초본으로 줄기는 사방으로 포복하여 방석 모양을 이루며 가지의 위쪽은 위를 향하여 자란다. 줄기의 길이는 10~40cm이고 위쪽에 선모腺毛가 있다. 잎은 길이 6~30mm로 선형線形이며 끝에 짧은 가시 모양의 돌기가 있기도 하다. 탁엽托葉은 긴 삼각형으로 끝이 뾰족하며 마디마다 2개씩 있다. 꽃은 7~8월경에 가지 끝과 잎겨드랑이(葉腋)에 피며, 꽃받침은 피침형披針形으로 길이 3.5~5mm이고 뒷면 주맥主脈을 따라 선모가 있다. 꽃잎은 분홍색이며 꽃받침보다 길이가 짧다. 수술은 6~10개, 열매는 꽃받침과 같은 길이이며 씨는 날개가 없고 유두상乳頭狀의 돌기로 덮였으며 지름은 0.4~0.6mm이다.

* 유라시아 원산이며, 우리나라에서는 지리산의 뱀사골 제2야영장 전역을 덮고 있는 것을 확인하였고 그 후 제주도에서도 관찰하였다.

* 갯개미자리(*Spergularia marina* Griseb.)에 비해 줄기와 잎이 더욱 가늘고 습지가 아닌 건조한 곳에 자란다.

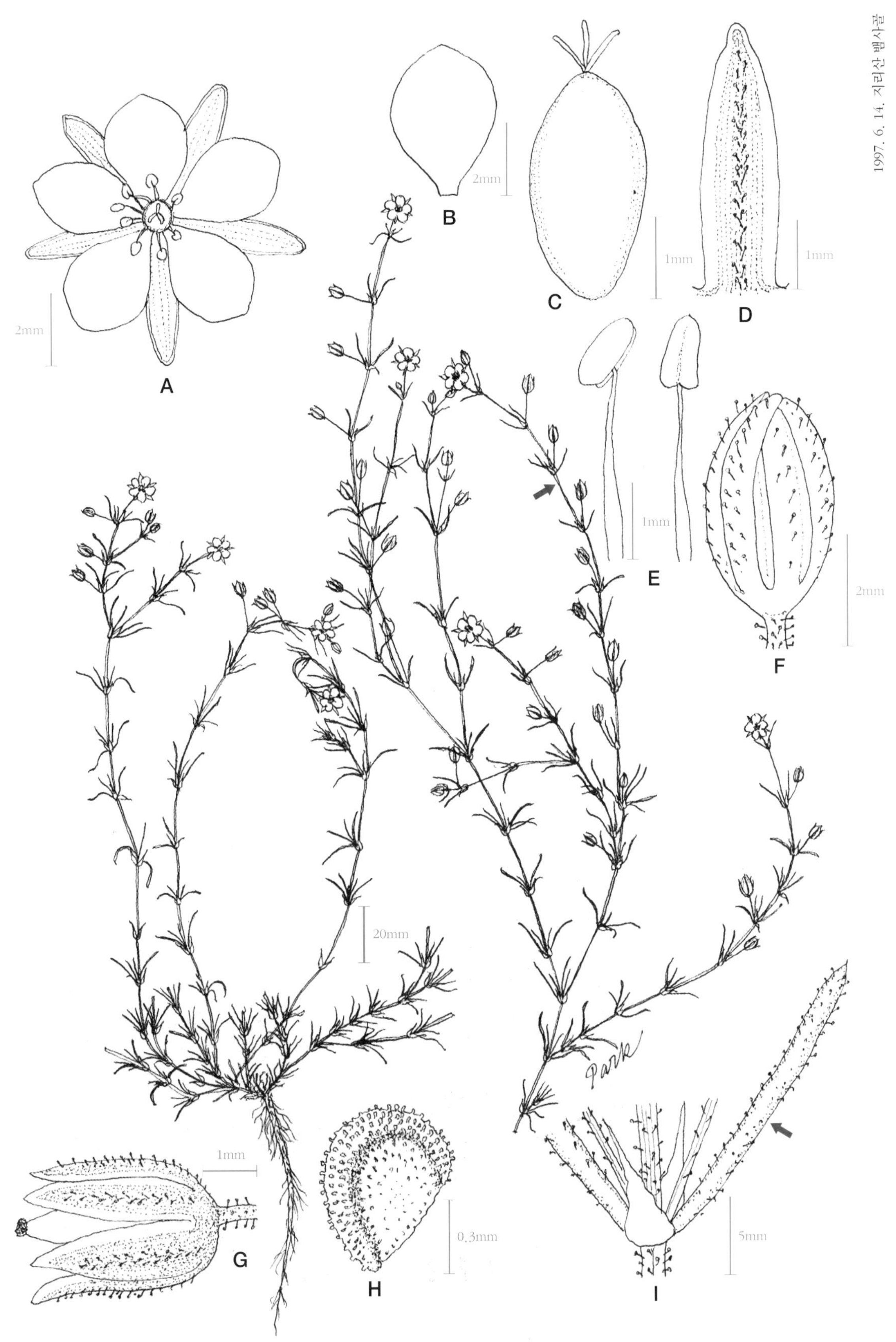

A. 꽃, B. 꽃잎, C. 암술, D. 꽃받침열편, E. 수술, F. 꽃봉오리, G. 열매, H. 씨, I. 탁엽과 잎

19. 말뱅이나물

Mal-baeng-i-na-mul [Kor.]
Doukansou [Jap.]
Cow-herb [Amer.]

***Vaccaria vulgaris* Host.**, Fl. Aust. I: 518(1827).
–*Vaccaria hispanica* (Mill.) Rauschert, in Gleason & Cronquist, Manu. Vas. Pl. U. S. & Can. 2nd Ed. 126(1991).

1년생 초본으로 줄기는 높이 30~60cm이고 위에서 가지를 많이 친다. 잎은 마주나기(對生)이며 피침상 난형披針狀卵形으로 길이 5~10cm, 끝이 예두銳頭이며 기부는 심장저心臟底로 줄기를 둘러싼다. 꽃은 6~9월에 피며 담홍색이고 지름은 7~10mm로 산방상 취산화서繖房狀聚繖花序를 만든다. 꽃받침은 장타원형長楕圓形으로 길이 10~15mm이고 5개의 모서리가 있으며 열매일 때는 각 모서리가 많이 부풀어 날개 모양으로 돌출된다. 꽃잎은 5개, 수술은 10개, 암술머리는 2개로 길이 9~20mm이다. 열매(蒴果)는 난형체卵形體이며 길이는 6~8mm이다. 씨는 지름 2.2mm로 적갈색 또는 흑색이다.

* 유럽 원산이며, 우리나라에서는 관상용으로 재배하던 것이 자연으로 일출逸出하여 야생화하였다.

A. 꽃, B. 열매일 때의 꽃받침, C. 수술, D. 뿌리, E. 암술, F. 꽃받침, G. 꽃잎

20. 창명아주

Chang-myong-a-ju [Kor.]
Hokogata-akaza [Jap.]
Halberd-leaved Orache [Eng.]

***Atriplex hastata* L.**, Sp. Pl. 1053(1753).
-*Atriplex triangular* Willd., Sp. Pl. 4: 963(1805); Y. Chung in Tax. Kor. Chenop. 102(1992).

1년생 초본으로 줄기는 높이 20~80cm이고 가지를 많이 친다. 어린잎이나 줄기, 꽃 등은 백색의 가루 모양 털(粉狀毛)이 많으나 자라면 없어진다. 잎은 아래쪽 것은 마주나기(對生)이고 위쪽은 어긋나기(互生)이다. 잎새(葉身)는 삼각형이며 길이는 2~5cm이다. 꽃은 7~9월에 피며 자웅동주雌雄同株이고 수상화서穗狀花序를 이룬다. 수꽃은 소포엽小苞葉이 없고 화피花被와 5개의 수술이 있다. 암꽃은 2개의 소포엽에 싸여 있다. 소포엽은 난상 삼각형卵狀三角形으로 꽃이 핀 뒤에도 남으며 열매 1개를 싸고 있다.

* 유럽 원산이며, 우리나라에서는 1980년에 충남 장항에서 최초로 발견하였고 그 후 전북 군산, 전남 영광과 목포 등지에서 확인하였다.
* 갯는쟁이(*Atriplex subcordata* Kitagawa)와 달리 잎이 삼각형이며 잎새의 기부가 이형耳形으로 발달하지 않는다.

A. 열매, B. 가지의 일부, C. 포엽

21. 흰명아주

Hin-myong-a-ju [Kor.]
Shiroza [Jap.]
White Goosefoot [Eng.]

***Chenopodium album* L.**, Sp. Pl. 219(1753); Britton & Brown in Illus. Fl. U. S. & Can. 2: 10(1970); T. Osada in Col. Illus. Nat. Pl. Jap. 339(1976).

1년생 초본으로 줄기는 높이 10~300cm이며 현저하게 골이 파여 있다. 잎은 어긋나기(互生)이고 잎새(葉身)는 삼각상 난형三角狀卵形으로 끝이 둔두鈍頭-예두銳頭이며 위쪽의 잎은 피침형披針形으로 톱니가 없다. 어린잎은 양면에 가루 모양의 털(粉狀毛)이 있어 백색이며 성숙하면 뒷면만 백색이 된다. 꽃은 6~7월에 피고 백색이며, 가지 끝이나 잎겨드랑이(葉腋)에서 생긴 수상화서穗狀花序가 모여서 원추화서圓錐花序를 이룬다. 꽃받침은 5개로 등 쪽에 가루 모양의 털이 있고 열매(胞果)를 싸고 있다. 열매는 편구형扁球形으로 지름 1~1.3mm의 검은 씨 1개가 있다.

* 구아대륙歐亞大陸 원산으로, 우리나라에서는 전국적으로 흔히 볼 수 있다.
* 자생종인 명아주(*Chenopodium album* var. *centrorubrum* Makino)에 비해 개화기開花期가 조금 빠르고 백색 가루 모양의 털이 있어 어린싹이나 어린 부분이 흰색을 띤다.

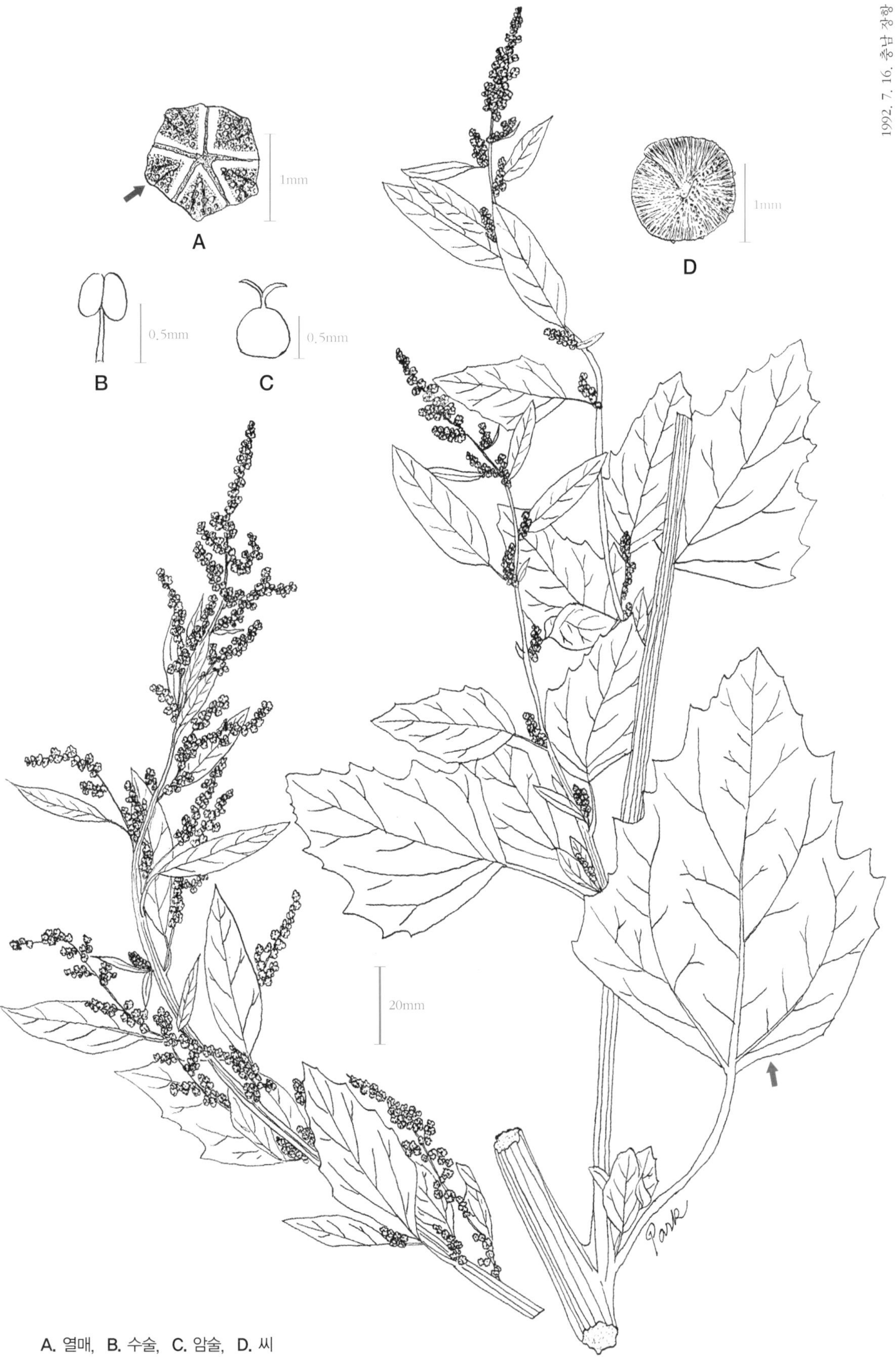

A. 열매, B. 수술, C. 암술, D. 씨

22. 양명아주

Yang-myong-a-ju [Kor.]
Ke-aritasoh [Jap.]
Mexican Tea [Eng.]

Chenopodium ambrosioides **L.**, Sp. Pl. 219(1753); Britton & Brown in Illus. Fl. U. S. & Can. Vol. 2: 14(1970); T. Osada in Col. Illus. Nat. Pl. Jap. 343(1976).

1년생 초본으로 냄새가 난다. 줄기는 높이 30~80cm이고 가지를 많이 친다. 잎은 어긋나기(互生)이며 장타원상 피침형長楕圓狀披針形으로, 크기가 다른 톱니가 있고 뒷면에는 담황색의 선점腺点이 있다. 꽃은 6~9월에 피며 원추화서圓錐花序이다. 화피편花被片은 5개로 난형卵形이고 선점이 있다. 양성화兩性花는 5개의 수술이 있고 수술은 화피 밖으로 튀어나온다. 자성화雌性花는 작고 수술이 퇴화되어 없고 암술만 있으며 암술머리는 3개, 씨는 둥근 난형卵形이고 흑갈색으로 지름은 0.7mm이다.

* 남아메리카 원산으로, 국내에서는 남부 해안과 제주도에서 볼 수 있다.

* 자생종인 명아주(*Chenopodium album* var. *centrorubrum* Makino)에 비해 가지를 많이 치고 잎이 장타원상 피침형이며 식물체에 선점腺点이 많이 덮여서 냄새가 난다.

A. 자성기雌性期의 꽃, B. 열매, C. 씨, D. 수술, E. 웅성기雄性期의 꽃, F. 화서의 일부, G. 잎 뒷면

23. 좀명아주

Jom-myong-a-ju [Kor.]
Ko-akaza [Jap.]
Goosefoot [Eng.]

***Chenopodium ficifolium* Smith**, Fl. Brit. 1: 276(1800); T. Osada in Col. Illus. Nat. Pl. Jap. 338(1976); Makino in Mak. Illus. Fl. Jap. 129(1988).

1년생 초본으로 줄기는 높이 30~100cm이다. 잎은 어긋나기(互生)이고 삼각상 장타원형三角狀長楕圓形으로 길이 3~6cm이고 끝이 뭉툭하고 기부는 극형戟形 또는 설형楔形이며 뚜렷하게 3열편裂片이 있다. 중앙 열편은 옆의 열편에 비해 2~3배 길고 폭이 좁다. 꽃은 6~7월에 피고 원추화서圓錐花序이다. 꽃받침은 5개, 길이 1mm로 담녹색이다. 수술은 5개이며 꽃밥은 공 모양이고 2개씩 붙어 있다. 암술은 1개, 암술대는 2개이다. 열매(胞果)는 뒷면에 능선이 있는 꽃받침으로 싸여있으며 1개의 흑색 씨가 있다.

* 유럽 원산이다. 우리나라에는 전국에 걸쳐 일찍 귀화한 것으로 보인다.
* 흰명아주(*Chenopodium album* L.)에 비해 개화기開花期가 빠르며 잎에 뚜렷하게 3열편이 있고 중앙 열편은 옆의 열편보다 2~3배 길고 폭이 좁아 구별된다.

A. 수술, B. 열매, C. 웅성기雄性期의 꽃, D. 씨

24. 취명아주

Chwi-myong-a-ju [Kor.]
Uraziro-akaza [Jap.]
Oak-leaved Goosefoot [Eng.]

***Chenopodium glaucum* L.**, Sp. Pl. 220(1753); Nakai in Bull. Nat. Sci. Mus. No. 31: 35(1952); T. Chung in Kor. Fl. 186(1956).

1년생 초본으로 줄기는 높이 10~30cm이며 털이 없다. 잎은 어긋나기(互生)이고 장타원형長楕圓形이다. 잎의 가장자리에는 파상波狀 톱니가 있고 길이는 2~4cm, 표면은 초록색이고 뒷면은 가루 모양의 털(粉狀毛)이 밀포密布되어 분백색粉白色이다. 꽃은 7~8월에 피며 황록색이다. 짧은 수상화서穗狀花序가 모여서 만들어진 원추화서圓錐花序는 원元줄기 끝이나 가지 끝에 생긴다. 화피편花被片은 2~5개로 장타원형-도란형倒卵形이고 끝이 둔두鈍頭이다. 꽃잎은 없고 수술은 5개이다. 열매(胞果)는 갈색이고 화피가 일부를 덮고 있다.

* 유럽 원산이며, 우리나라에서는 전국적으로 밭이나 민가 근처 공한지에 자라고 있다.
* 흰명아주(*Chenopodium album* L.)에 비해 키가 작으며 잎이 두껍고 잎 뒷면이 분백색을 띤다.

A. 열매의 앞면, B. 열매의 뒷면, C. 잎, D. 씨

25. 얇은명아주

Yal-beun-myong-a-ju [Kor.]
Uzuba-akaza [Jap.]
Maple-leaved Goosafoot [Eng.]

***Chenopodium hybridum* L.**, Sp. Pl. 219(1753); T. Osada in Col. Illus. Nat. Pl. Jap. 341(1976); T. Lee in Illus. Fl. Kor. 316(1979).

1년생 초본으로 줄기는 높이 30~100cm이고 털이 없고 모서리가 있으며 곧추선다. 잎은 어긋나기(互生)이고 난형卵形-삼각상 난형三角狀卵形으로 얇으며 길이는 6~13cm, 1~4쌍의 큰 삼각상 톱니가 있다. 어린잎은 뒷면이 분백색粉白色이지만 성장한 잎에서는 분백색이 사라진다. 꽃은 7~8월에 피고 원추화서圓錐花序가 생기며 황록색이다. 꽃받침은 5개로 기부 근처까지 깊게 갈라지며 가루 모양의 털(粉狀毛)이 있거나 또는 없다. 열매(胞果)는 씨 1개가 들어 있으며 씨는 지름 2mm의 원반형으로 표면에 작은 홈이 많이 파여 있다.

* 유럽-서아시아 원산이다. 한반도에는 북부와 중부(경북 문경, 강원 삼척)에 귀화하였다.
* 흰명아주(*Chenopodium album* L.)에 비해 잎이 얇으며 1~4쌍의 큰 삼각상 톱니가 있는 점이 다르다.

A. 씨, B. 열매의 앞면, C. 열매의 뒷면

26. 냄새명아주

Naem-sae-myong-a-ju [Kor.]
Goushiu-aritasoh [Jap.]
Clammy Goosefoot [Eng.]

Chenopodium pumilio **R. Br.**, Prod. 1: 407(1810); T. Osada in Col. Illus. Nat. Pl. Jap. 342(1976); C. Stace in Fl. Brit. Isl. 169(1991).

1년생 초본으로 식물 전체에서 강한 냄새가 난다. 줄기는 높이 15~40cm로 다세포의 굽은 털과 샘털(腺毛)이 있다. 잎은 어긋나기(互生)이고 장타원형長楕圓形으로 길이 0.8~3cm, 폭 0.4~1.5cm이며 가장자리에는 3~4쌍의 삼각상三角狀 톱니가 있다. 표면은 광택이 있고 뒷면에는 자루가 있는 황색 선점腺点이 있다. 꽃은 7~8월에 피고 잎겨드랑이(葉腋)에 밀집해서 지름 4mm 정도의 덩어리가 된다. 꽃받침은 5개로 초록색이며 두껍고 다세포의 털(多細胞毛)과 선점이 있다. 열매(胞果)는 꽃받침에 싸여 있고 씨는 진한 갈색이며 편구형扁球形으로 지름은 0.6mm이다.

* 호주 원산으로, 우리나라에는 제주도에 분포한다.
* 취명아주(*Chenopodium glaucum* L.)에 비해 줄기가 가늘고 줄기와 잎의 뒷면에 황색 선점이 있어 냄새가 난다.

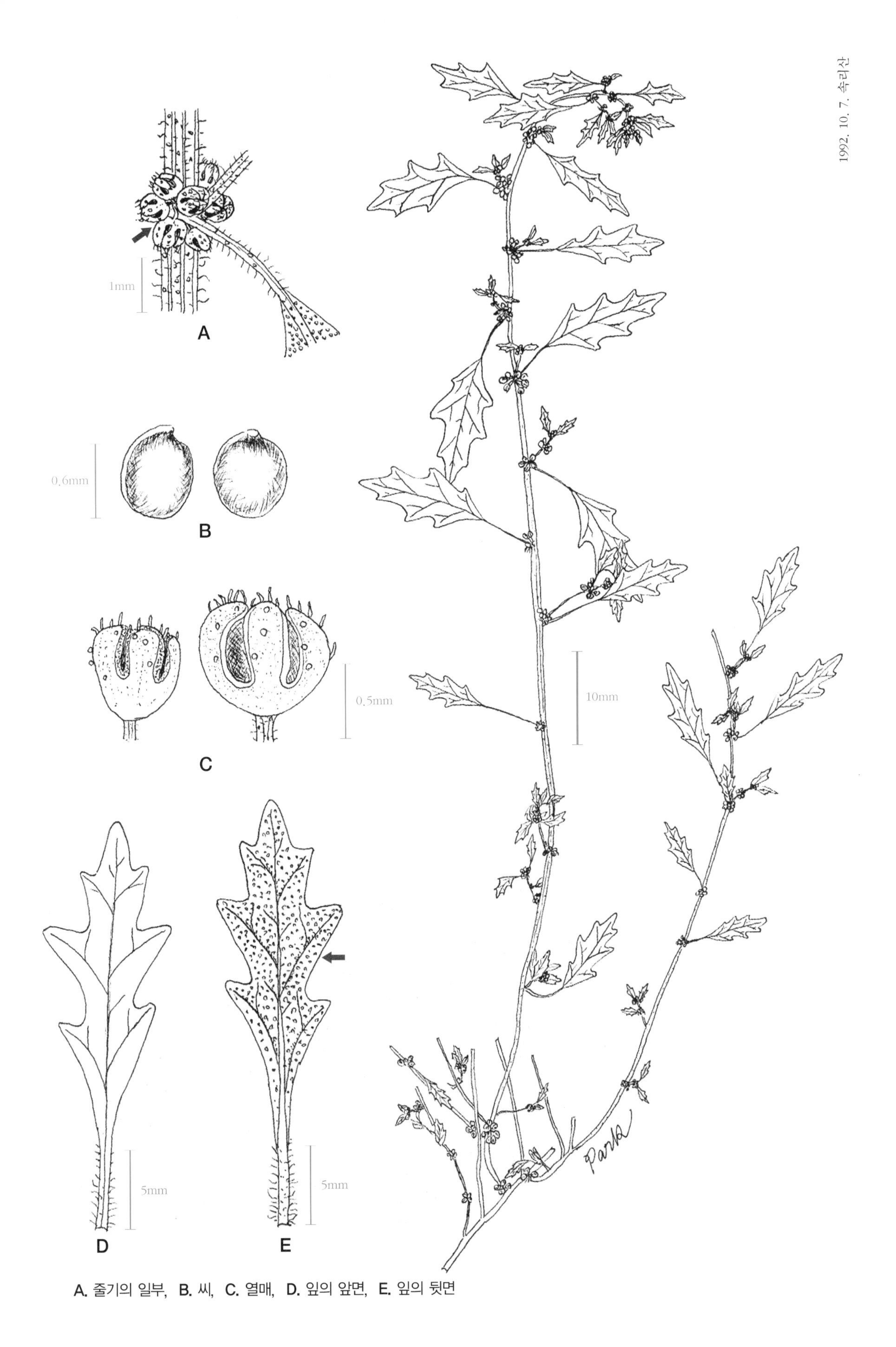

A. 줄기의 일부, B. 씨, C. 열매, D. 잎의 앞면, E. 잎의 뒷면

27. 미국비름

Mi-guk-bi-reum [Kor.]
Hime-shirobiyu [Jap.]
Tumble-weed [Eng.]

***Amaranthus albus* L.**, Sp. Pl. Ed. 2: 1404(1763); W. Lee, Y. Yim in Kor. Jour. Pl. Tax. 8(App.): 18(1978).
- *Amaranthus graecizans* L. Sp. Pl. 990(1753).

1년생 초본으로 줄기는 곧게 자라며 높이는 20~50cm로 가지를 많이 친다. 잎은 장타원형長楕圓形으로 길이는 0.8~3cm, 중앙맥의 끝은 1mm 정도의 까락(芒)이 되어 잎끝으로 돌출된다. 꽃은 7~10월에 피며 단성화單性花이다. 화서花序는 각 잎겨드랑이(葉腋)에 작은 덩어리(團繖花序)를 이루며 잎보다 짧다. 소포엽小苞葉은 길이 1.5~3mm이며 끝이 뾰족하다. 화피편花被片은 3개로 막질膜質이며 소포엽보다 짧다. 수술은 3개, 열매(胞果)는 구형球形이며 화피보다 길고 주름살이 있으며 가로로 쪼개진다. 씨는 검은색으로 렌즈형이며 지름은 0.7~0.8mm이다.

* 북아메리카 원산이며, 우리나라에서는 전남 목포와 제주도에서 관찰된다.
* 국내의 비름류(*Amaranthus* L.) 중에서 잎이 가장 작고 가지를 많이 치며 잎의 중앙맥 끝이 까락이 되어 잎끝으로 돌출하는 특징이 있다.

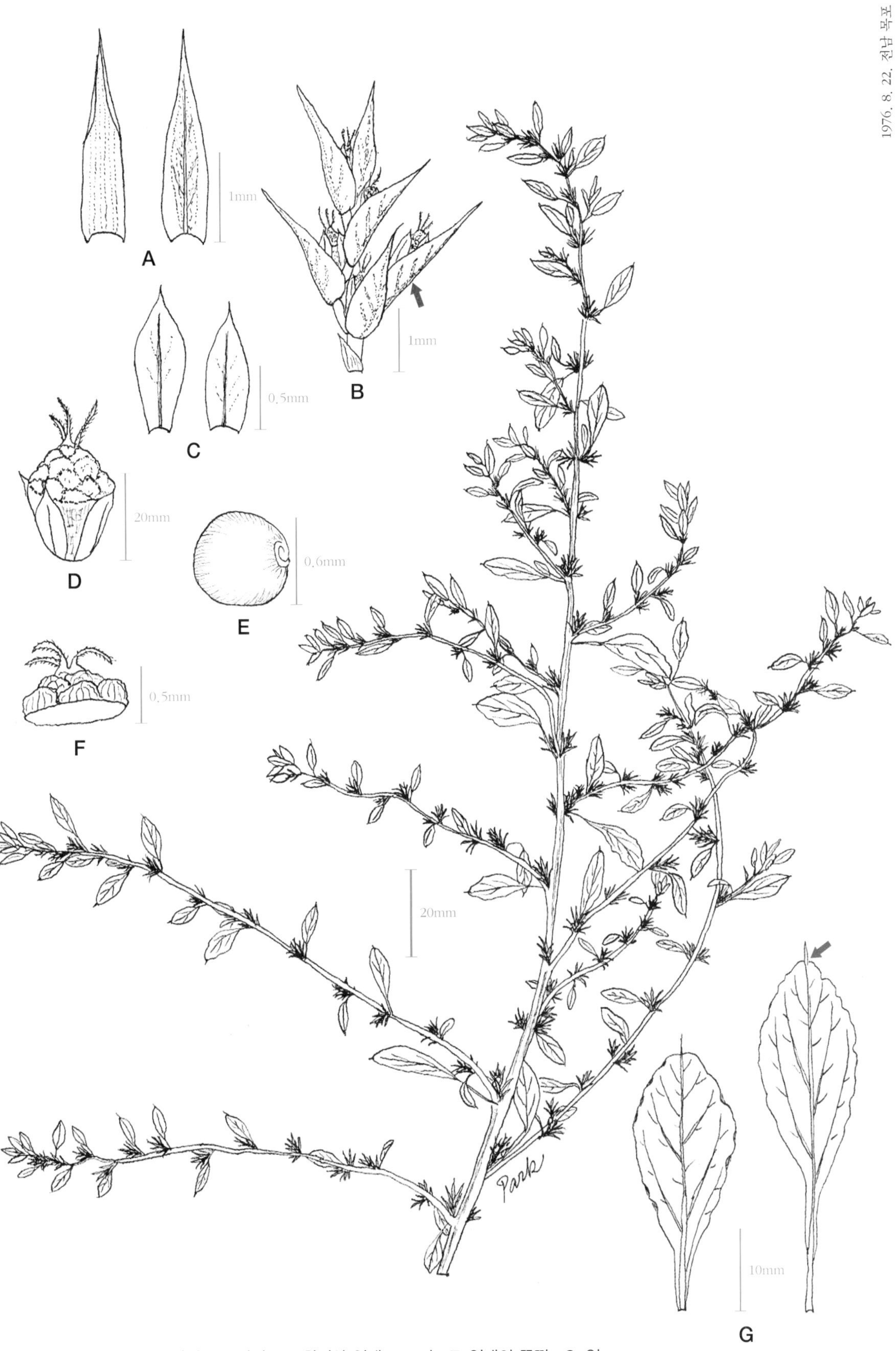

A. 소포엽, B. 단산화서, C. 화피, D. 화피와 열매, E. 씨, F. 열매의 뚜껑, G. 잎

28. 각시비름

Kag-si-bi-reum [Kor.]
Hime-ao-geitou [Jap.]
Sandhill Amaranth [Amer.]

Amaranthus arenicola **Johnston**, Jour. Am. xxix. 193(1948); T. Osada in Col. Illus. Nat. Pl. Jap. 331(1976); S. H. Park in Kor. Jour. Pl. Tax. 27(4): 501(1997).

자웅이주雌雄異株의 1년생 초본으로 줄기는 높이 50~150cm로 곧게 자란다. 잎은 긴 잎자루가 있고 타원형에서 피침형披針形까지 여러 형태를 띠고 있다. 길이는 2~8cm이며 주맥主脈은 잎끝에서 가시 모양이 되어 잎새(葉身) 밖으로 돌출된다. 꽃은 8~9월에 피며 줄기 끝과 잎겨드랑이(葉腋)에서 밀추화서密錐花序가 생기는데 줄기 끝의 화서는 높이 10~20cm, 잎겨드랑이의 화서는 길이가 짧고 가늘다. 암그루의 암꽃은 1개의 암술, 수그루의 수꽃은 5개의 수술이 있다. 열매는 가로로 갈라지고 1개의 씨가 들어 있으며, 씨는 둥글고 지름 1~1.2mm로 암적갈색이다.

* 북아메리카 원산으로, 국내에서는 필자가 1997년 8월 경남 진해 창전부두의 모래땅에서 확인하였다.
* 국내에 알려진 본 속 식물은 모두 자웅동주이나 본 종은 자웅이주이며, 소포엽小苞葉이 화피花被보다 짧고 잎새가 타원형 또는 피침형인 점이 크게 다르다.

1997. 8. 10. 경남 진해 창전부두

A. 암꽃, B. 수꽃, C. 꽃받침열편, D. 포엽, E. 수술과 꽃받침열편, F. 잎의 끝 부분, G. 줄기의 잎, H. 줄기의 일부

29. 긴털비름

Gin-teol-bi-reum [Kor.]
Honaga-aogeitou [Jap.]
Spleen Amaranth [Eng.]

***Amaranthus hybridus* L.**, Sp. Pl. 990(1753); Y. M. Lee, S. H. Park, J. M. Jeong, Kor. J. Pl. Taxon. 202(2005).
-*Amaranthus powelii* S. Watson, proc. Am. Acad. 10: 347(1875).

1년생 초본으로 식물체 전체에 짧은 털이 있어 꺼끌꺼끌하다. 줄기는 곧게 자라고 가지를 별로 치지 않으며 높이 100cm 정도로 자란다. 잎은 어긋나기(互生)이며 잎자루가 있고, 능형菱形에 가까운 난형卵形으로 양 끝이 뾰족하고 가장자리는 거의 전연全緣이다. 꽃은 9~10월에 피는데, 줄기 끝이나 위쪽의 잎겨드랑이(葉腋)에 5~20cm 정도의 원주상圓柱狀의 화수花穗가 달리며 화수는 가지를 치지 않는다. 작고 많은 꽃이 밀착되며 소화小花는 소포엽小苞葉보다 짧다. 소포엽은 끝에 자상 돌기刺狀突起가 있다. 수술은 5개이며 열매는 약간 주름이 지며 가로로 갈라진다.

* 북아메리카, 유럽, 아프리카, 호주, 아시아 등으로 널리 귀화했으며 우리나라에서는 중 · 남부지방에 자란다.

* 가는털비름(*Amaranthus patulus* Bertoloni)에 비해 화수가 길게 자라며 가지를 치지 않는다.

A. 씨, B. 화피와 열매, C. 열매의 모자, D. 화피, E. 수술, F. 소포엽

30. 개비름

Kae-bi-reum [Kor.]
Inu-biyu [Jap.]
Wild Amaranth [Eng.]

***Amaranthus lividus* L.**, Sp. Pl. 990(1753); Britton & Brown in Illus. Fl. U. S. & Can. 2: 4(1970).
–*Amaranthus blitum* L., Sp. Pl. 990(1753).

1년생 초본으로 줄기는 기부에서 가지가 많이 갈라지며 높이는 25~80cm이다. 잎은 어긋나기(互生)이며 능상 난형菱狀卵形이고 길이는 4~8cm, 끝은 요두凹頭, 기부는 예저銳底이고 가장자리에 톱니가 없다. 꽃은 6~9월에 피며 자웅이주雌雄同株로 잎겨드랑이(葉腋)에 덩어리져 있고 줄기 끝에서 길이 2~8cm의 수상화서穗狀花序를 이룬다. 화피편花被片은 3개로 좁은 피침형披針形이고 길이 1.5mm, 막질膜質이며 초록색의 굵은 중앙맥이 있다. 수술 3개, 암술 1개가 있다. 열매(胞果)는 난형으로 약간의 주름이 있으며 열개裂開되지 않는다.

* 유럽 원산으로 알려져 있고, 우리나라에서는 전국적으로 밭이나 민가 근처에 자란다.
* 청비름(*Amaranthus viridis* L.)과 달리 잎이 능상 난형이며 자란 다음 줄기 끝의 화서가 길게 자라지 않는다.

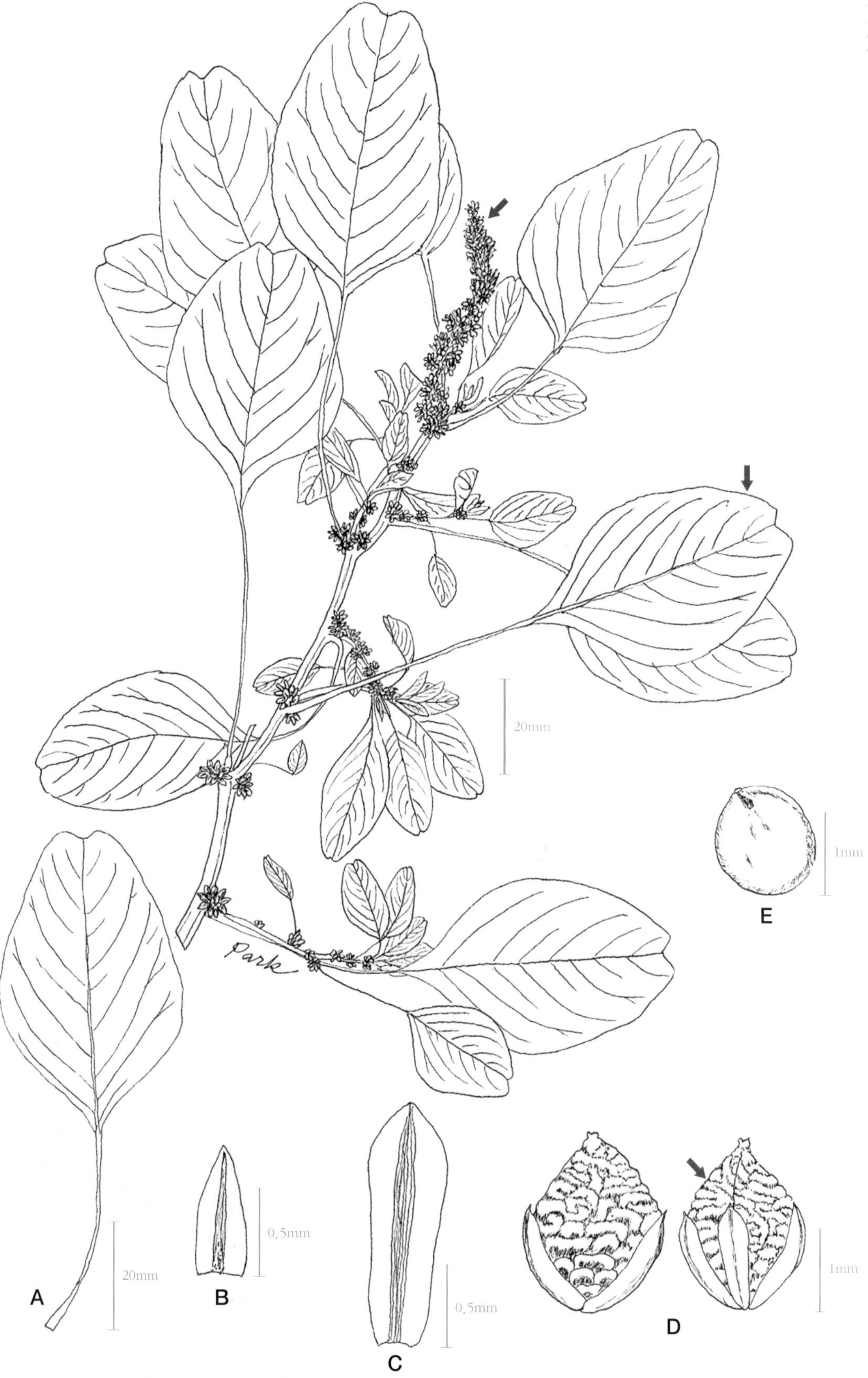

A. 잎, B. 포엽, C. 화피, D. 열매, E. 씨

31. 긴이삭비름

Gin-i-sag-bi-reum [Kor.]
O-honaga-aogeitou [Jap.]
Amaranth [Amer.]

***Amaranthus palmeri* Wats.**, Proc. Am. Acad. xii, 274(1877); T. Osada in Col. Illus. Nat. Pl. Jap. 330(1976); S. H. Park in Kor. Jour. Pl. Tax. 27(4): 503(1997).

자웅이주雌雄異株의 1년생 초본으로 줄기의 높이가 1~2m인 장대한 식물이다. 잎은 능상 난형菱狀卵形이고 길이는 3~10cm이며, 잎끝에 중앙맥이 짧게 돌출한다. 꽃은 8~9월에 피는데 가지 끝에 밀추화서密錐花序가 생기며 화서의 길이는 20~50cm로 끝이 아래를 향하여 굽는다. 잎겨드랑이(葉腋)에서 생기는 화서는 없거나 있어도 짧다. 소포엽小苞葉은 길이 3~6mm이며 끝은 가시로 변하여 만지면 통증이 느껴진다. 암그루의 암꽃은 녹색이며 수그루의 수꽃은 엷은 황록색이다. 열매는 화피편花被片보다 짧고 가로로 갈라지며 1개의 씨가 들어 있다. 씨는 지름 1~1.3mm, 암적갈색이다.

* 북아메리카 원산으로 우리나라에서는 경남 진해 창전부두, 최근에는 서울의 월드컵 공원에서도 확인되었다.
* 가는털비름(*Amaranthus patulus* Bertoloni)에 비해 줄기 끝의 화서가 50cm까지 길게 자라며 소포엽의 끝이 침상 돌기針狀突起로 변하여 찔릴 수 있다.

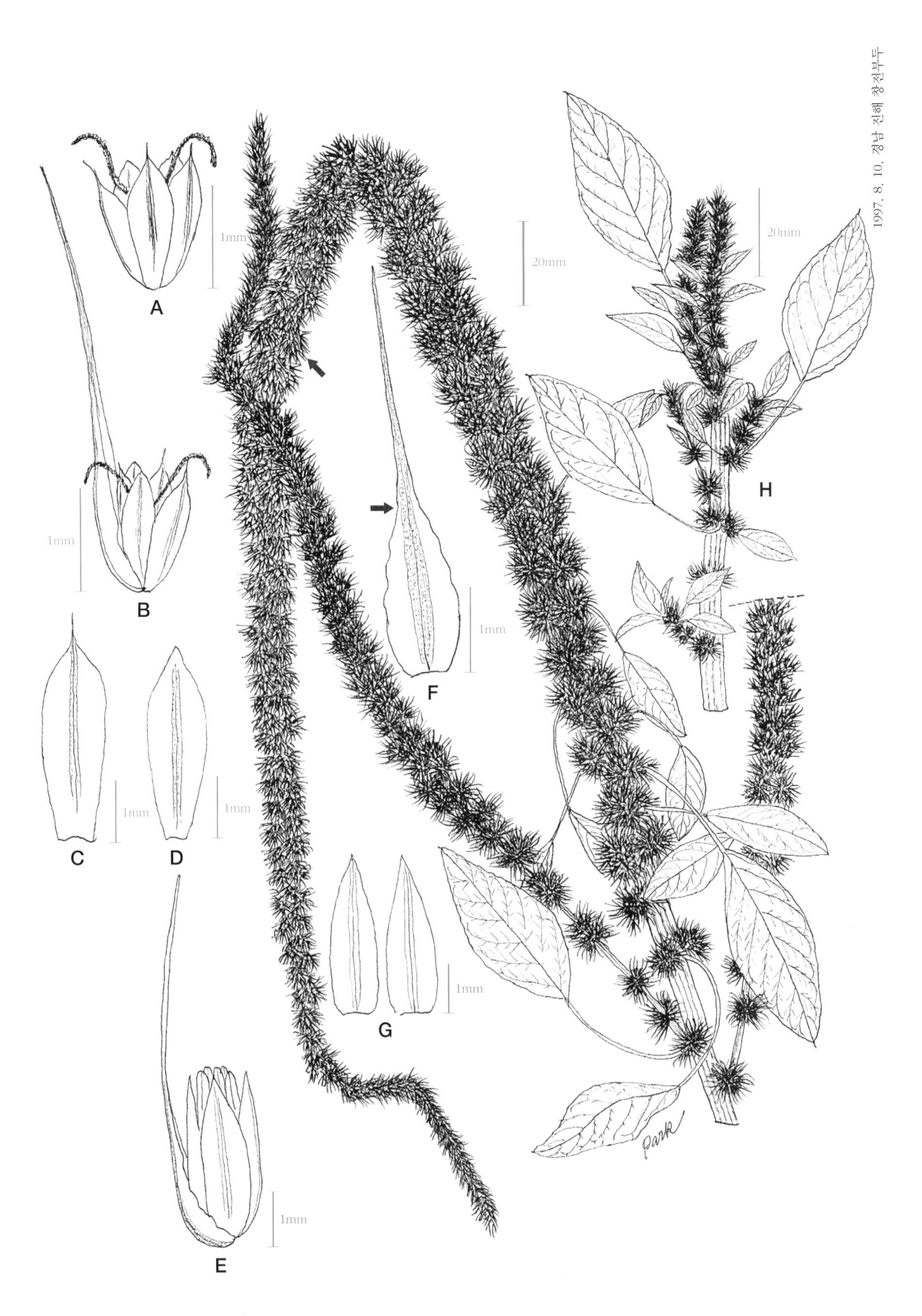

A. 암꽃, B. 암꽃과 포엽, C. 암꽃의 외화피, D. 암꽃의 내화피, E. 수꽃과 포엽, F. 암꽃의 포엽, G. 수꽃의 화피,
H. 줄기의 일부

32. 가는털비름

Ga-neun-teol-bi-reum [Kor.]
Hoso-aogeitoh [Jap.]
Speen Amaranth [Eng.]

Amaranthus patulus **Bertoloni**, Comment. Itin. Neapol. 19. 1837; T. Osada in Col. Illus. Nat. Pl. Jap. 327(1976); S. H. Park, Nat. Conser. Vol. 85: 47(1994).

1년생 초본으로 줄기는 높이 60~200cm로 곧게 자란다. 잎은 어긋나기(互生)이고 능상 난형菱狀卵形으로 길이는 5~12cm이고 잎 가장자리는 톱니가 없으며 주름이 진다. 꽃은 7~10월에 피며 원추화서圓錐花序를 이룬다. 화수花穗는 폭 5~7mm로 원주상圓柱狀이며 초록색이고, 줄기 끝에 있는 것은 길게 자라며 옆의 것은 곧게 또는 비스듬히 여러 개의 짧은 화수를 만든다. 자웅이화雌雄異花이며 포엽苞葉은 길이 2~4mm, 화피편花被片은 5개로 길이 1.5~2mm이며 끝이 뾰족하다. 열매(胞果)는 화피편보다 조금 길며 익으면 가로로 쪼개진다. 씨는 흑색이고 지름 1mm로 광택이 있다.

* 남아메리카 원산이며, 국내에는 거의 전국에 분포한다.

* 털비름(*Amaranthus retroflexus* L.)에 비해 화서가 가늘고 길며 폭이 좁다. 열매는 화피보다 크며 화피의 끝이 예두銳頭이다.

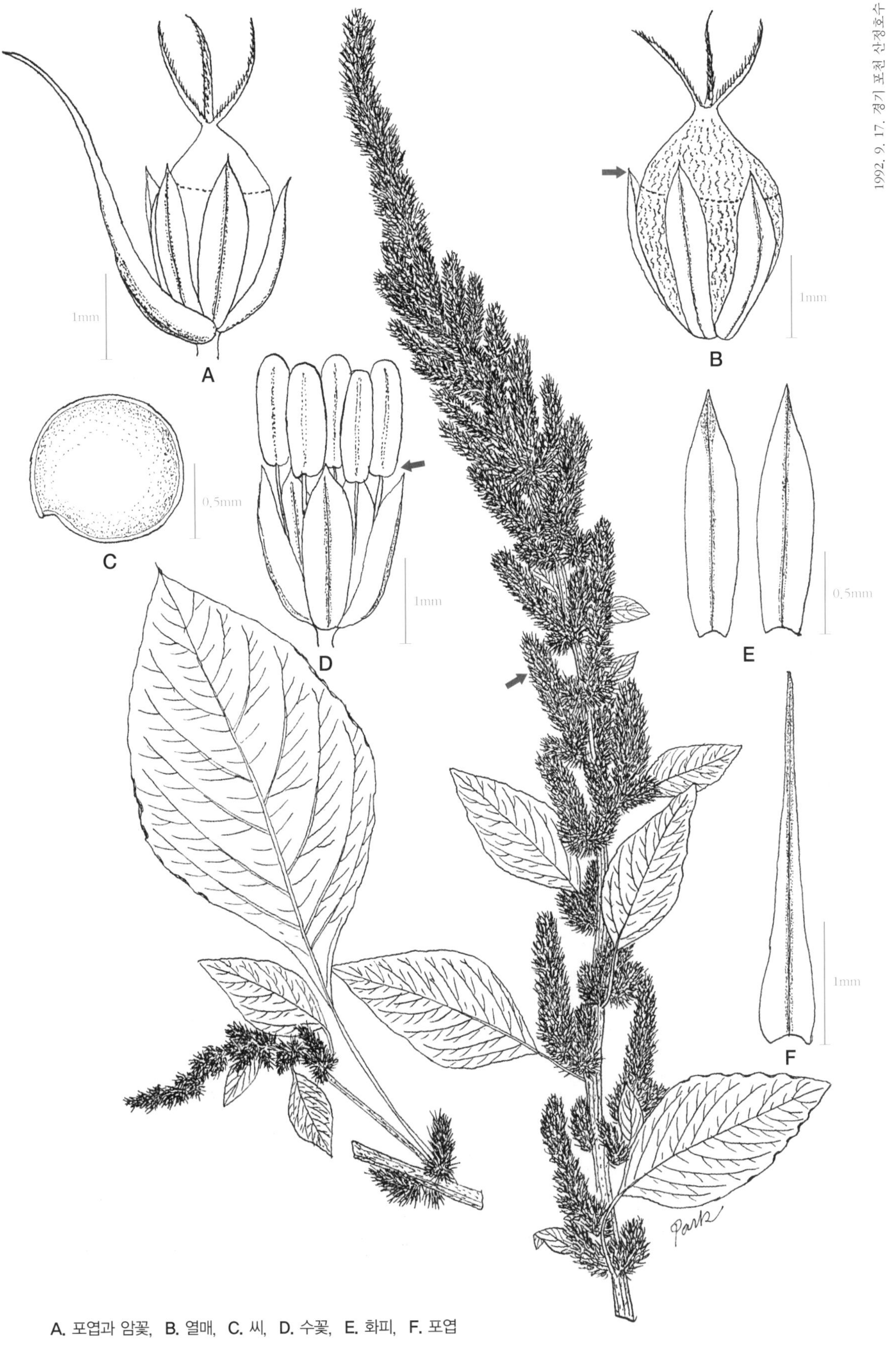

1992. 9. 17. 경기 포천 산정호수

1mm

A

B

1mm

0.5mm

C

1mm

D

0.5mm

E

1mm

F

Park

A. 포엽과 암꽃, B. 열매, C. 씨, D. 수꽃, E. 화피, F. 포엽

33. 털비름

Teol-bi-reum [Kor.]
Ao-geitoh [Jap.]
Green Amaranth [Eng.]

***Amaranthus retroflexus* L.**, Sp. Pl. 991(1753); Nakai in Bull. Nat. Sci. Mus. No. 31: 35(1952); C. Stace in Fl. Brit. Isl. 187(1991).

1년생 초본으로 줄기는 곧추서며 높이 40~150cm, 담녹색으로 때로는 붉게 물들기도 한다. 잎은 어긋나기(互生)이며 능상 난형菱狀卵形이고 길이는 4~13cm이다. 잎의 중앙맥은 잎끝 쪽에 가시 모양으로 1mm 정도 돌출한다. 꽃은 7~8월에 피며 화수花穗는 원주상圓柱狀으로 폭 8~15mm이다. 자웅이화雌雄異花로 잡성雜性이며 포엽苞葉은 길이 4~6mm, 중앙맥 끝이 침상針狀이 된다. 화피편花被片은 5개로 주걱형이며 백색 막질膜質이다. 열매(胞果)는 화피보다 짧고 익으면 가로로 열린다. 씨는 지름 1~1.3mm, 흑갈색으로 광택이 있다.

* 열대 아메리카 원산으로, 우리나라에서는 중부지방에서 드물게 볼 수 있다.
* 가는털비름(*Amaranthus patulus* Bertoloni)에 비해 화수가 짧고 굵으며 열매는 화피보다 짧고 화피는 곤봉형棍棒形이다.

A. 암술, B. 씨, C. 포엽과 암꽃, D. 화피, E. 포엽, F. 암꽃, G. 뿌리

34. 가시비름

Ga-si-bi-reum [Kor.]
Hari-biyu [Jap.]
Spiny or Thorny Amaranth [Eng.]

***Amaranthus spinosus* L.**, Sp. Pl. 991(1753); Britton & Brown in Illus. Fl. U. S. & Can. 2: 3(1970); T. Lee in Illus. Fl. Kor. 320(1979).

1년생 초본으로 줄기는 높이 40~80cm이고 가지를 많이 친다. 잎은 어긋나기(互生)이고 잎자루 기부에 길이 5~20mm의 단단한 탁엽성托葉性 가시가 1쌍 있다. 잎새(葉身)는 난형卵形, 마름모형(菱形)으로 길이는 5~8cm, 중앙맥은 끝이 잎새 밖으로 돌출한다. 6~9월에 꽃이 피며 꽃은 자웅이주雌雄同株이다. 암꽃은 잎겨드랑이(葉腋)에 많은 꽃이 두상頭狀으로 덩어리져 달리고 수꽃은 정상頂上에 밀집된 원주형圓柱形의 수상화서穗狀花序 속에 있다. 열매(胞果)는 화피花被와 길이가 같고 과피果皮에는 주름이 있다.

* 열대 아메리카 원산이며, 국내에는 1970년대 이후에 알려졌고 제주도에 분포한다.
* 가는털비름(*Amaranthus patulus* Bertoloni)과 달리 잎자루 기부에 길이 5~20mm의 단단한 탁엽성 가시가 있어 구분된다.

A. 수꽃, B. 암꽃, C. 포엽, D. 화피, E. 꽃밥, F. 줄기의 가시

35. 청비름

Cheong-bi-reum [Kor.]
Honaga-inubiyu [Jap.]
Green Amaranth [Eng.]

Amaranthus viridis **L.**, Sp. Pl. Ed. 2: 1405(1763); T. Osada in Col. Illus. Nat. Pl. Jap. 332(1976); T. Lee in Illus. Fl. Kor. 320(1979).

1년생 초본으로 줄기는 곧게 서며 높이는 50~80cm로 털이 없다. 잎은 어긋나기(互生)이고 삼각상 난형三角狀卵形으로 길이는 4~12cm이고 잎 가장자리에는 톱니가 없다. 꽃은 7~9월에 피며 잎겨드랑이(葉腋)에 소화小花가 모여 덩어리를 이루고 줄기나 가지 끝에 지름 5~7mm, 원주상圓柱狀의 수상화서穗狀花序를 만든다. 포엽苞葉은 화피花被보다 짧다. 화피는 3개이며 열매(胞果)는 도란형倒卵形으로 화피보다 길고, 주름이 많고 경화硬化되어 수평으로 갈라지지 않는다. 씨는 원형이고 납작하며 지름 1mm, 흑색으로 윤이 난다.

* 열대 아메리카 원산이다. 국내에는 부산, 제주 추자도에 분포한다고 알려졌으나 필자는 서울의 난지도와 경기 포천 등지에서 발견할 수 있었다.

* 개비름(*Amaranthus lividus* L.)과 달리 잎이 삼각상 난형이며 줄기 끝의 수상화서가 길게 자라는 특징이 있다.

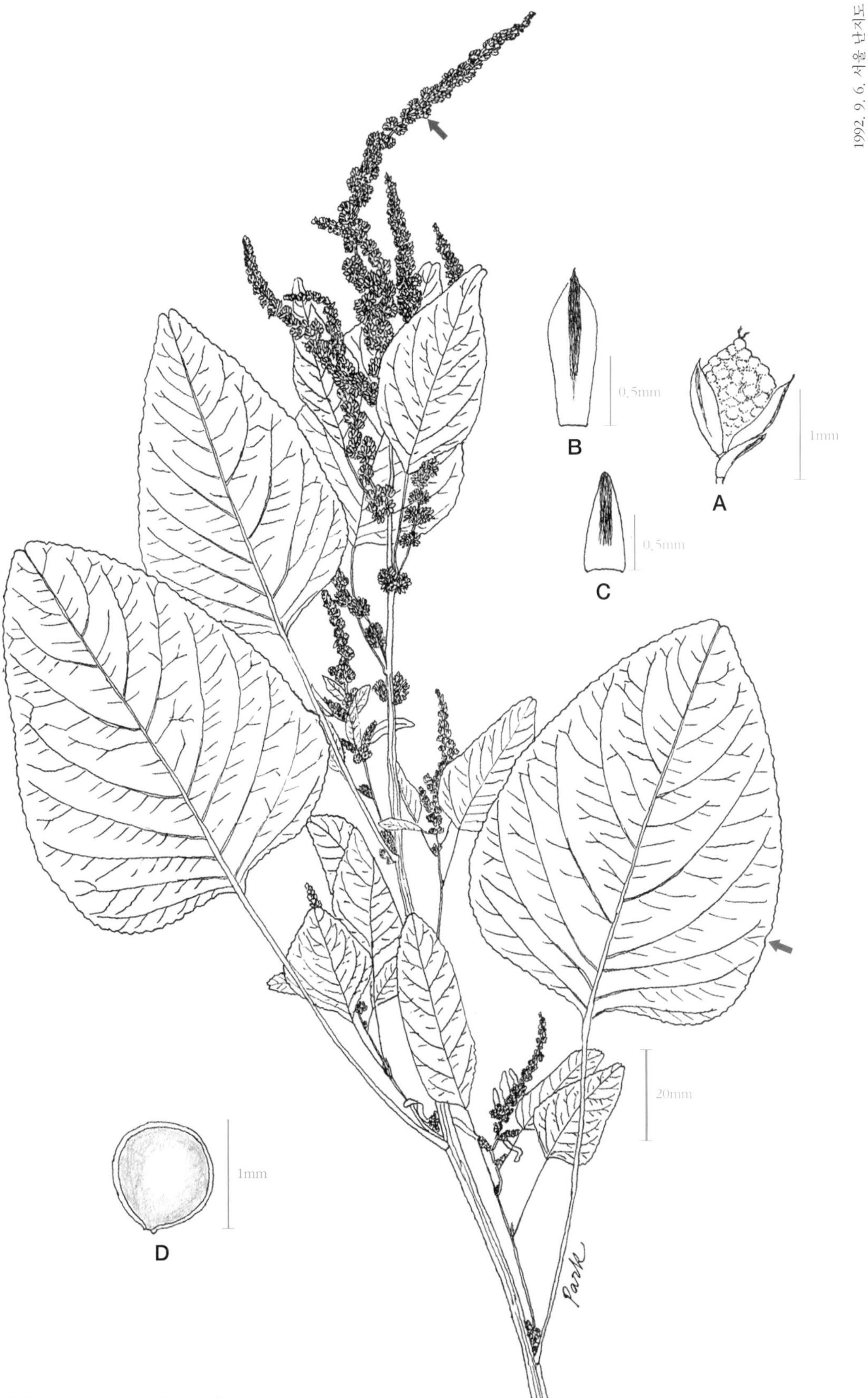

1992. 9. 6. 서울 난지도

B
0.5mm
A
1mm
C
0.5mm
20mm
D
1mm
Park

A. 열매, B. 화피, C. 포엽, D. 씨

36. 개맨드라미

Gae-maen-du-ra-mi [Kor.]
No-geitou [Jap.]
Feather Cockscomb [Eng.]

***Celosia argentea* L.**, Sp. Pl. 205(1753); T. Nakai, Bull. Nat. Sci. Mus. 31: 35(1952); T. Osada in Col. Illus. Nat. Pl. Jap. 324(1976).

1년생 초본으로 줄기는 높이 30~100cm이고 줄기의 가운데가 비어 있다. 잎은 어긋나기(互生)이며 피침형披針形이고 길이 4~12cm, 양쪽 끝이 뾰족하고 짧은 잎자루가 있다. 꽃은 7~9월에 피며 담홍색 또는 백색이고 수상화서穗狀花序를 이룬다. 화서는 원주형圓柱形으로 길이 4~7cm, 폭 1~1.5cm이다. 꽃은 양성兩性이고 소포엽小苞葉은 3개이며 화피花被는 5개로 9mm 정도 길이에 1맥이 있다. 수술은 5개이며 암술은 1개이다. 열매(胞果)는 난형卵形으로 익으면 가로로 열리며 2~4개의 씨가 나온다. 씨는 원형이며 흑색으로 광택이 있다.

* 열대 아메리카(?) 원산이며, 우리나라에서는 원예종으로 재배해오던 것이 자연으로 일출逸出하여 일부 야생화하였다.
* 맨드라미(*Celosia cristata* L.)와 달리 화서에 긴 자루가 있고 수상화서를 이루며 계관상鷄冠狀으로 펼쳐지지 않는다.

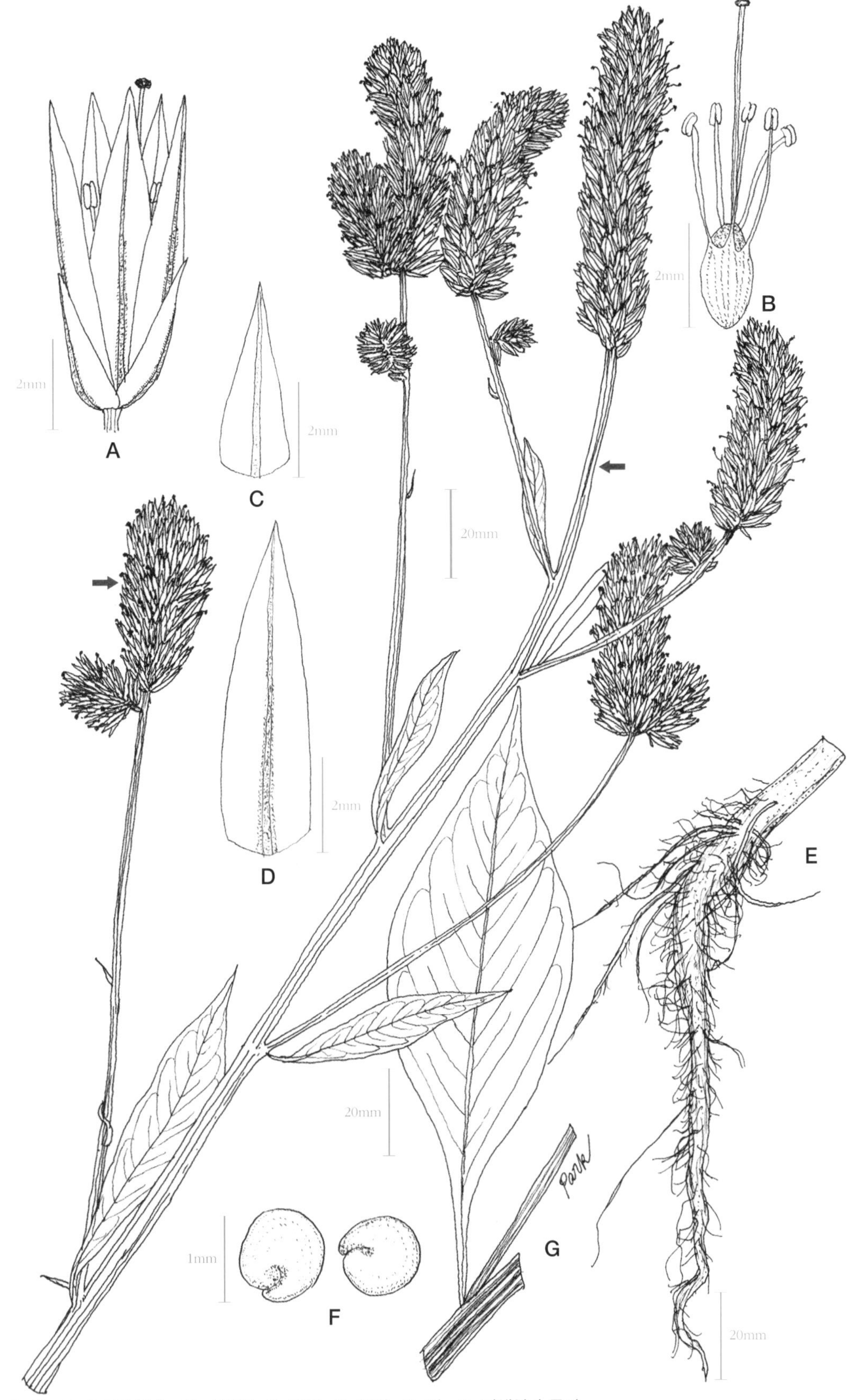

A. 꽃, B. 수술과 암술, C. 소포엽, D. 화피, E. 뿌리, F. 씨, G. 경생엽과 줄기

37. 좀미나리아재비

Jom-mi-na-ri-a-jae-bi [Kor.]
Ito-kitunenobotan [Jap.]
Corn Crow-foot [Amer.]

***Ranunculus arvensis* L.**, Sp. Pl. 555(1753); Britton & Brown in Illus. Fl. U. S. & Can. 2: 115(1970); T. Osada in Illus. Jap. Ali. Pl. 154(1972).

1년생 초본으로 줄기는 가지를 많이 치며 높이는 20~40cm이다. 근생엽根生葉은 긴 잎자루가 있고 윤곽이 난형卵形이며 기부까지 3전열全裂이 되고 열편裂片은 다시 3심열深裂이 된다. 폭은 3~8mm로 최종 열편은 선형線形, 장타원형長楕圓形 또는 결각상缺刻狀 열편이 된다. 꽃은 4~8월에 피며 긴 꽃자루가 있고 지름 8mm로 담황색이다. 꽃잎은 도란형倒卵形이고 길이 5~8mm로 광택이 있다. 열매(瘦果)는 길이 5~7mm로 4~8개가 모여 있고 편평하며 가장자리는 좁은 폭으로 비후肥厚된다. 옆면에는 자상돌기刺狀突起가 있으며 끝에는 수과의 1/2 크기의 송곳 모양 부리가 있다.

* 유럽 원산이며, 우리나라에서는 1996년 경기 안산의 수인산업도로변에서 처음 확인되었다.
* 유럽미나리아재비(*R. muricatus* L.)에 비해 식물체가 왜소하고 잎이 3전열되며 수과의 자상 돌기가 더욱 발달되어 있고 4~8개가 자루 끝에 모여 있다.

1998. 6. 6. 경기 안산

A

2mm

20mm

B

2mm

C

3mm

D

3mm

E

1mm

A. 열매, B. 꽃, C. 꽃받침열편, D. 꽃잎, E. 경생엽

38. 유럽미나리아재비

Yu-reop-mi-na-ri-a-jae-bi [Kor.]
Togemino-kitunenobotan [Jap.]
Spiny-fruited Crowfoot [Amer.]

***Ranunculus muricatus* L.**, Sp. Pl. 555(1753); Britton & Brown in Illus. Fl. U. S. & Can. 2: 115(1970); T. Osada in Illus. Jap. Ali. Pl. 154(1972).

1년생 초본으로 줄기는 높이 15~40cm이고 털이 없다. 아래쪽의 잎은 긴 잎자루가 있고 잎새(葉身)는 콩팥꼴(腎臟形)로 너비 3~6cm이며 3열裂되고 둔거치鈍鋸齒가 있다. 경생엽莖生葉은 난형卵形으로 3중열中裂된다. 꽃은 5~7월에 피며 황색이고 지름 6~10mm이다. 꽃받침은 5개로 꽃잎보다 짧고 반곡反曲된다. 꽃잎은 5개인데 좁은 도란형倒卵形이고 길이 7mm로 광택이 있다. 열매는 둥글며 15~25개의 수과瘦果가 모여서 이루어진다. 수과는 편평하고 길이 5~8mm, 표면에 길이 4mm 정도의 자상 돌기刺狀突起가 여러 개 있고 끝에는 길이 2~3mm의 굽은 부리 모양의 돌기가 있다.

* 유럽 원산이며, 우리나라에서는 제주도에서 1996년에 확인되었다.
* 좀미나리아재비(*Ranunculus arvensis* L.)와 달리 잎이 난형으로 3중열되며 15~25개의 수과가 자루 끝에 모여 있다.

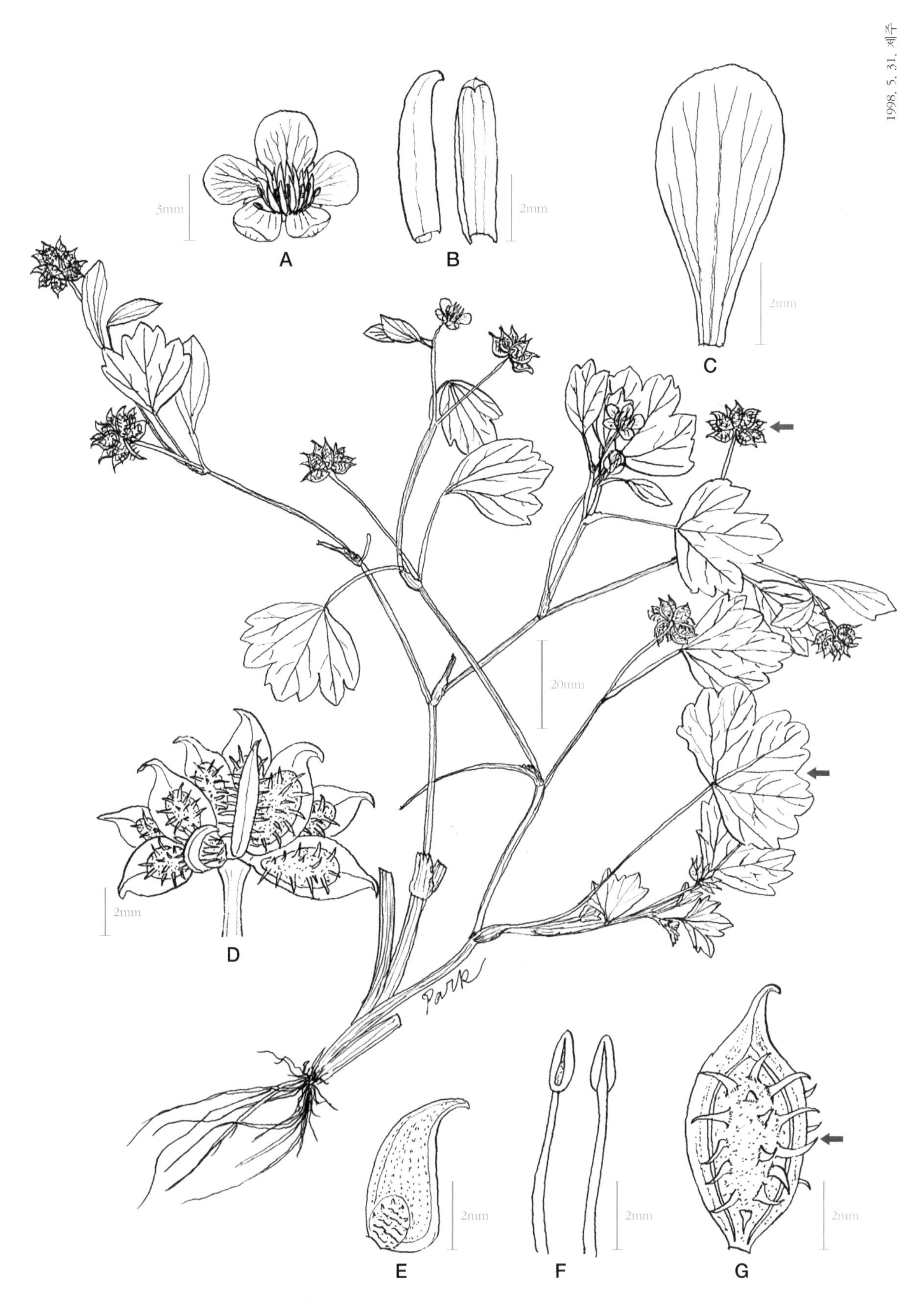

A. 꽃, B. 꽃받침열편, C. 꽃잎, D. 열매, E. 씨방, F. 수술, G. 수과

39. 약모밀

Yakmomil [Kor.]
Dokudami [Jap.]

Houttuynia cordata **Thunb.**, Fl. Jap. 234(1784); T. Chung. in Kor. Fl. 141(1956); Makino. in Mak. Illus. Fl. Jap. 73(1988).

습지에 자라는 다년생 초본으로 특수한 악취를 풍긴다. 지하경地下莖은 원주형圓柱形으로 백색이며 옆으로 길게 뻗는다. 줄기는 높이 20~50cm로 곧게 자라고 대개 자주색을 띤다. 잎은 어긋나기(互生)이고 난상 심장형卵狀心臟形이다. 길이 3~8cm, 폭 3~6cm로 끝이 뾰족하고 밑부분은 심장저心臟底이며 가장자리에 톱니가 없다. 6~7월에 꽃이 피는데 길이 2~3cm의 수상화서穗狀花序이며 아래에 백색 꽃잎 모양의 총포總苞 4개가 십자형十字形으로 배열한다. 양성兩性이며 꽃잎은 없다. 수술 3개, 암술은 1개로 씨방상위(子房上位)이고 3개의 암술대가 있다.

* 유럽, 일본, 중국, 필리핀, 코카서스 등지에 분포하며 우리나라에서는 약용 식물로 재배하던 것이 일출逸出하여 제주도, 울릉도 및 남부지방에 자라고 있다.
* 삼백초〔*Saururus chinensis* (Lour.) Baill.〕에 비해 키가 작고 잎이 난상 심장형이며 꽃잎 모양의 총포 4개가 십자형으로 배열된다.

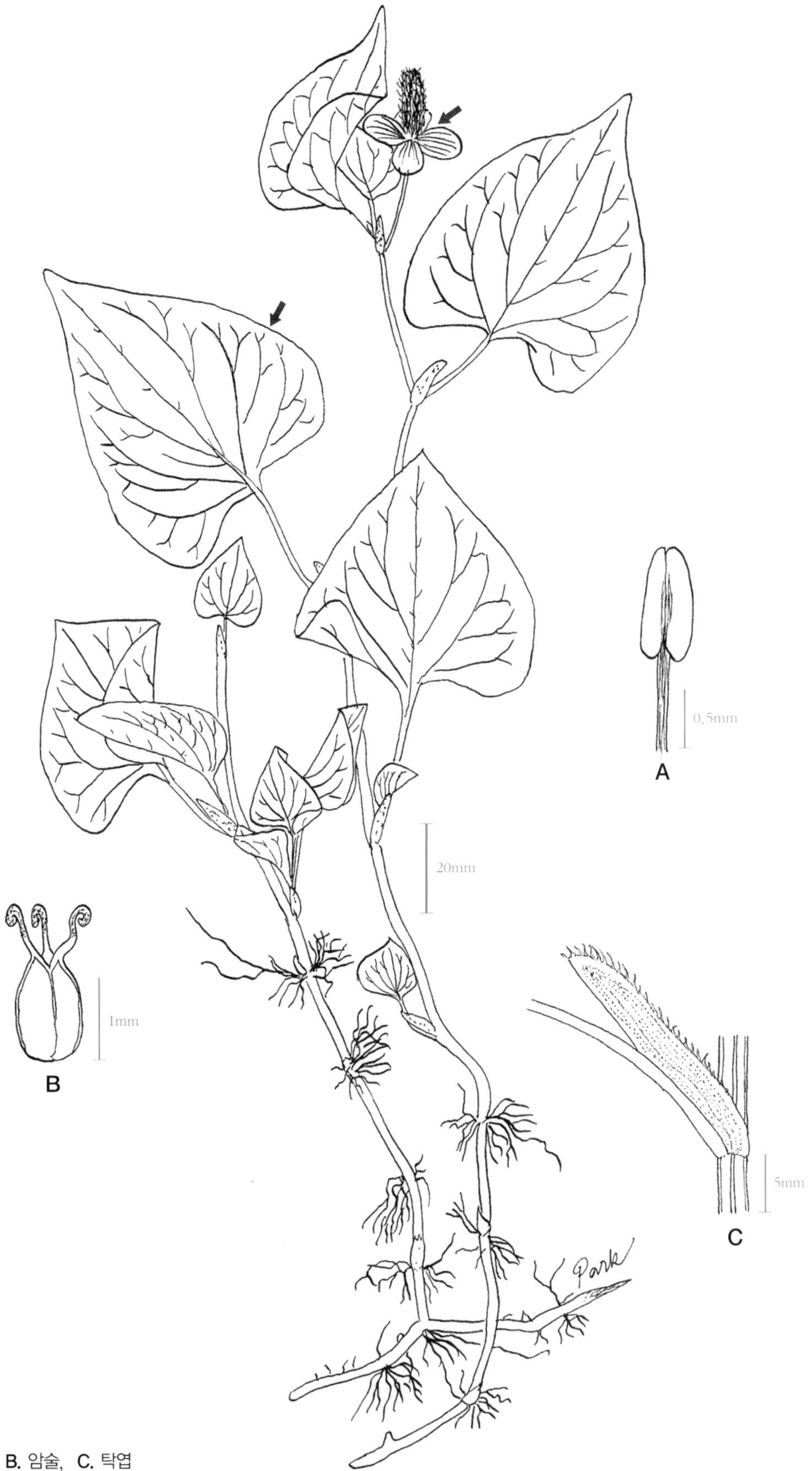

A. 수술, B. 암술, C. 탁엽

40. 서양고추나물

Seo-yang-ko-chu-na-mul [Kor.]
Seiyou-otogiri [Jap.]
Common St. John's-wort [Amer.]

***Hypericum perforatum* L.**, Sp. Pl. 785(1753); Britton & Brown in Illus. Fl. U. S. & Can. 2: 533(1970); S. H. Park in Kor. Jour. Pl. Tax. 29(1): 98 (1999).

다년생 초본으로 줄기는 높이 20~70cm이고 2개의 낮은 능선이 원주상圓柱狀의 절간節間에 위치를 바꾸어가며 세로로 발달한다. 원元줄기에 있는 잎은 가지에서 난 잎보다 크며 길이가 1.3~2.5cm, 폭이 4~6mm로 다수의 명점明点이 분포하고 가장자리에 소수의 흑점黑点이 있다. 꽃은 7~8월에 피며 지름이 2cm 내외로 황색이고 취산화서聚繖花序를 이룬다. 꽃받침은 5개, 꽃잎은 5개로 황색이고 수술은 여러 개이며 수술대 기부가 합착合着되어 3무리가 된다. 암술대는 3개로 씨방보다 길고 씨방은 3실室이다. 열매는 난형卵形으로 몇 개의 명선明線과 명점이 있다. 씨의 길이는 1~1.5mm, 원주형이고 진한 흑갈색이다.

* 유럽 원산이며, 필자가 1997년 8월에 인천의 월미도 지역에서 확인하였다.
* 고추나물(*Hypericum erectum* Thunb.)에 비해 식물체가 크고 가지를 많이 치며, 가지 끝은 2개의 세로로 된 좁은 날개 능선이 발달한다.

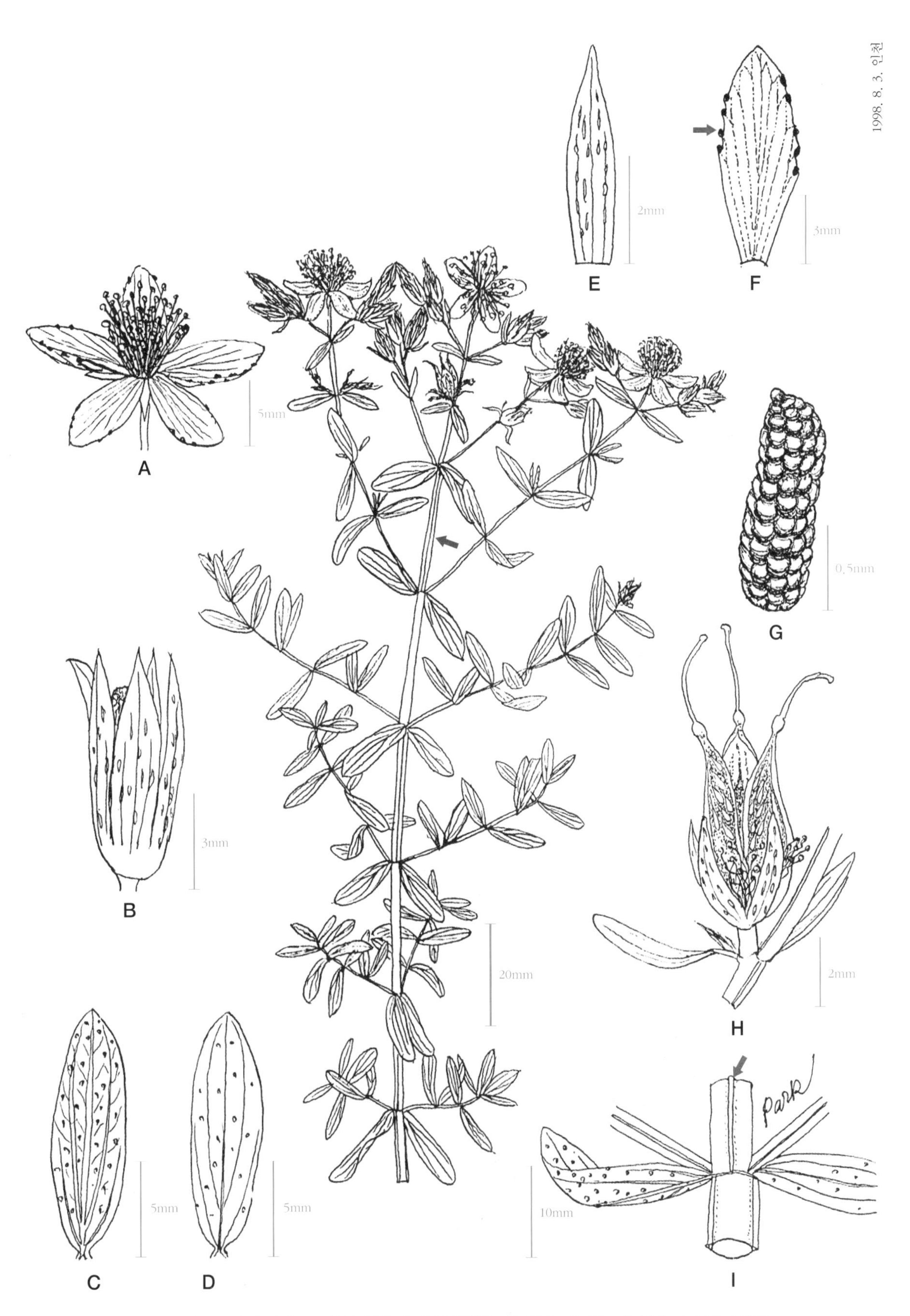

A. 꽃, B. 꽃봉오리, C. 잎의 뒷면, D. 잎의 앞면, E. 꽃받침열편, F. 꽃잎, G. 씨, H. 열매, I. 줄기의 일부

41. 둥근빗살현호색

Dung-geun-bit-sal-hyun-ho-saeg [Kor.]
Karakushakeman [Jap.]
Fumitory [Eng.]

***Fumaria officinalis* L.**, Sp. Pl. 700(1753); T. Osada in Col. Illus. Nat. Pl. Jap. 295(1976); T. Shimizu, Nat. Pl. Jap. 78(2003).

1년생 초본으로 줄기는 연하고 많이 갈라지며 높이는 20~35cm이다. 잎은 어긋나기(互生)이고 3회 우상 심열羽狀深裂되며 최종 열편裂片은 좁은 피침형披針形 또는 선형線形으로 폭은 1~2mm이다. 꽃은 4~5월에 피며 10~30개의 꽃이 가지 끝에 총상화서總狀花序를 만든다. 꽃은 길이 8mm로 담홍자색-홍자색이다. 꽃받침은 2개, 길이 1.5~2mm로 소수의 톱니가 있다. 4개의 꽃잎은 부분적으로 붙어서 통筒 모양을 하고 끝이 벌어지며 위쪽 꽃잎의 뒤쪽은 주머니꼴의 거距를 만든다. 수술은 6개인데 수술대가 3개씩 붙어서 3개의 꽃밥이 달린 수술대가 2개 있는 것처럼 보인다. 암술 1개, 열매는 구형球形으로 지름 2.5mm이고 1개의 씨가 들어 있다.

* 유럽 원산이며, 우리나라에서는 제주도 저지리 벌판에 자라고 있다.
* *Fumaria* L.속식물은 잎의 최종 열편이 좁은 피침형-선형이며 열매가 구형인 것이 특징이다.

2008. 4. 5. 제주 조수리

1mm

A

B

2mm

2mm

C

20mm

5mm

Jeong In Young

2mm

1mm

D

E

F

A. 꽃받침, B. 꽃, C. 열매, D. 과서果序의 일부, E. 암술, F. 수술 3개

42. 좀양귀비

Jom-yang-gwi-bi [Kor.]
Nagami-hinageshi [Jap.]
Long Smooth-fruited Poppy [Amer.]

***Papaver dubium* L.**, Sp. Pl. 1196(1753); Takematsu & Ichizen in Weeds World 2: 503(1993); S. H. Park in Kor. Jour. Pl. Tax. 28(4): 422(1998).

1년생 초본으로 줄기는 높이 20~60cm이다. 근생엽根生葉은 잎자루가 있고 1~2회 우상 심열羽狀深裂되며 길이는 15~20cm이다. 경생엽莖生葉은 잎자루가 없고 크기가 작아지며 우상 심열되고 열편裂片은 피침형披針形이며 톱니가 있다. 꽃은 5~8월에 피며 지름 3~6cm로 주홍색이고 때로는 중앙에 검은 무늬가 있다. 수술은 여러 개이며 담자색이다. 열매(蒴果)는 털이 없고 길이 1.5~2.2cm로 장타원상 곤봉형長楕圓狀棍棒形이며 기부 쪽이 좁아진다. 암술머리의 사출부射出部는 5~9개이다.

* 유럽 원산이며, 우리나라에서는 1985년 제주도에서 귀화가 확인되었다.
* 개양귀비(*Papaver rhoes* L.)에 비해 식물체가 작고 꽃은 주홍색이며 열매는 장타원상 곤봉형이다.

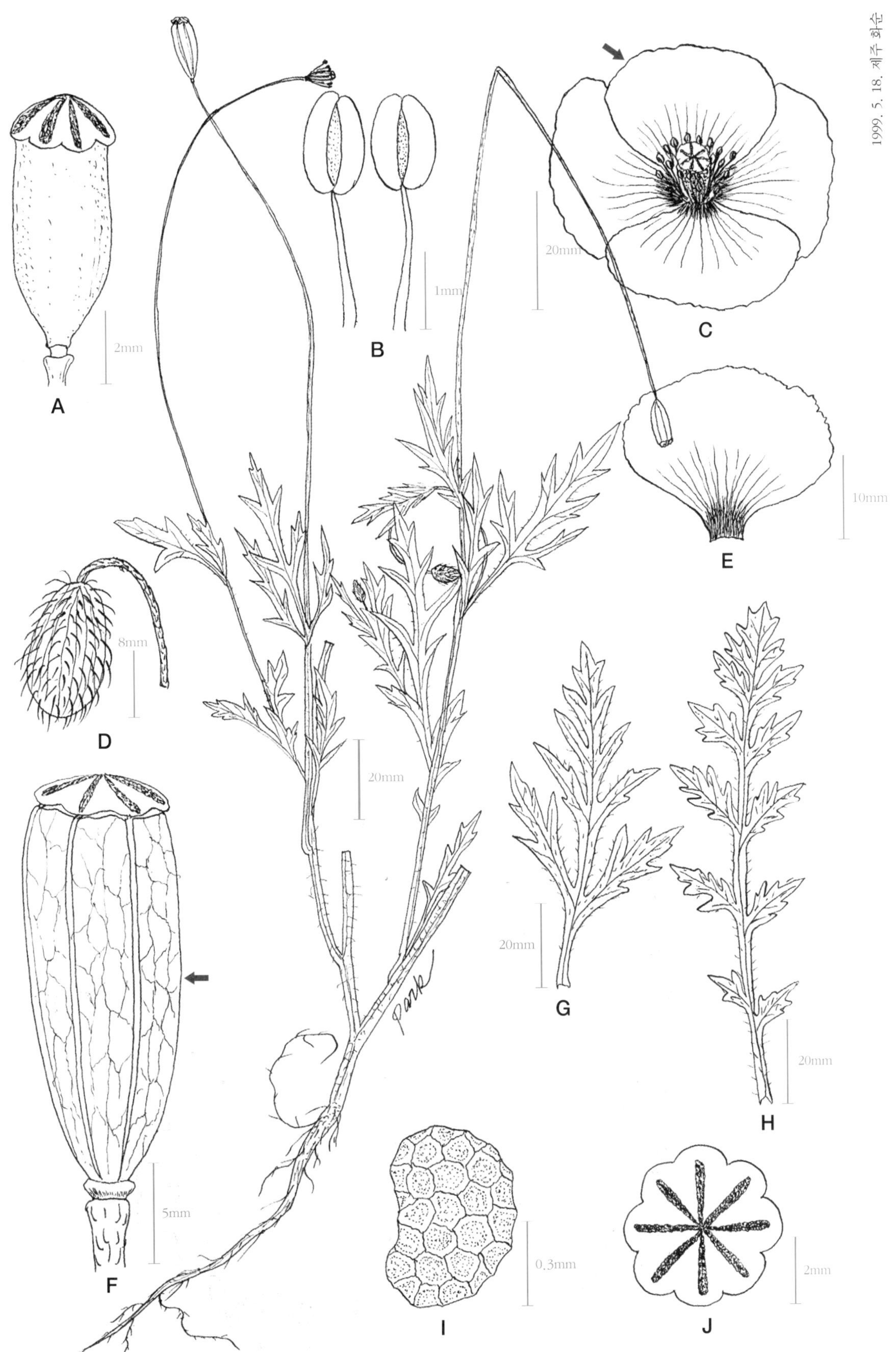

A. 암술, B. 수술, C. 꽃, D. 꽃봉오리, E. 꽃잎, F. 열매, G. 경생엽, H. 근생엽, I. 씨, J. 위에서 본 암술머리

43. 개양귀비

Gae-yang-gwi-bi [Kor.]
Hinageshi [Jap.]
Corn Poppy [Amer.]

***Papaver rhoeas* L.**, Sp. Pl. 507(1753); T. Osada in Col. Illus. Nat. Pl. Jap. 293(1976); C. A. Stace, Fl. Brit. Isl. 125(1991): Y. Lee, Fl. Kor. 236(1996).

1년생 초본으로 줄기는 높이 30~80cm이다. 잎은 길이 6~20cm로 어긋나기(互生)이고 우상羽狀으로 분열分裂하며 열편裂片은 피침형披針形으로 결각상缺刻狀 톱니와 털이 있다. 꽃은 5~9월에 피며 지름 5~8cm이고 줄기 끝에 1개씩 달린다. 꽃받침은 2개이며 꽃이 피면 바로 떨어진다. 꽃잎은 4개로 홍색 또는 분홍색이며 기부에 흑색의 무늬가 있고 길이는 2~5cm이다. 수술은 여러 개가 있으며 꽃밥(葯)은 자주색이다. 열매(蒴果)는 털이 없고 도란형倒卵形으로 길이 1~2cm, 암술머리의 사출부射出部는 8~15개이다. 씨에 그물맥의 무늬가 있다.

* 유럽 원산이며, 국내에서는 재배하던 것이 일출逸出하여 야생화하였다.
* 좀양귀비(*Papaver dubium* L.)에 비해 꽃이 지름 5~8cm로 크고 열매는 도란형이며 암술머리의 사출부가 8~15개인 점이 다르다.

A. 꽃, B. 꽃잎, C. 수술과 암술, D. 줄기의 일부, E. 열매, F. 씨, G. 꽃봉오리

44. 유럽나도냉이

Yu-reop-na-do-naeng-i [Kor.]
Haruzakiyamagarashi [Jap.]
Winter Cress [Eng.]

***Barbarea vulgaris* R. Br.**, Ait. Hort. Kew. Ed. 2, 4: 109(1812).
-*Barbarea barbarea* Macm. Met. Minn. 259(1892).

다년생 초본으로 줄기는 높이 30~80cm이다. 근생엽根生葉은 총생叢生하고 깃꼴(羽狀)로 전열全裂되며, 경생엽莖生葉은 잎자루가 없고 밑부분이 이형耳形이 되어 줄기를 감싼다. 꽃은 6~7월에 피며 황색 십자화黃色十字花이고 지름은 6~8mm이며 총상화서總狀花序를 이룬다. 꽃받침은 피침형披針形으로 끝에 뿔 모양의 돌기가 있다. 수술은 4개는 길고 2개는 짧다. 암술은 1개, 암술대의 길이는 2.5mm 정도로 씨방과 거의 같은 길이이다. 열매는 길이 2~3cm로 과체果體가 옆으로 벌어지거나 비스듬히 위를 향하고 희미하게 네모꼴이 되며 남아 있는 암술대의 길이는 2~3mm이다.

* 유럽 원산으로, 우리나라에서는 강원 대관령에서 최초로 발견하였고 지금은 강원과 경기 일대에서 자주 확인된다.
* 나도냉이(*Barbarea orthoceras* Ledeb.)와 달리 열매가 화축花軸에서 개출開出되고 잔존하는 암술대는 길이 2~3mm 정도로 보다 길다.

A. 꽃, B. 열매, C. 근생엽, D. 경생엽, E. 꽃받침, F. 꽃잎, G. 씨, H. 수술, I. 암술

45. 갓(계자)

Gat [Kor.]
Karashina [Jap.]
Indian Mustard [Eng.]

***Brassica juncea* Czern et Coss.** in Czern. Conspect. Fl. Chark. 8(1859); Britton & Brown in Illus. Fl. U. S. & Can. Vol. 2: 193(1970).

널리 재배하고 있는 월년생 초본으로 줄기는 높이 1~1.5m로 위쪽에서 가지를 친다. 근생엽根生葉은 주걱형으로 다소 깃꼴(羽狀)로 갈라지며, 경생엽莖生葉은 장타원형長楕圓形으로 어긋나기(互生)이고 잎 가장자리에 톱니가 있다. 꽃은 4~5월에 피며 황색이고 총상화서總狀花序이다. 꽃받침은 장타원형으로 길이 5~6mm, 3맥이 있다. 꽃잎은 주걱형으로 길이는 8mm 정도이고 요두凹頭이다. 수술은 길고 4개이며 암술은 1개이다. 열매는 원주상圓柱狀의 긴 각과(長角果)로 길이 2.5~5cm이다. 씨는 진한 갈색 또는 노란색이며 지름 1.5mm로 구형球形이다.

* 중국 원산이다. 우리나라에서 오래 전부터 채소로 재배해온 식물이며 이들 중 일부가 일출逸出하여 야생화하였다.
* 유채(*Brassica napus* L.)와 달리 경생엽은 잎자루가 있어 잎의 기부가 줄기를 감싸지 않으며 꽃의 크기가 약간 작다.

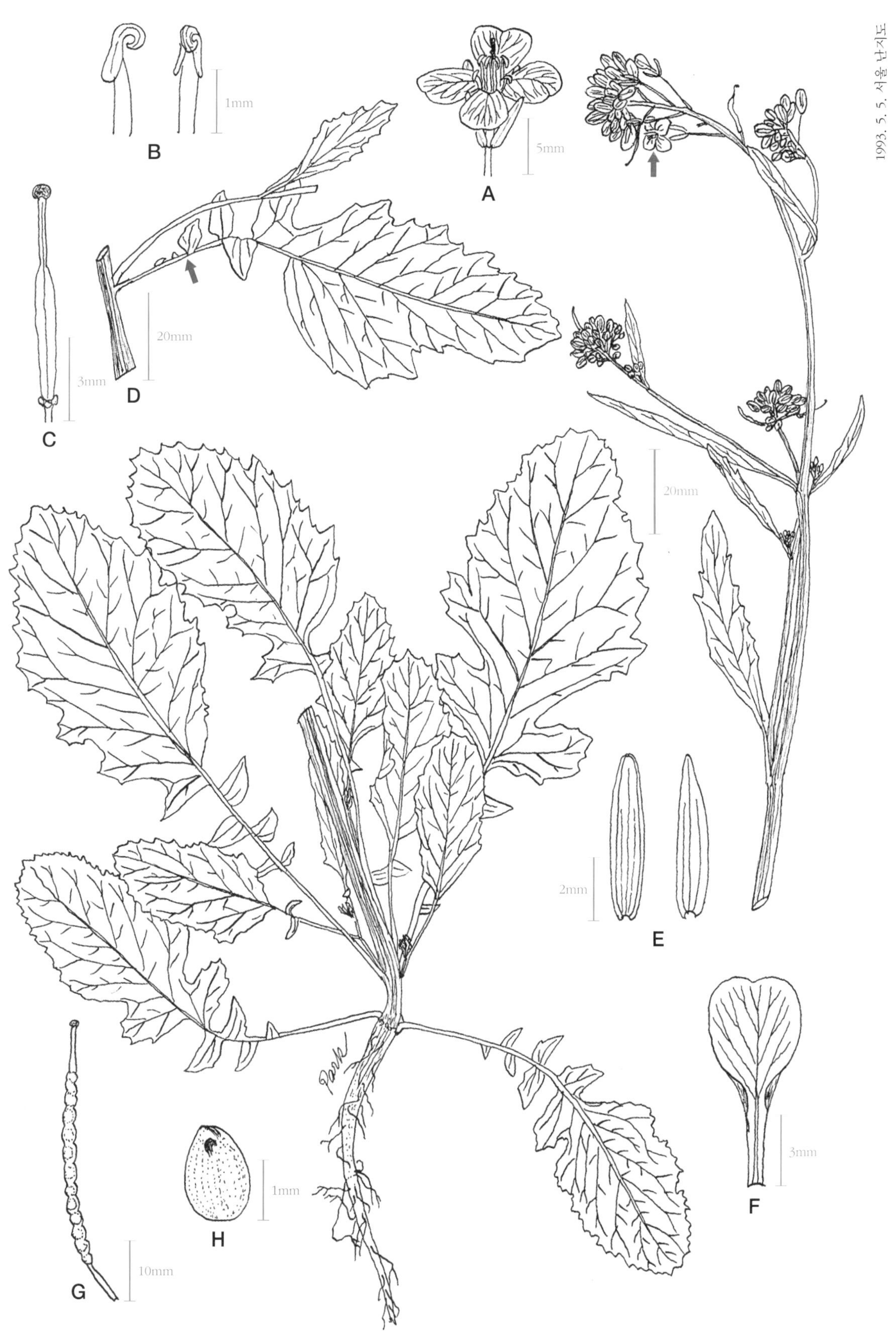

A. 꽃, B. 수술, C. 암술, D. 줄기의 일부, E. 꽃받침, F. 꽃잎, G. 열매, H. 씨

46. 좀아마냉이

Jom-a-ma-naeng-i [Kor.]
Hime-amanazuna [Jap.]
Gold of Pleasure [Eng.]

***Camelina microcarpa* Ardrz. ex DC.**, Syst. Nat. 2: 517(1821); T. Osada in Col. Illus. Nat. Pl. Jap. 283(1976); S. Park in Kor. Jour. Pl. Tax. Vol. 22(1): 63(1992).

1년생 초본으로 줄기의 높이는 20~80cm이며 털이 밀생密生한다. 잎은 어긋나기(互生)이고 아래쪽의 잎은 길이 4~5cm로 피침형披針形이며 양면 모두 밀모密毛이다. 위쪽의 잎은 점차 크기가 작아지며 선상 피침형線狀披針形이고 밑부분은 전형箭形이며 줄기를 둘러싼다. 5~6월에 꽃이 피며 십자화十字花로 지름 3~4mm이고 길이 30cm 내외의 총상화서總狀花序를 이룬다. 꽃받침은 장타원형長楕圓形으로 중앙에 1맥이 있고 1줄의 털이 있다. 꽃잎은 담황색이고 수술은 6개, 암술은 1개이다. 열매는 도란형倒卵形으로 길이 5~6mm, 폭 3~4mm이고 목질木質이다.

* 유럽 원산으로 국내에서는 한강변에서 확인하였다.
* 아마냉이(*Camelina slyssum* Thell.)에 비해 열매의 끝이 둥글고 길이가 폭에 비해 약간 길며 씨의 지름이 1mm 이내로 작은 점이 다르다.

A. 열매와 씨, B. 열매, C. 수술, D. 꽃, E. 꽃받침, F. 암술, G. 꽃잎, H. 잎

47. 뿔냉이

Ppul-naeng-i [Kor.]
Tsunominazuna [Jap.]

***Chorispora tenella* DC.**, Veg. Syst. Nat. 2: 435(1821); T. Osada in Col. Illus. Nat. Pl. Jap. 260(1976); S. Park in Kor. J. Pl. Tax. Vol. 22(1): 62 (1992).

1년생 초본으로 줄기는 높이 20~50cm이고 작은 돌기 모양(突起狀)의 선모腺毛가 줄기 윗부분에 산재散在한다. 잎은 어긋나기(互生)이며 근생엽根生葉은 장타원형長楕圓形으로 길이 10~15cm이고 줄기의 잎은 광피침형廣披針形이다. 꽃은 4~5월에 피고 홍자색이다. 총상화서總狀花序는 성기고 꽃이 핀 후 늘어난다. 꽃받침 표면에는 작은 돌기 모양의 선모와 성긴 털이 있다. 꽃잎은 4개로 길이는 8~10mm이고 수술 6개, 암술 1개이다. 길이 3~5cm의 열매는 반달 모양으로 휘어지고 8~15개의 구간區間이 생기는데, 각 구간마다 2개의 씨가 있고 열매 끝이 긴 뿔처럼 된다.

* 지중해 동부와 중앙아시아 원산으로, 우리나라에서는 경기 문산과 남부지방에 자란다.
* 다른 배추과식물에 비해 꽃이 일찍 피고 색깔은 홍자색이며 가지 위쪽에 돌기상 선모가 산재한다. 열매는 뿔처럼 휘고 각 마디마다 씨가 2개씩 있다.

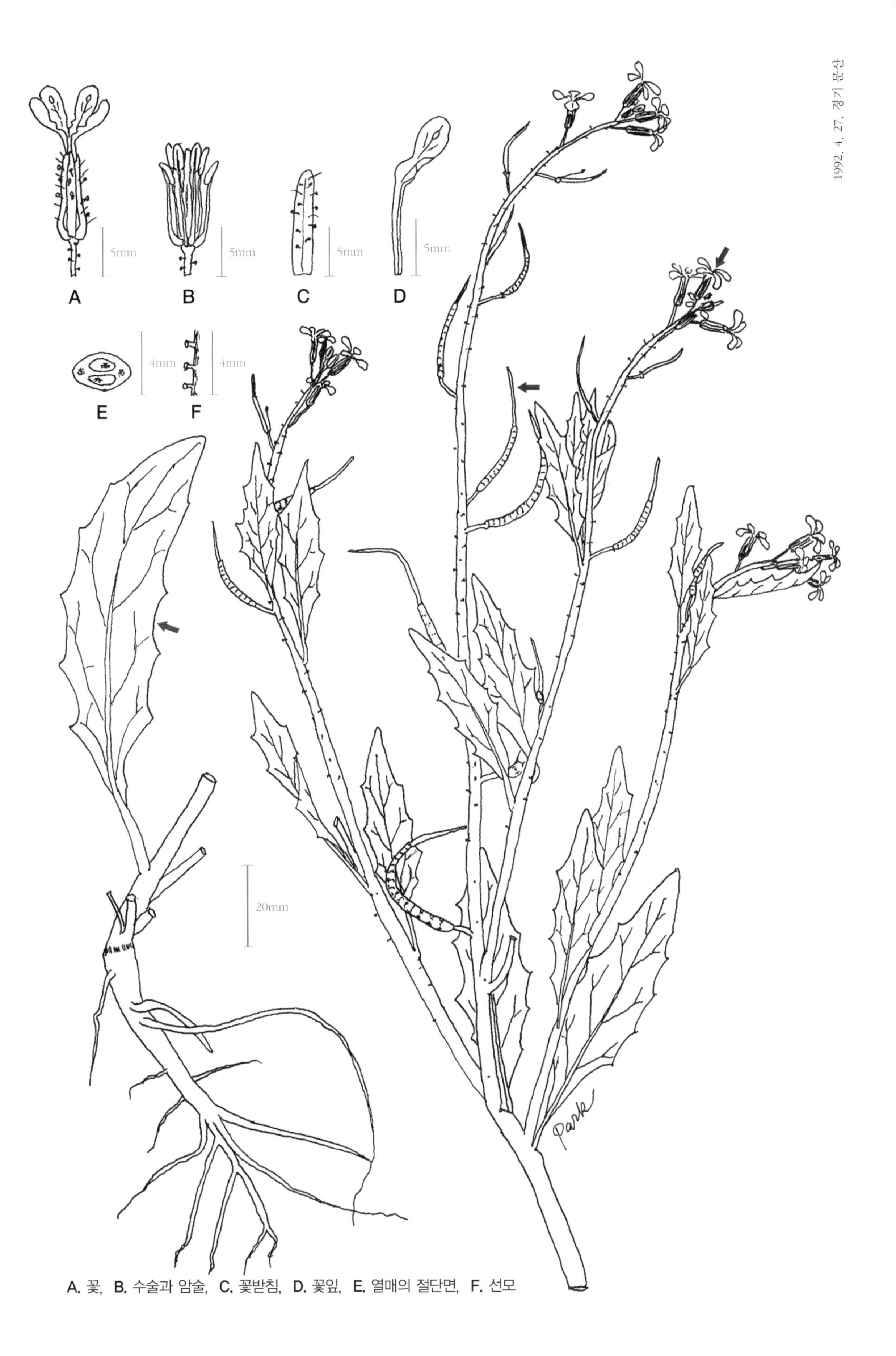

A. 꽃, B. 수술과 암술, C. 꽃받침, D. 꽃잎, E. 열매의 절단면, F. 선모

48. 냄새냉이

Naem-sae-naeng-i [Kor.]
Karakusagarashi [Jap.]
Lesser Swinecress [Eng.]

Coronopus didymus **(L.) J. E. Smith**, Fl. Brit. 2: 691(1804).
-*Carara didyma* Britton, Britton & Brown in Illus. Fl. U. S. & Can. Vol. 2: 167(1970).

1년생 초본으로 식물 전체에서 강한 냄새가 난다. 줄기는 높이 10~20cm로 옅은 녹색이며 백색 연모軟毛가 있다. 잎은 어긋나기(互生)이고 근생엽根生葉은 선상 장타원형線狀長楕圓形이며 1~2회 우상 복엽羽狀複葉으로 옆의 열편裂片이 4~6쌍이다. 경생엽莖生葉은 난형卵形으로 우상 복엽이며 옆의 열편은 3쌍 내외이다. 꽃은 지름 1mm의 백색 십자화十字花로 5~10월에 피며 뿌리에서 생긴 총상화서總狀花序와 줄기에서 잎과 마주나는 총상화서가 있다. 열매는 1쌍의 공을 붙여놓은 모양이며 그물 모양의 주름이 있다.

* 유럽 원산이며, 국내에서는 제주도와 남부 지역인 경남 충무시에서 확인되었다.
* 배추과식물 중 뿌리에서 생긴 총상화서와 가지의 잎과 마주나기로 생기는 총상화서가 있으며 식물 전체에서 냄새가 나고 열매는 1쌍의 공을 붙여놓은 모양을 한 유일한 식물이다.

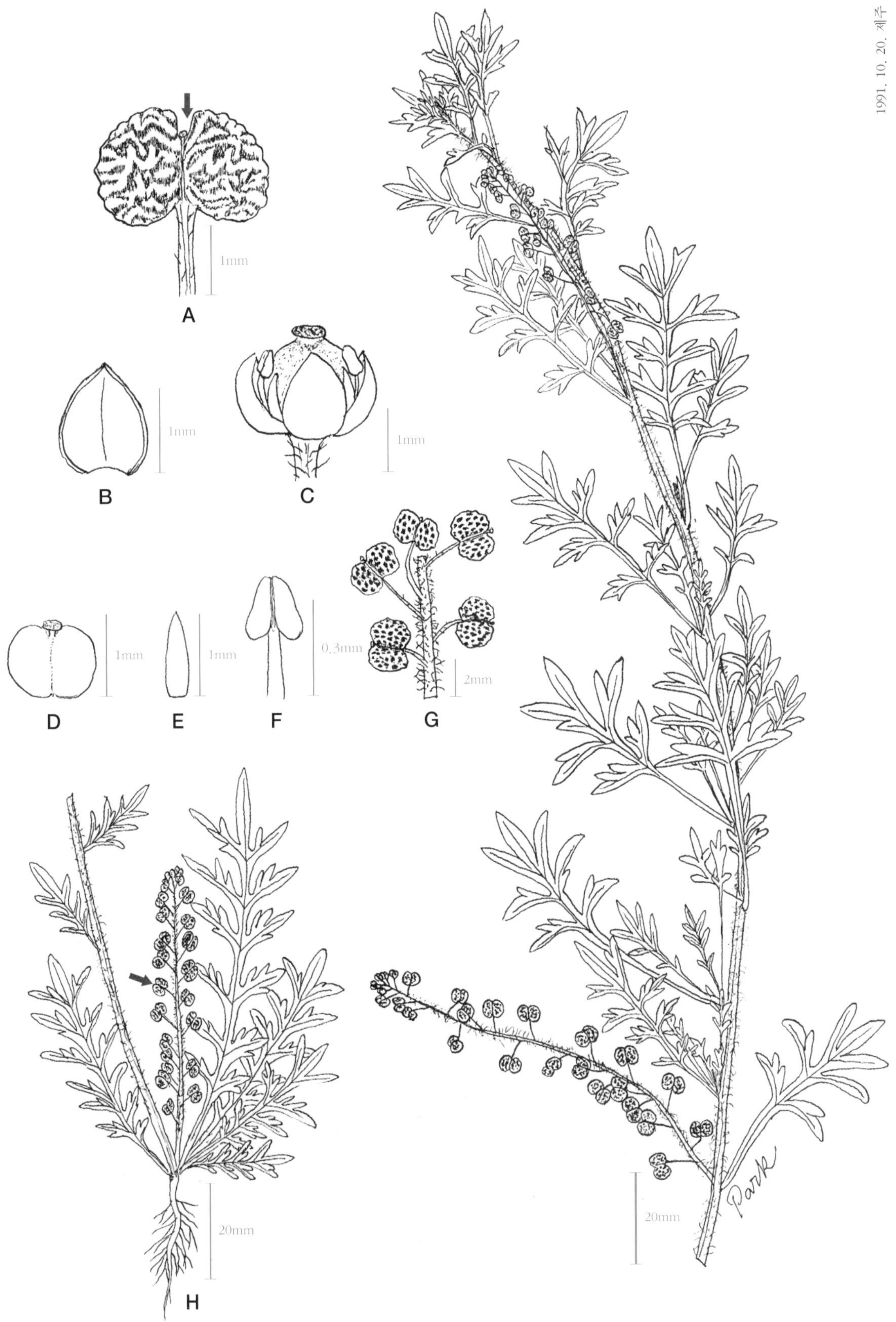

A. 열매, B. 꽃받침, C. 꽃, D. 암술, E. 꽃잎, F. 수술, G. 화서의 일부, H. 근생엽과 총상화서

49. 큰잎다닥냉이

Keun-ip-da-dak-naeng-i [Kor.]
Akou-gunbai [Jap.]
Hoary Cress [Amer.]

Cardaria draba (L.) Desv. in Jour. Bot. 3: 163(1813).
–*Lepidium draba* L., Sp. Pl. 645(1753); Britton & Brown in Illus. Fl. U. S. & Can. 2: 165(1970).

다년생 초본으로 줄기는 높이 20~60cm이고 화서花序에서 많은 가지를 친다. 잎은 길이 3~4cm로 장타원형長楕圓形이며 아래쪽 잎은 잎자루가 있고 경생엽莖生葉은 잎자루 없이 기부가 줄기를 둘러싼다. 꽃은 4~6월에 피며 지름 2.5~4.5mm로 백색이고 산방상 총상화서繖房狀總狀花序를 만들며 줄기 끝에 여러 개가 속생束生한다. 꽃자루는 가늘고 비스듬히 위를 향하며 열매일 때 길이는 6~12mm 정도이다. 꽃잎은 꽃받침보다 길고 길이는 3mm이다. 열매(短角果)는 넒은 난형卵形 또는 심장형心臟形이고 길이는 3mm로 날개가 없으며 길이 1mm의 가는 잔존 주두殘存柱頭가 있다.

* 유럽 원산이며, 우리나라에서는 1997년 경기 안산의 수인산업도로변에서 확인하였다.
* 다닥냉이(*Lepidium apetalum* Willd.)에 비해 잎이 장타원형으로 크며 작은 꽃이 가지 끝에 여러 개 속생한다.

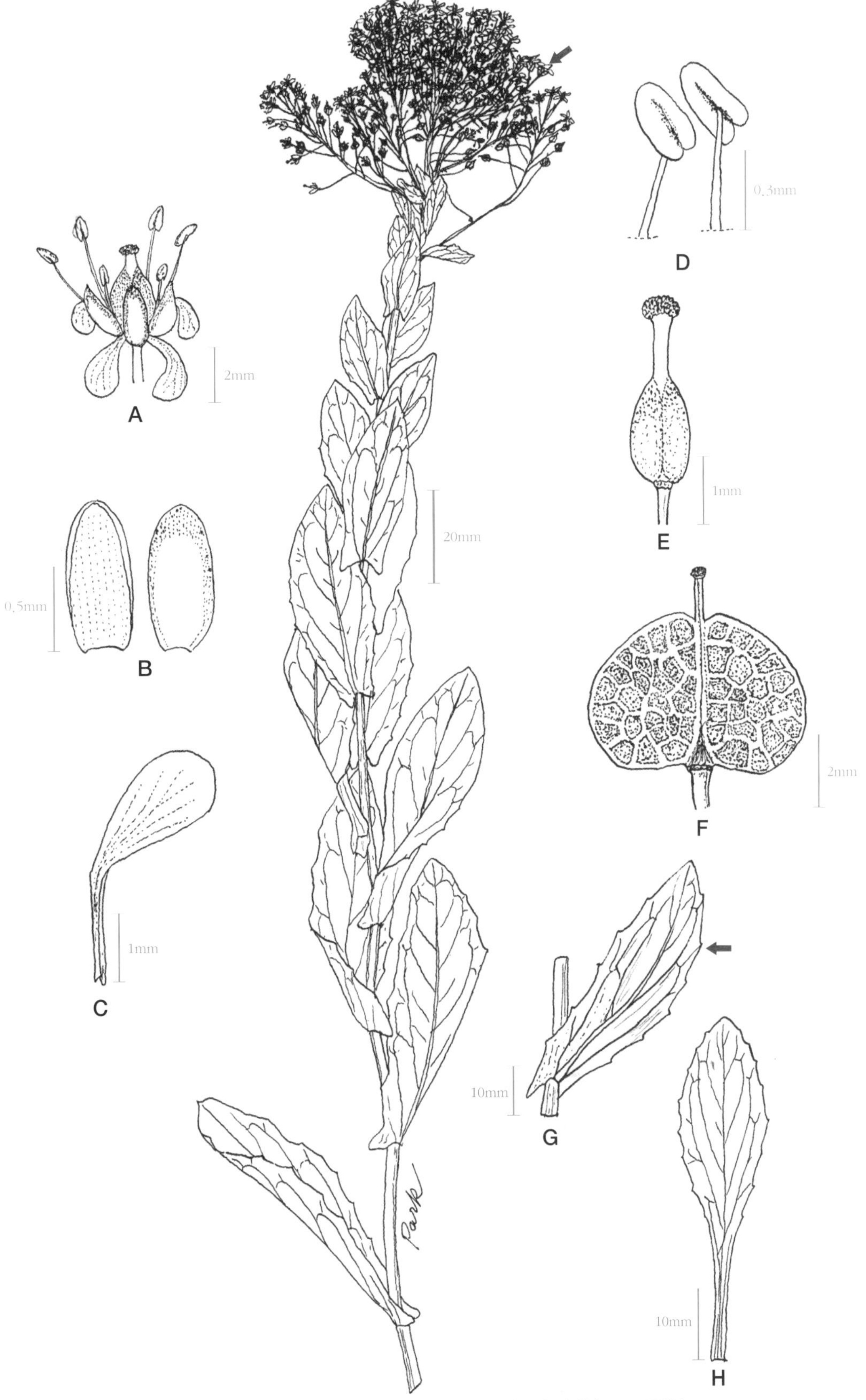

A. 꽃, B. 꽃받침, C. 꽃잎, D. 수술, E. 암술, F. 열매, G. 줄기의 일부와 경생엽, H. 근생엽

50. 나도재쑥

Na-do-jae-ssuk [Kor.]
Hime-kuziragusa [Jap.]
Tansy Mustard [Amer.]

***Descurainia pinnata* (Walt.) Britton**, Mem. Torr. Club. 5: 173(1894).
-*Sophia pinnata* (Walt.) Howell., Britton & Brown in Illus. Fl. U. S. & Can. 2: 171(1970).

1년생 초본으로 줄기는 높이 20~70cm이고 가늘며 위쪽에 선모腺毛가 있다. 잎은 어긋나기(互生)이고 2~3회 우상 심열羽狀深裂되며 아래쪽의 잎은 크고 위쪽의 것은 점차 크기가 작아진다. 최종 열편은 선형線形에서 타원형이다. 꽃은 담황색으로 5~7월에 피며 지름은 2~4mm이고 조밀한 총상화서總狀花序를 이룬다. 꽃받침은 4개로 길이 1.5~2.5mm이고 곧게 선다. 꽃잎은 4개이고 길이 2~3.5mm로 백색에 가까운 담황색이다. 수술은 6개로 꽃잎 밖으로 초출超出된다. 열매는 길이 5~20mm, 폭 1~2mm로 곤봉 모양을 하며 많은 씨가 들어 있다. 씨는 길이 0.8~1mm로 장타원형長楕圓形이며 적갈색이다.

* 북아메리카 원산이며, 우리나라에는 경기 안산의 수인산업도로변에 분포한다.
* 재쑥〔*Descurainia sophia* (L.) Webb ex Prantl〕에 비해 꽃잎이 꽃받침보다 크고 열매는 곤봉 모양이며 씨가 2줄로 배열되어 있다.

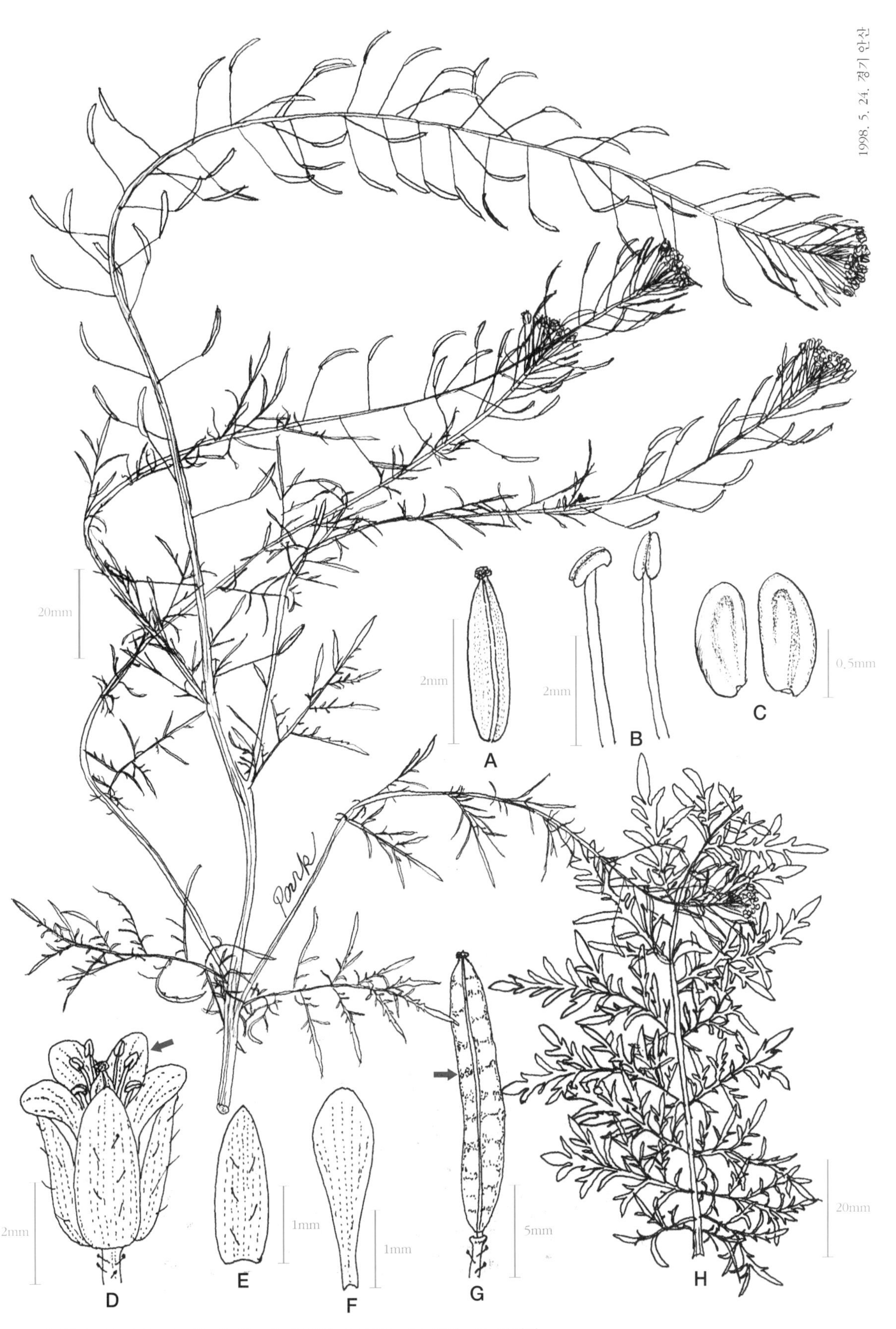

A. 암술, B. 수술, C. 씨, D. 꽃, E. 꽃받침, F. 꽃잎, G. 열매, H. 경생엽

51. 모래냉이

Mo-rae-naeng-i [Kor.]
Sand Rocket [Amer.]

***Diplotaxis muralis* (L.) DC.**, Syst. 2: 634(1821); Takematsu & Ichizen in Weeds World 2: 426(1993); S. H. Park in Kor. Jour. Pl. Tax. 28(4): 415 (1998).

1년생 초본으로 줄기는 높이 10~50cm이고 기부에서 가지를 많이 친다. 잎은 아래쪽에 치우쳐 생기며 도피침형倒披針形으로 길이는 5~15cm이고 조거치粗鋸齒가 깊이 갈라진다. 경생엽莖生葉은 없거나 줄기 기부에 생기며 근생엽根生葉과 비슷하나 크기가 작다. 꽃은 4~5월에 피고 가지에 성긴 총상화서總狀花序가 달린다. 꽃은 지름 5~8mm로 황색이다. 꽃받침과 꽃잎은 각각 4개로 길이 4~8mm, 수술은 4개가 길고 2개는 짧다. 암술은 1개이다. 열매는 길이 2~4.5 cm, 지름 1.5~2.5cm이고 잔존 주두殘存柱頭는 길이 1~2.5mm이다. 씨는 길이 1mm로 난형卵形이며 황갈색 또는 회갈색이다.

* 유럽의 지중해 연안 원산이며, 우리나라에서는 제주도의 김녕해수욕장 주변에서 급속히 번지고 있음을 확인하였다.
* 다른 배추과식물과 달리 모래땅에 자라고 경생엽은 몇 개 없고 거의 근생엽이며 가지가 길게 자라서 총상화서를 이룬다.

1998. 5. 31. 제주 김녕해수욕장

A. 암술, B. 꽃, C. 열매, D. 수술, E. 꽃받침, F. 열매의 선단, G. 꽃잎, H. 뿌리, I. 씨

52. 큰잎냉이

Keun-ip-naeng-i [Kor.]
Ohatsukigarashi [Jap.]
Hairy Rocket [Eng.]

***Erucastrum gallicum* O. E. Schulz**, Bot. Jahrb. 54. Beibl. 119: 56(1916); S. H. Park in Kor. Jour. Pl. Tax. Vol. 22(1): 62(1992).

1년생 초본으로 줄기는 높이 20~60cm이고 전체에 거친 털(粗毛)이 아래로 향해 나 있다. 잎은 어긋나기(互生)이고 근생엽根生葉은 길이 20cm, 폭 6cm 내외로 뿌리 쪽에 모여 나며 5~7쌍의 깃꼴(羽狀)로 깊이 갈라진다. 줄기 위쪽 잎의 크기는 작아지며 열매가 달린 마디부터는 포엽苞葉이 된다. 꽃은 6~7월에 피며 엷은 황색으로 지름 8mm 내외이고, 꽃자루 밑에 1개의 포엽이 달린다. 꽃받침은 가장자리가 안쪽으로 휘고 꽃잎 길이는 1cm 이내이며 수술 6개, 암술 1개이다. 열매는 길이 4cm, 폭 1~3mm로 활 모양으로 휘며 남아 있는 암술대는 길이 2~3mm이고 엷은 갈색의 작은 씨가 있다.

* 유럽 원산으로, 우리나라에서는 필자가 1992년 6월 서울의 한강철교 북쪽 둔치에서 처음 확인하였다.
* 다른 배추과식물과 달리 꽃은 가지 끝 각 포엽마다 1개씩 액생腋生되며 근생엽이 깃꼴로 가장 크고 위로 갈수록 잎이 작아진다.

1992. 6. 24. 서울 한강 둔치

5mm 3mm 3mm 2mm 2mm

A B C D E

0.3mm

F

20mm

Park

A. 꽃, B. 꽃받침, C. 꽃잎, D. 수술, E. 암술, F. 줄기의 털

53. 다닥냉이

Da-dag-naeng-i [Kor.]
Hime-gunbainazuna [Jap.]

Lepidium apetalum **Willd.**, Sp. Pl. 3: 439(1800); Nakai in Bull. Nat. Sci. Mus. No. 31: 50(1952); T. Lee in Illus. Fl. Kor. 388(1979).

2년생 초본으로 줄기의 높이는 30~60cm이며 털이 없다. 잎은 어긋나기(互生)이며 근생엽根生葉은 방석같이 퍼지고 길이는 5~10cm이며 깃꼴(羽狀)로 깊이 갈라진다. 경생엽莖生葉은 도피침형倒披針形으로 길이 2~4cm, 폭 2~8mm이고 잎 가장자리에 톱니가 없다. 꽃은 5~7월에 피며 백색이고 가지 끝에 총상화서總狀花序를 이룬다. 꽃받침은 4개로 녹색이며 장타원형長楕圓形이다. 꽃잎은 4개로 주걱형이고 요두凹頭이다. 수술은 6개로 4강웅예四强雄蕊이고 암술은 1개이다. 열매는 납작하고 원반형이면서 요두凹頭이다. 씨는 적갈색이고 가장자리에 백색 막질膜質의 날개가 있다.

* 북아메리카 원산이며, 국내에는 한반도 전역에 자라고 있다.
* 콩다닥냉이(*Lepidium virginicum* L.)와 달리 경생엽은 피침형이며 가장자리에 톱니가 없고 수술이 6개이다.

A. 암술, B. 열매, C. 꽃, D. 근생엽, E. 꽃잎, F. 꽃받침, G. 수술

54. 국화잎다닥냉이

Guk-hwa-ip-da-dak-naeng-i [Kor.]
Kirehamamegunbainazuna [Jap.]
Argentine Pepperwort [Eng.]

***Lepidium bonariense* L.**, Sp. Pl. 645(1753); T. Osada in Col. Illus. Nat. Pl. Jap. 288(1976); T. Shimizu, Nat. Pl. Jap. 90(2003).

1년생 초본으로 식물체에 털이 성기게 나 있다. 줄기는 직립하며 가지를 치고 높이는 30~50cm 정도이다. 잎은 어긋나기(互生)이며 1~2회 우상羽狀으로 좁게 심열深裂되고 열편裂片은 폭 2~3mm이다. 꽃은 5~6월에 피며 백색이고 지름 2mm 정도로 작다. 줄기 끝에 총상화서總狀花序가 달리며 꽃받침은 녹색으로 난형卵形이고 길이는 1mm, 꽃잎은 좁고 꽃받침보다 작다. 열매자루는 길이 2~4mm, 열매는 길이 2~3mm로 원형圓形이고 납작하며 양쪽 상반부에 좁은 날개가 달리고 2개의 씨가 들어 있다. 씨는 길이 1.5mm, 적갈색으로 위와 옆으로 백색의 반투명 날개가 달린다.

* 남아메리카 원산이며, 우리나라에서는 제주도 용수리 바닷가 쪽에 번지고 있다.
* 콩다닥냉이(*Lepidium virginicum* L.)와 달리 잎이 1~2회 우상 심열되며 화서의 수가 적은 것이 특징이다.

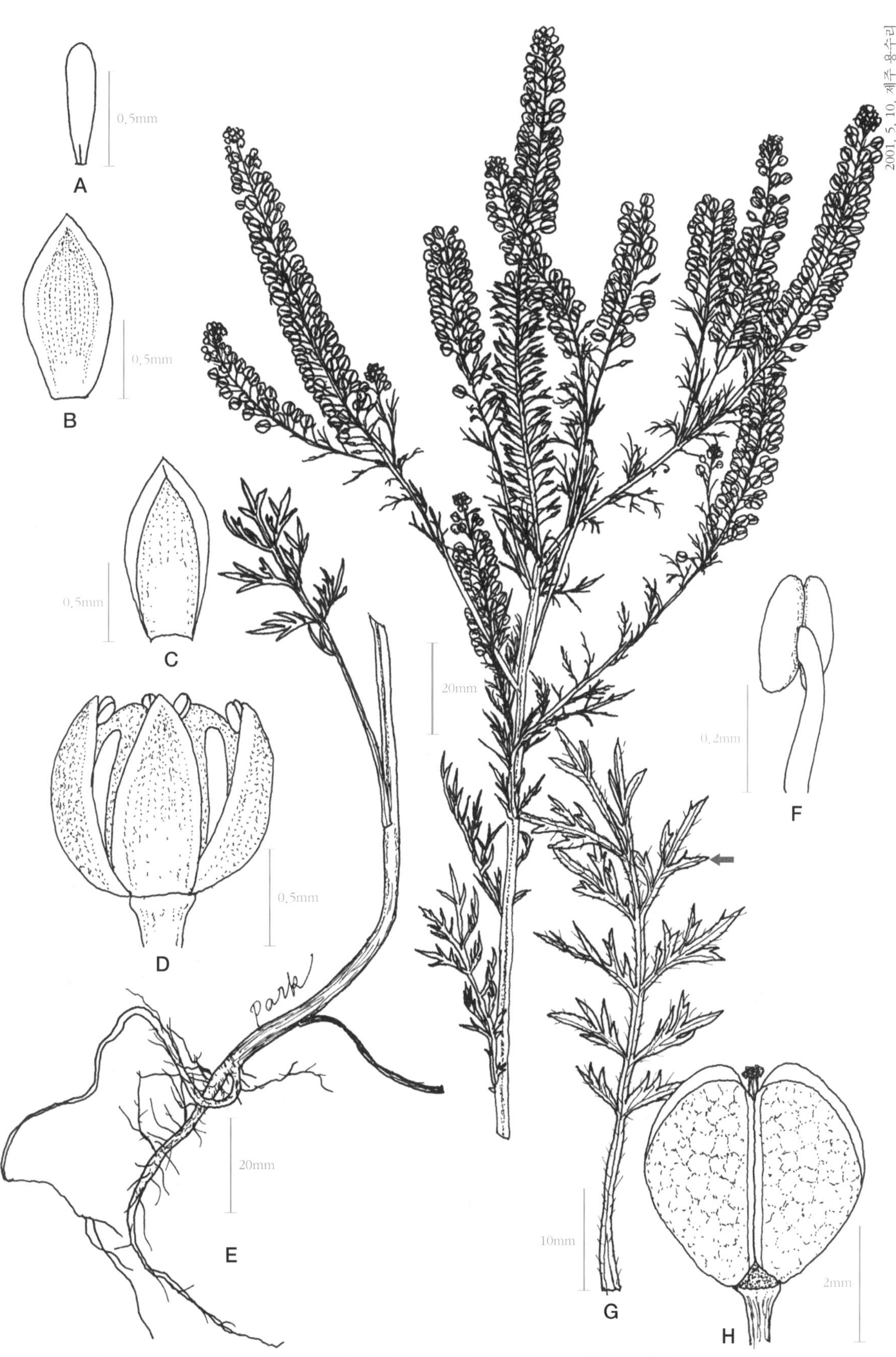

A. 꽃잎, B. 바깥쪽 꽃받침, C. 안쪽 꽃받침, D. 꽃, E. 뿌리, F. 수술, G. 근생엽, H. 열매

55. 들다닥냉이

Deul-da-dak-naeng-i [Kor.]
Uroko-nazuna [Jap.]
Pepperwort [Eng.]

***Lepidium campestre* (L.) R. Br.**, Ait. f. Hort. Kew. 4: 88(1812); T. Osada in Col. Illus. Nat. Pl. Jap. 286(1976); S. H. Park in Kor. Jour. Pl. Tax. 29 (1): 94(1999).

1~2년생 초본으로 줄기의 높이는 15~60cm이고 식물체 전체에 짧은 털이 밀생密生한다. 근생엽根生葉은 총생叢生하고 주걱꼴이며 톱니가 거의 없다. 경생엽莖生葉은 길이가 2~4cm로 전형箭形이며 기부가 줄기를 감싼다. 꽃은 5~6월에 피며 가지의 끝에 총상화서總狀花序를 이룬다. 열매가 성숙할 때의 화서는 길이가 20cm에 이르기도 한다. 꽃은 황백색이고 열매는 등 쪽이 부풀어 오르며 반대쪽은 오목해진다. 열매의 길이는 5~6mm로 끝 쪽이 얕은 요두凹頭이며 표면에 여러 개의 인편상 철점鱗片狀凸點이 밀포密布된다. 씨는 흑갈색으로 길이는 2.5mm이며 표면이 거칠고 광택은 없다.

* 유럽 원산이며, 인천의 용유도에서 1998년 6월 4일 확인하였고 2006년에는 서울 월드컵공원에도 자라고 있었다.
* 다닥냉이(*Lepidium apetalum* Willd.)와 달리 경생엽이 전형이며 열매가 5~6mm로 크고 등 쪽이 부풀어서 주걱처럼 보인다.

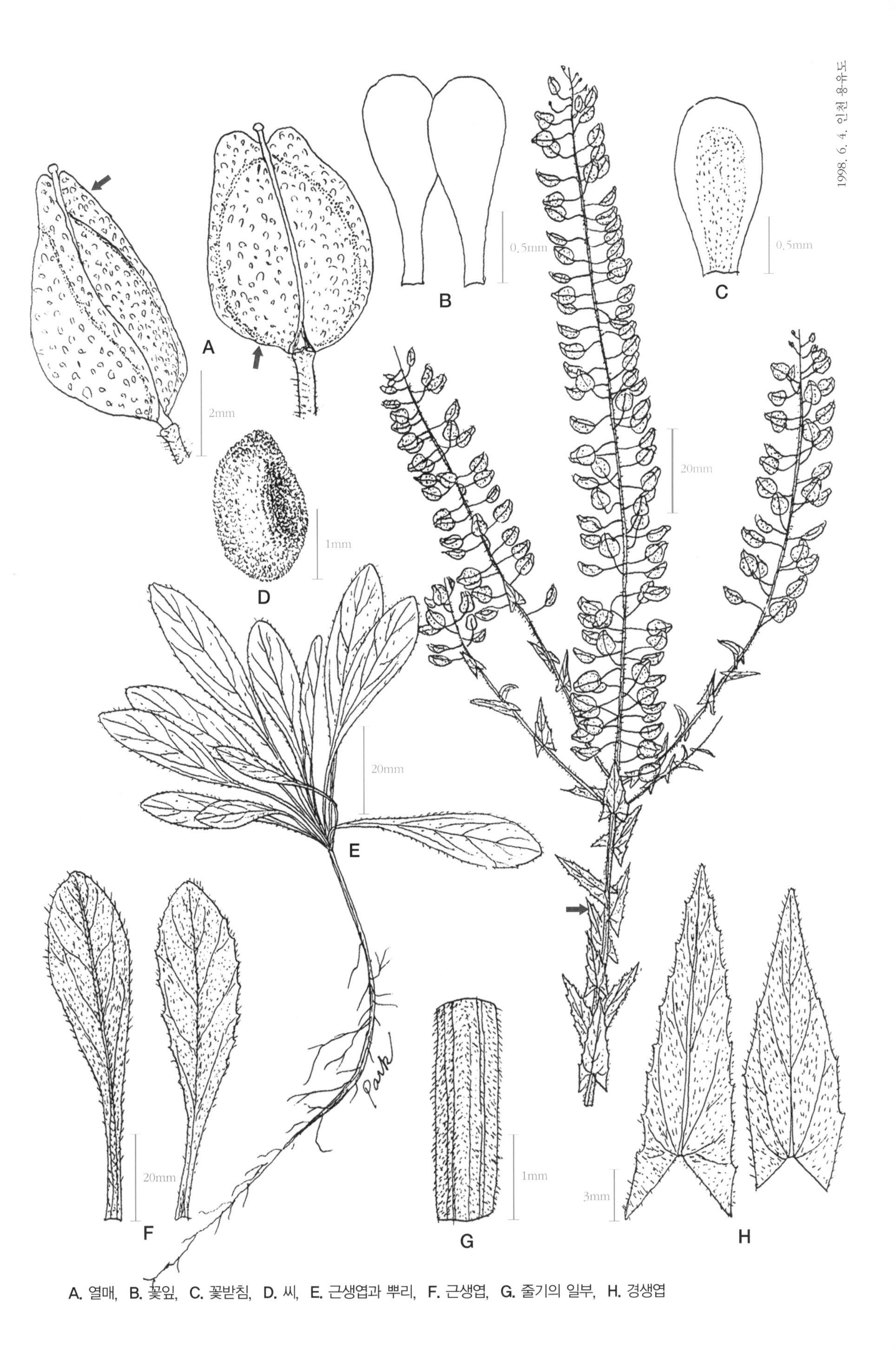

A. 열매, B. 꽃잎, C. 꽃받침, D. 씨, E. 근생엽과 뿌리, F. 근생엽, G. 줄기의 일부, H. 경생엽

56. 큰키다닥냉이

Keun-ki-da-dak-naeng-i [Kor.]
Benkeinazuna [Jap.]
Dittander [Eng.]

Lepidium latifolium **L.**, Sp. Pl. 644(1753); T. Osada in Col. Illus. Nat. Pl. Jap. 285(1976); T. Shimizu, Nat. Pl. Jap. 91(2003).

다년생 초본으로 식물체에 털이 없고 분백색粉白色을 띠며 높이 80~150cm의 줄기는 가지를 친다. 아래쪽의 잎은 긴 잎자루가 있고 장타원형長楕圓形이다. 중간 이상의 경생엽莖生葉은 잎자루가 없고 장타원형이며 양 끝이 뾰족하고 가장자리에는 얕은 톱니가 있다. 6~7월에 백색 꽃이 피며 가지 끝의 짧은 화서에 많은 꽃이 뭉쳐 달린다. 꽃은 지름 2mm, 꽃받침은 난형卵形이며 꽃잎은 4개로 길이는 1.5mm이다. 수술은 2개는 짧고 4개는 길다. 열매는 길이 2mm로 납작하고 끝이 요두凹頭가 아니며 잔존 주두殘存柱頭는 원반형으로 자루가 없고 2개의 씨가 들어 있다. 씨는 타원형으로 길이 0.7mm이다.

* 유라시아 원산으로, 우리나라에서는 서울의 월드컵공원 내 노을공원 남쪽 사면에 자란다.

* 콩다닥냉이(*Lepidium virginicum* L.)와 달리 식물체의 높이가 150cm까지 이르고 잎이 단엽單葉으로 크며 열매의 상반부에 날개가 발달되지 않는다.

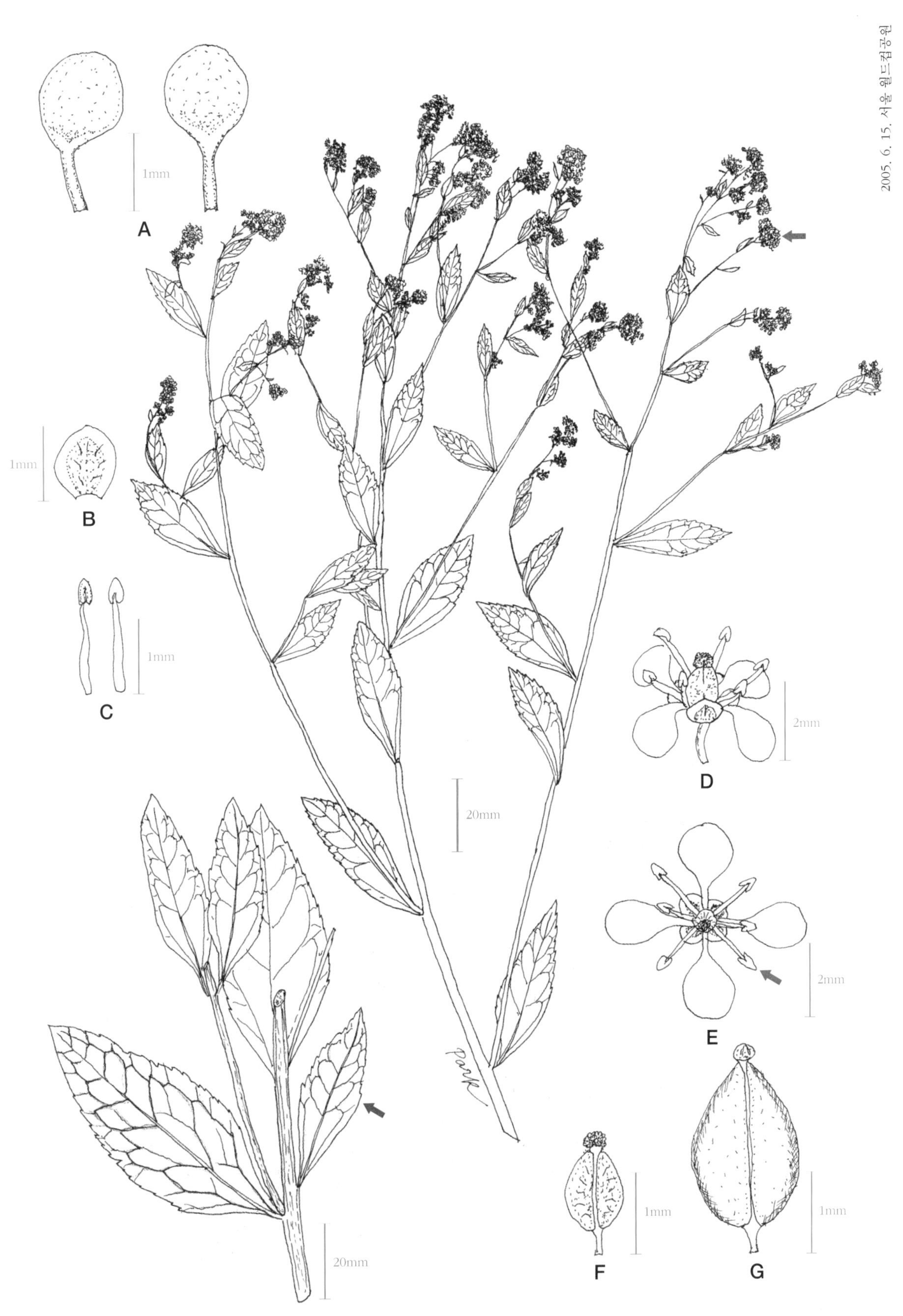

A. 꽃잎, B. 꽃받침, C. 수술, D. 옆에서 본 꽃, E. 위에서 본 꽃, F. 씨방, G. 열매

57. 도렁이냉이(대부도냉이)

Do-rong-i-naeng-i [Kor.]
Koshiminonazuna [Jap.]
Pepperweed [Eng.]

Lepidium perfoliatum **L.**, Sp. Pl. 643(1753); T. Chung in Illus. Encyc. Fa. & Fl. Kor. Vol. 5(App.): 67(1970); T. Osada in Col. Illus. Nat. Pl. Jap. 287(1976).

1년생 초본으로 줄기는 높이 20~40cm이고 가지가 갈라진다. 잎은 어긋나기(互生)이고 근생엽根生葉은 방석 모양을 하며 3회 깃꼴(羽狀)로 가늘게 갈라진다. 위쪽의 경생엽莖生葉은 심장형心臟形으로 잎자루가 없이 줄기를 둘러싼다. 꽃은 노란색의 십자화十字花로 5~6월에 피며 줄기나 가지 끝에 총상화서總狀花序를 이룬다. 꽃받침은 난형卵形이며 끝이 예두銳頭이고 길이는 1~1.3mm이다. 꽃잎은 노란색으로 주걱형이며 꽃받침보다 조금 길고 수술은 4개이다. 열매는 길이 4mm로 납작하고 요두凹頭이며 짧은 암술대가 남아 있다. 씨는 2개로 적갈색이며 길이 2mm이고 주위에 좁은 날개가 있다.

* 유럽, 서아시아 원산이며 우리나라에는 일본을 거쳐 들어온 귀화식물이다. 인천의 강화도, 경기 김포와 대부도 등 서해안을 따라 확산되고 있다.

* 다닥냉이속(*Lepidium* L.) 중에서 근생엽은 2~3회 우상 복엽으로 최종 열편裂片이 선형線形이고 줄기 상부의 잎은 심장형으로 기부가 줄기를 둘러싸는, 2가지 형태의 잎을 가진 식물이다.

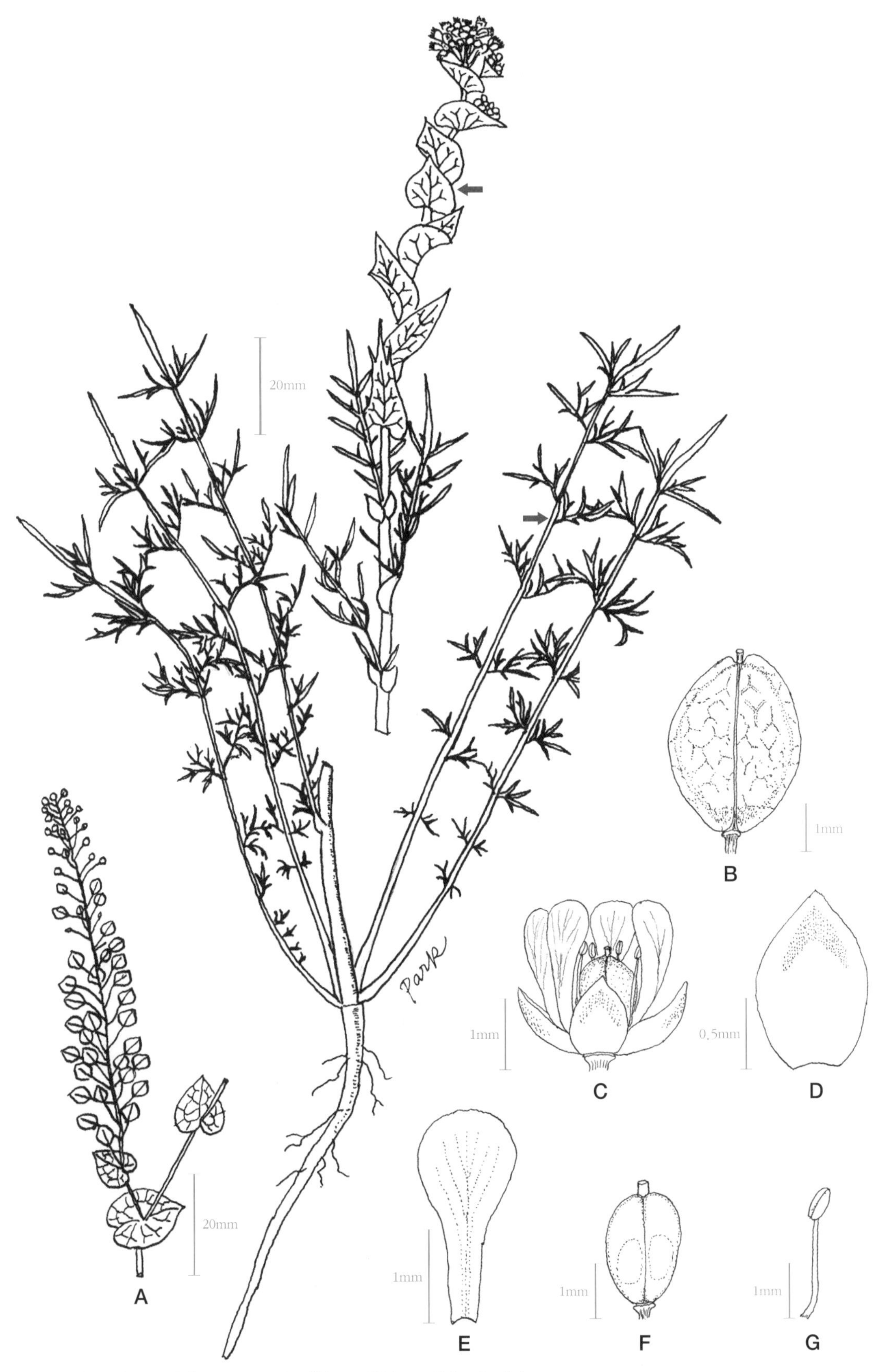

A. 열매가지, B. 열매, C. 꽃, D. 꽃받침, E. 꽃잎, F. 암술, G. 수술

58. 좀다닥냉이

Jom-da-dag-naeng-i [Kor.]
Kobano-kosyousou [Jap.]
Stinking pepperweed [Amer.]

***Lepidium ruderale* L.**, Sp. Pl. 645(1753); Gleason & Cronquist in Manu. Vas. Pl. U. S. & Can. 2nd Ed. 181(1991); S. H. Park in Kor. Jour. Pl. Tax. 28(3): 333(1998).

1~2년생 초본으로 줄기는 높이 20~50cm이고 미세한 털이 있다. 근생엽根生葉은 윤곽이 장타원형長楕圓形이고 2회 우상 분열羽狀分裂되며, 경생엽莖生葉은 크기가 작고 톱니가 없으며 피침형披針形이다. 5~6월경 가지 끝에 총상화서總狀花序가 달리며 꽃은 지름 0.5~1mm로 녹색이다. 꽃받침은 4개로 피침형披針形이며 길이는 0.5~1mm, 꽃잎은 없거나 있어도 발달하지 않는다. 수술은 2개이며 암술은 1개로 2실室이다. 열매는 넓은 타원형 또는 원형圓形으로 길이 1.5~3mm, 너비 1~2.5mm이고 위쪽에 약간의 날개가 있다. 2개의 씨가 있으며 씨는 황갈색이고 길이는 1~1.5mm이다.

* 유럽 원산이며, 필자는 1998년 5월 인천 월미도 부근에서 채집하였고 많은 양의 개체가 주변으로 번지고 있음을 확인하였다.

* 다닥냉이(*Lepidium apetalum* Willd.)와 달리 꽃잎은 흔적으로 남아 있으며, 수술이 2개이고 근생엽이 2회 우상 분열되는 특징이 있다.

1998. 5. 26. 인천 월미도

A. 수술, B. 꽃, C. 꽃받침, D. 암술, E. 흔적 꽃잎, F. 뿌리, G. 가지, H. 근생엽, I. 열매, J. 위쪽의 잎

59. 콩다닥냉이(콩말냉이)

Kong-da-dag-naeng-i [Kor.]
Mame-gunbai-nazuna [Jap.]
Pepper-grass [Eng.]

Lepidium virginicum **L.**, Sp. Pl. 645(1753); T. Osada in Illus. Col. Nat. Pl. Jap. 289(1976); T. Lee in Illus. Fl. Kor. 388(1979).

2년생 초본이며 줄기는 높이 20~40cm이고 위쪽에서 가지가 많이 갈라진다. 잎은 어긋나기(互生)이고 근생엽根生葉은 우상 복엽羽狀複葉이며 길이는 3~5cm이다. 경생엽莖生葉은 도피침형倒披針形으로 길이는 1.5~5cm, 가장자리에 크기가 다른 톱니가 있다. 5~7월에 백색 십자화十字花가 피고 가지 끝에서 총상화서總狀花序를 이룬다. 꽃받침 4개, 꽃잎 4개, 수술 2개, 암술 1개로 암술대가 거의 없다. 열매(角果)는 길이 2.5~4mm로 거의 둥글며 요두凹頭이다. 씨는 적갈색이고 가장자리에 좁은 막질膜質의 날개가 있다.

* 북아메리카 원산이며, 우리나라에서도 전국에서 흔히 볼 수 있다.
* 다닥냉이(*Lepidium apetalum* Willd.)와 비교하면 경생엽이 도피침형으로 가장자리에 톱니가 있고 수술이 2개인 점이 다르다.

A. 열매, B. 꽃, C. 꽃받침, D. 꽃잎, E. 암술, F. 수술, G. 경생엽, H. 근생엽

60. 장수냉이

Jang-su-naeng-i [Kor.]
Myagrum [Amer.]

***Myagrum perfoliatum* L.**, Sp. Pl. 640(1753); Britton & Brown in Illus. Fl. U. S. & Can. 2: 168(1970); S. H. Park in Kor. Jour. Pl. Tax. 26(4): 329 (1996).

1년생 초본으로 줄기는 높이 30~50cm이고 가지를 치며 털이 없다. 아래쪽의 잎은 장타원형長楕圓形으로 길이 10~12cm, 경생엽莖生葉은 좁은 장타원형이며 길이 5~8cm이다. 잎 가장자리에 거치鋸齒가 없거나 파상波狀이고 끝이 둔두鈍頭이며 기부는 이형耳形으로 줄기를 둘러싼다. 꽃은 5~6월에 피며 지름 5mm의 담황색 십자화十字花이고 가지 끝에 긴 총상화서總狀花序를 이룬다. 꽃받침은 4개, 꽃잎 4개, 암술 1개, 수술은 6개로 수술 중 4개는 길고 2개는 짧다. 열매가 익을 때 화서 길이는 2~3mm로 길어지고 열매자루는 비후肥厚된다. 열매는 아래쪽의 통부筒部와 위쪽의 팽대부로 구분되며 길이는 열매자루의 2~3배 정도이다.

* 유럽 원산이며, 우리나라에서는 인천 장수동과 경기 안산의 부곡동에서 확인하여 보고하였다.

* 장수냉이속(*Myagrum* L.)식물은 다른 배추과식물과 달리 열매가 아래쪽 비후부와 위쪽 팽대부로 구분되는 것이 특징이다.

A. 꽃, B. 열매일 때의 화서, C. 열매, D. 꽃받침, E. 꽃잎, F. 수술, G. 위쪽의 경생엽, H. 근생엽, I. 암술

61. 물냉이

Mul-naeng-i [Kor.]
Oranda-garashi [Jap.]
Watercress [Amer.]

***Nasturtium officinale* R. Br.** in Ait. Hort. Kew. Ed. 2, 4: 110(1812).
-*Sisymbrium nasturtium-aquaticum* L., Britton & Brown in Illus. Fl. U. S. & Can. 2: 162(1970).

다년생 초본으로 줄기는 길이 30~90cm로 물에 잠기거나 부분적으로 물 위에 뜨고 진흙 위에 포복하기도 한다. 잎은 우상 분열羽狀分裂하며 소엽小葉은 3~9개, 측열편側裂片은 난형卵形에서 원형圓形이고 정소엽頂小葉은 크다. 꽃은 5~7월에 피고 백색이며 지름 5mm이며 총상화서總狀花序를 이룬다. 꽃받침열편은 길이 2.5~3mm이고 꽃잎은 길이 4~5mm, 수술은 6개이고 암술은 1개이다. 열매(長角果)는 길이 1~2.7cm, 너비 2mm이며 궁형弓形으로 굽는다. 씨는 뚜렷하게 2줄로 배열된다.

* 유럽 원산이며, 우리나라에는 충북 단양과 전북 전주천변 그리고 제주도에 분포한다.
* 황새냉이(*Cardamine flexuosa* With.)에 비해 잎이 두껍고 광택이 있으며 식물체의 기부가 가지를 많이 치면서 지면을 포복하며 자란다. 생야채샐러드용으로 쓰인다.

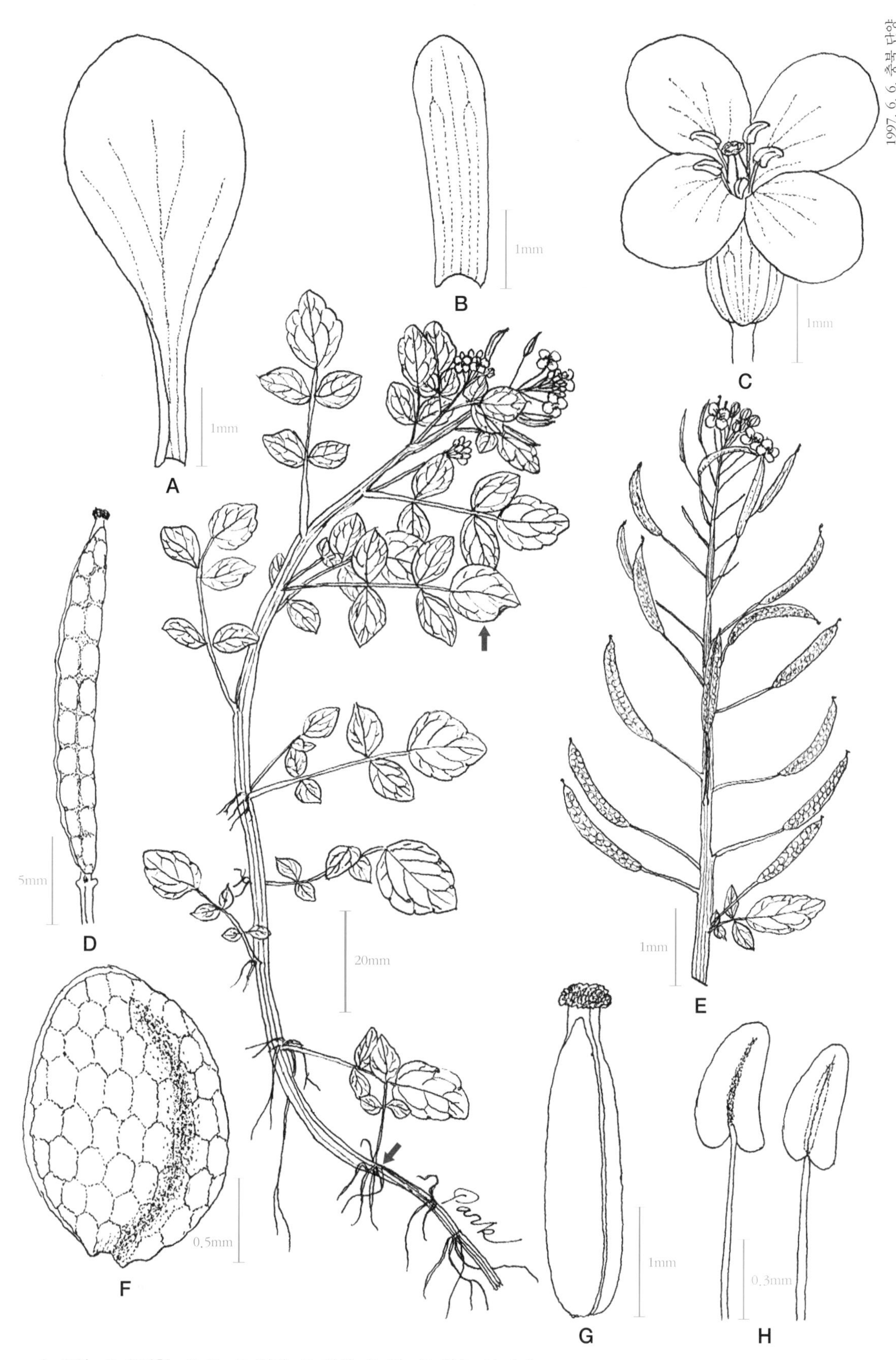

A. 꽃잎, B. 꽃받침, C. 꽃, D. 열매, E. 화서, F. 씨, G. 암술, H. 수술

62. 구슬다닥냉이

Gu-seul-da-dag-naeng-i [Kor.]
Tamagarashi [Jap.]
Ball Mustard [Amer.]

***Neslia paniculata* Desv.**, Jour. Bot. 3: 162(1814); M. L. Fernald in Gr. Manu. Bot. 706(1950); Britton & Brown in Illus. Fl. U. S. & Can. 2: 159 (1970).

1~2년생 초본으로 줄기는 높이 20~50cm이고 성상모星狀毛가 있다. 잎은 어긋나기(互生)이며 길이는 2.5~10cm로 장타원형長楕圓形, 피침형披針形 또는 선상線狀 피침형이고 기부는 화살형(箭形)으로 줄기를 감싼다. 꽃은 지름 2~2.5mm의 십자화十字花로 5~8월에 피며 담황색이고 총상화서總狀花序를 이룬다. 화서는 길이가 10~20cm이며 열매일 때 길게 자란다. 꽃받침은 타원형이고 길이 1.5mm로 꽃잎보다 짧다. 꽃잎은 주걱형이며 길이는 2~3mm이다. 열매는 구형球形으로 길이보다 폭이 약간 크며 지름 2~3mm, 건조하면 표면에 망목상網目狀의 주름이 지며 끝에 잔존주두殘存柱頭가 있다.

* 유럽 원산이며, 우리나라에는 경기 안산의 수인산업도로변에 분포한다.
* 구슬다닥냉이속(*Neslia* Desv.)식물은 다른 배추과식물에 비하여 열매가 구형이며 표면에 망목상의 주름이 있고 줄기에 성상모가 있는 점이 특징이다.

A. 꽃받침, B. 꽃봉오리, C. 꽃잎, D. 열매, E. 수술, F. 암술, G. 줄기와 경생엽, H. 줄기의 일부, I. 경생엽, J. 뿌리

63. 서양무아재비

Seo-yang-mu-a-jae-bi [Kor.]
Seiyou-nodaikon [Jap.]
Wild Radish [Eng.]

***Raphanus raphanistrum* L.**, Sp. Pl. 669(1753); Britton & Brown in Illus. Fl. U. S. & Can. Vol. 2: 195(1970); T. Osada in Illus. Col. Nat. Pl. Jap. 267 (1976).

1~2년생 초본으로 줄기는 곧게 자라거나 비스듬히 펼쳐지며 길이는 20~70cm이다. 잎은 어긋나기(互生)이고 근생엽根生葉은 우상 분열羽狀分裂되며 길이가 10~20cm이다. 경생엽莖生葉은 장타원형長楕圓形으로 작고 거친 파상 거치波狀鋸齒가 있다. 꽃은 5~6월에 피며 지름 1.5~2cm로 담황색 또는 백색이며 총상화서總狀花序를 이룬다. 열매(長角果)는 길이 2.5~4cm, 폭 3.5~4mm이며 3~8개의 씨가 있고, 싱싱할 때는 원통형에 가까우나 건조하면 씨와 씨 사이가 매우 잘록해지고 세로로 골이 파이며 끝은 급하게 가늘어져서 길이 10~15mm의 봉상棒狀 주둥이가 달린다.

* 유럽과 북아시아 원산이며, 국내에서는 인천 남항과 수인산업도로 쪽으로 번지고 있다.

* 무(*Raphanus sativus* L.)와 달리 꽃이 담황색 또는 백색이며, 열매는 작고 3~8개의 씨가 있으며 열매의 마디가 잘록해진다.

1994. 5. 28. 인천

A

5mm

B

3mm

C

2mm

D

10mm

20mm

E

1mm

Park

F

2mm

A. 꽃, B. 꽃잎, C. 꽃받침, D. 열매, E. 수술, F. 암술

64. 주름구슬냉이

Ju-reum-gu-seul-naeng-i [Kor.]
Miyakarashi [Jap.]
Bastard Cabbage [Eng.]

***Rapistrum rugosum* (L.) All.**, Fl. Pedemont. 1: 257(1785); T. Osada in Illus. Col. Nat. Pl. Jap. 269(1976); S. H. Park in Kor. Jour. Pl. Tax. Vol. 29(1): 92(1999).

1년생 초본으로 줄기는 높이 30~100cm이고 아래쪽에서 가지를 친다. 근생엽根生葉은 길이가 20cm 내외로 우상 분열羽狀分裂하며, 경생엽莖生葉은 성긴 톱니가 있고 근생엽과 마찬가지로 거친 털이 있다. 꽃은 5월에 피고 황색이며 가지마다 총상화서總狀花序가 생기는데, 위쪽은 꽃이 밀집되며 아래쪽은 화축花軸이 길어져 열매가 성기게 배열된다. 꽃받침은 길이가 2.5~3mm이며 꽃잎은 4개로 황색이고 길이가 5~7mm이다. 열매는 화축에 밀착되면서 직립하고 상·하 두 마디로 구분되는데, 아래쪽은 원통형으로 0~3개의 종자가 들어 있고 위쪽은 구형球形으로 세로로 8개의 주름이 있다.

* 유럽 원산이며, 우리나라에서는 경기 안산 부곡동 지역의 수인산업도로와 경기 수원 사사리의 도로변에서 채집, 확인하였다.
* 구슬다닥냉이(*Neslia paniculata* Desv.)에 비해 열매자루가 짧고 열매는 아래쪽 원통부와 위쪽 구형부, 2부분으로 구분되며 잎자루가 있어 경생엽이 구분된다.

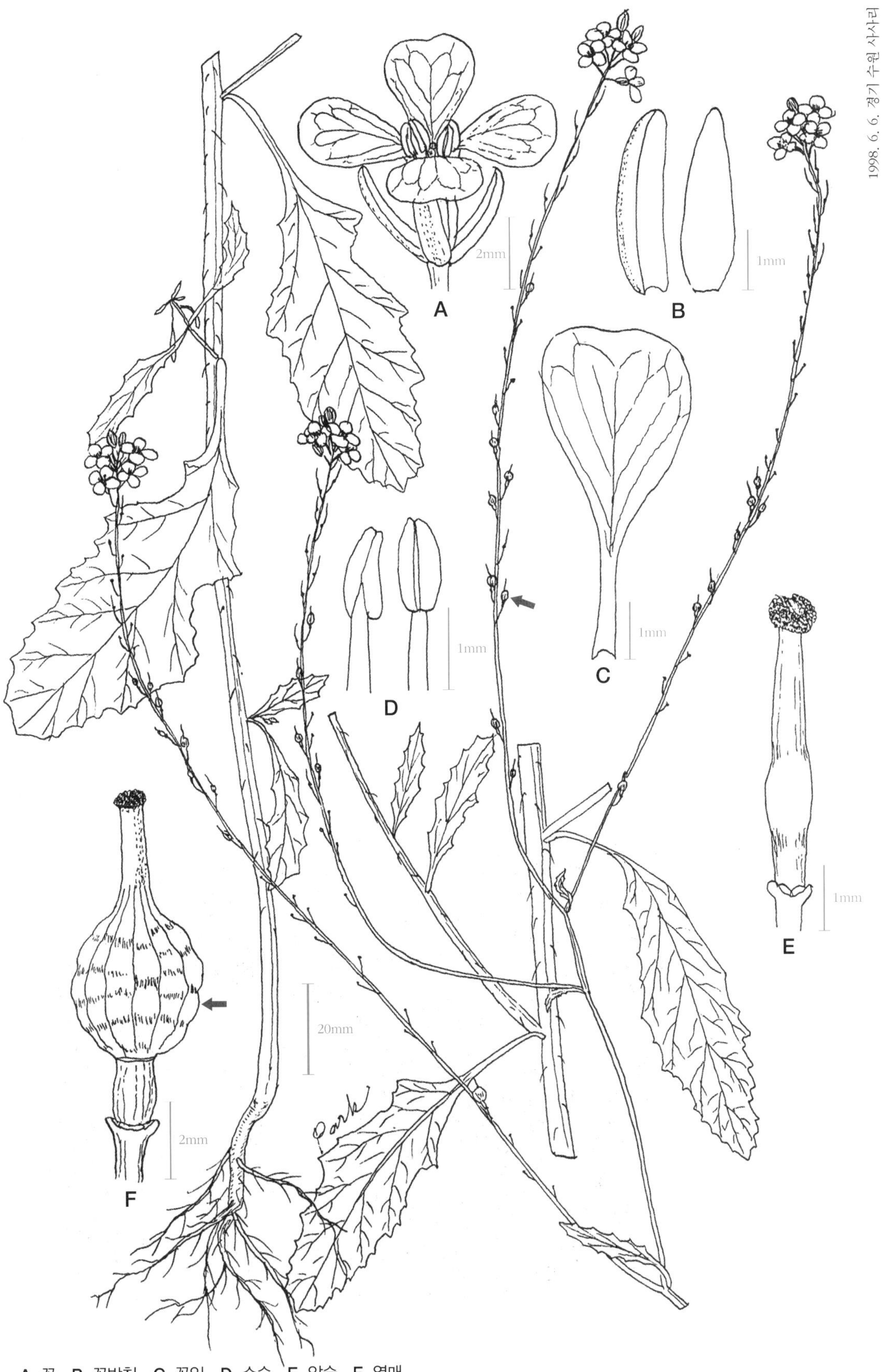

A. 꽃, B. 꽃받침, C. 꽃잎, D. 수술, E. 암술, F. 열매

65. 가새잎개갓냉이

Ga-sae-ip-gae-gat-naeng-i [Kor.]
Kirehainugarashi [Jap.]
Creeping Yellow Cress [Eng.]

***Rorippa sylvestris* (L.) Bess.**, Enum. 27(1821); T. Osada in Col. Illus. Nat. Pl. Jap. 277(1976); S. H. Park. Kor. Jour. Pl. Tax. Vol. 33(1): 85(2003).

다년생 초본으로 줄기는 가지를 치며 높이는 10~60cm이다. 잎은 어긋나기(互生)이고 기부의 잎은 어릴 때 로제트rosette를 이루며 길이 10~15cm, 폭 1.5~2cm이다. 경생엽莖生葉은 깊게 우상羽狀으로 분열되며 측열편側裂片은 3~5쌍으로 열편이 다시 우상으로 갈라지는 것도 있다. 꽃은 5~8월에 피며 원元줄기나 가지 끝에 총상화서總狀花序를 이룬다. 꽃의 색은 황색으로 지름 4~5mm, 꽃받침은 장타원형長楕圓形으로 꽃잎보다 작고 꽃잎은 도란형倒卵形이며 길이 4mm이다. 열매는 가는 원통형이며 길이는 10~15mm이고 같은 길이의 열매자루가 있다. 씨는 길이 0.5~0.6mm이다.

* 유럽 원산이며, 우리나라에서는 강원 오대산의 월정사 입구에 확산되고 있다.
* 속속이풀〔*Rorippa palustris* (Leyss.) Besser〕과 달리 열매는 가는 원통형으로 길이 10~15mm이고 잔존 주두殘存株頭는 0.5~1mm이다.

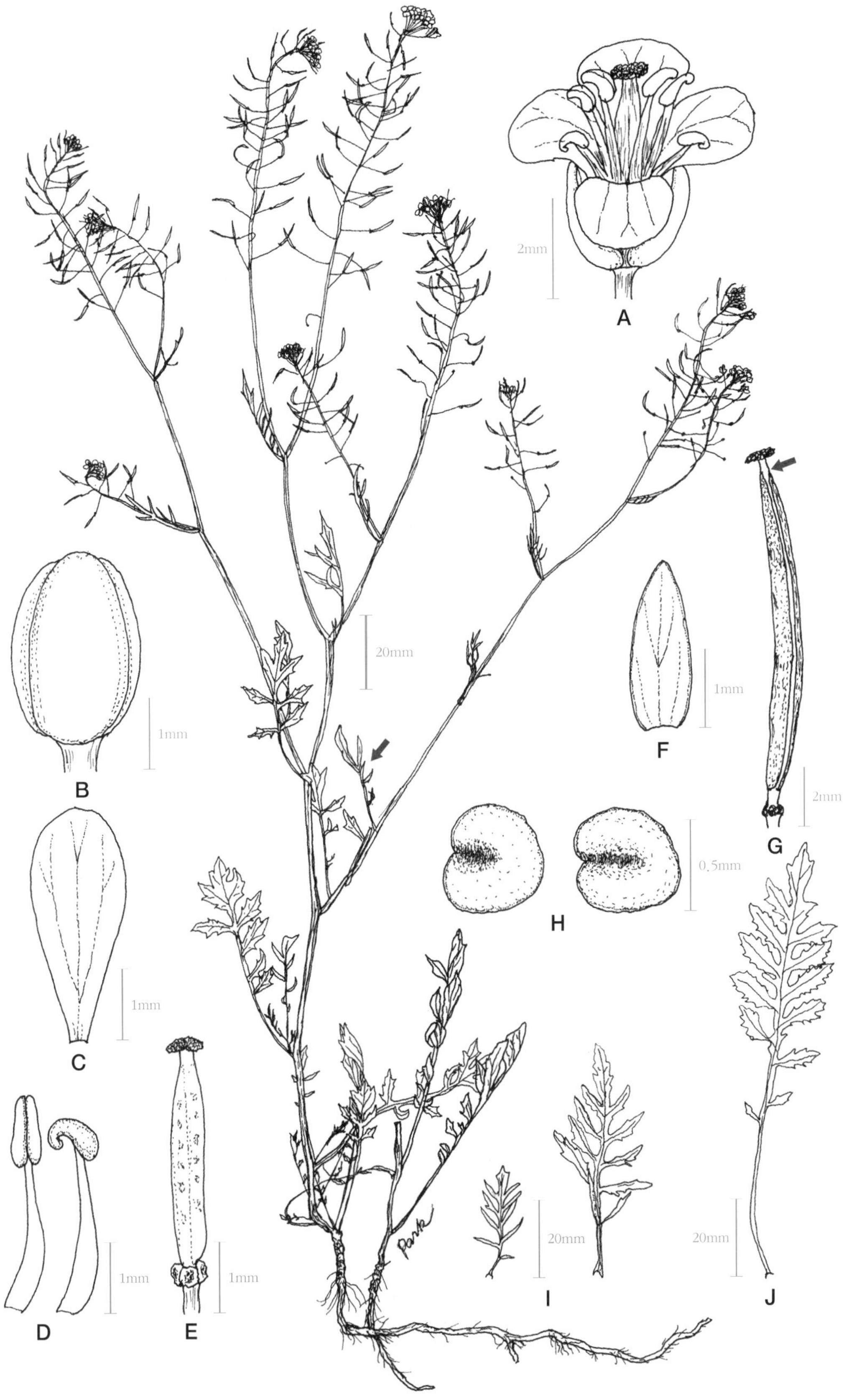

A. 꽃, B. 꽃봉오리, C. 꽃잎, D. 수술, E. 암술, F. 꽃받침, G. 열매, H. 씨, I. 경생엽, J. 근생엽

66. 들갓

Teul-gat [Kor.]
Nohara-garashi [Jap.]
Harlock [Amer.]

***Sinapis arvensis* L.**, Sp. Pl. 668(1753); Britton & Brown in Illus. Fl. U. S. & Can. 2: 192(1970); S. H. Park in Kor. Jour. Pl. Tax. Vol. 29(1): 92(1999).

1년생 초본으로 줄기는 높이 20~80cm이며 위에서 가지를 친다. 잎은 어긋나기(互生)이고 도란형倒卵形이며 길이 20cm, 잎 가장자리는 불규칙한 거친 톱니가 있고 위쪽의 잎은 잎자루가 없다. 꽃은 5~6월에 피며 황색이고 지름은 약 1cm 정도로, 가지 끝에 총상화서總狀花序를 만든다. 꽃받침은 4개로 피침형披針形이고 길이 5~6mm이며 꽃이 필 때 벌어진다. 꽃잎은 4개이며 길이 8~12mm이다. 열매는 길이 2~4cm, 지름 2~3mm이며 열매의 꼬투리에는 3~5개의 융기된 맥脈이 있고 잔존 화주殘存花柱는 납작하며 2개의 모서리와 3맥이 있다. 씨는 구형球形으로 지름 1~1.6mm, 적갈색 또는 흑색이다.

* 유럽 원산이며, 우리나라에서는 인천과 경기 시흥에서 확인하였다. 또한 전체 형태는 들갓과 같으나 열매에 거친 털이 밀생密生되는 것을 털들갓(*Sinapis arvensis* var. *orientalis* Koch et Ziz)이라 하며 같은 지역에 혼생混生되고 있다.
* 갓(*Brassica juncea* Czern et Coss.)에 비해 개화기開花期가 약간 늦고 식물체에 조모粗毛가 많으며, 열매에 3~5개의 융기된 맥이 있고 잔존 화주는 납작하며 3맥이 있다.

털들갓 열매

A. 꽃, B. 열매, C. 씨, D. 꽃받침, E. 꽃잎, F. 털들갓의 열매, G. 암술과 수술

67. 가는잎털냉이

Ga-neun-ip-teol-naeng-i [Kor.]
Hatazao-garashi [Jap.]
Tumbling Mustard [Amer.]

***Sisymbrium altissimum* L.**, Sp. Pl. 659(1753); T. Osada in Col. Illus. Nat. Pl. Jap. 270(1976); S. H. Park in Kor. Jour. Pl. Tax. 28(3): 339(1998).

1년생 초본으로 줄기는 높이 20~70cm이고 성긴 털이 드문드문 있거나 털이 없다. 잎은 우상 분열羽狀分裂하고 근생엽根生葉은 5~8쌍의 측열편側裂片이 있으며, 경생엽莖生葉은 근생엽보다 열편이 좁아지고 위쪽의 것은 거의 사상絲狀을 이룬다. 꽃은 5~6월에 피며 엷은 황색으로 지름 8mm 정도의 십자화十字花이고 가지 끝에 총상화서總狀花序를 만든다. 꽃받침은 4개로 바깥쪽의 2개는 끝에 뿔 모양의 짧은 돌기가 있다. 꽃잎은 길이 6~9mm이고 6개의 수술 중 4개는 길고 2개는 짧다. 열매는 봉상棒狀이고 길이 5~10cm, 폭 1.2mm로 털이 없다.

* 유럽의 지중해 연안 원산으로, 우리나라에서는 아산호방조제에서 확인하였고 이후 경기 안산 부곡동의 수인산업도로와 경기 포천의 광릉내에서 확인하였다.

* 긴갓냉이(*Sisymbrium orientale* L.)와 비교하면 소화경小花莖이 비스듬히 위를 향하고 길이가 7~10mm이며 꽃받침에 털이 없고 열매 길이가 8~10cm, 잎이 우상전열羽狀全裂되는 점이 다르다.

A. 꽃받침, B. 꽃, C. 꽃잎, D. 수술, E. 암술, F. 열매, G. 화서

68. 유럽장대

Yu-reop-jang-dae [Kor.]
Kakine-garashi [Jap.]
Hedge Mustard [Eng.]

***Sisymbrium officinale* Scop.**, Fl. Carn. Ed. 2, 2: 26(1772); T. Osada in Col. Illus. Nat. Pl. Jap. 272(1976).
-*Erysimum officinale* L., Sp. Pl. 660(1753).

1년생 초본으로 줄기는 높이 40~80cm이고 밑을 향한 거친 털이 밑을 향하고 있다. 잎은 어긋나기(互生)이며 근생엽根生葉은 큰 것이 길이 20cm에 이르며 하향 우상 복엽下向羽狀複葉이다. 경생엽莖生葉은 극형戟形이고 작으며 잎자루가 없다. 6~7월에 꽃이 피며 황색 십자화十字花로 지름은 3~4mm이고 좁은 총상화서總狀花序를 이루며 꽃받침은 연한 초록색이다. 꽃잎은 길이 3mm, 수술은 6개, 암술은 1개이고 씨방에 털이 있다. 열매는 길이 1~1.5cm, 폭 1~1.5mm로 선상 피침형線狀披針形이고 밀모密毛로 화축花軸을 감으며 압착壓着된다. 열매자루는 길이 1~3mm이다.

* 유럽 원산으로, 우리나라에서는 인천 백령도 진촌리와 울릉도, 제주도에서 확인하였다.
* 가는잎털냉이(*Sisymbrium altissimum* L.)에 비해 열매가 짧고 화축을 나선으로 감으며 익는다.

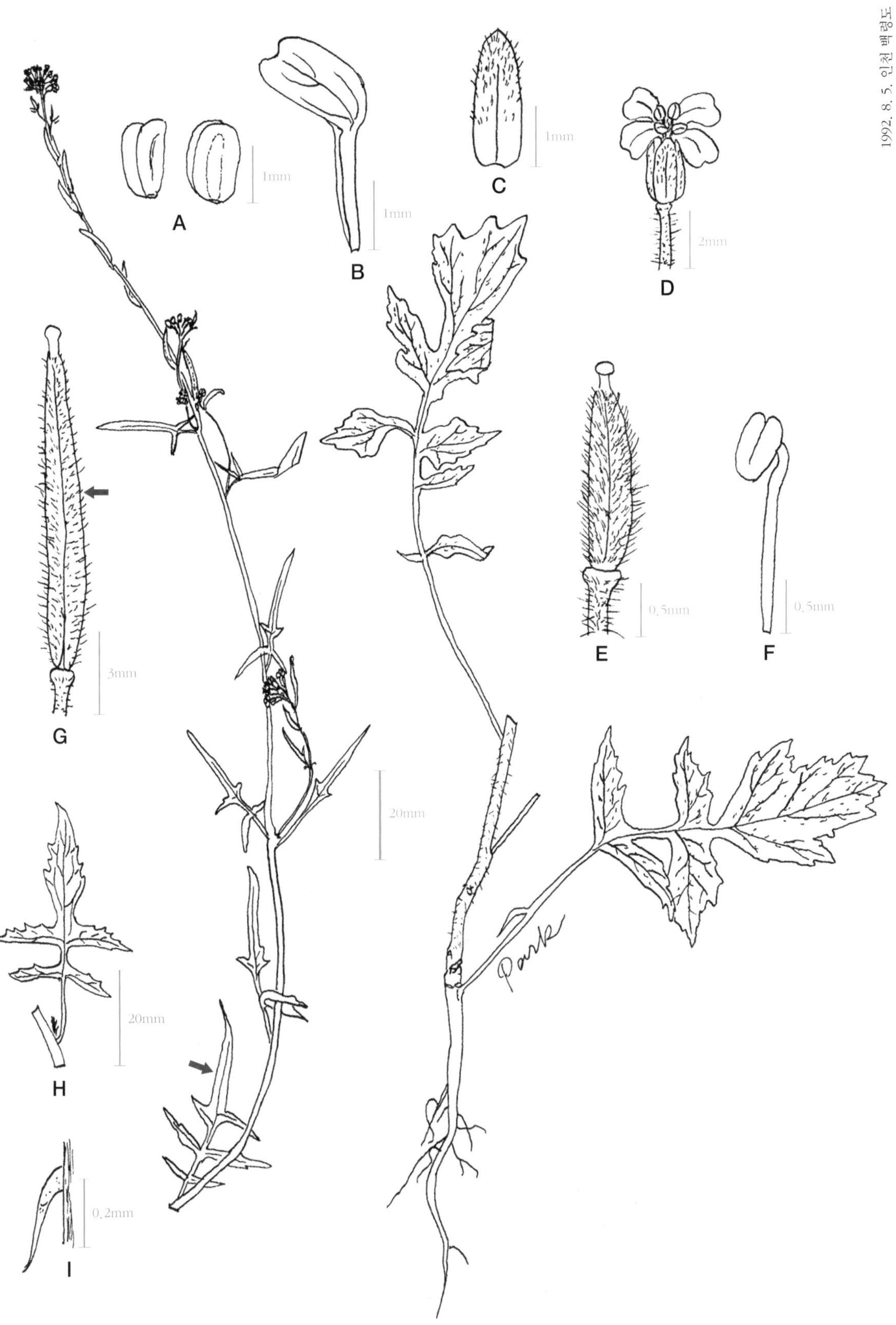

A. 씨, B. 꽃잎, C. 꽃받침, D. 꽃, E. 암술, F. 수술, G. 열매, H. 잎, I. 줄기의 털

69. 민유럽장대

Min-yu-reup-jang-dae [Kor.]
Hama-kakinegarashi [Jap.]
Hedge Mustard [Amer.]

Sisymbrium officinale **Scop. var.** ***leiocarpum*** **DC.** in M. L. Fernald, Gr. Manu. Bot. 710(1950); T. Osada in Col. Illus. Nat. Pl. Jap. 272(1976).

1~2년생 초본이다. 줄기는 곧게 자라며 높이 40~80cm로 사방으로 억세게 가지가 갈라진다. 잎은 어긋나기(互生)이며 우상 심열羽狀深裂되고 3~6쌍의 하향 열편下向裂片으로 이루어지며 열편은 타원형 또는 난형卵形이며 거치鋸齒가 있다. 아래쪽의 잎은 잎자루가 있고 위쪽의 잎은 잎자루가 없어진다. 꽃은 5~9월에 피며 지름 4mm이고 황색이며 총상화서總狀花序를 이룬다. 꽃받침은 장타원형長楕圓形이며 꽃잎은 길이 3~4mm이다. 열매는 송곳 모양이고 기부로부터 위쪽으로 가늘어지며 길이 1~2cm로 털이 전혀 없고 줄기에 압착壓着된다.

* 유럽 원산이며, 우리나라에서는 제주도의 바닷가에서 많이 발견된다.
* 원종인 유럽장대(*Sisymbrium officinale* Scop.)와 달리 열매에 털이 없다.

A. 경생엽, B. 근생엽, C. 꽃, D. 꽃잎, E. 꽃받침, F. 암술, G. 꽃밥, H. 화서, I. 열매

70. 긴갓냉이

Gin-gat-naeng-i [Kor.]
Inu-kakinegarashi [Jap.]
Eastern Rocket [Eng.]

***Sisymbrium orientale* L.**, Cent. Pl. 2: 24(1756); T. Osada in Illus. Jap. Ali. Pl. 150(1972); V. L. Komarov in Fl. U.S.S.R. Vol. 8: 39(1985).

1년생 초본으로 줄기는 높이 30~100cm이고 가지를 많이 치며 건조하면 흑색이 된다. 아래쪽의 잎은 장타원형長楕圓形으로 길이는 15cm이며 깃꼴(羽狀)로 깊이 갈라지고, 위쪽의 잎은 작고 측열편側裂片은 0~2쌍이다. 꽃은 4~6월에 피며 담황색의 십자형十字形 꽃이 총상화서總狀花序를 이룬다. 꽃받침은 선상 피침형線狀披針形으로 길이가 4~5mm이고 꽃잎은 장타원형長楕圓形이고 길이는 8~10mm이다. 열매(長角果)는 선형線形으로 길이 6~10cm, 지름 1~1.2mm로 대개 털이 없고 가지에 비스듬히 달리며 열매자루는 길이 4~7mm로 열매와 굵기가 거의 같다. 씨는 길이 1mm, 폭 0.6mm로 적갈색이다.

* 유럽 원산이며 국내에서는 강원 묵호, 서울 한강 둔치, 전북 군산, 경기 시흥, 제주도 등지에서 확인하였다.
* 유럽장대(*Sisymbrium officinale* Scop.)에 비해 열매가 길고 화축花軸에 비스듬히 달린다.

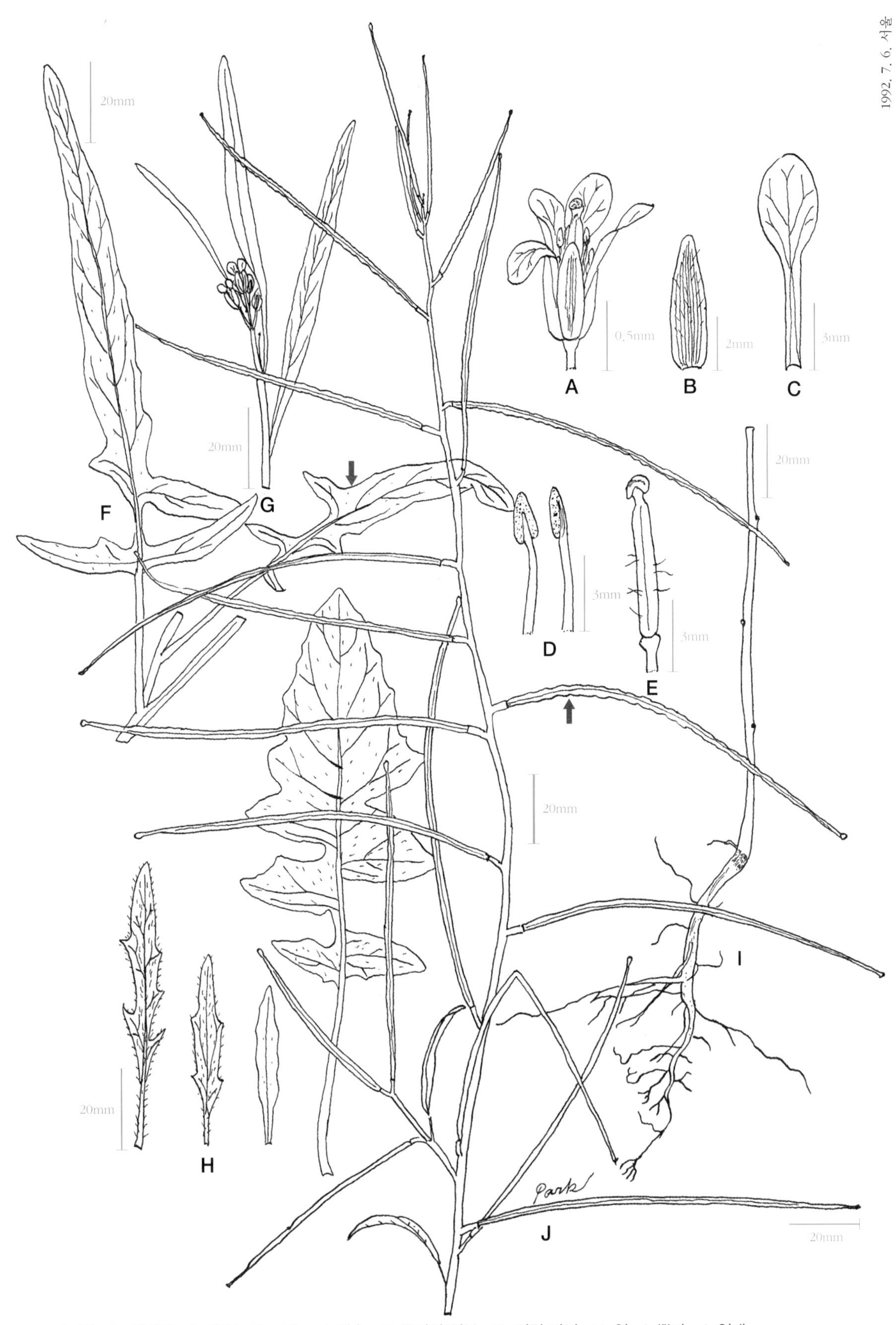

A. 꽃, B. 꽃받침, C. 꽃잎, D. 수술, E. 암술, F. 줄기의 일부, G. 어린 가지, H. 잎, I. 뿌리, J. 열매

71. 말냉이

Mal-naeng-i [Kor.]
Kunbai-nazuna [Jap.]
Field Pennycress [Eng.]

***Thlaspi arvense* L.**, Sp. Pl. 646(1753); Nakai in Fl. Kor. 1: 61(1909); T. Lee in Illus. Fl. Kor. 389(1979); V. L. Komarov in Fl. U.S.S.R. Vol. 8: 433 (1985).

2년생 초본으로 줄기는 높이 20~50cm이고 가지를 친다. 잎은 어긋나기(互生)이며 근생엽根生葉은 잎자루가 있고 도란형倒卵形, 경생엽莖生葉은 잎자루가 없고 장타원형長楕圓形이다. 잎의 길이는 3~6cm이고 기부는 줄기를 싼다. 5~8월에 백색 꽃이 피며 지름은 4~5mm이고 총상화서總狀花序를 만든다. 수술은 4강웅예四强雄蕊이고 1개의 암술이 있다. 열매는 성숙하면 원형圓形이고 길이 12~18mm, 폭 11~16mm로 머리는 좁은 V 자형이고 주위에 폭 3mm의 날개가 있다. 열매자루는 길이 12~20mm이다. 씨는 갈색이고 길이 1.2mm이며 주름살이 있다.

* 유럽 원산이며, 국내에서는 전국 각지의 지대가 낮은 밭이나 들에서 볼 수 있다.
* 다른 배추과식물과 달리 열매는 성숙하면 원형으로 변하며 길이 12~18mm, 폭 11~16mm로 끝은 좁은 V 자형이고 주위에 폭 3mm의 날개가 있어 구분된다.

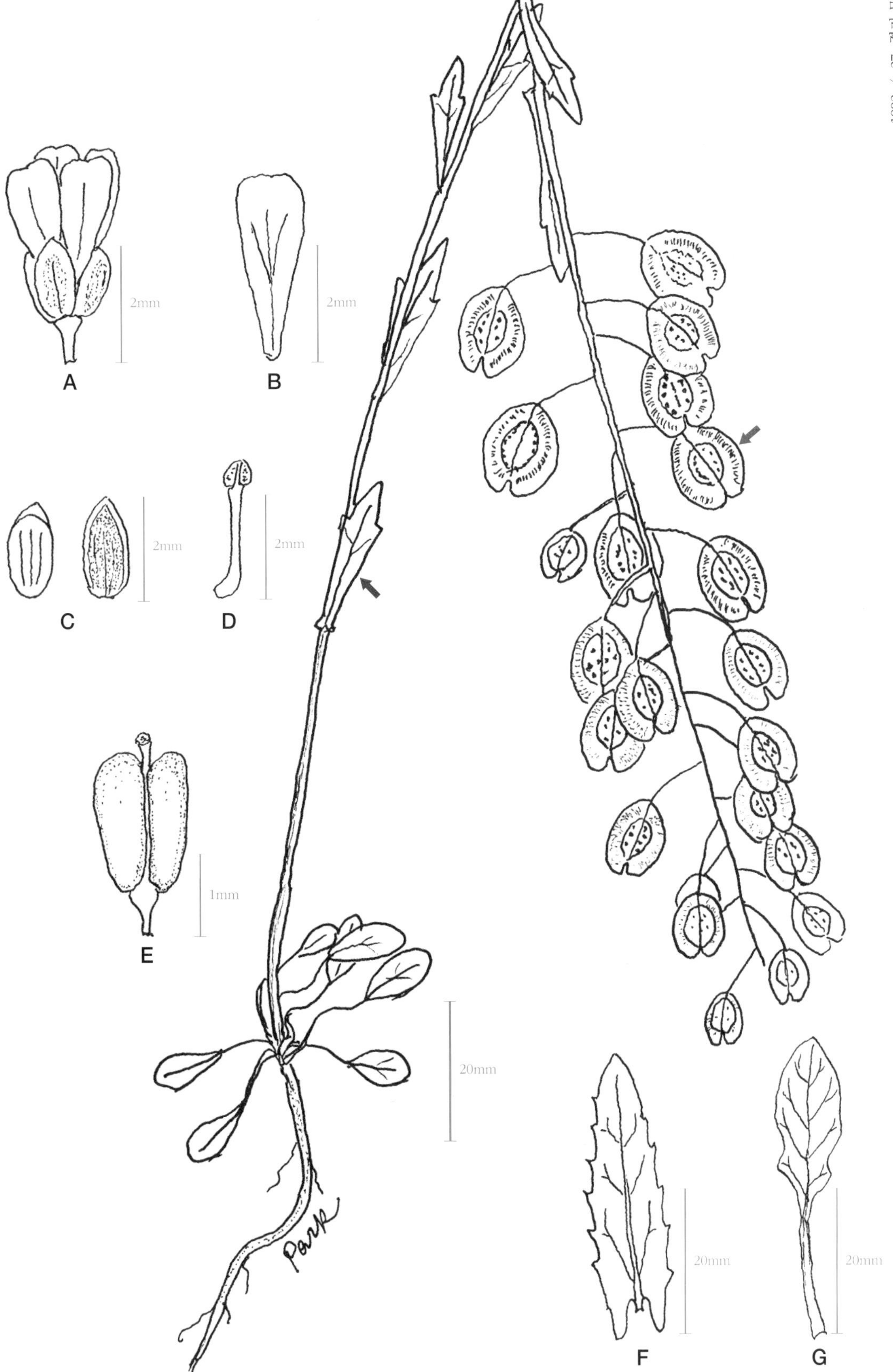

A. 꽃, B. 꽃잎, C. 꽃받침, D. 수술, E. 암술, F. 경생엽, G. 근생엽

72. 멕시코돌나물

Mek-si-ko-dol-na-mul [Kor.]
Mekishiko-mannengusa [Jap.]
Stonecrop [Amer.]

Sedum mexicanum **Britton**, in Bull. N. York Bot. Gard. I: 257(1905); T. Osada in Col. Illus. Nat. Pl. Jap. 255(1976).

다년생 초본으로 다육질의 줄기는 기부에서 포복하면서 가지를 치고 위쪽은 곧게 자라며 높이는 10~25cm이다. 잎은 3~5개가 돌려나기(輪生)를 하며 꽃이 달리는 가지는 어긋나기(互生)이고 선형線形으로 길이 13~20mm, 다육질이고 광택이 있다. 꽃은 5~7월에 피며 황색이고 꽃자루가 거의 없으며 취산화서聚繖花序를 만든다. 화서는 3개 내외의 가지를 만들어 옆으로 펼쳐진다. 꽃받침은 5개, 꽃잎은 5개로 길이 4mm 정도이며 수술이 10개, 꽃밥은 길이 0.3mm이다. 열매(袋果)는 5~6개로 길이는 5mm이고 여러 개의 씨가 들어 있다. 씨는 길이 0.7mm이고 미세한 돌기가 줄지어 난다.

* 멕시코 원산이며 원예용 식물이다. 우리나라에서는 충남 안면도에서 야생화된 것을 처음 발견하였고 그 후 제주도, 인천 등지에서도 발견하였다.
* 돌나물(*Sedum sarmentosum* Bunge)에 비해 식물체가 작고 꽃이 달리지 않는 가지는 3~5개의 잎이 돌려나며 꽃이 달리는 가지는 어긋난다.

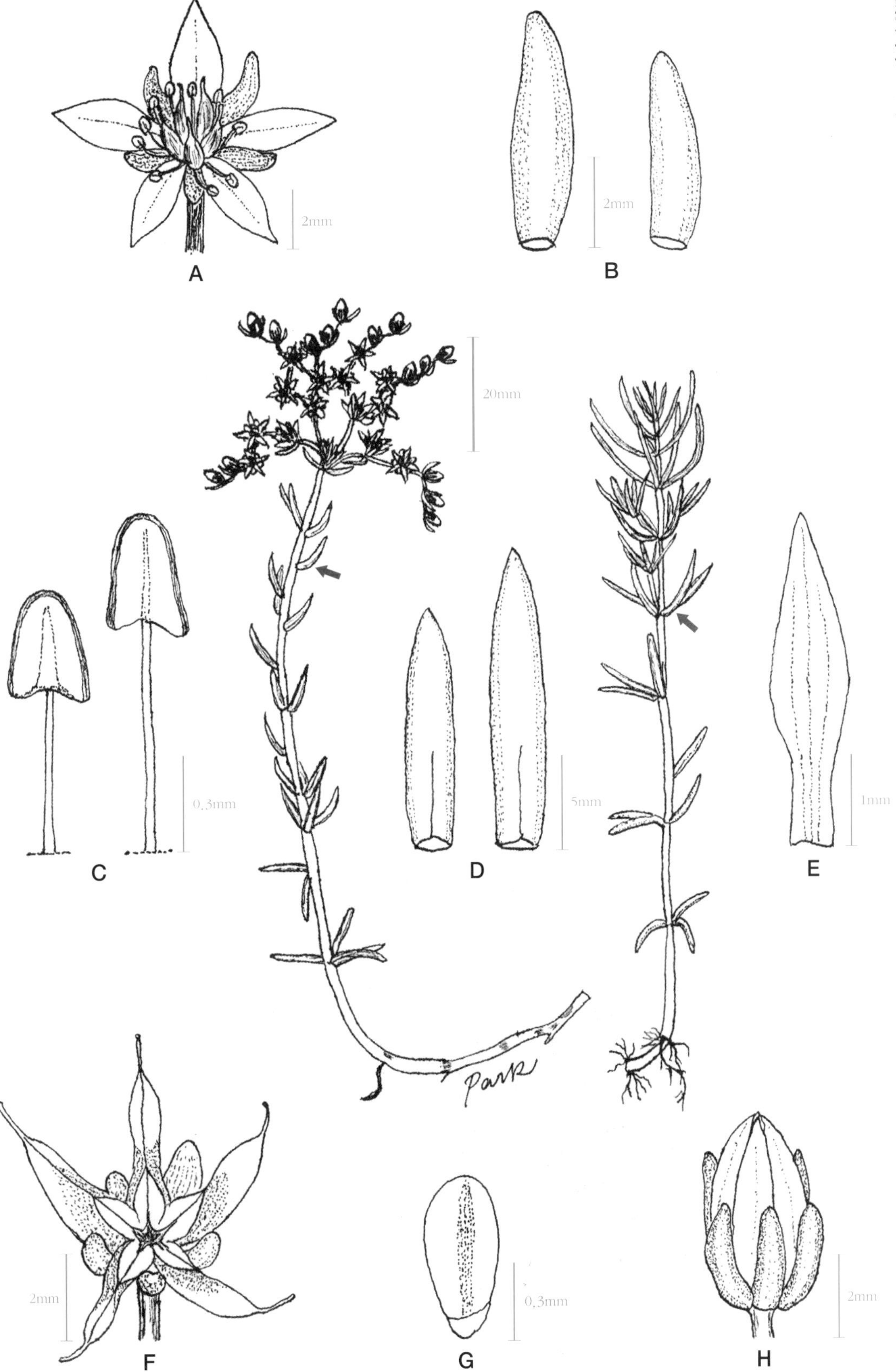

A. 꽃, B. 꽃받침, C. 수술, D. 잎, E. 꽃잎, F. 열매, G. 씨, H. 꽃봉오리

73. 좀개소시랑개비

Jom-gae-so-si-rang-gae-bi [Kor.]
Kobana-kizimushiro [Jap.]

***Potentilla amurensis* Maxim.**, Prim. F. Amur. 98(1859); T. Osada in Col. Illus. Nat. Pl. Jap. 251(1976); S. H. Park, in Kor. Jour. Pl. Tax. Vol. 22(1): 61(1992).

진흙이나 하천가 모래땅에 자라는 1~2년생 초본으로 줄기는 높이 5~30cm이고 가는 가지를 중복 분지重複分枝하며 길고 연한 털이 있다. 잎은 3소엽小葉이 되며 양면에 광택이 없다. 탁엽托葉은 난형卵形으로 톱니가 없다. 6~7월에 꽃이 피며 꽃은 지름 5~7mm이다. 소포小苞 5개는 장타원형長楕圓形이고 끝이 뭉툭하며, 꽃받침 5개는 난형이며 끝이 뾰족하다. 꽃잎은 서로 붙어 있지 않고 길이 1mm로 아주 작으며 도란형倒卵形이고 노란색으로 눈에 잘 띄지 않는다. 열매는 지름 8mm이고 꽃받침이 위까지 덮는다.

* 아무르강 원산으로, 국내에서는 북부지방인 함흥에서 보고된 바 있고 귀화인지 자생인지는 명확치 않으나 근래에 경기 팔당과 여주 등 남한강변과 제주도에서 찾을 수 있다.
* 개소시랑개비(*Potentilla supina* L.)에 비해 식물체가 왜소하고 잎이 3소엽이 많으며 꽃잎이 길이 1mm로 아주 작아서 구별된다.

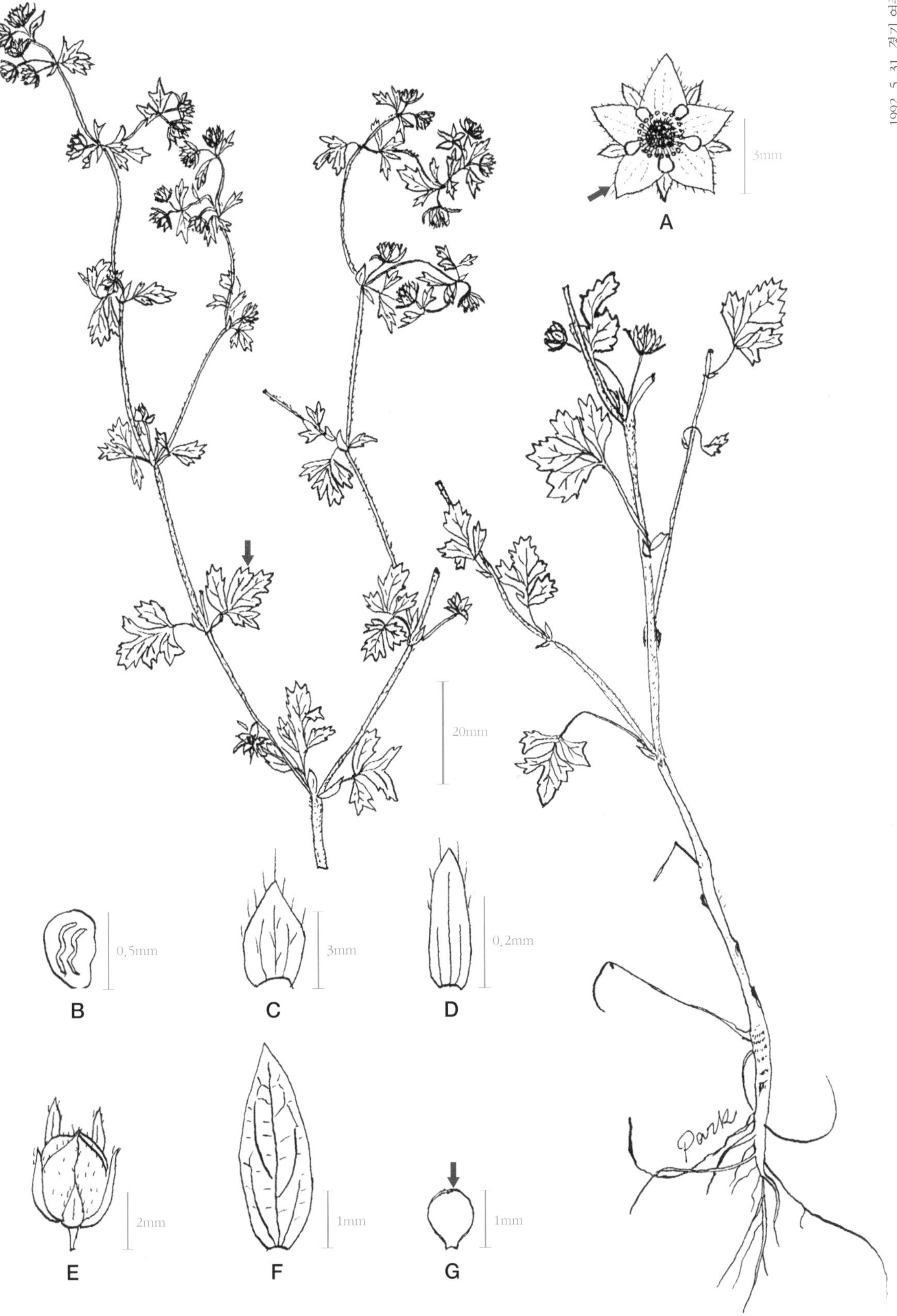

A. 꽃, B. 씨, C. 꽃받침, D. 소포, E. 꽃봉오리, F. 탁엽, G. 꽃잎

74. 개소시랑개비

Gae-so-si-rang-gae-bi [Kor.]
Okizimushiro [Jap.]
Bushy Cinquefoil [Eng.]

***Potentilla supina* L.**, Sp. Pl. 497(1753); T. Osada in Col. Illus. Nat. Pl. Jap. 250(1976).
-*Potentilla paradoxa* Nutt., Torr. et Gr. Fl. N. Amer. 1: 437(1840).

1~2년생 초본으로 줄기는 높이 20~40cm이고 기부에서 가지를 친다. 잎은 어긋나기(互生)이고 아래쪽 잎은 장타원형長楕圓形으로 1회 우상 복엽羽狀複葉이며 위쪽의 잎은 3소엽小葉으로 가장자리에 톱니가 있다. 꽃은 5~8월에 피고 황색으로 꽃의 지름은 0.7~1.1cm이다. 소포엽小苞葉은 5개로 장타원형이다. 꽃받침열편裂片은 5개로 난형卵形이며 끝이 둔두鈍頭 또는 예두銳頭이다. 꽃잎은 도란형倒卵形으로 노란색이며 끝이 요두凹頭이고 길이 2.5~3mm로 꽃받침보다 작다. 수술은 20개, 암술은 여러 개이고 암술대는 아래가 굵다.

* 유럽 원산으로, 우리나라에는 1900년 이전에 이입移入되어 한반도 거의 전역의 습지나 하천가에 자라고 있다.
* 좀개소시랑개비(*Potentilla amurensis* Maxim.)에 비해 우상 복엽이 많으며 꽃잎의 크기가 3배 정도 크다.

A. 꽃잎, B. 꽃받침, C. 소포엽, D. 꽃

75. 술오이풀

Sul-o-i-pul [Kor.]
Salad Burnet [Amer.]

***Sanguisorba minor* Scop.**, Fl. Carn. Ed. 2, I: 110(1772); M. L. Fernald in Gr. Manu. Bot. 868(1950); S. H. Park in Kor. Jour. Pl. Tax. 28(3): 336(1998).

다년생 초본이다. 줄기는 곧게 자라며 가지를 치고 높이는 30~70cm이며 털이 없고 가늘다. 잎은 7~19개의 소엽小葉으로 이루어진 우상 복엽羽狀複葉이다. 소엽은 난형卵形 또는 광난형廣卵形으로 거친 톱니가 있다. 꽃은 5월에 피고 녹색이며 구상球狀 난형체의 두상화서頭狀花序가 달린다. 화서의 아래쪽에 수꽃, 중간에 양성화, 위쪽에 암꽃이 달린다. 수꽃과 양성화는 12개 이상의 긴 수술대가 있어서 꽃잎 밖으로 길게 늘어지고 암꽃은 수술이 없으며 주두柱頭는 자주색이다.

* 유럽 원산이며, 필자가 1998년 5월 인천의 율도에서 확인하였다.

* 오리풀(*Sanguisorba officinalis* L.)과 달리 난형체의 두상화서이며 화서의 아래쪽은 수꽃, 중간에는 양성화, 위쪽에는 암꽃이 달려 특이한 구조를 하고 있다.

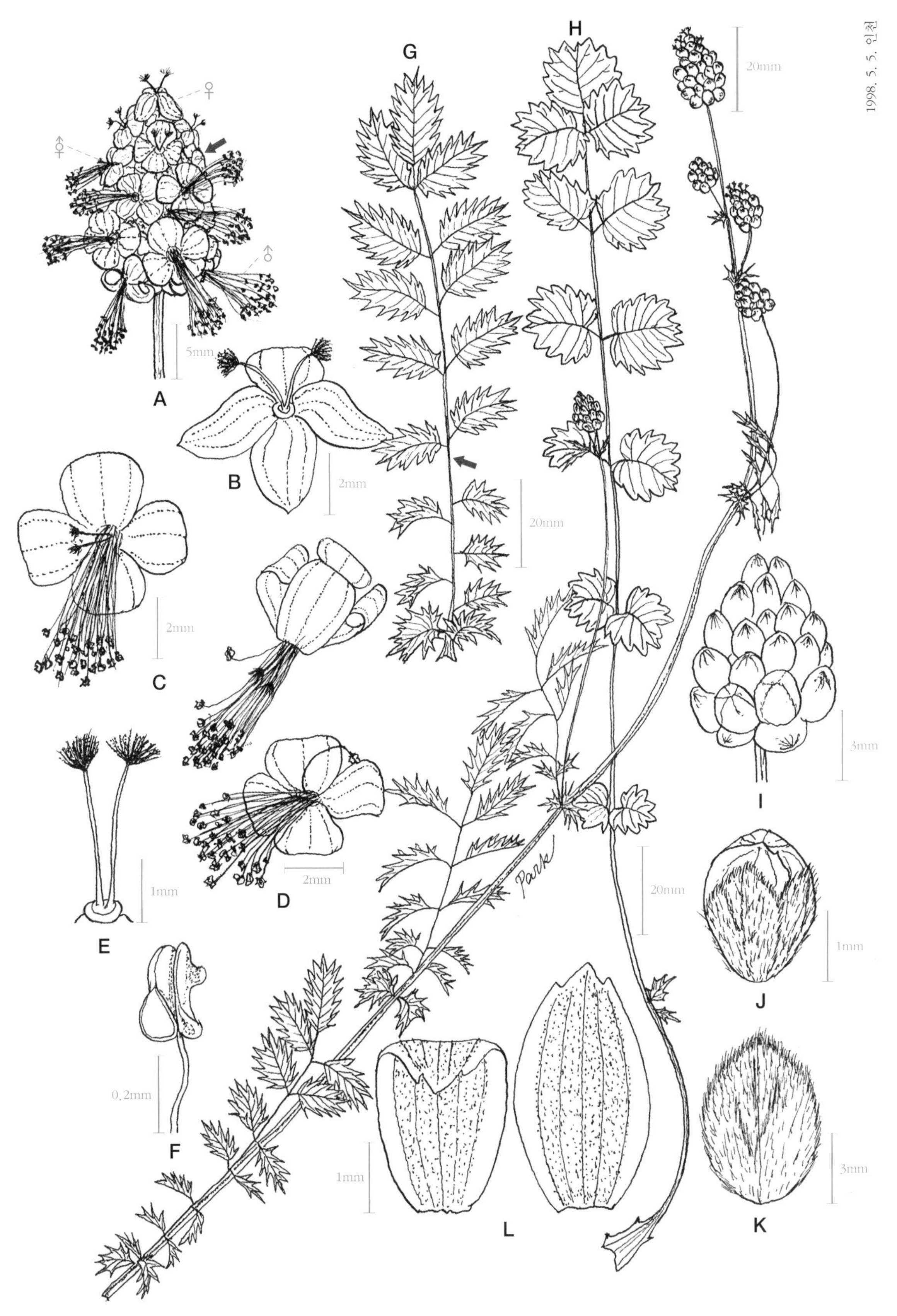

A. 화서, B. 암꽃, C. 양성화, D. 수꽃, E. 암술대, F. 꽃밥, G. 경생엽, H. 근생엽, I. 어린 화서, J. 꽃봉오리, K. 꽃받침, L. 꽃잎

76. 자운영

Ja-un-young [Kor.]
Genge [Jap.]

***Astragalus sinicus* L.**, Mant. 1: 103(1767); T. Nakai in Fl. Kor. 1: 149 (1909); M. Park in Enum. Kor. Pl. 123(1949); T. Lee in Illus. Fl. Kor. 491 (1979).

2년생 초본으로 줄기는 높이 10~25cm이며 기부에서 가지를 치며 뭉쳐난다. 잎은 어긋나기(互生)이고 1회 기수 우상 복엽奇數羽狀複葉이며 소엽小葉은 9~11쌍으로 도란형倒卵形이고 길이는 0.6~2cm이다. 탁엽托葉은 난형卵形이며 길이 0.3~0.6cm이다. 꽃은 4~5월에 피며 길이 12mm 정도로 짧고 꽃자루 끝에 산형화서繖形花序를 만든다. 꽃받침은 길이 4mm이며 백색의 털이 드문드문 있고 열편裂片은 피침형披針形으로 5개이며 통부筒部보다 짧다. 열매는 길이 2~2.5cm, 폭 6mm로 흑색이며 털이 없다. 씨는 편평하며 황색이다.

* 중국 원산이며, 국내에서는 남부지방에서 녹비綠肥로 재배했으나 지금은 야생화되어 개울가나 논둑 등에서 흔히 볼 수 있고 서울 근교에도 자라고 있다.
* 다른 황기속식물(*Astragalus* L.)은 대개 다년생 초본이나 자운영은 2년생 초본이다.

A. 꽃받침, B. 꽃, C. 기판, D. 용골판, E. 익판, F. 소엽의 뒷면, G. 소엽의 앞면, H. 열매, I. 암술, J. 씨, K. 꽃밥, L. 탁엽

77. 서양벌노랑이

Seo-yang-beol-no-rang-i [Kor.]
Seiyou-miyakogusa [Jap.]
Bird's-foot Trefoil [Eng.]

***Lotus corniculatus* L.**, Sp. Pl. 775(1753); T. Osada in Col. Illus. Nat. Pl. Jap. 220(1976); S. H. Park in Kor. Jour. Pl. Tax. 25(2): 124(1995).

다년생 초본으로 뿌리는 곧은 뿌리이며 줄기는 길이 30cm 정도로 가운데가 비지 않고 수질髓質이 차 있다. 잎은 3출엽出葉이며 소엽小葉은 난형卵形으로 길이는 0.7~1.3cm이다. 탁엽托葉은 소엽과 같은 모양이다. 꽃은 5~9월에 피고 길이 5~6cm의 긴 꽃자루 끝에 4~7개의 꽃이 산형화서繖形花序를 이룬다. 꽃받침은 길이 5~8mm로 통부筒部는 털이 없고 열편裂片에 약간의 털이 있으며, 열편은 통부와 길이가 같거나 약간 짧고 꽃봉오리일 때는 곧거나 안쪽으로 약간 휜다. 꽃잎은 황색이며 기판旗瓣은 길이 1~1.5cm, 익판翼瓣은 길이 1cm, 용골판龍骨瓣은 길이 1cm이다.

* 유럽 원산이며 전남 목포의 삼학도, 인천, 서울의 여의도와 월드컵공원에서 확인하였다.
* 들벌노랑이(*Lotus uliginosus* Schkuhr)와 달리 뿌리는 곧은뿌리이며 줄기의 속은 수질이 차 있고 화서에 달린 꽃은 4~7개이다.

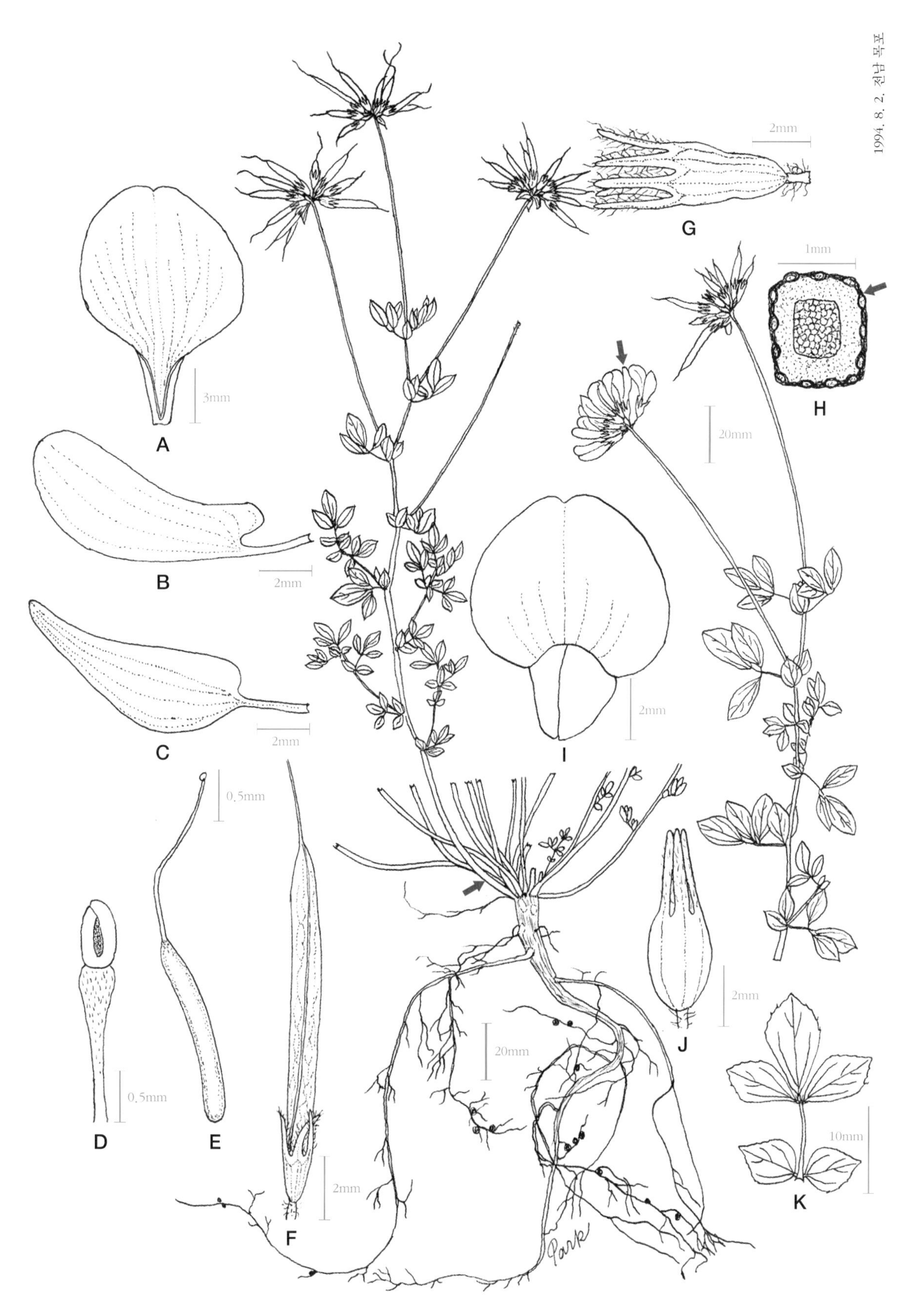

A. 기판, B. 익판, C. 용골판, D. 수술, E. 암술, F. 열매, G. 꽃받침, H. 줄기의 횡단면, I. 꽃, J. 꽃봉오리, K. 잎

78. 들벌노랑이

Teul-beol-no-rang-i [Kor.]
Nebiki-miyakogusa [Jap.]
Marsh Bird's-foot [Eng.]

Lotus uliginosus **Schkuhr**, Bot. Handb. 2: 412(1796); T. Osada in Col. Illus. Nat. Pl. Jap. 222(1976); S. H. Park in Kor. Jour. Pl. Tax. 25(2): 124 (1995).

다년생 초본으로 뿌리는 40cm 내외의 긴 포복지를 내며 군데군데 지상으로 줄기가 올라와 포기를 이룬다. 줄기는 30~60cm로 위쪽에서 가지를 치고 가운데가 비어 있다. 잎은 3출엽出葉이며 연모軟毛가 있다. 탁엽托葉은 소엽小葉과 모양과 크기가 같다. 꽃은 6~8월에 피며 3~4cm 길이의 꽃자루에 5~15개의 꽃이 산형화서繖形花序를 이룬다. 꽃받침은 길이 6mm 정도이고 통부筒部와 열편裂片은 길이가 거의 같고, 열편은 꽃봉오리일 때부터 반곡反曲되며 털이 있다. 꽃잎은 황색이며 기판旗瓣의 길이는 1.1~1.2cm, 익판翼瓣의 길이는 1~1.1cm, 용골판龍骨瓣의 길이는 1cm 이다.

* 유럽과 아프리카 원산이며 1994년 8월 전남 목포의 삼학도, 1998년 인천에서 확인되었다.
* 서양벌노랑이(*Lotus corniculatus* L.)와 달리 땅속에 포복지가 있으며 줄기는 가운데가 비어 있고 5~15개의 많은 꽃이 모여 산형화서를 이룬다.

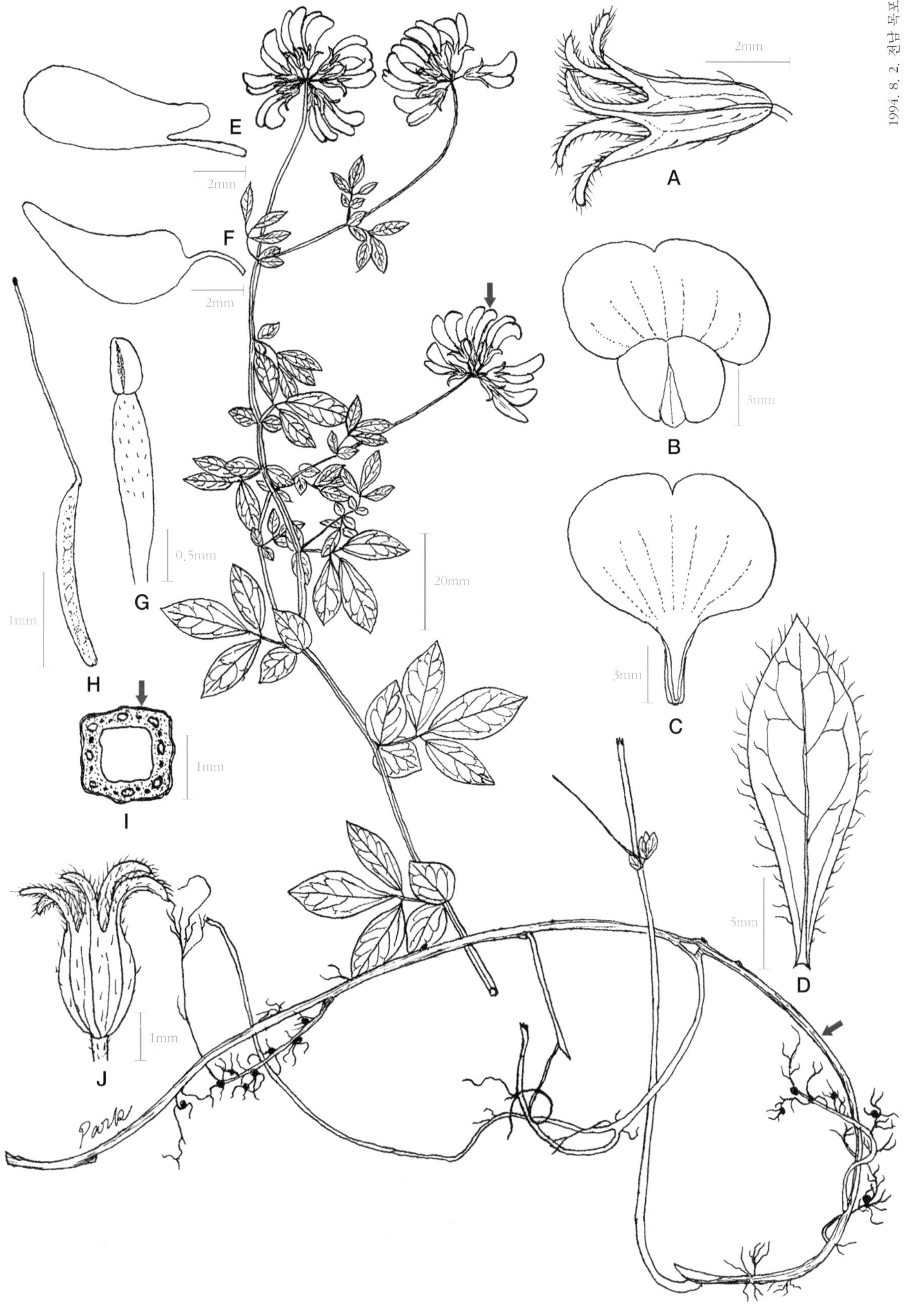

A. 꽃받침, B. 꽃, C. 기판, D. 소엽, E. 익판, F. 용골판, G. 수술, H. 암술, I. 줄기의 횡단면, J. 꽃봉오리

79. 가는잎미선콩

Ga-neun-ip-mi-seon-kong [Kor.]
Narrow-leaved Lupin [Eng.]

***Lupinus angustifolius* L.**, Sp. Pl. 721(1753); B. K. Shishkin in Fl. U.S.S.R. Vol. 11: 39(1985); S. H. Park in Kor. Jour. Pl. Tax. 29(1): 95(1999).

1년생 초본으로 높이 20~40cm의 줄기는 곧게 자라며 털이 약간 있다. 잎자루의 길이는 2~6cm이며 잎새(葉身)는 7~9개의 소엽小葉으로 이루어진 장상 복엽掌狀複葉이다. 소엽은 선형線形이며 길이가 2~4cm이다. 탁엽托葉은 송곳 모양으로 길이가 5~7mm이며 털이 있고 굽었다. 꽃은 5~6월에 피며 가지 끝에 4개 내외가 어긋나기(互生)로 조밀하게 배열된다. 꽃자루는 5mm 이내로 짧다. 꽃받침은 꽃잎보다 짧으며 위쪽 열편裂片은 2개이고 아래쪽 열편은 3개의 위축된 톱니가 있다. 꽃잎은 백색 또는 옅은 청색이다. 열매는 길이가 2.5~5cm, 폭이 5~8mm로 4~6개의 씨가 들어 있다.

* 유럽의 지중해 연안 원산이며, 우리나라에는 인천 남항과 안산의 수인산업도로에서 다수 채집하여 확인하였다.

* 미선콩(*Lupinus luteus* L.)에 비해 식물체가 작고 소엽의 폭이 1~3mm로 좁다.

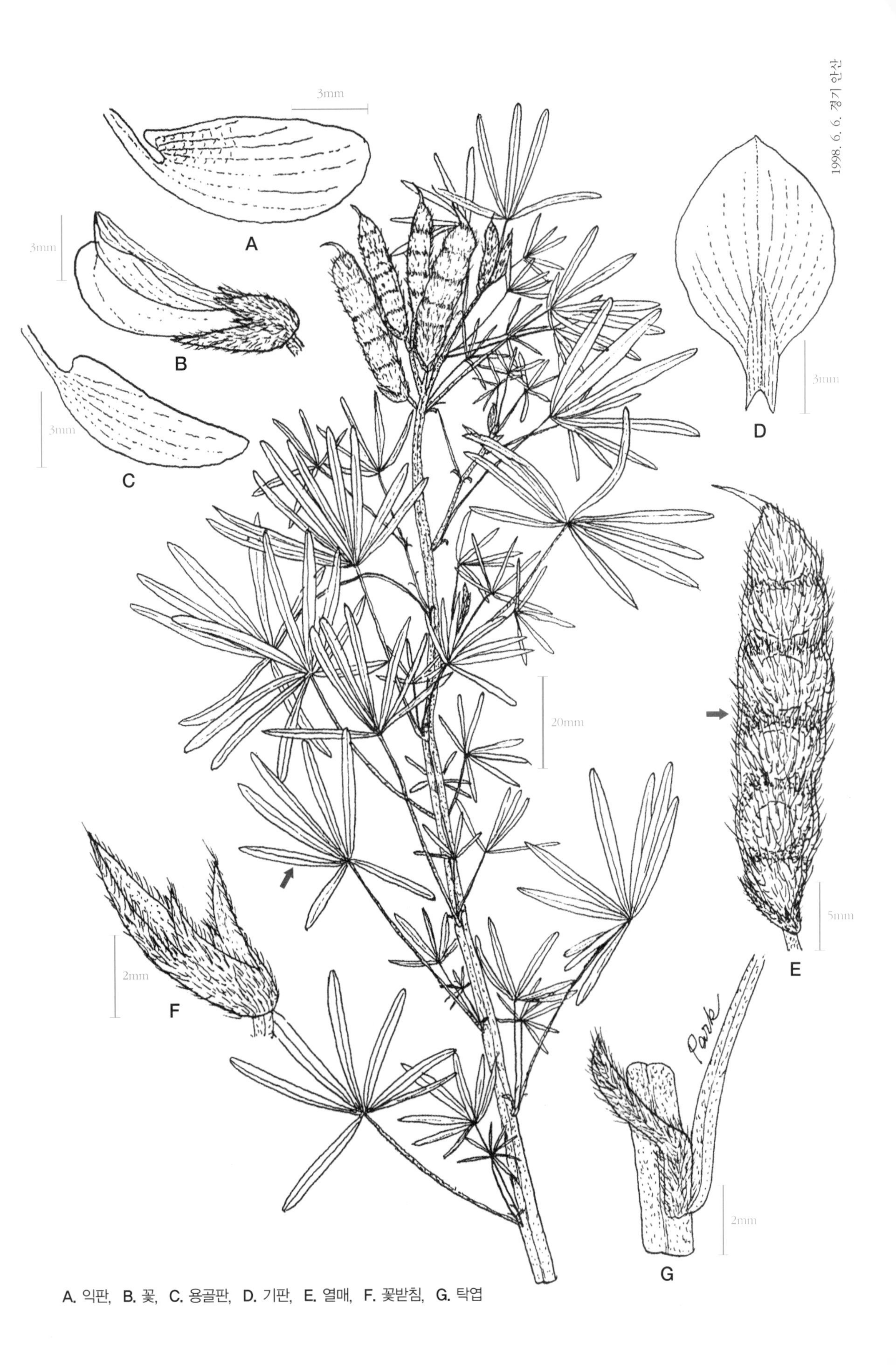

A. 익판, B. 꽃, C. 용골판, D. 기판, E. 열매, F. 꽃받침, G. 탁엽

80. 잔개자리

Jan-gae-ja-ri [Kor.]
Kometsubu-umagoyashi [Jap.]
Black Medic [Eng.]

***Medicago lupulina* L.**, Sp. Pl. 779(1753); Nakai in Fl. Kor. 1: 145(1909); T. Osada in Col. Illus. Nat. Pl. Jap. 237(1976). T. Lee in Illus. Fl. Kor. 494 (1979).

1~2년생 초본으로 성기게 털이 있다. 줄기는 땅에 눕거나 위를 향해 자라고 길이는 10~60cm이다. 잎은 3소엽小葉이 되고 어긋나기(互生)이며 소엽은 도란형倒卵形이며 길이 0.7~1.4cm이다. 꽃은 5~7월에 피며 선황색이고 길이 2~4mm이며 10~30개의 꽃이 밀집해서 두상화서頭狀花序를 이룬다. 꽃받침은 털 또는 선모腺毛가 있고 열매는 콩팥꼴(腎臟形)이며 길이는 2.5mm로, 등 쪽에 돌출된 망상맥網狀脈이 있으며 익으면 검정색이 되고 1개의 씨가 들어 있다. 씨는 길이 1.5mm로 황색이거나 갈색이다.

* 유럽 원산으로, 국내에도 거의 전국적으로 널리 분포하며 목초 또는 녹비綠肥용으로 재배되던 것이 야생화되었다.
* 개자리(*Medicago polymorpha* L.)와 달리 소엽은 도란형~능형菱形이고 10~30개의 꽃이 밀집되어 두상화서를 이루며 열매에는 갈고리 모양의, 가시가 아닌 털이 있다.

1992. 6. 1. 경기 대부도

1mm
A
2mm
B
3mm
F
10mm
C
5mm
D
20mm
20mm
E
Park

A. 꽃, B. 열매, C. 잎, D. 탁엽, E. 뿌리, F. 열매송이

81. 좀개자리

Jom-gae-ja-ri [kor.]
Ko-umagoyasi [Jap.]
Downy bur-clover [Amer.]

***Medicago minima* (L.) Bartal.**, Cat. Piant. Sien. 61(1776); T. Osada in Col. Illus. Nat. Pl. Jap. 238(1976); S. H. Park in Kor. Jour. Pl. Tax. 27(3): 371(1997).

1년생 식물이며 식물 전체에 연모軟毛가 많이 있다. 줄기는 아랫부분이 옆으로 누우며 길이는 30cm 내외이다. 잎은 어긋나기(互生) 잎차례이며 1cm 정도의 잎자루가 있고 3소엽小葉으로 이루어진다. 소엽은 도란형倒卵形으로 길이 5~8mm이며 끝은 요두凹頭이며 거치鋸齒가 있다. 탁엽托葉은 거치가 없고 길이 3mm이다. 꽃은 5~8월에 피며 담황색으로 길이 3mm이고 2~8개의 꽃이 모여 두상화서頭狀花序를 이룬다. 열매는 3~4회 나선상으로 말리고 편구형扁球形이며 지름은 4mm로 갈고리 모양의 가시가 있다. 씨는 3~4개가 있으며 길이는 2mm 정도이다.

* 유럽 원산이며, 우리나라에서는 1997년 5월 17일 남제주군 성산포읍 시흥리 해변에서 처음 확인되었고 그 외에 서해안을 따라 인천의 백령도까지 분포한다.
* 개자리(*Medicago polypmorpha* L.)와 비슷하지만 전체가 작고 줄기와 잎에 연모가 밀포密布되며 탁엽에 거치가 거의 없고 꽃의 길이가 3mm, 열매의 지름이 4mm인 점이 다르다.

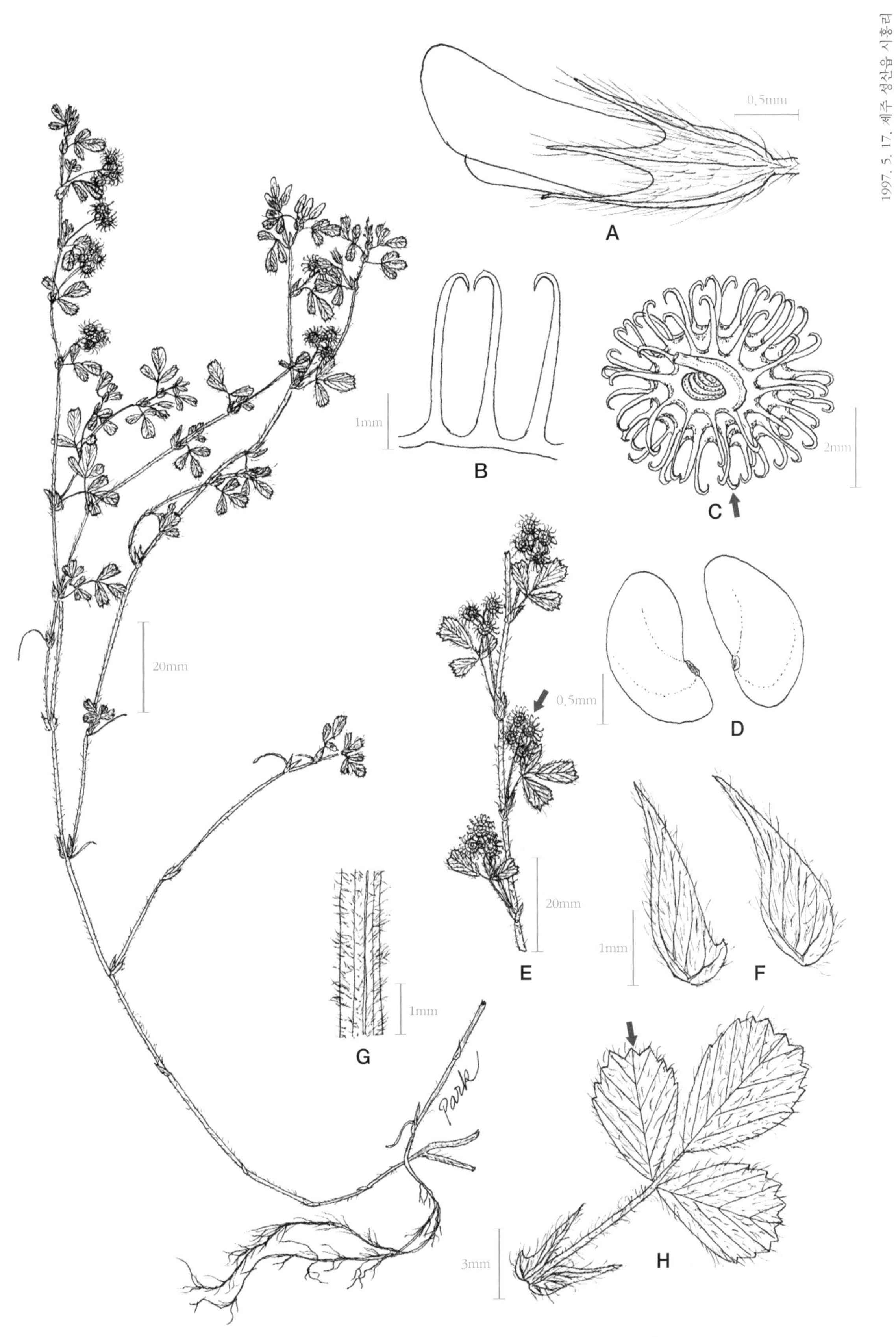

A. 꽃, B. 열매의 가시, C. 열매, D. 씨, E. 가지의 일부, F. 탁엽, G. 줄기의 일부, H. 잎

82. 개자리

Gae-ja-ri [Kor.]
Umagoyashi [Jap.]
Toothed Medic, Bur Clover [Eng.]

Medicago polymorpha **L.**, Sp. Pl. 779(1753).
-*Medicago denticulata* Willd., Sp. Pl. 3: 1414(1803).
-*Medicago hispida* Gaerrtn., Fr. & Sem. 2: 349(1791).

1년생 초본으로 줄기는 땅을 포복하거나 위로 뻗고 길이는 20~60cm이다. 잎은 3개의 소엽小葉으로 이루어졌으며 어긋나기(互生)이다. 탁엽托葉은 빗살 모양의 톱니로 깊게 갈라졌고 길이는 4~6mm이다. 4~6월에 길이 4~5mm의 꽃이 피며 황색이고 접형화蝶形花이며 4~8개의 꽃이 두상화서頭狀花序를 만든다. 꽃받침은 종 모양이며 열편裂片이 통부筒部보다 약간 길다. 열매는 2~3회 나선상으로 꼬이며 편구형扁球形으로 지름 5~8mm이고 가시는 송곳 모양으로 끝이 굽어 갈고리가 된다. 씨는 콩팥꼴(腎臟形)로 길이 3mm, 적갈색이다.

* 유럽 원산이며, 우리나라에는 거의 전국적으로 분포한다.
* 잔개자리(*Medicago lupulina* L.)에 비해 소엽은 도란형으로 보다 크며 두상화서의 꽃이 4~8개로 약간 적고 열매에 갈고리 모양의 가시가 발달한다.

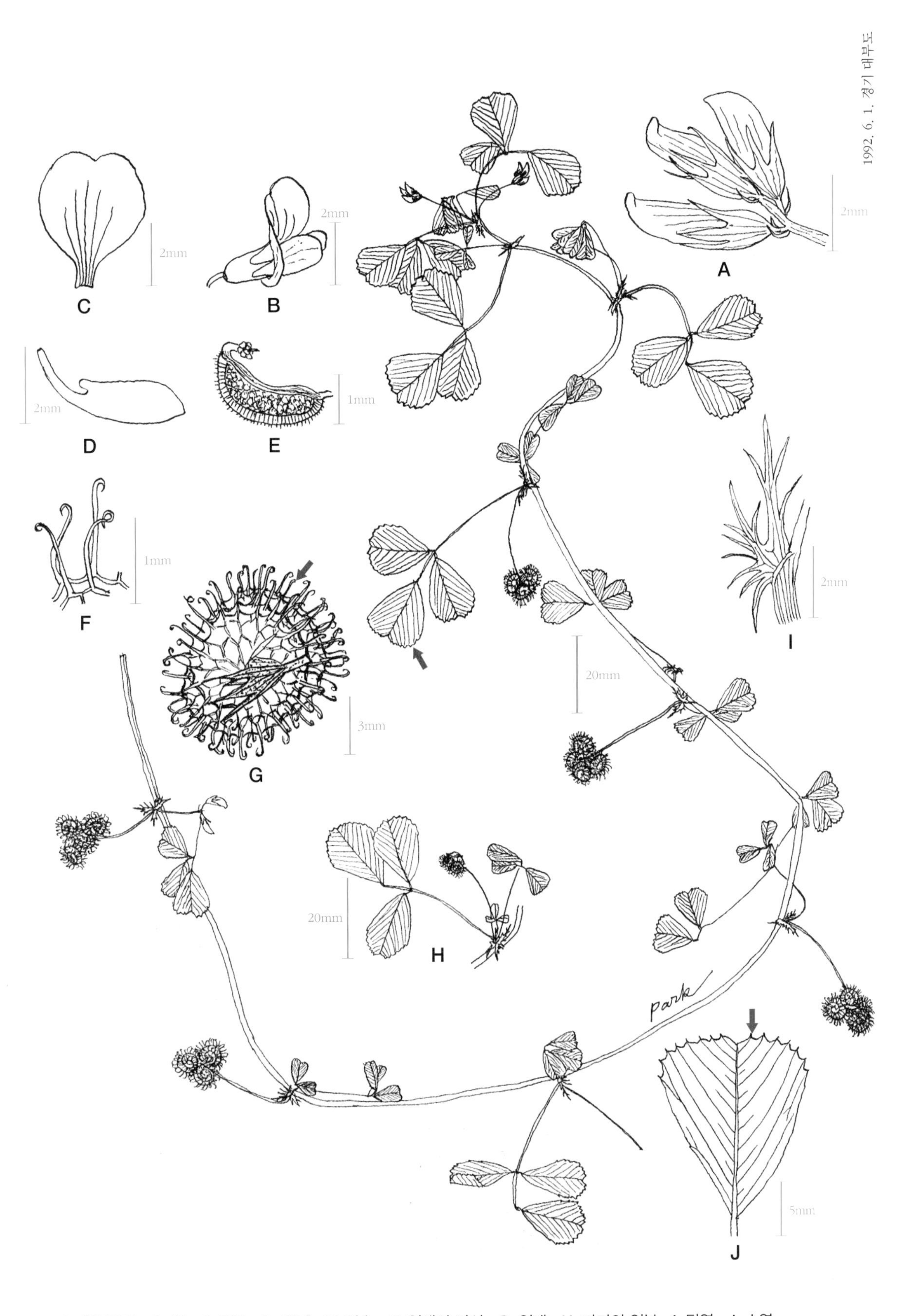

A. 꽃봉오리, B. 꽃, C. 기판, D. 익판, E. 암술, F. 열매의 가시, G. 열매, H. 마디의 일부, I. 탁엽, J. 소엽

83. 자주개자리

Ja-ju-gae-ja-ri [Kor.]
Murasaki-umagoyashi [Jap.]
Alfalfa, Lucerne [Eng.]

***Medicago sativa* L.**, Sp. Pl. 778(1753); T. Nakai in Fl. Kor. 2: 465(1911); Britton & Brown in Illus. Fl. U. S. & Can. Vol. 2: 351(1970).

다년생 초본으로 줄기는 높이 40~100cm이다. 잎은 어긋나기(互生)이며 3소엽小葉으로 이루어지고 소엽은 도피침형倒披針形이며 위쪽에 여러 쌍의 톱니가 있다. 탁엽托葉은 선상 피침형線狀披針形이다. 5~7월에 꽃이 피며 홍자색 또는 청자색靑紫色 접형화蝶形花로 5~30개의 꽃이 모여서 짧은 총상화서總狀花序를 이룬다. 꽃받침의 열편裂片과 통부筒部의 길이가 같으며 꽃잎은 길이 7~8mm이다. 열매는 2~3회 나선형으로 말리며 편평하고 지름 4~6mm이며 가시가 없고 망목상網目狀의 맥이 있으며 속에 수개의 씨가 들어 있다.

* 지중해 연안 원산이며, '알팔파' 라는 이름의 목초로 재배되던 것이 야생화되어 북부 · 중부지방에 분포하고 있다.
* 잔개자리(*Medicago lupulina* L.)에 비해 줄기가 40~100cm로 크며 꽃이 홍자색~청자색이다.

A. 탁엽, B. 잎, C. 꽃, D. 열매

84. 흰전동싸리

Hin-jeon-dong-ssa-ri [Kor.]
Shirobana-shinagawahagi [Jap.]
White Melilot [Eng.]

***Melilotus alba* Medic. ex Desr.** in Lam. Encycl. 4: 63(1797); T. Osada in Col. Illus. Nat. Pl. Jap. 235(1976); T. Lee in Illus. Fl. Kor. 495(1979).

2년생 초본으로 줄기는 높이 50~150cm이며 가지를 친다. 잎은 어긋나기(互生)이며 3소엽小葉이다. 소엽은 장타원형長楕圓形이고 길이는 1.5~3.5cm이며 잎 가장자리에 10~16개의 톱니가 있다. 탁엽托葉은 송곳 모양이며 톱니가 없다. 꽃은 6~9월에 피는데 길이 4~5mm의 백색 접형화蝶形花이며 총상화서總狀花序는 길이 4~6cm로 꽃이 느슨하게 달리고 열매가 달릴 때는 더 길어진다. 열매는 난형체卵形體로 가볍게 망상網狀무늬가 있고 털이 없으며 길이 3~3.5mm, 폭 2~2.5mm이고 1~3개의 씨가 들어 있다.

* 중앙아시아 원산으로, 국내에는 거의 전국적으로 분포하나 드물다.
* 전동싸리(*Melilotus suaveolens* Ledeb.)와 달리 꽃이 백색이다.

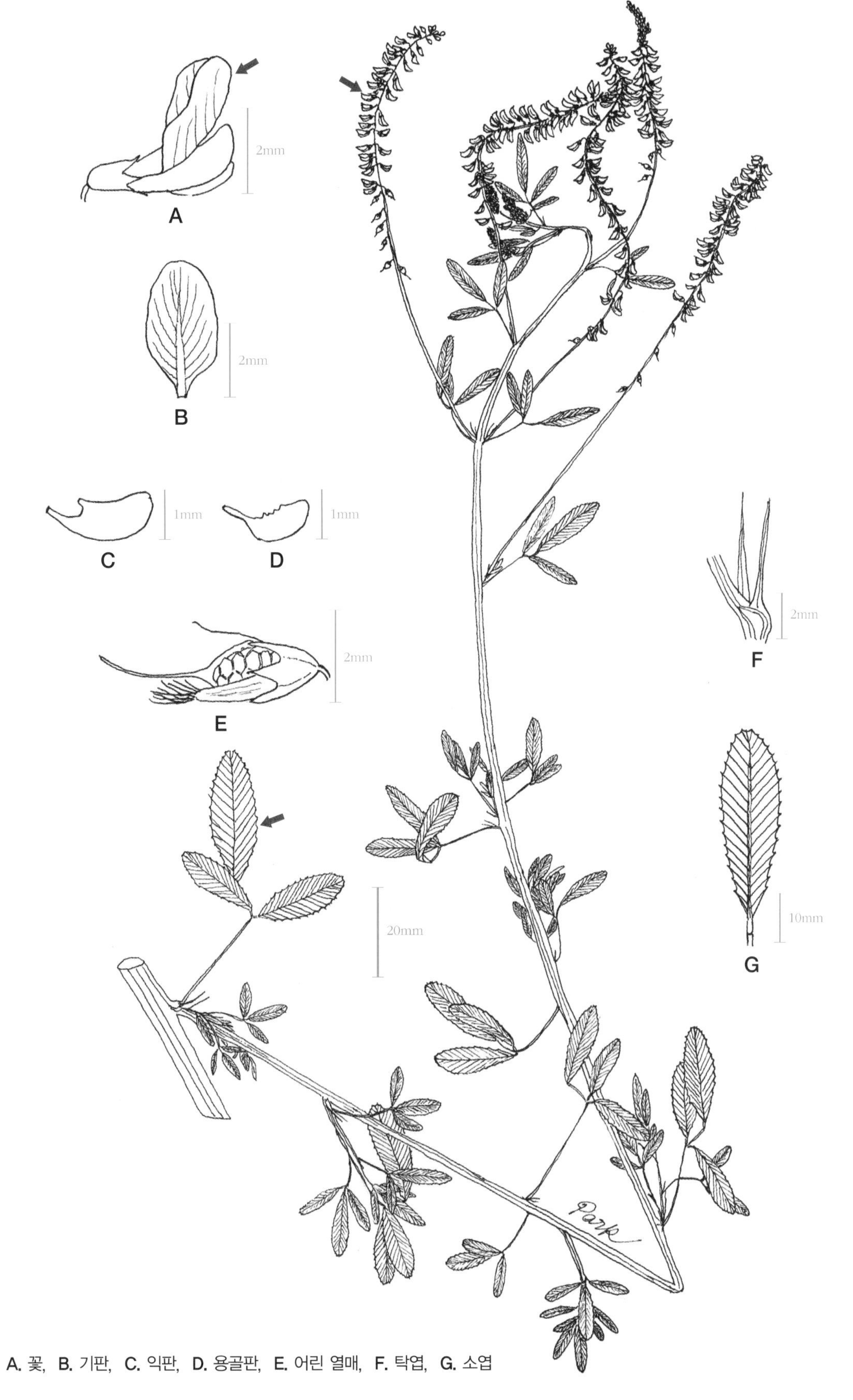

A. 꽃, B. 기판, C. 익판, D. 용골판, E. 어린 열매, F. 탁엽, G. 소엽

85. 전동싸리

Jeon-dong-ssa-ri [Kor.]
Shinagawahagi [Jap.]
Melilot [Eng.]

***Melilotus suaveolens* Ledeb.** in Ind. Sem. Dorpat. Suppl. 2: 5(1824); T. Nakai in Fl. Kor. 1: 146(1909); T. Osada in Col. Illus. Nat. Pl. Jap. 233 (1976).

2년생 초본으로 줄기는 높이 50~90cm이고 가지를 치며 곧게 선다. 잎은 3개의 소엽小葉으로 이루어지며 어긋나기(互生)이다. 소엽은 도란형倒卵形으로 길이 1.5~3cm이고 잎 가장자리는 6~11개의 톱니가 있다. 탁엽托葉은 송곳 모양이며 기부가 팽대되었고 톱니는 없다. 꽃은 6~8월에 피며 총상화서總狀花序는 길이 3~5cm로, 30~40개의 꽃으로 이루어진다. 꽃받침은 털이 있고 꽃잎은 길이 4~6mm로 담황색이다. 열매는 넓은 타원형(廣楕圓形)이고 길이는 3~4mm로 1~2개의 씨가 들어 있고 털이 없으며 희미하게 그물 모양으로 주름져 있다.

* 중국 원산으로, 우리나라에도 개항 이전에 귀화한 것으로 보이며 거의 전국적으로 분포한다.
* 흰전동싸리(*Melilotus alba* Medic. ex Desr.)와 달리 꽃이 담황색이다.

A. 탁엽, B. 꽃, C. 기판, D. 익판, E. 용골판

86. 왕관갈퀴나물

Wang-kwan-gal-kwi-na-mul [Kor.]
Tamazakikushahuzi [Jap.]
Crown Vetch [Eng.]

***Securigera varia* (L.) Lassen.**, Svensk Bot. Tidskr. 83(2): 86(1989); T. Shimizu, Nat. Pl. Jap. 115(2003).
-*Coronilla varia* L., Sp. Pl. 743(1753).

덩굴성 1년생 초본으로 길이 30~120cm이고 가지를 많이 치며 전체에 털이 없다. 잎은 기수 우상 복엽奇數羽狀複葉으로 15~25개의 소엽小葉으로 이루어진다. 소엽은 타원형으로 끝이 뭉툭하거나 주맥主脈이 약간 돌출되며 기부는 원저圓底이다. 꽃은 5~8월에 피며 담홍색-백색으로, 가지 끝쪽의 잎겨드랑이(葉腋)에서 나온 길이 5~10cm의 꽃자루 끝에 20개 내외의 꽃이 산형繖形으로 붙는다. 꽃은 길이 1~1.5cm, 용골판의 끝은 진한 홍자색을 띤다. 열매(豆果)는 길이 2~8cm로 4개의 모서리가 있고 3~12개의 소절과小節果로 나누어진다. 씨는 길이 4mm이다.

* 유라시아 원산이며, 우리나라에서는 서울 여의도의 한강 둔치에서 확인하였다.
* 묏황기속(*Hedysarum* L.)식물과 달리 꽃이 담홍색이고 길이 5~10cm의 꽃자루 끝에 20개 내외의 꽃이 산형으로 붙는 특징이 있다.

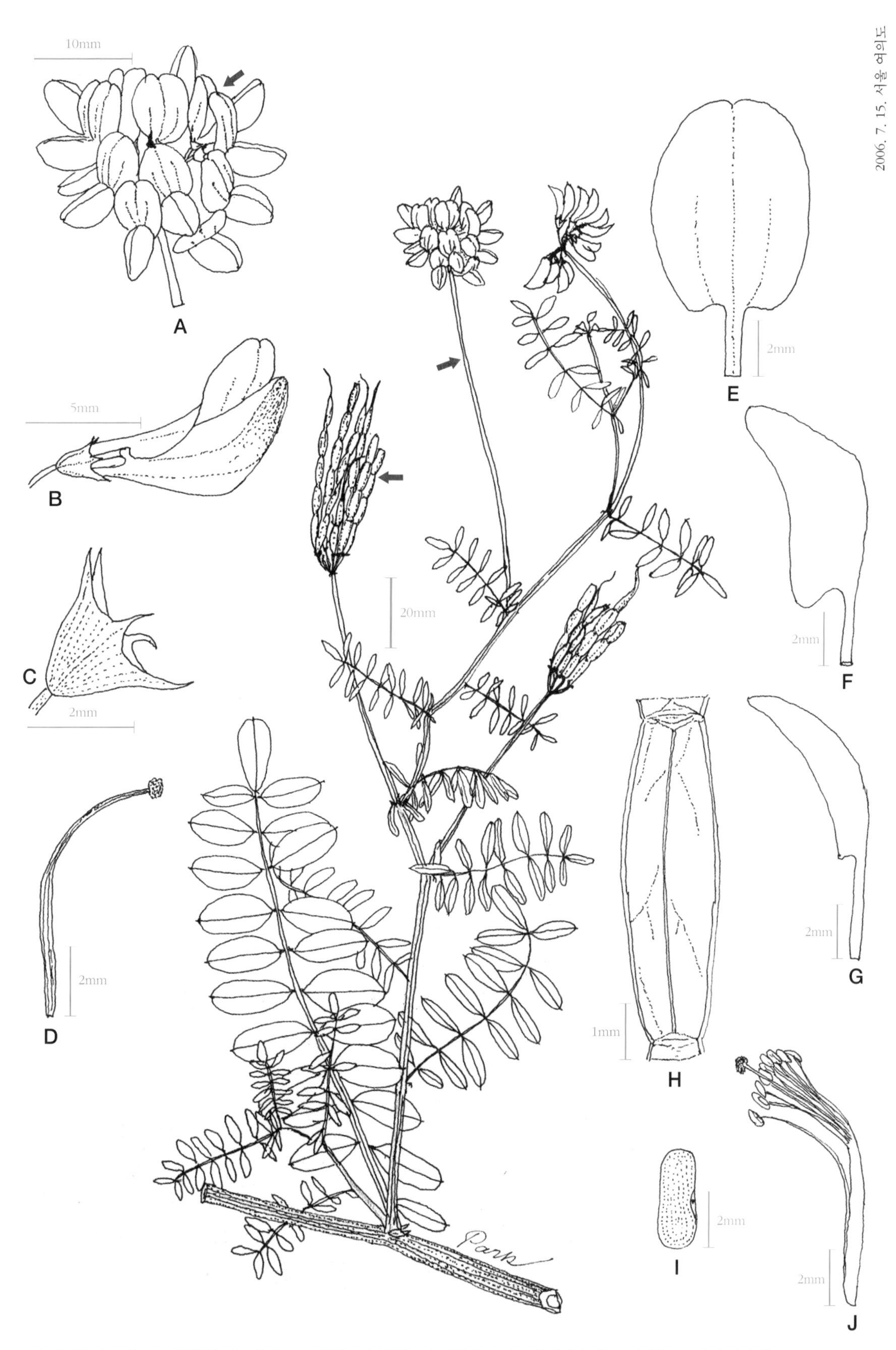

A. 화서, B. 꽃, C. 꽃받침, D. 암술, E. 기판, F. 익판, G. 용골판, H. 열매의 소절과, I. 씨, J. 수술과 암술

87. 노랑토끼풀

No-rang-to-kki-pul [Kor.]
Kusudama-tumekusa [Jap.]
Hop Clover [Amer.]

***Trifoflium campestre* Schreb.**, Sturm, Deutschl. Fl. Heft 16: 13(1804); S. H. Park in Kor. Jour. Pl. Tax. 28(4): 417(1998).
-*Trifolium procumbens* L., Sp. Pl. 772(1753).

1년생 초본으로 줄기는 높이 10~25cm이며 비스듬히 자란다. 잎은 3개의 소엽小葉으로 이루어지며 잎자루는 길이 5~10mm, 소엽은 도란형倒卵形이고 끝 쪽에 톱니가 있다. 탁엽托葉은 난형卵形이고 꽃은 5~6월에 피며 황색이다. 두상화서頭狀花序는 원형 또는 타원형으로 길이 1~1.5cm이고 길이 5mm, 30개 내외의 접형화蝶形花로 이루어진다. 꽃받침은 5열裂되고 열편裂片은 크기가 모두 다르며 아래쪽 열편 3개는 통부筒部보다 길다. 꽃잎은 처음에 황색이며 시들면 담갈색으로 변한다. 기판旗瓣은 광난형廣卵形이며 중앙맥의 좌우에 5~8개의 측맥側脈이 있고 맥을 따라 홈이 파인다. 열매에는 1개의 씨가 들어 있다.

* 유럽의 지중해 연안 원산이며 제주도 구좌읍내 바닷가, 충남 서산의 서산 B지구 방조제, 울릉도 등지에서 확인하였다.
* 애기노랑토끼풀(*Trifolium dubium* Sibth.)에 비해 식물체 및 두상화서가 크며 꽃의 기판에 맥을 따라 홈이 파이는 특징이 있다.

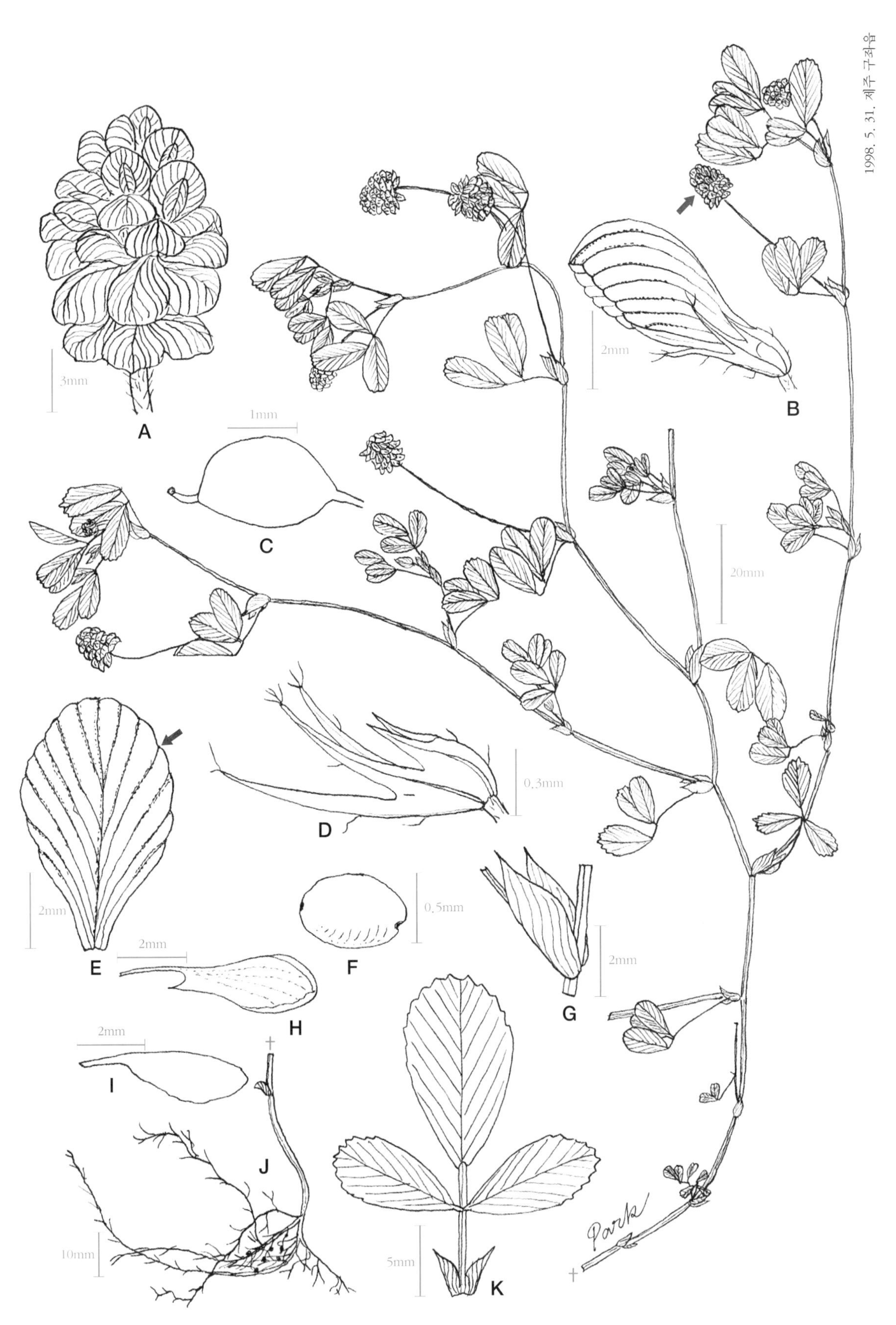

A. 화서, B. 꽃, C. 열매, D. 꽃받침, E. 기판, F. 씨, G. 탁엽, H. 익판, I. 용골판, J. 뿌리, K. 잎

88. 애기노랑토끼풀

Ae-gi-no-rang-to-kki-pul [Kor.]
Kometsubu-tsumekusa [Jap.]
Small Hop Clover [Eng.]

***Trifolium dubium* Sibth.**, Fl. Oxon 231(1794); S. Park in Kor. Jour. Pl. Tax. Vol. 22(1): 61(1992).
- *Trifolium minus* Smith., Engl. Bot. Pl. 1256(1799).

1년생 초본으로 줄기의 길이는 20~40cm이고 지면으로 눕거나 비스듬히 자란다. 잎은 3소엽小葉이 되고 잎자루는 길이 2~5mm이다. 소엽은 도란형倒卵形으로 길이 6~10mm이며 위쪽에 톱니가 있다. 탁엽托葉은 난상피침형卵狀披針形이며 기부는 줄기를 둘러싼다. 꽃은 5~6월에 피며 두상화서頭狀花序는 5~15개의 꽃이 느슨하게 모여서 만들어지고 길이는 7mm이다. 꽃은 접형화蝶形花로 황색이고 꽃받침은 길이 약 2mm로 통부筒部보다 위쪽 열편裂片이 길고 아래쪽 것은 짧다. 기판旗瓣은 장타원형長楕圓形으로 5~7개의 뚜렷한 맥이 있다.

* 유럽과 서아시아 원산으로 우리나라에는 한강철교 둔치, 제주도와 울릉도의 저지대 습지에 널리 분포한다.
* 노랑토끼풀(*Trifoflium campestre* Schreb.)에 비해 두상화서가 7mm 내외로 작고 습지에 자라는 특징이 있다.

1992. 6. 15. 서울 한강 둔치]

1mm

A

5mm

B

5mm

C

20mm

Park

A. 꽃, B. 탁엽, C. 잎

89. 선토끼풀

Seon-t'o-kki-pul [Kor.]
Tachi-oranda-genge [Jap.]
Alsike Clover [Eng.]

Trifolium hybridum **L.**, Sp. Pl. 766(1753); Britton & Brown in Illus. Fl. U. S. & Can. Vol. 2: 357(1970); S. H. Park in Kor. Jour. Pl. Tax. Vol. 23 (1): 28(1993).

다년생 초본으로 줄기는 기부가 경사지게 옆으로 퍼지다가 직립하며 높이는 30~50cm이다. 잎은 어긋나기(互生)이며 소엽小葉은 도란형倒卵形으로, 잎 가장자리에는 가시 모양의 톱니가 있다. 탁엽托葉은 피침형披針形이고 길이 3cm에 이른다. 꽃은 5~9월에 피며 두상화서頭狀花序는 구형球形으로, 20~30개의 꽃으로 이루어지며 줄기의 상단上端과 잎겨드랑이(葉腋)에서 2~3개가 생긴다. 꽃가지(花枝)의 길이는 5~7cm 정도이다. 꽃은 담홍색 접형화蝶形花로 길이 9mm 정도이고, 열매는 잔존하는 꽃받침에서 약간 돌출되어 있고 타원체이며 2~4개의 씨가 있다.

* 유럽과 서아시아 원산이며, 우리나라에서는 토끼풀과 혼생混生하여 자세히 관찰하지 않으면 발견하기 어렵다. 서울, 경기 화성, 충남 삽교 등지에 분포한다.

* 토끼풀(*Trifolium repens* L.)에 비해 줄기는 곧게 직립하며 가지 끝이나 잎겨드랑이에 길이 5cm 내외의 꽃자루가 있는 두상화서가 달린다.

A. 꽃밥, B. 수술, C. 암술, D. 꽃받침, E. 꽃, F. 용골판, G. 익판, H. 탁엽, I. 잎 가장자리

90. 붉은토끼풀

Bul-geun-to-kki-pul [Kor.]
Murasaki-tsumekusa [Jap.]
Red Clover [Eng.]

***Trifolium pratense* L.**, Sp. Pl. 768(1753); T. Nakai in Fl. Kor. 2: 465(1911); T. Osada in Col. Illus. Nat. Pl. Jap. 225(1976); T. Lee in Illus. Fl. Kor. 493(1979).

다년생 초본으로 줄기는 옆으로 퍼지면서 위를 향해 곧추서며 길이는 20~70cm이다. 잎은 3출엽出葉으로 어긋나기(互生)이며 줄기 끝의 꽃이 있는 곳에서만 마주나기(對生)이다. 소엽小葉은 난형卵形으로 길이는 3~7cm이고 가장자리는 작은 톱니가 선명하다. 탁엽托葉은 난형으로 끝이 길게 뾰족하다. 꽃은 5~8월에 피며 두상화서頭狀花序는 길이 2~3cm로 구형球形이며 꽃자루가 없고 담홍색이다. 꽃은 꽃자루가 없고 길이 12~16mm 정도이다. 꽃받침은 10맥으로 털이 있고 5개의 열편裂片 중 가장 아래의 열편 1개만 길고 나머지는 통부筒部와 크기가 거의 같다.

* 유럽 원산으로 개항 이후 우리나라에 귀화한 식물이며 전국 각지에 드물게 보인다. 꽃잎의 색이 백색인 것을 *Trifolium pratense* L. f. *albiflorum* Alef.라고 하며 제주시 주변에서 볼 수 있었다.
* 선토끼풀(*Trifolium hybridum* L.)에 비해 두상화서가 크고 화서자루가 없거나 극히 짧은 점이 다르다.

A. 꽃, B. 기판, C. 익판, D. 용골판, E. 잎

91. 토끼풀

To-kki-pul [Kor.]
Shiro-tsumekusa [Jap.]
White Clover, Dutch Clover [Eng.]

***Trifolium repens* L.**, Sp. Pl. 767(1753); T. Nakai in Fl. Kor. 2: 465(1911); T. Osada in Col. Nat. Pl. Jap. 224(1976); C. Stace in Fl. Brit. Isl. 502(1991).

다년생 초본으로 줄기는 땅 표면을 기며 가지를 치고 마디에서 뿌리가 생긴다. 잎은 어긋나기(互生)이며 대개 6~20cm의 긴 잎자루가 있다. 소엽小葉은 원형圓形이며 길이는 1~3cm이다. 탁엽托葉은 난상 피침형卵狀披針形으로 끝이 뾰족하고 길이는 1cm 이하이다. 꽃은 5~10월에 피며 두상화서頭狀花序는 구형球形이고 폭은 약 2cm로, 30~80개의 꽃으로 이루어진다. 10~30cm의 꽃자루가 기는 줄기에서 나오며 꽃은 백색, 때로는 담홍색을 띠기도 한다. 꽃받침은 10개의 초록색 맥이 있다. 열매는 꽃받침에 싸여 있고 2~4개의 씨가 들어 있다.

* 유럽과 북아프리카 원산으로, 개항 이후 우리나라에 귀화하였고 목초로 사용하기도 했지만 지금은 전국적으로 야생화되어 있다.

* 붉은토끼풀(*Trifolium pratense* L.)과 달리 땅 위에 곧게 서는 줄기가 없고 화서자루는 땅 위를 기는 줄기에서 바로 나온다.

A. 꽃, B. 기판, C. 익판, D. 용골판, E. 소엽, F. 탁엽, G. 열매

92. 각시갈퀴나물

Gak-si-gal-kwi-na-mul [Kor.]
Nayo-kusahuzi [Jap.]
Woolly-pod Vetch [Amer.]

Vicia dasycarpa **Tenore**, Viagg. Abruzz. 81(1829); T. Osada in Col. Illus. Nat. Pl. Jap. 242(1976); S. H. Park in Kor. Jour. Pl. Tax. 27(3): 373(1997).

1~2년생 초본으로 줄기는 덩굴성이며 길이는 60~200cm이다. 잎은 어긋나기(互生)이며 10쌍 내외의 소엽小葉으로 이루어진 우상 복엽羽狀複葉이다. 탁엽托葉은 선형線形이며 길이 6~8mm로, 기부에 1개의 거치鋸齒가 있다. 꽃은 5~8월에 피며 잎겨드랑이(葉腋)에서 긴 꽃자루가 나와 10~30개의 접형화蝶形花가 한쪽 방향으로 밀집되어 총상화서總狀花序를 이룬다. 꽃받침은 종형鐘形으로 열편裂片보다 통부筒部가 길며 열편은 크기가 다르고 아래쪽의 것은 길이 2mm이다. 꽃잎은 보라색이며 길이 10~15mm이다. 열매는 길이 2~4cm, 너비 0.7~1cm로 2~7개의 씨가 들어 있다.

* 유럽 원산이며, 우리나라에는 제주도와 울릉도에 분포한다.
* 식물체 전체에 긴 털이 밀생密生하는 벳지(*Vicia villosa* Roth)와 달리 식물체 전체에 털이 없거나 드문드문 적은 양의 털이 흩어져 있고 탁엽이 선형이며 식물체가 보다 부드럽다.

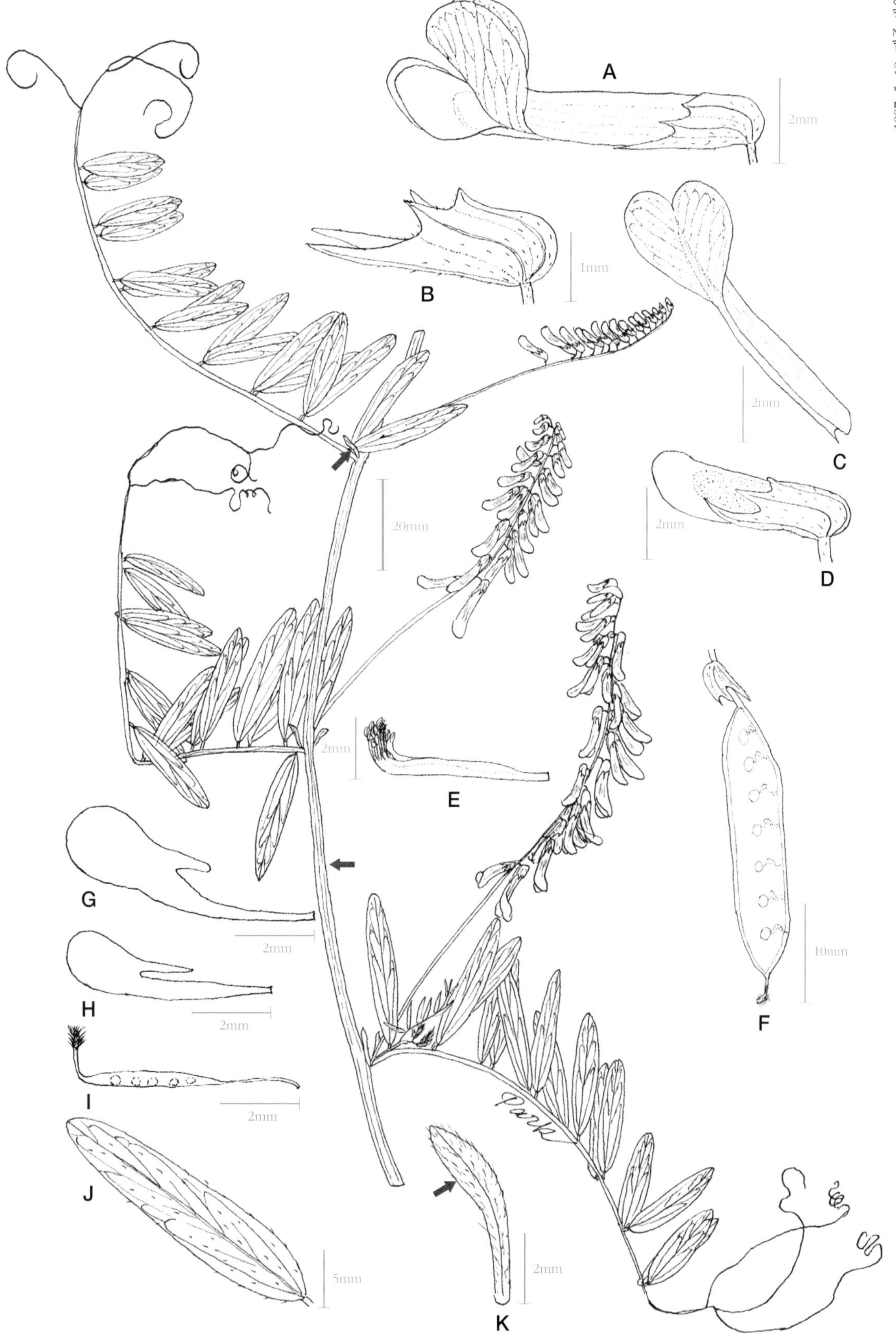

A. 꽃, B. 꽃받침, C. 기판, D. 꽃봉오리, E. 수술과 암술, F. 열매, G. 익판, H. 용골판, I. 암술, J. 소엽, K. 탁엽

93. 벳지

Bet-chi [Kor.]
Birodo-kusahuzi [Jap.]
Hairy Vetch [Amer.]

***Vicia villosa* Roth**, Tent. Fl. Germ. 2-2: 182(1788); M. L. Fernald in Gr. Manu. Bot. 932(1950); Gleason & Cronquist in Manu. Va. Pl. U. S. & Can. 2nd Ed. 291(1991).

1~2년생 초본으로 줄기는 길이 1~2m이고 전체에 퍼진 털이 밀생密生한다. 잎은 어긋나기(互生)이고 우상 복엽羽狀複葉이며 소엽小葉은 장타원형長楕圓形으로 6~10쌍이며 길이는 1~2.5cm로 끝이 뾰족하다. 탁엽托葉은 난형卵形으로 길이 6~8mm이고 기부에 1개의 거치鋸齒가 있다. 5~6월에 길이 1.4~1.5cm의 보라색 꽃이 피어 총상화서總狀花序를 이룬다. 화서는 10~40개의 꽃이 조밀하게 편측성偏側性으로 붙는다. 꽃받침은 연모軟毛가 밀생하며 통부筒部는 길이 2.3~4mm, 열편裂片은 5개이다. 기판旗瓣의 연부緣部는 화조부花爪部의 1/2보다 짧다. 꼬투리는 장타원형이고 길이는 2~3cm, 2~8개의 씨가 들어 있다.

* 유럽 원산이며, 목초 또는 녹비綠肥용 식물로 재배하던 것이 일출逸出하여 야생화하였다.
* 각시갈퀴나물(*Vicia dasycarpa* Tenore)에 비해 식물체 전체에 개출모開出毛가 많으며 탁엽은 난형으로 길이 6~8mm이고 기부에 1개의 거치가 있다.

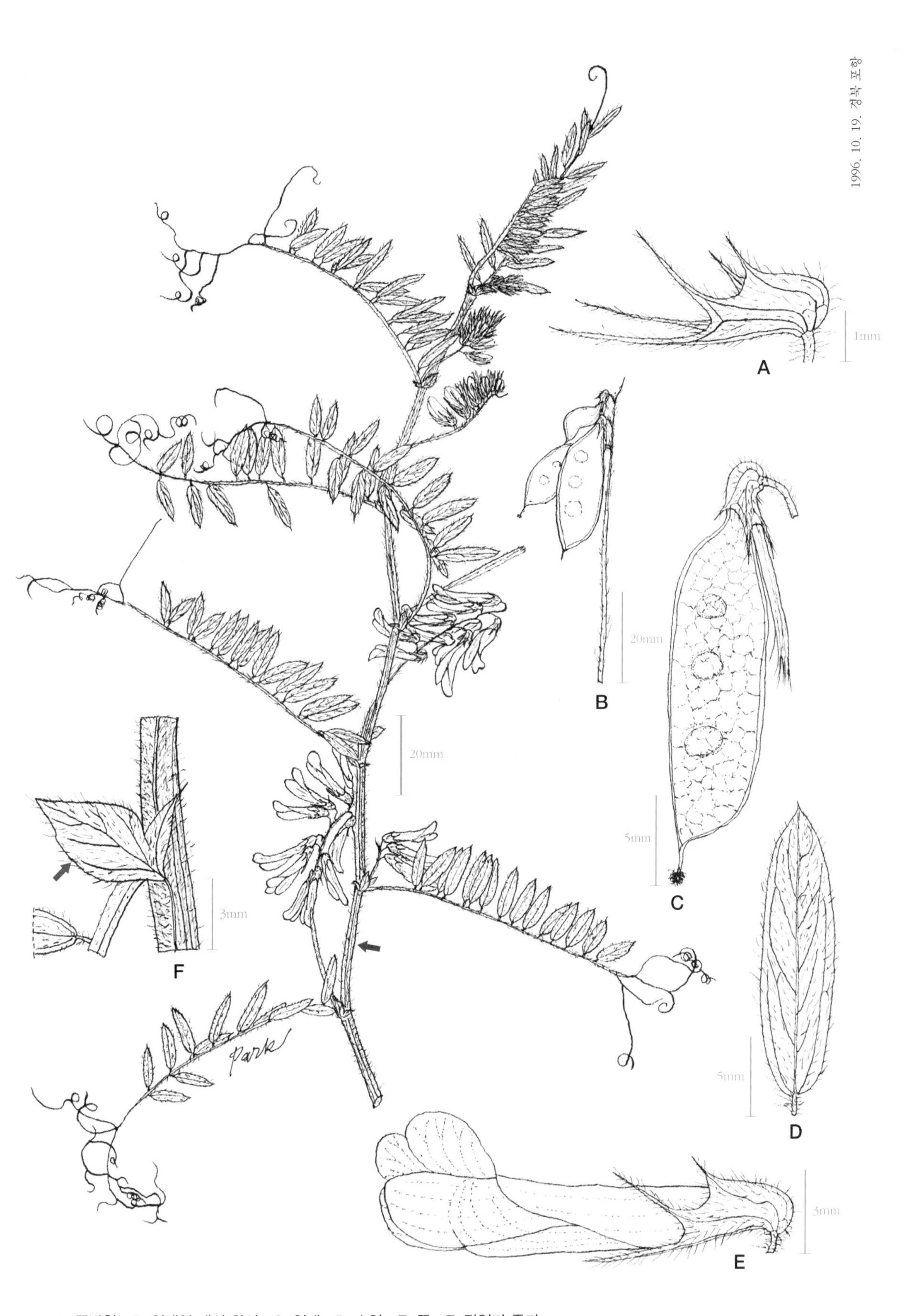

A. 꽃받침, B. 열매일 때의 화서, C. 열매, D. 소엽, E. 꽃, F. 탁엽과 줄기

94. 덩이괭이밥

Deong-i-gwaeng-i-bap [Kor.]
Imo-katabami [Jap.]
Wood Sorrel, Pink Sorrel [Eng.]

Oxalis articulata **Savigny** in Lam. Encyc. 4: 686(1797); C. Stace in Fl. Brit. Isl. 560(1991); S. H. Park in Nat. Cons. 85: 43(1994).

다년생 초본이며 덩이줄기(塊莖)가 있다. 잎은 대개 뿌리에서 생기며 3소엽小葉으로 이루어진다. 소엽은 도심장형倒心臟形이며 길이 1.7~3.5cm 이고 끝이 요두凹頭이며 기부는 예저銳底이다. 뒷면에는 황적색의 작은 점이 흩어져 있다. 꽃은 5~9월에 피며 지름 1.5cm, 담적색이고 3~25개의 꽃이 산형화서繖形花序를 이룬다. 꽃받침은 5개이고 끝 쪽 가까이에 황적색의 사마귀 모양 점이 2개 있다. 수술은 10개로 바깥쪽 5개는 짧고 안쪽의 것은 길며 수술대에 털이 있고 꽃밥은 도드라진 황색이다.

* 남아메리카 원산이며, 국내에서는 재배하던 것이 일출逸出하여 야생화하였다. 남부지방과 제주도에서 흔히 볼 수 있다.
* 자주괭이밥(*Oxalis corymbosa* DC.)과 달리 땅속에 덩이줄기가 있고 화서에 꽃이 많은 편이다.

A. 꽃잎, B. 꽃받침, C. 포엽, D. 잎 뒷면의 일부, E. 덩이줄기, F. 수술, G. 암술

95. 자주괭이밥

Ja-ju-gwaeng-i-bap [Kor.]
Murasaki-katabami [Jap.]
Dr. Martius Wood-sorrel [Eng.]

Oxalis corymbosa **DC.** Prod. 1: 696(1824); T. Osada in Col. Illus. Nat. Pl. Jap. 205(1976); Y. Yim, E. Joen in Kor. Jour. Bot. Vol. 23(3-4): 75(1980).

다년생 초본으로 많은 비늘줄기(鱗莖)를 만들어서 증식한다. 잎은 대개 뿌리에서 생기며 3소엽小葉이고 소엽은 도심장형倒心臟形으로 길이 2~3.5cm이며 뒷면 잎 가장자리 근처에 황적색의 작은 점이 있다. 꽃은 5~10월에 피며 산형화서繖形花序는 5~7개의 꽃으로 이루어지고 꽃자루는 30cm에 이른다. 꽃의 지름은 1.7cm 정도로 담적색이고 꽃받침은 5개로 장타원형長楕圓形이며 길이는 5mm이고 끝 쪽 가까이 2개의 황적색 반점이 있다. 수술은 10개로 바깥쪽 5개는 짧고 안쪽의 것은 길며 꽃밥은 백색이고 수술대에 털이 있다.

* 남아메리카 원산이며, 국내에서는 제주도에서 야생화된 것이 흔히 발견된다.
* 덩이괭이밥(*Oxalis articulata* Savigny)과 달리 다수의 비늘줄기를 만들어 증식하며 꽃의 수가 5~7개로 보다 적다.

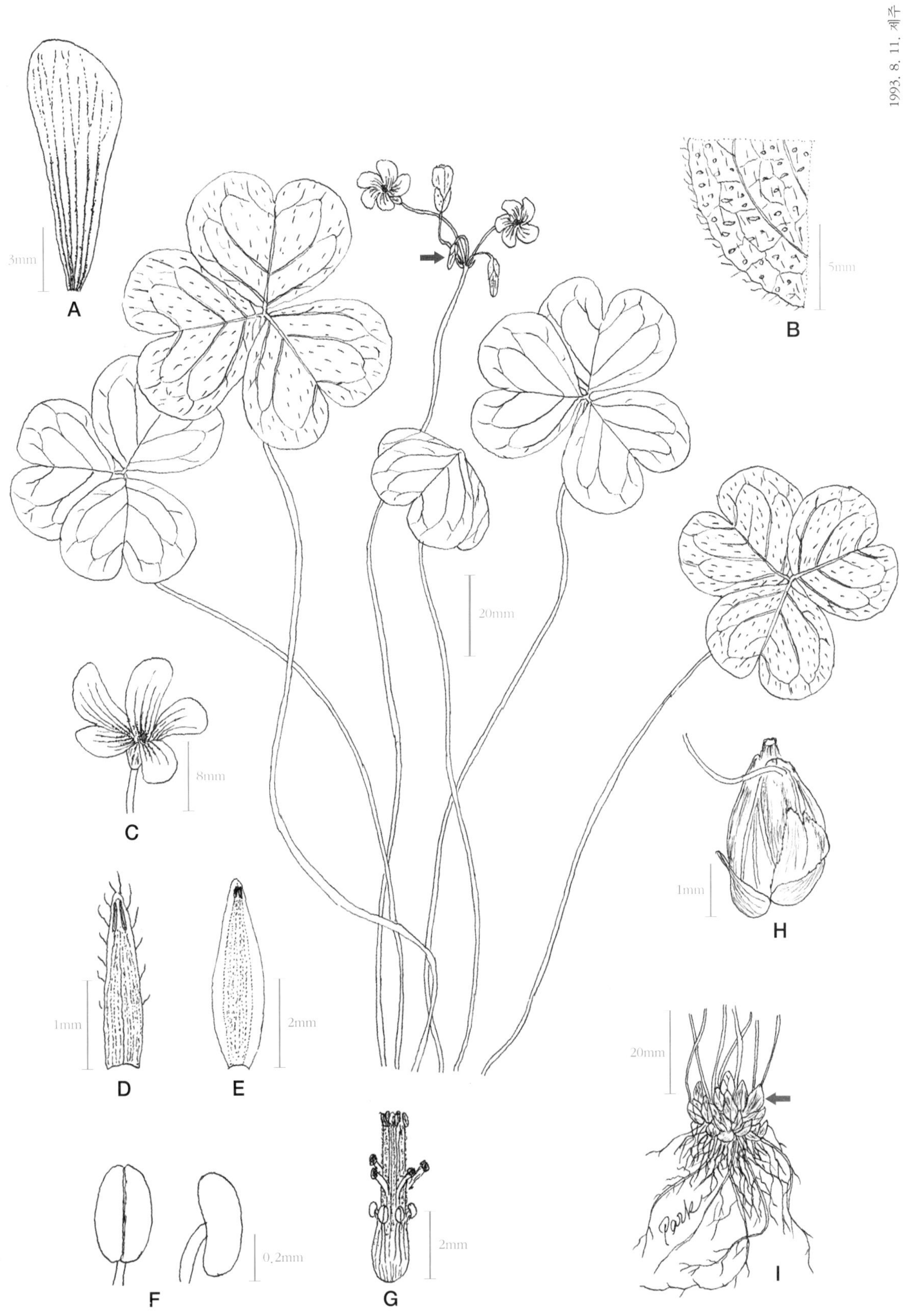

A. 꽃잎, B. 잎 뒷면의 일부, C. 꽃, D. 포엽, E. 꽃받침, F. 수술, G. 수술과 암술, H. 비늘줄기, I. 비늘줄기와 뿌리

96. 세열유럽쥐손이

Se-yul-yu-reop-jwi-son-i [Kor.]
Oranda-huuro [Jap.]
Redstem-filaree [Amer.]

***Erodium cicutarium* L' Her. ex Ait.**, Hort Kew. 2: 414(1789); T. Osada in Col. Illus. Nat. Pl. Jap. 213(1976); S. H. Park, Kor. Jour. Pl. Tax. Vol. 29 (2): 193(1999).

1~2년생 초본으로 줄기는 높이 10~50cm이다. 잎은 전체 모양이 도피침형倒披針形이고 2회 우상 전열羽狀全裂된다. 탁엽托葉은 난형卵形으로 길이 3~4 mm이고 긴 털이 있다. 꽃은 5~6월에 피며 5~12개의 홍자색 꽃이 산형繖形을 이룬다. 꽃받침은 5개이며 열편裂片은 장난형長卵形으로 끝에 1~2개의 자모刺毛가 있다. 꽃잎은 5개이고 수술 중 5개는 꽃밥이 있고 길며 다른 5개는 인편상鱗片狀으로 퇴화하였다. 암술은 1개이며 주두柱頭는 5열裂된다. 열매는 길이 3cm 정도의 부리 모양 부속체가 있고 성숙하면 5열되며 열편은 나선형으로 말린다. 분과分果는 경모硬毛가 밀생密生한다.

* 유럽 지중해 연안 원산이며 국내에는 경기 안산과 인천 장수동의 수인산업도로변, 제주도에서 확인되었다.
* 유럽쥐손이〔*Erodium moschatum* (L.) L' her. ex Ait.〕에 비해 잎이 더욱 세열細裂되며 분과 끝 쪽의 큰 홈 속에 선점腺点이 없다.

A. 꽃, B. 꽃잎, C. 열매, D. 줄기의 일부, E. 분과, F. 꽃받침, G. 수술과 암술, H. 인편 모양의 수술, I. 수술, J. 탁엽, K. 잎의 일부

97. 미국쥐손이

Mi-guk-jwi-son-i [Kor.]
Amerika-huuro [Jap.]
Carolina Crane' s-bill [Amer.]

***Geranium carolinianum* L.**, Sp. Pl. 682(1753); T. Osada in Col. Illus. Nat. Pl. Jap. 212(1976); Gleason & Cronquist in Manu. Vas. Pl. U. S. & Can. 2nd Ed. 360(1991).

1년생 초본으로 줄기는 높이 20~40cm이며 연모軟毛와 함께 회색의 선모腺毛가 간혹 있다. 잎은 마주나기(對生)이며 콩팥꼴(腎臟形) 또는 원형圓形으로 폭이 3~7cm이고 5~9개의 열편裂片으로 심열深裂된다. 열편은 장타원형長楕圓形으로 조거치粗鋸齒가 있다. 꽃은 5~8월에 피며 꽃자루에 2개의 꽃이 달리는데 담홍색 또는 백색이며 지름은 8~13mm이다. 꽃받침은 난형卵形이며 길이 1cm로, 섬모纖毛가 있고 끝에 짧은 까락(芒)이 있다. 꽃잎은 꽃받침과 길이가 같고 도란형倒卵形이며 수술 10개, 암술 1개이다. 열매는 길이 1.7~2cm로 미모微毛로 덮여 있다. 씨는 난상卵狀 장타원형으로 길이 2mm이고 미세한 망목무늬(網目紋)가 있다.

* 북아메리카 원산이며 우리나라에는 제주도, 남부, 중부지방에 분포한다.
* 국내에 자생하는 쥐손이풀속(*Geranium* L.)식물은 모두 다년생 초본인데 이 식물은 1년생 초본이며 콩팥꼴 잎이 5~9개의 열편으로 심열되는 특징이 있다.

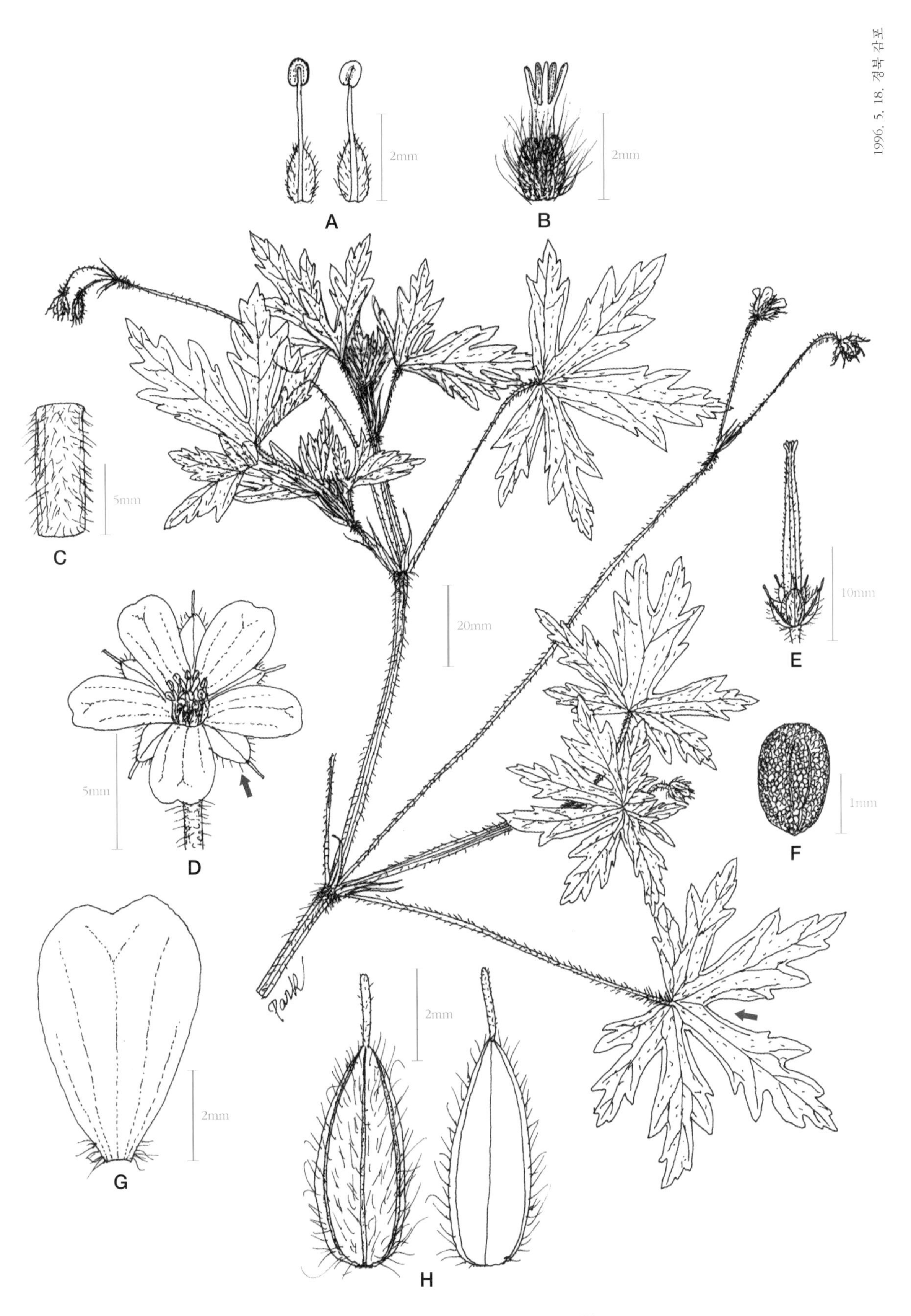

A. 수술, B. 암술, C. 줄기의 일부, D. 꽃, E. 열매, F. 씨, G. 꽃잎, H. 꽃받침

98. 큰땅빈대

Keun-ttang-bin-dae [Kor.]
Oh-nishikisoh [Jap.]
Eyebane [Eng.]

***Euphorbia maculata* L.**, Sp. Pl. 455(1753); T. Osada in Illus. Jap. Ali. Pl. 106(1972) & Col. Illus. Nat. Pl. Jap. 199(1976); T. Lee in Illus. Fl. Kor. 511(1979).

1년생 초본으로 줄기는 높이 20~60cm이고 가지를 친다. 어릴 때는 편측적片側的으로 털이 있으나 성숙하면 털이 없다. 잎은 마주나기(對生)이며 장타원형長楕圓形으로, 뒷면이 백록색이고 윗면은 청록색이며 길이는 1.5~3.5cm, 기부는 비대칭을 이룬다. 꽃은 6~9월에 피고 화서花序는 가지의 분기점과 가지 끝에 성기게 달리며 총포總苞는 도원추형倒圓錐形으로 4개의 녹색 선체腺體가 있다. 열매는 난형체卵形體로 3실室이고 지름 1.8mm로 털이 없고 밋밋하다. 씨는 길이 1~1.4mm로 난형이며 둔한 4각角이 있고 표면에 옆으로 희미한 주름살이 있다.

* 북아메리카 원산이며 우리나라에는 서울의 한강 둔치와 충북, 경북지방에 분포하고 있다고 알려졌다.
* 애기땅빈대(*Euphorbia supina* Rafin ex Boiss.)와 비교하면 줄기가 직립하며 높이는 20~60cm이고 열매에 털이 없는 점이 다르다.

A. 씨, B. 수술, C. 배상화서, D. 열매, E. 잎

99. 누운땅빈대

Nu-eun-ttang-bin-dae [Kor.]
Hainishikisou [Jap.]
Red Caustic Weed [Eng.]

Euphorbia prostrata **Aiton,** Hort. Kew. 2: 139(1789).
-*Chamaesyce prostrata* (Aiton) Small, Fl. S.E. U. S. 713(1903).

도로변에 자라는 1년생 초본으로 줄기는 땅 위를 덮으며 길이는 6~20cm이다. 사방으로 많은 가지를 치고 백색 털이 있다. 잎은 마주나기(對生)이며 타원형이고 길이 4~8mm, 폭 2.5~5.5mm로 표면은 푸른빛이 도는 녹색이고 뒷면은 백록색이다. 잎 가장자리는 낮은 거치鋸齒가 있다. 꽃은 9~10월에 피고 배상화서杯狀花序는 잎겨드랑이(葉腋)에 달리며 화서의 선체腺體는 4개, 부속체附屬體는 불분명하다. 열매(蒴果)는 광난형廣卵形으로 길이 1.2mm, 지름 1.3mm이고 위에서 보면 정삼각형이고 능선 부분에만 긴 털이 모여 난다. 암술머리는 3개이며 각각 기부로부터 2열裂된다. 씨는 4개의 모서리가 있고 표면에는 깊은 주름이 진다.

* 열대 아메리카 원산이며, 우리나라에는 충남 태안군 신진도의 길가에 넓은 면적으로 번지고 있다.
* 애기땅빈대(*Euphorbia supina* Rafin.)와 달리 잎이 타원형이고 열매의 능선부에만 긴 털이 있다.

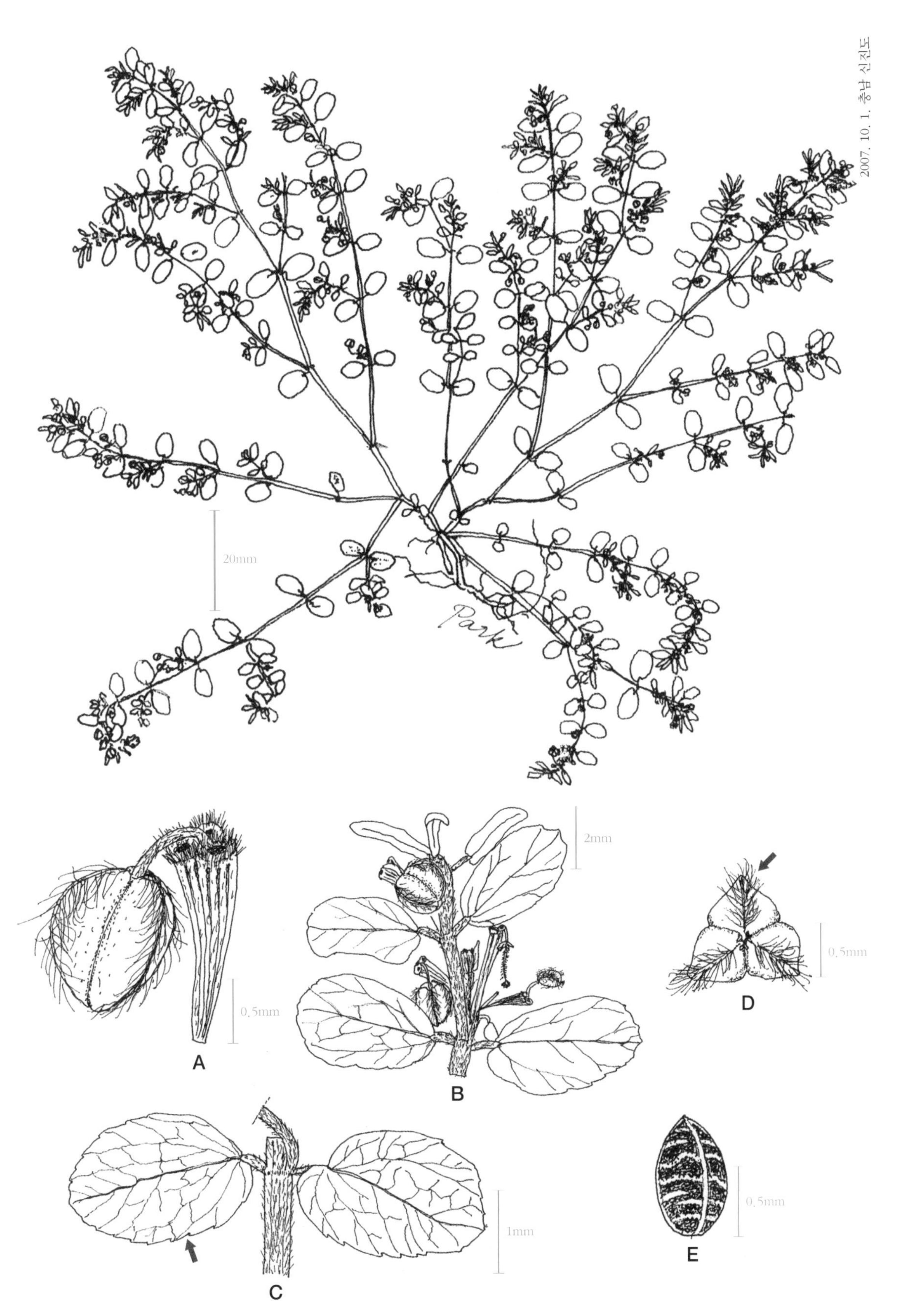

A. 배상화서, B. 가지의 끝, C. 가지의 일부, D. 열매, E. 씨

100. 애기땅빈대

Ae-gi-ttang-bin-dae [Kor.]
Ko-nishikisoh [Jap.]
Milk Purslane [Eng.]

Euphorbia supina **Rafin ex Boiss.**, in DC. Prodr. 15: part 2, 47(1862); T. Osada in Col. Illus. Nat. Pl. Jap. 20(1976); T. Lee in Illus. Fl. Kor. 511 (1979).

1년생 초본으로 줄기는 기부에서 분지分枝하며 길이는 10~25cm이다. 잎과 함께 털이 있으며 흔히 붉은색을 띤다. 잎은 마주나기(對生)이며 장타원형長楕圓形으로 길이는 5~10mm이고 기부는 가볍게 비대칭을 이루고 중앙부에 자주색 반점이 있다. 꽃은 여름에 피며 배상화서杯狀花序가 잎겨드랑이(葉腋)에 달리고 총포總包는 술잔 모양이며 4개의 밀선蜜腺이 있다. 암술대는 3개로 각각 끝이 두 갈래로 깊이 갈라진다. 열매는 지름 1.8mm로 난형체卵形體이며 겉에는 굽은 털이 있다. 씨는 난형으로 4각角이 졌으며 길이는 0.8mm이고 가로로 평행의 골이 져 있다.

* 북아메리카 원산이며, 국내에서는 거의 전국적으로 널리 분포하고 있다.
* 큰땅빈대(*Euphorbia maculata* L.)와 달리 식물체가 땅을 포복하며 열매 표면에는 굽은 털이 덮인다.

1992. 8. 22. 서울

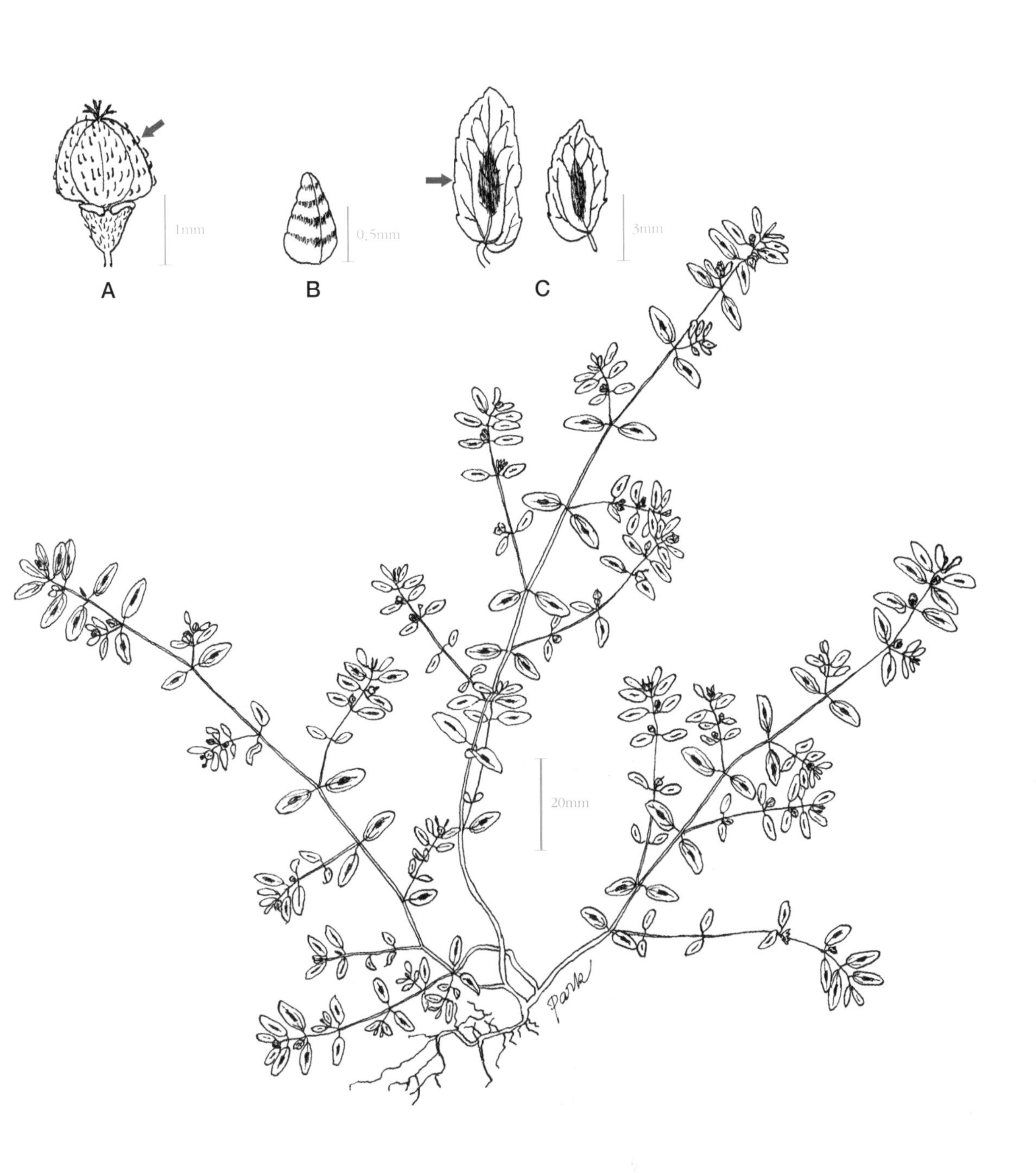

A. 배상화서, B. 씨, C. 잎

101. 어저귀

Eo-jeo-gwi [Kor.]
Ichibi [Jap.]
Indian Mallow, Velvet-leaf [Eng.]

Abutilon theophrasti **Medicus**, in Malv. 28(1787); T. Osada in Col. Illus. Nat. Pl. Jap. 194(1976).
-*Abutilon avicennae* Gaertn. in Palib. Consp. Fl. Kor. 1: 47(1898).

1년생 초본으로 줄기는 높이 50~150cm이고 짧은 연모軟毛로 덮였다. 잎은 어긋나기(互生)이며 심장형心臟形으로 폭 12~18cm, 양면이 녹색이고 성상모星狀毛가 밀포密布되어 우단 같은 감촉이 있다. 꽃은 6~9월에 피며 지름 1.5~2cm로 황색이고 잎겨드랑이(葉腋)에서 1개씩 달린다. 꽃받침은 5개, 꽃잎은 넓은 도란형(廣倒卵形)으로 길이는 6~15mm이다. 열매는 반구형半球形으로 지름 1.5~2cm이며 12~16개의 분과分果로 이루어지고 털이 많다. 분과는 뿔 모양의 돌기가 2개 있으며 3~5개의 씨가 들어 있다. 씨는 콩팥꼴(腎臟形)로 지름은 3~4mm이다.

* 인도 원산으로, 우리나라에서도 섬유원 식물로 재배해왔지만 화학 섬유에 밀려서 버려진 것이 야생화하여 전국 각지에 분포하고 있다.

* 원예종 *Abutilon megapotamicum*에 비해 잎이 크며 심장형이고 열매가 12~16분과로 이루어진 것이 다르다.

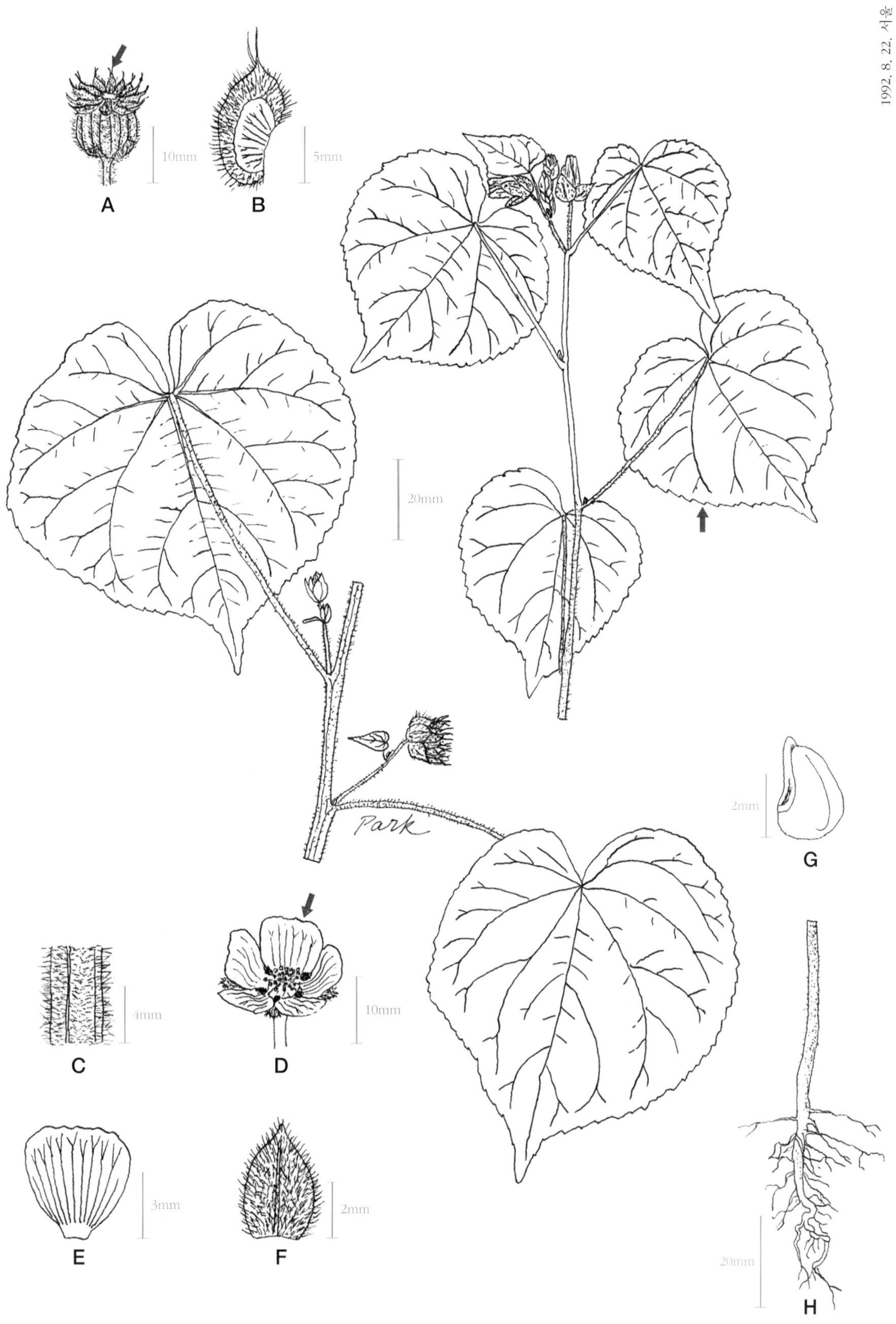

A. 열매, B. 분과, C. 줄기의 일부, D. 꽃, E. 꽃잎, F. 꽃받침열편, G. 씨, H. 뿌리

102. 수박풀

Su-bak-pul [Kor.]
Ginsenka [Jap.]
Bladder Ketmia, Flower-of-an-hour [Eng.]

Hibiscus trionum **L.**, Sp. Pl. 697(1753); T. Nakai in Fl. Kor. 1: 102(1909); T. Lee in Illus. Fl. Kor. 538(1979); V. L. Komarov in Fl. U.S.S.R. Vol. 15; 119(1986).

1년생 초본으로 줄기는 높이 5~75cm이고 어린줄기에는 옆으로 뻗은 긴 털이 성기게 난다. 잎은 어긋나기(互生)이고 새 발 모양처럼 3~7열편裂片으로 갈라졌고 가운데 열편이 길다. 탁엽托葉은 긴 털이 있는 송곳형이다. 꽃은 6~10월에 피고 잎겨드랑이(葉腋)에 1개가 달리며 담황색이고 지름은 3cm이다. 꽃받침 모양의 소포엽小苞葉은 10~13개로 선형線形이며 꽃받침은 종형鐘形으로 투명한 막질膜質이고 20맥이 있으며 맥은 자주색이다. 꽃잎은 5개, 씨는 콩팥꼴(腎臟形)로 길이 2~3mm, 적갈색이다.

* 유럽 원산으로, 개항 이전에 우리나라에 들어온 것으로 보이며 전국에서 산발적으로 발견된다.

* 다른 무궁화속(*Hibiscus* L.)식물과 달리 꽃받침이 종형으로 투명한 막질이고 20개의 자주색 맥이 있는 점이 특이하다.

A. 꽃잎을 제거시킨 꽃, B. 꽃잎, C. 소포엽, D. 탁엽, E. 암술과 수술, F. 꽃

103. 난쟁이아욱

Nan-jaeng-i-a-wuk [Kor.]
Zeniba-aoi [Jap.]
Dwarf Mallow [Eng.]

***Malva neglecta* Wallr.**, Syll. Pl. Nov. Ratisbon. 1: 140(1824); T. Osada in Col. Illus. Nat. Pl. Jap. 192(1976); S. H. Park, Kor. Jour. Pl. Tax. Vol. 22 (1): 61(1992).

2년생 초본으로 길이 50cm의 줄기는 땅 위를 포복하며 털이 산생散生한다. 잎은 어긋나기(互生)이며 지름 2~3.5cm로 원형圓形이고, 가장자리에는 얕게 둥근 톱니형의 열편裂片 5~9개가 있고 기부는 깊게 심장저心臟底를 이룬다. 꽃은 6~9월에 피며 잎겨드랑이(葉腋)에서 3~6개가 뭉쳐나고 연한 하늘색이며 지름 1.5cm이다. 소포엽小苞葉은 3개로 선형線形이다. 꽃받침은 중간까지 갈라지며 열편裂片은 5개이고 꽃잎은 5개로 꽃받침보다 2~3배 길다. 열매는 지름 5~6mm로 편평하고 12~15개의 분과分果로 이루어진다.

* 유럽과 서아시아 원산이며, 우리나라에서는 경북 장기곶 해변에서 처음 채집되었으며 그 후 제주도와 남부지방에서 확인되었다.
* 둥근잎아욱(*Malva rotundifolia* L.)에 비해 잎이 작고 꽃잎이 꽃받침보다 2~3배 긴 점이 다르다.

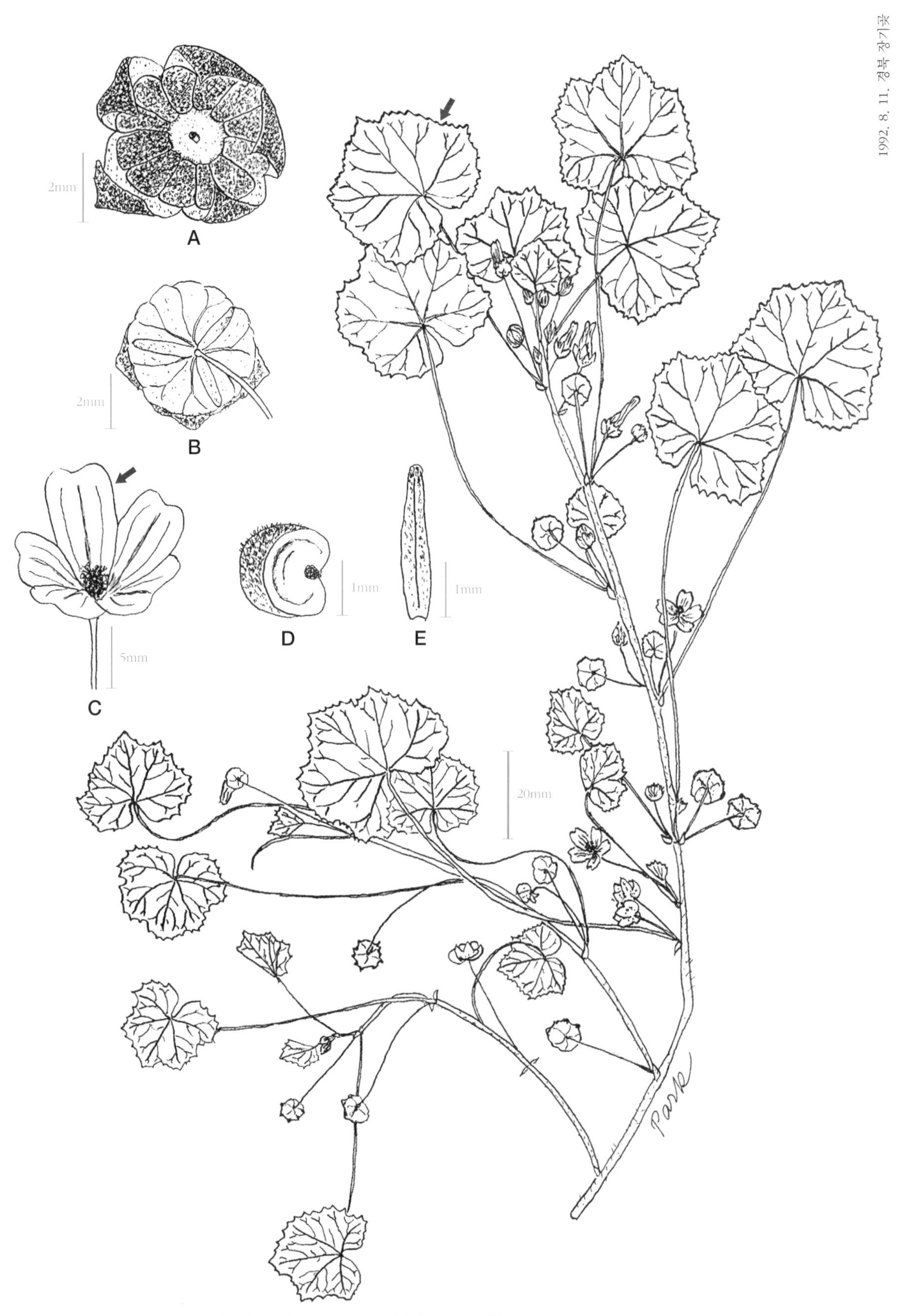

A. 앞에서 본 열매, B. 뒤에서 본 열매, C. 꽃, D. 분과, E. 소포엽

104. 애기아욱

Ae-gi-a-wuk [Kor.]
Usagi-aoi [Jap.]
Least Mallow [Eng.]

Malva parviflora **L.**, Amoen. Acad. 3: 416(1756); T. Osada in Col. Illus. Nat. Pl. Jap. 191(1976); C. A. Stace in Fl. Brit. Isl. 260(1991).

1년생 초본으로 줄기는 높이 20~50cm이며 가지를 친다. 잎은 어긋나기(互生)이고 길이는 3~6cm로 원형圓形 또는 신장형腎臟形이며 5~7개의 열편裂片으로 중열中裂되고 잎 가장자리에는 둔한 거치鋸齒가 있다. 꽃은 4~6월에 피고 2~3개가 잎겨드랑이(葉腋)에 달리며 소포엽小苞葉은 3개로 좁은 도피침형倒披針形이다. 꽃받침은 5열裂되며 길이 4~5mm, 꽃잎은 5개로 꽃받침보다 조금 길고 끝이 V 자형으로 조금 파인다. 수술은 여러 개이며 수술의 기둥은 털이 없다. 열매는 10개의 분과分果로 갈라지며 분과는 망상網狀무늬가 있고 옆면과 등 사이의 모서리는 좁은 파상波狀의 날개로 솟아오른다.

* 유럽 원산이며, 우리나라에서는 제주도에 분포한다.
* 둥근잎아욱(*Malva rotundifolia* L.)과 달리 분과 등 쪽의 양쪽 모서리는 각지며 좁은 파상의 날개가 있어 구분된다.

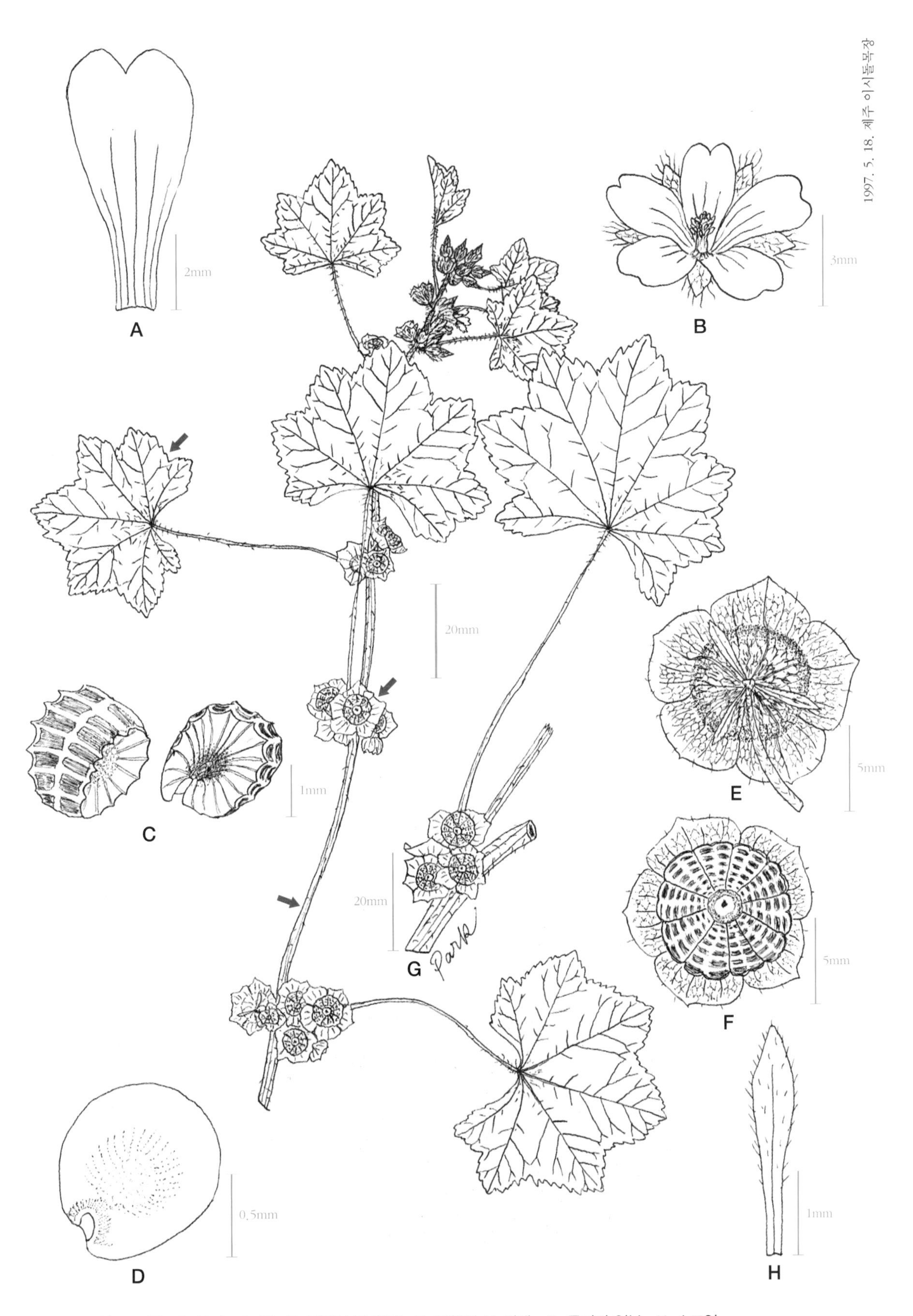

A. 꽃잎, B. 꽃, C. 분과, D. 씨, E. 뒤에서 본 열매, F. 앞에서 본 열매, G. 줄기의 일부, H. 소포엽

105. 둥근잎아욱

Tung-gun-ip-a-wuk [Kor.]
Nagae-aoi [Jap.]
Dwarf or Running Mallow [Amer.]

***Malva rotundifolia* L.** Sp. Pl. 688(1753); T. Osada in Col. Illus. Nat. Pl. Jap. 192(1976); S. H. Park in Kor. Jour. Pl. Tax. 26(2): 160(1996).

길가 황무지에 자라는 1년생 초본으로 길이 30~60cm의 줄기가 땅 위에 누워 사방으로 퍼진다. 잎은 어긋나기(互生)이며 지름 3~6cm로 원형圓形 또는 신장형腎臟形이고 심장저心臟底로, 5~9개의 가벼운 열편裂片으로 갈라진다. 꽃은 5~9월에 피며 잎겨드랑이(葉腋)에 3~6개가 뭉쳐난다. 소포엽小苞葉은 3개로 피침형披針形이고 가장자리에 긴 털이 있다. 꽃받침은 5개의 삼각상 열편이 있다. 꽃잎은 기부에 까끄라기(芒) 모양의 털이 있다. 열매는 지름 8~12mm로 8~11개의 분과分果가 모여 원반형을 이루고 등쪽에 망목상網目狀 무늬가 가볍게 생기며 모서리에 톱날처럼 까끌까끌한 날개가 없다.

* 유럽 원산으로, 우리나라에서는 경남 울산과 제주도에서 자란다.
* 애기아욱(*Malva parviflora* L.)에 비해 잎이 크고 원형이며 분과 등 쪽에 있는 양쪽 모서리는 각이 지지만 날개가 없다.

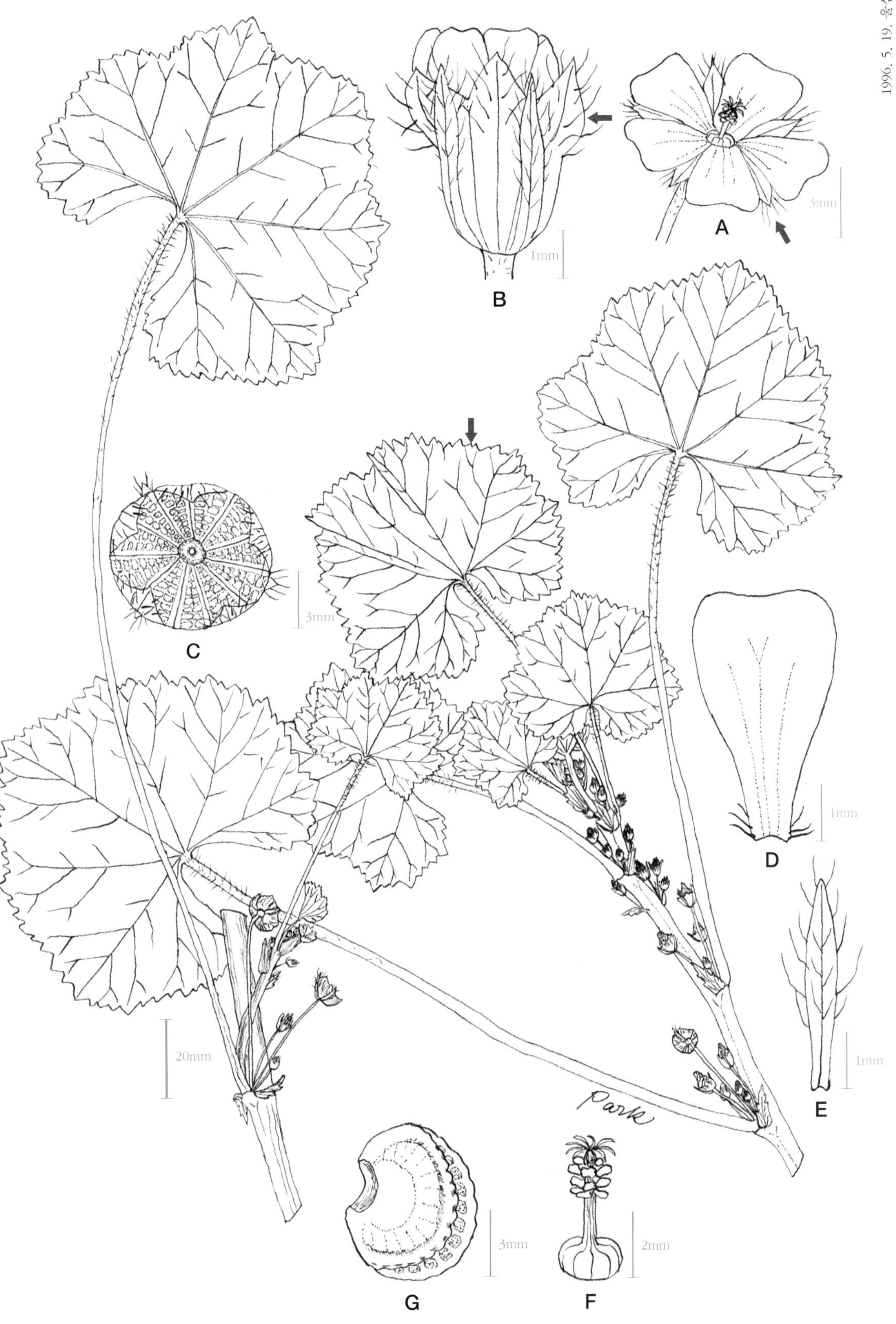

A. 꽃, B. 시든 꽃, C. 열매, D. 꽃잎, E. 소포엽, F. 암술과 수술, G. 분과

106. 당아욱

Tang-a-wuk [Kor.]
Zeniaoi [Jap.]

Malva sinensis **Cavan.** Monad. Dissert. 77(1790).
-*Malva sinensis* var. *mauritiana* Boiss. Fl. or. 1: 819(1867).
-*Malva mauritiana* L., Sp. Pl. 689(1753).

2년생 초본으로 줄기는 높이 40~80cm이다. 잎은 어긋나기(互生)이고 손바닥꼴로 얕게 5~7열裂되며 길이는 3~6cm, 잎 가장자리는 둔거치鈍鋸齒가 있다. 탁엽托葉은 삼각상 난형三角狀卵形으로 가장자리에 긴 털이 있다. 꽃은 6~9월에 피고 잎겨드랑이(葉腋)에서 5~15개가 뭉쳐나며 지름 3.5cm이다. 소포엽小苞葉은 장타원형長楕圓形으로 꽃받침은 얕게 5열裂되고 길이 1.5~3cm의 넓은 도란형倒卵形 꽃잎은 5개로 홍자색이며 진한 색의 맥이 눈에 띤다. 열매는 편평하며 10~14개의 분과分果로 이루어지고 분과는 등 쪽에 망목상網目狀의 주름이 있다.

* 유럽 원산이며, 국내에서는 관상용으로 재배하던 것이 일출逸出하여 야생화하였고 울릉도 바닷가 또는 동해안에서 볼 수 있다.
* 애기아욱(*Malva parviflora* L.)에 비해 꽃이 크고 소포엽이 넓은 난형이다.

A. 꽃잎, B. 소포엽, C. 탁엽, D. 암술과 수술, E. 수술, F. 열매, G. 꽃받침에 싸인 열매, H. 씨, I. 분과

107. 국화잎아욱

Guk-hwa-ip-a-wuk [Kor.]
Kikunoha-aoi [Jap.]
Bristly Fruited Mallow [Amer.]

***Modiola caroliniana* (L.) G. Don**, Gen. Hist. Pl. 1: 466(1831); M. L. Fernald, Manu. Bot. 1003(1950); S. H. Park, Kor. Jour. Pl. Tax. Vol. 28(4): 419 (1998).

1~2년생 초본으로 줄기는 길이 15~50cm이고 아랫부분이 포복을 하며 마디에서 뿌리가 나기도 한다. 잎은 어긋나기(互生)이고 윤곽이 원형圓形 또는 넓은 난형卵形이며 5~7편으로 중열中裂되고 열편裂片에 톱니가 있다. 꽃은 5~6월에 잎겨드랑이(葉腋)에서 1개씩 피는데 지름 7~10mm로 적등색赤橙色이다. 꽃자루는 길이 1~2cm이며 소포엽小苞葉은 3개로 선형線形이다. 꽃받침은 끝이 5열되며 꽃잎은 5개로 길이 3~5mm, 도란형倒卵形이다. 열매는 14~22개의 분과分果로 이루어지며 편평하다. 분과는 콩팥꼴(腎臟形)이며 길이 4mm, 등 쪽으로 까끄라기(芒)가 있고 위쪽에 2, 3개의 각상 돌기角狀突起가 있으며 2개의 씨가 들어 있다.

* 열대 아메리카 원산으로, 제주도 서귀포 시내에서 자란다.
* 난쟁이아욱(*Malva neglecta* Wallr.)과 달리 꽃은 잎겨드랑이에 1개씩 달리고 적등색이며 열매는 14~22개의 분과로 이루어지고 각 분과에 2개의 씨가 있다.

A. 꽃, B. 분과, C. 소포엽, D. 열매, E. 씨, F. 탁엽, G. 줄기의 하부, H. 꽃봉오리

108. 나도공단풀

Na-do-gong-dan-pul [Kor.]
Kingozika [Jap.]
Queensland-hemp [Eng.]

***Sida rhombifolia* L.**, Sp. Pl. 684(1753); T. Osada in Illus. Jap. Ali. Pl. 103 (1972); C. Stace in Fl. Brit. Isl. 259(1991).

목질성木質性 다년초로 전체에 성상모星狀毛가 있고 줄기는 높이 30~70cm이다. 잎은 어긋나기(互生)이고 능상 도란형菱狀倒卵形으로 길이 2.5~3.5cm, 표면은 거의 털이 없고 뒷면은 성상모가 밀생密生하여 회백색을 띤다. 탁엽托葉은 송곳 모양이며 길이 2~4mm이다. 8~10월에 지름 1.5cm의 황색 꽃이 피는데 잎겨드랑이(葉腋)에 1개씩 달린다. 꽃받침은 종형鐘形이고 열편裂片은 삼각형이며 성상모가 밀생한다. 열매는 8~14개의 분과分果로 갈라지는데 각 분과는 1개의 각상 돌기角狀突起가 있으며 각상 돌기는 후에 2개로 나누어진다.

* 전 세계의 열대지방에 분포하며, 우리나라에서는 제주도에서 자란다.
* 공단풀(*Sida spinosa* L.)과 달리 잎이 능상 도란형이며 잎자루 기부에 가시 모양의 괴경塊莖이 없다.

A. 꽃봉오리, B. 열매, C. 분과, D. 씨, E. 탁엽, F. 잎 뒷면

109. 공단풀

Gong-dan-pul [Kor.]
Amerika-kingozika [Jap.]
Prickly Mallow [Eng.]

***Sida spinosa* L.**, Sp. Pl. 683(1753); Britton & Brown in Illus. Fl. U. S. & Can. Vol. 2: 520(1970); T. Osada in Col. Illus. Nat. Pl. Jap. 195(1976).

1년생 초본이며 전체에 성상모星狀毛가 있고 줄기는 높이 30~60cm이다. 잎은 어긋나기(互生)이며 잎자루 기부에 끝이 뭉툭한 작은 가시 모양의 괴경塊莖이 있다. 잎새(葉身)는 장타원형長楕圓形으로 길이 2.5~6cm, 잎 가장자리 전체에 뭉툭한 톱니가 있다. 탁엽托葉은 송곳형으로 길이 2~5mm이다. 꽃은 8~9월에 피며 지름 1.2cm, 황색이고 잎겨드랑이(葉腋)에서 1~3개가 뭉쳐난다. 꽃받침열편裂片은 삼각형, 끝이 예첨두銳尖頭이다. 꽃잎은 5개이고 도란형倒卵形으로 끝이 둥글다. 열매는 5개의 분과分果로 나누어지며 분과는 길이 3.5~4.5mm이고 2개의 각상 돌기角狀突起가 있다.

* 열대 아메리카 원산이며, 우리나라에는 서울과 제주도에 분포한다.
* 나도공단풀(*Sida rhombifolia* L.)과 달리 잎이 장타원형이며 잎자루 기부 근처에 끝이 뭉툭한 가시 모양의 작은 괴경(塊莖)이 있다.

1992. 9. 15. 서울 난지도

0.5mm

C

2mm

B

3mm

A

2mm

D

20mm

Park

A. 꽃받침, B. 분과, C. 씨, D. 잎자루의 기부

110. 야생팬지

Ya-saeng-paen-ji [Kor.]
European Field Pansy [Amer.]

Viola arvensis **Murray**, Prodr. Stirp. Goett. 73(1770); Britton & Brown in Illus. Fl. U. S. & Can. 2: 563(1970); Takematsu & Ichizen in Weed. Wor. 2: 86(1993).

1년생 초본으로 줄기는 높이 10~30cm이다. 잎은 어긋나기(互生)이며 아래쪽의 잎은 원형圓形에서 난형卵形, 위쪽의 잎은 장타원형長楕圓形으로 길이 2~5cm이며 모두 둔거치鈍鉅齒가 있다. 탁엽托葉은 엽상葉狀이며 가장 위쪽의 열편裂片이 크다. 꽃은 4~5월에 피며 길이 1~1.5cm, 폭은 겨우 1cm로 거距는 짧다. 꽃잎은 넓은 피침형披針形의 꽃받침열편보다 짧거나 거의 같고 담황색이며 거가 있는 꽃잎의 기부는 진한 황색을 띤다. 열매(蒴果)는 구형球形이며 씨는 갈색이고 좁은 도란형倒卵形으로 길이 1mm이다.

* 유럽 원산이며, 우리나라에서는 1995년 인천과 1999년 경기 안산의 수인산업도로변에서 다수 확인되었다.
* 팬지(*Viola* x *wittrockiana* Hort.)와 달리 꽃은 담황색이며 거가 있는 꽃잎의 기부는 진한 황색이다.

A. 꽃, B. 열매, C. 씨, D. 탁엽, E. 잎과 탁엽

111. 종지나물

Jong-ji-na-mul [Kor.]
Meadow Blue Violet [Amer.]

***Viola papilionacea* Pursh**, Fl. Am. Sept. 1: 173(1814); M. L. Fernald in Gr. Manu. Bot. 1033(1950); Y. Lee in Fl. Kor. 508(1997).

다년생 초본으로 잎은 건장한 근경根莖에 총생叢生한다. 잎자루는 길이 5~15cm로 잎새(葉身)보다 길며 잎새는 난형卵形이다. 기부는 심장저心臟底이고 끝은 예두銳頭로 길이 3~8cm이며 가장자리에 톱니가 있다. 꽃은 4~6월에 피며 길이 2cm 정도로 근생 화경根生花梗 위에 1개씩 달리고 백색에 진한 자주색과 황록색의 무늬가 중앙에 있다. 꽃잎은 5개로 짝이 없는 꽃잎 1개는 좁고 보트 모양이며 측생側生 꽃잎에만 수염 같은 털이 있다. 꽃받침은 5개로 바깥쪽 열편裂片은 난상 피침형卵狀披針形이다. 열매(蒴果)는 녹색 또는 자주색 타원체이며 길이 1~1.5cm로 꽃받침보다 많이 길다. 씨는 갈색이며 길이는 약 2mm이다.

* 북아메리카 원산이며, 우리나라에는 중부와 남부지방에 분포하고 때로는 화원에서 재배하기도 한다.
* 야생팬지(*Viola arvensis* Murray)와 달리 지상경地上莖이 없고 건장한 근경이 있으며, 잎은 난형이고 꽃은 백색 바탕에 진한 자주색과 황록색의 무늬가 중앙에 있다.

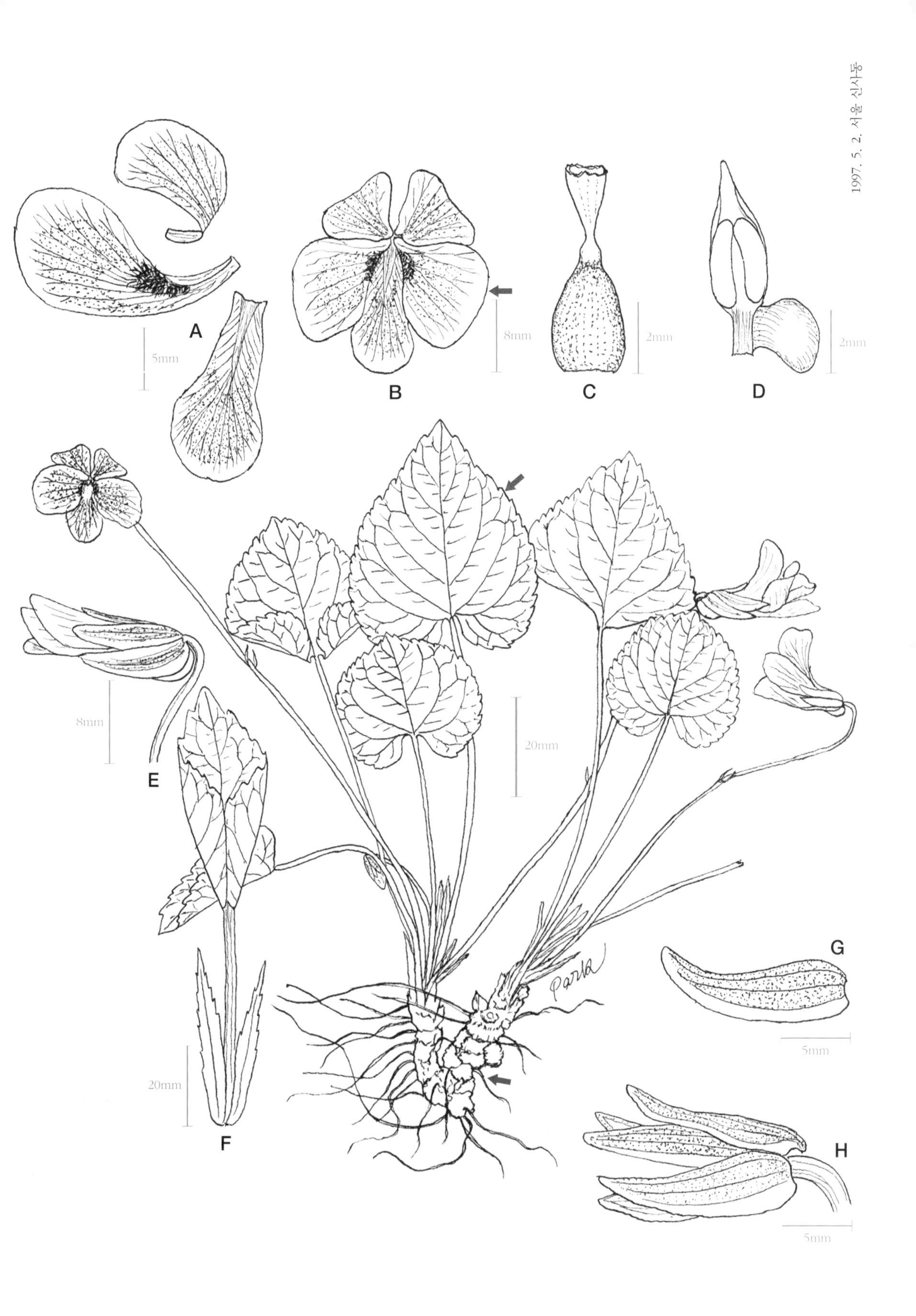

A. 꽃잎, B. 꽃, C. 암술, D. 수술, E. 꽃봉오리, F. 어린잎과 탁엽, G. 꽃받침열편, H. 꽃받침

112. 가시박

Ga-si-bak [Kor.]
Arechiuri [Jap.]
Bur Cucumber [Eng.]

***Sicyos angulatus* L.**, Sp. Pl. 1013(1753); T. Osada in Col. Illus. Nat. Pl. Jap. 90(1976); Weed Sci. Soc. Amer., in Comp. Lis. Weed. 38(1989).

1년생 초본으로 줄기는 길이 4~8m에 이르며 3~4개로 갈라진 덩굴손으로 다른 물체를 감으며 기어오른다. 잎은 어긋나기(互生)이며 잎자루는 길이 3~12cm, 잎새(葉身)는 거의 원형圓形이며 5~7개로 천열淺裂되고 지름은 8~12cm이다. 6~9월에 꽃이 피는데 꽃은 자웅동주雌雄同株이며 수꽃은 총상總狀을 이룬다. 꽃의 지름은 1cm, 길이는 약 10cm 정도이고 황백색으로, 긴 꽃자루 끝에 달리며 꽃밥은 융합되어 한 덩어리가 된다. 암꽃은 지름 6mm, 담녹색으로 암술은 1개이며 짧은 꽃자루 끝에 두상頭狀을 이룬다. 열매는 장타원형長楕圓形으로 자루가 없고 3~10개가 뭉쳐나며 가느다란 가시가 덮여 있다.

* 북아메리카 원산이며, 우리나라에서는 강원 철원, 경기 수원에서 발견되었고 최근에는 중부지방의 한강 유역과 남부지방에도 넓게 확산되었다.
* 수세미오이(*Lufa cylindrica* Roem.)와 달리 열매는 장타원형으로 3~10개가 뭉쳐나며 가시가 덮여 있다.

A. 꽃밥, B. 수꽃, C. 수꽃의 뒷면, D. 열매송이, E. 암꽃, F. 열매

113. 미국좀부처꽃

Mi-guk-jom-bu-cheo-kkot [Kor.]
Hosoba-himemisohagi [Jap.]
Long-leaved Ammania [Eng.]

Ammannia coccinea **Rottb.**, Pl. Hort. Havn. Descr. 7(1773); T. Osada in Col. Illus. Nat. Pl. Jap. 182(1976); T. Shimizu, Nat. Pl. Jap. 142(2003).

1년생 초본으로 높이 30~80cm의 줄기는 직립하고 아래쪽에서 가지를 치며 털이 없다. 길이 3~8cm, 폭 0.4~1cm의 잎은 마주나기(對生)이며 선상 피침형線狀披針形으로 잎자루는 없고 기부는 둥글게 팽창하여 줄기를 감싸고 잎 가장자리는 밋밋하다. 꽃은 7~9월에 잎겨드랑이(葉腋)에 2~5개가 모여서 핀다. 꽃자루는 없거나 있어도 1mm 이내이다. 꽃받침은 종형鐘形이고 4개의 모서리가 있으며 끝은 4열裂되고 열편裂片 사이에 작은 돌기가 있다. 꽃잎은 4개로 홍자색이다. 열매(蒴果)는 구형球形으로 지름 3~4mm, 씨는 길이 0.3mm로 아주 작다.

* 북아메리카 원산이며 우리나라에서는 전남 영광, 경남 창원 등지에 자란다.
* 좀부처꽃(*Ammannia multiflora* Roxb.)과 달리 잎은 선상 피침형이고 열매는 꽃받침에 거의 둘러싸이며 꽃이 홍자색이다.

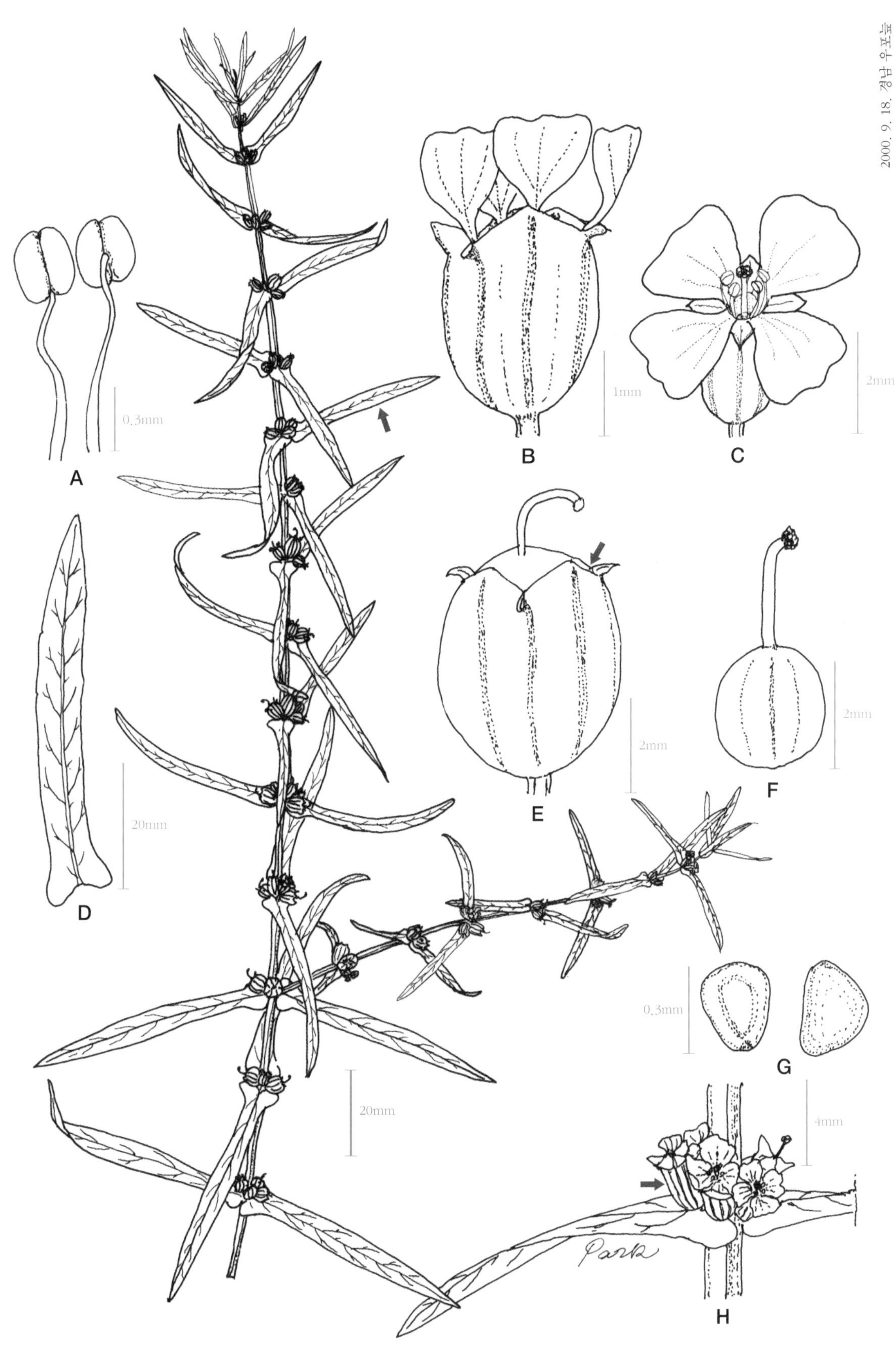

A. 수술, B, C. 꽃, D. 잎, E. 열매, F. 암술, G. 씨, H. 줄기의 일부

114. 달맞이꽃

Dal-ma-ji-kkot [Kor.]
Me-matsuyoigusa [Jap.]
Evening Primrose [Eng.]

***Oenothera biennis* L.**, Sp. Pl. 346(1753); Britton & Brown in Illus. Fl. U. S. & Can. Vol. 2: 595(1970); T. Osada in Col. Illus. Nat. Pl. Jap. 175(1976).

2년생 초본이다. 줄기는 높이 30~120cm로 장대壯大하고 긴 털이 성기게 덮인다. 잎은 어긋나기(互生)이고 근생엽根生葉은 장타원형長楕圓形이며 길이 10~20cm이다. 경생엽莖生葉은 장타원형으로 길이 5~6cm이며 톱니가 있다. 6~9월 저녁에 지름 3~5cm의 황색 꽃이 피는데 포엽苞葉의 잎겨드랑이(葉腋)에서 생기며 총상화서總狀花序를 이룬다. 꽃받침의 통부筒部는 가늘고 열편裂片은 선형線形이며 꽃이 필 때 뒤집힌다. 꽃잎은 4개로 도란형倒卵形이고 폭 1.5~2.2cm이다. 수술은 8개, 암술 1개로 암술 끝은 4열裂된다. 열매는 장타원형으로, 끝이 좁아지고 털이 있으며 길이 2~2.8cm이다.

* 북아메리카 원산이며, 우리나라에는 개항 이후 귀화하여 지금은 거의 전국에서 흔히 볼 수 있다.
* 큰달맞이꽃(*Oenothera erythrosepala* Borbas)에 비해 꽃과 식물체 전체가 보다 작으며 암술이 수술 길이와 같다.

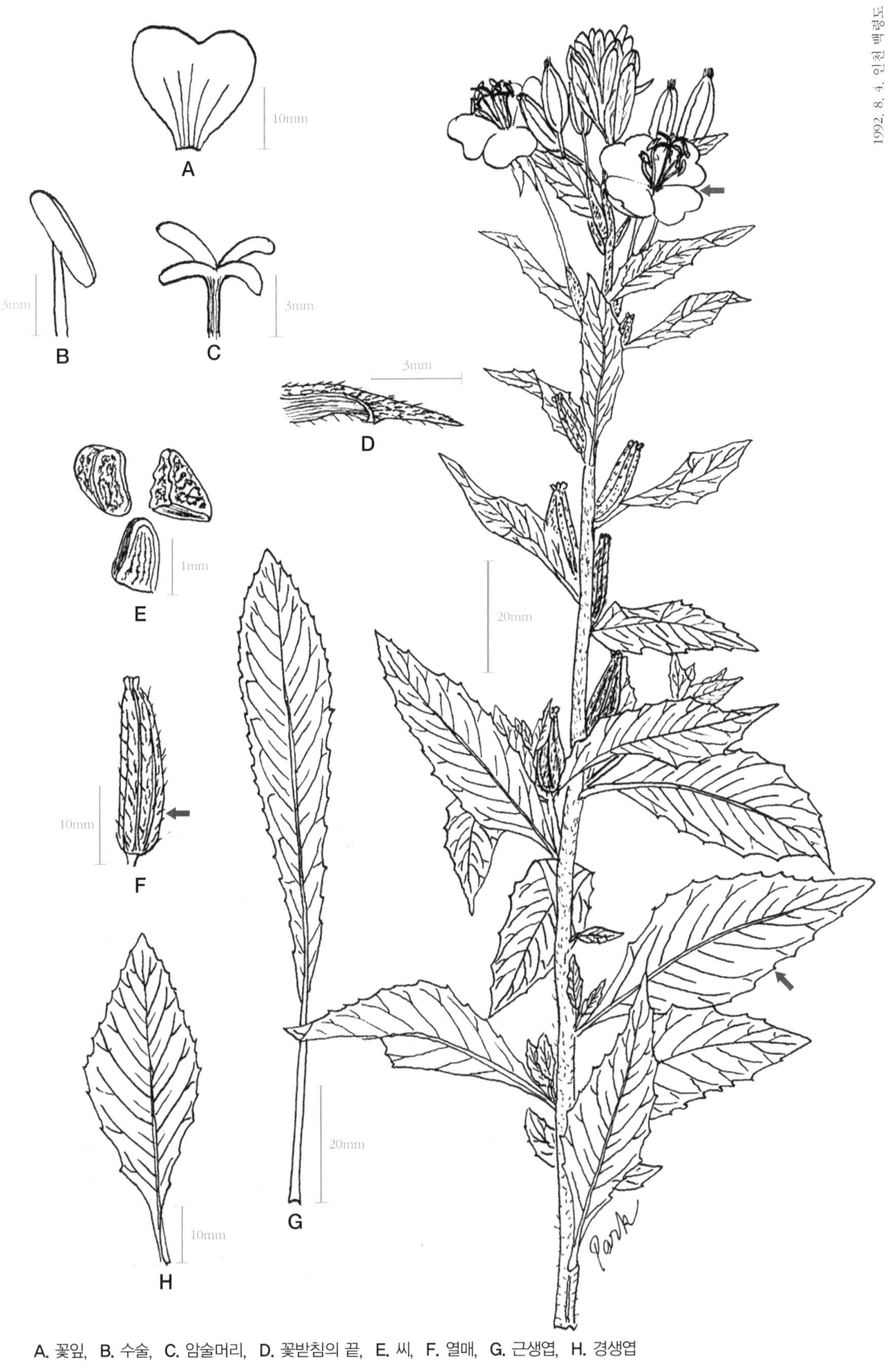

1992. 8. 4. 인천 백령도

10mm

A

3mm

B

3mm

C

3mm

D

1mm

E

10mm

F

20mm

20mm

G

10mm

H

A. 꽃잎, B. 수술, C. 암술머리, D. 꽃받침의 끝, E. 씨, F. 열매, G. 근생엽, H. 경생엽

115. 큰달맞이꽃(왕달맞이꽃)

Keun-dal-ma-ji-kkot [Kor.]
Oh-matsuyoigusa [Jap.]
Evening Primrose [Eng.]

Oenothera erythrosepala **Borbas**, Magyar Bot. Lap. 245(1903).
-*Oenothera lamarckiana* Seringe in DC., Prod. 3: 47(1828).

2년생 초본으로 줄기는 높이 30~150cm이고 줄기와 열매는 기부가 붉게 부푼 털이 덮고 있다. 근생엽根生葉은 도피침형倒披針形으로 길이 10~15cm이고 경생엽莖生葉은 장타원상 피침형長楕圓狀披針形으로 어긋나기(互生)이며 현저하게 주름이 진다. 여름철 저녁에 황색의 꽃이 피는데 지름 5~7cm로 포엽苞葉의 겨드랑이에 달리며 긴 총상화서總狀花序를 이룬다. 꽃받침은 꽃이 필 때 아래쪽으로 뒤집힌다. 꽃잎은 4개로 지름 5.2cm이고 수술은 8개이다. 암술은 1개로 수술보다 길며 암술머리는 4열裂된다. 열매는 장타원형으로 끝이 좁고 털이 있다.

* 북아메리카 원산이며, 우리나라에는 강원도 일원과 경기 시흥 등지에서 흔히 볼 수 있고 제주도에도 분포한다.
* 달맞이꽃(*Oenothera biennis* L.)에 비해 식물체가 장대하고 줄기와 열매에는 기부가 붉게 부푼 털이 있으며 암술이 수술보다 길다.

A. 꽃잎, B. 수술, C. 꽃봉오리, D. 근생엽, E. 줄기의 털, F. 꽃받침열편

116. 애기달맞이꽃

Ae-gi-dal-ma-ji-kkot [Kor.]
Ko-matsuyoigusa [Jap.]
Evening Primrose [Eng.]

Oenothera laciniata **Hill**, Veg. Syst. 12: 64(1767); T. Osada in Col Illus. Nat. Pl. Jap. 177(1976); Y. Yim, E. Jeon in Kor. Jour. Bot. Vol. 23(3-4): 74(1980).

2년생 초본으로 줄기는 땅 위에 가로누웠으며 길이는 20~60cm이다. 잎은 광타원상 피침형廣楕圓狀披針形으로 잎자루가 없거나 근생엽根生葉에만 짧게 있고 길이 2~4cm, 폭 0.6~1.2cm이다. 잎끝은 예두銳頭 또는 둔두鈍頭이고 깊은 파상波狀 톱니가 있거나 깃꼴(羽狀)로 분열한다. 꽃은 6~7월에 피며 지름 3~5cm로 잎겨드랑이(葉腋)에 달리고 꽃받침의 통부筒部는 길이 2cm이다. 담녹색 열편裂片은 4개로 선상 피침형線狀披針形이며 꽃이 필 때는 뒤로 뒤집힌다. 꽃잎은 4개로 지름 1cm, 담황색이고 시들면 황적색이 된다. 열매는 길이 1.8~2.5cm이고 위쪽이 굵으며 털이 있다.

* 북아메리카 원산으로, 우리나라에서는 제주도 해안 모래땅에서 흔히 보인다.
* 달맞이꽃(*Oenothera biennis* L.)과 달리 줄기가 지면에 포복하며 열매는 선단부가 하단부에 비해 더 굵다.

A. 암술머리, B. 수술, C. 안쪽 꽃받침열편, D. 바깥쪽 꽃받침열편, E. 꽃, F. 꽃봉오리, G. 열매, H. 씨, I. 경생엽, J. 근생엽

117. 긴잎달맞이꽃

Gin-ip-dal-ma-ji-kkot [Kor.]
Matsuyoigusa [Jap.]
Evening Primrose [Eng.]

***Oenothera stricta* Led.**, Mem. Acak. Imp. Sci. Petersb. 8: 315(1822).
-*Oenothera odorata* Jacq., Ic. Pl. Rar. Suppl. 107(1796).

다년생 초본으로 줄기는 높이 30~90cm이고 곧추선다. 잎은 어긋나기(互生)이고 진한 녹색이며 중앙맥이 백색으로 눈에 띈다. 근생엽根生葉은 선상 피침형線狀披針形으로 길이 7~13cm, 경생엽莖生葉은 피침형이며 위쪽 것은 포엽苞葉이 된다. 5~8월 저녁에 꽃이 피는데 황색이고 지름 5~6cm로 포엽의 겨드랑이에 1개씩 달리며 총상화서總狀花序를 만든다. 꽃받침의 통부筒部는 길이 2~4cm이고 꽃이 필 때는 뒤집힌다. 꽃잎은 폭 3cm의 넓은 도란형倒卵形으로, 시들면 황적색이 된다. 열매는 곤봉형棍棒形이고 털이 있으며 길이 2~3cm이다.

* 남아메리카 원산이며, 국내에서는 제주도에서 흔히 볼 수 있다.
* 달맞이꽃(*Oenothera biennis* L.)과 달리 잎이 피침형이고 경생엽은 잎자루가 없이 기부가 줄기를 감싸며 개화기開花期가 빠르다.

A. 수술, B. 꽃봉오리, C. 열매, D. 뿌리와 근생엽, E. 줄기 상부의 잎, F. 줄기 중간부의 잎, G. 근생엽

118. 유럽전호

Yu-reop-jeon-ho [Kor.]
Noharazyaku [Jap.]
Bur Chervil [Amer.]

Anthriscus caucalis **M. Bieb.**, Fl. Taur. Cauc. 1: 230(1808); T. Osada in Col. Illus. Nat. Pl. Jap. 171(1976); S. H. Park in Kor. Jour. Pl. Tax. 29(2): 195(1999).

1년생 초본으로 뿌리는 직근直根이고 줄기는 높이 15~80cm이며 가지를 친다. 잎은 긴 잎자루가 있고 잎자루 기부가 엽초葉鞘로 이루어지며 엽초 주변에 털이 있다. 잎새(葉身)의 윤곽이 삼각상 난형三角狀卵形이고 3회 우상 복엽羽狀複葉이며 최종 열편裂片은 길이 3~8mm로 난형이다. 꽃은 5~6월에 핀다. 산형화서繖形花序는 잎과 마주나며 화서는 3~7개의 큰 꽃자루가 있고 다시 작은 꽃자루가 5~7개 생기며 기부에 소포엽小苞葉이 달린다. 꽃은 백색이며 지름이 2mm 정도이다. 열매는 길이 3~4mm로 난형이며 표면에 굽은 털이 밀생密生하고 2개의 분과分果로 이루어지며 분과의 끝에 작은 갈고리 모양의 돌기가 달린다.

* 유럽 원산이며, 우리나라에서는 경기 안산 부곡동의 수인산업도로에서 처음 확인하였고 최근 울릉도와 제주도에도 다수 확산되었다.
* 전호(*Anthriscus sylvestris* Hoffm.)에 비해 식물체가 작고 열매도 길이 3~4mm로 작다.

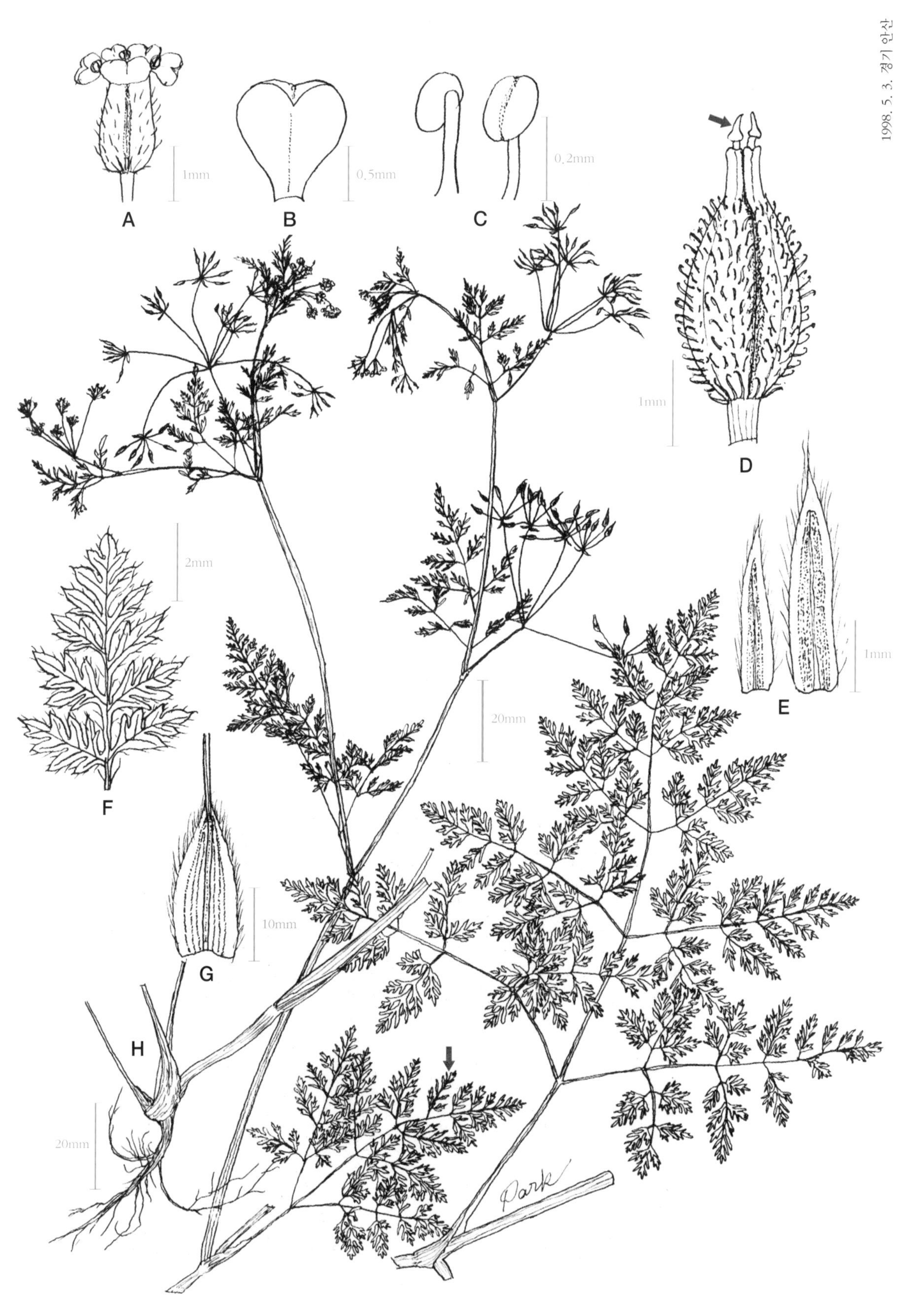

A. 꽃, B. 꽃잎, C. 수술, D. 열매, E. 소포엽, F. 잎의 일부, G. 엽초, H. 뿌리

119. 솔잎미나리

Sol-ip-mi-na-ri [Kor.]
Matsuba-zeri [Jap.]
Celery [Eng.]

***Apium leptophyllum* F. Muell ex Benth.**, Fl. Aust. 3: 327(1867); T. Osada in Col. Illus. Nat. Pl. Jap. 168(1976).

1년생 초본이며 줄기는 높이 15~70cm이고 가지를 친다. 잎은 어긋나기(互生)이며 2~4회 우상 전열羽狀全裂한다. 아래쪽 잎의 열편裂片은 폭 0.5~1mm로 선상 피침형線狀披針形이다. 위쪽 잎의 열편裂片은 사상絲狀으로 폭 0.2mm이다. 잎자루의 기부는 날개 모양이며 줄기를 둘러싼다. 꽃은 7~9월에 피며 줄기 끝이나 잎겨드랑이(葉腋)에 2~3개의 산형화서繖形花序가 달리는데, 산형화서는 폭 1cm의 작은 백색 꽃 8~12개로 이루어진다. 꽃잎은 5개로 타원형이고 수술은 5개이다. 열매는 편구형扁球形 또는 타원체로 길이 1.5~2mm, 폭 1.5mm이다.

* 열대 아메리카 원산이며, 우리나라에서는 제주도 저지대 전역에서 볼 수 있다.
* 회향(*Foeniculum vulgare* Hill.)에 비해 식물체가 작고 꽃은 백색이다.

A. 화서, B. 분과, C. 열매, D. 위쪽의 잎

120. 쌍구슬풀

Ssang-goo-seul-pul [Kor.]

Bifora radians Bieb., Fl. Taur. Cauc. Suppl. 233(1819); M. Hanf in Ara. Weed. Eur. 457(1983); K. Choe in Col. Illus. Exo. Weed. Seeds 331(1996).

1년생 초본으로 줄기는 높이 15~40cm이고 문질러 으깨면 강한 냄새가 난다. 잎은 2~3회 우상 분열羽狀分裂을 한다. 아래쪽의 잎은 윤곽이 삼각형이며 깊게 갈라지고 최종 열편裂片은 피침형披針形이다. 위쪽의 잎은 최종 열편이 선형線形이다. 꽃은 5~8월에 피며 백색이고 바깥쪽 꽃잎은 크며 길이 2~3mm이다. 복합 산형화서複合繖形花序는 3~8개의 산형화서로 이루어져 있으며 화서는 지름 25mm이고 8~14개의 꽃으로 이루어진다. 길이 3mm의 열매는 쌍구슬 모양이며 분과分果마다 길이 2.5mm, 폭 2~2.3mm의 담황색 씨가 1개씩 들어 있다.

* 중부 지중해 지역 원산으로, 국내에서는 경기 안산의 수인산업도로에서 처음 발견되었다.
* 솔잎미나리(*Apium leptophyllum* F. Muell ex Benth.)와 달리 열매는 쌍구슬 모양이며 길이 3mm, 폭 6mm이다.

A. 중심부의 꽃, B. 주변부의 꽃, C. 꽃밥, D. 주변부 꽃의 암술, E. 소포엽과 열매

121. 나도독미나리

Na-do-tok-mi-na-ri [Kor.]
Doku-ninzin [Jap.]
Hemlock [Eng.]

Conium maculatum **L.**, Sp. Pl. 243(1753); T. Osada in Col. Illus. Nat. Pl. Jap. 164(1976); S. H. Park in Kor. Jour. Pl. Tax. 29(3): 287(2000).

2년생 식물로 식물체 전체에 독이 있다. 줄기는 높이 150cm로 암자색의 반점이 있고 가운데가 비어 있다. 잎은 윤곽이 삼각형이며 3회 우상 분열羽狀分裂하고 최종 열편裂片은 난형卵形이며 결각상 거치缺刻狀鋸齒가 있다. 꽃은 6~7월에 피며 복산형화서複繖形花序로, 큰 꽃자루가 12~20개 있고 기부에 포엽苞葉이 윤생輪生한다. 작은 꽃자루도 같은 수이며 흰 꽃이 달린다. 꽃은 지름 3mm, 꽃받침열편은 흔적만 있고 꽃잎은 5개가 있는데 그중 1개는 크고 2개는 중간 크기이며 나머지 2개는 작다. 수술은 5개, 암술은 1개로 암술대가 2개이다. 열매는 구형球形이고 지름 3.5mm이며 2분과分果로 갈라진다.

* 유럽 원산으로, 우리나라에서는 경기 시흥의 수인산업도로에서 군락을 확인하였다.
* 독미나리(*Cicuta virosa* L.)에 비해 키가 크며 잎은 3회 우상 분열하고 열매는 5맥이 있으며 맥이 지느러미 모양으로 자라서 파상波狀 구조를 이룬다.

A, B. 꽃, C. 포엽, D. 수술, E. 열매, F. 줄기의 일부와 잎, G. 화서의 기부

122. 회향

Hoe-hyang [Kor.]
Uikyoh [Jap.]
Fennel [Eng.]

***Foeniculum vulgare* Mill.**, Gard. Dict. Ed. 8. n. 1. 1768; T. Chung in Kor. Fl. 467(1956).
-*Foeniculum foeniculum* Karst. in Deuts. Fl. 837(1880-83).

다년생 초본으로 줄기는 높이 90~200cm, 원통형이며 청록색이다. 잎은 어긋나기(互生)이며 삼각상 난형三角狀卵形으로 3~4회 우상 전열羽狀全裂하며, 열편裂片은 사상絲狀으로 끝이 뾰족하며 연질軟質이다. 꽃은 7~8월에 핀다. 산형화서繖形花序는 거대하며 지름 5~20cm이고 크기가 다르고 털이 없는 5~25개의 소산경小傘梗으로 이루어진다. 총포總苞와 소총포小總苞는 없다. 꽃잎은 광난형廣卵形으로 황색이고 길이와 폭 모두 1mm 정도이다. 열매는 난형체卵形體이며 길이 5~10mm, 폭 2~3mm이다.

* 유럽 원산이며 우리나라에서는 제주도의 저지대와 울릉도, 서울의 한강 둔치에서 볼 수 있다.
* 솔잎미나리(*Apium leptophyllum* F. Muell ex Benth.)에 비해 식물체가 대형이며 꽃은 황색이다.

A. 꽃, B. 수술, C. 뿌리

123. 이란미나리

I-ran-mi-na-ri [Kor.]

***Lisaea heterocarpa* (DC.) Boiss.** Fl. Or. 2: 1088(1872); B. K. Shishkin in Fl. U.S.S.R. 16: 128(1986); S. H. Park in Kor. Jour. Pl. Tax. 29(1): 99(1999).

1년생 초본으로 줄기는 길이가 15~80cm이며 갈고리 모양을 띤 작은 털이 많이 있다. 근생엽根生葉은 꽃이 필 때 시들어 말라붙고 경생엽莖生葉은 잎자루가 있으며 우상羽狀으로 전열全裂된다. 3~4쌍의 열편裂片은 긴 타원형으로 길이가 3~6cm이다. 꽃은 5~6월에 피며 가지 끝에 8~15개의 산형화서繖形花序가 모여 중복 산형화서重複繖形花序를 이룬다. 꽃잎은 백색으로, 주변부의 꽃잎은 길이가 10~12mm에 이르며 크기가 다르고 중심부의 꽃잎은 작고 모양이 같다. 열매는 난형卵形으로 길이가 9~10mm, 폭이 5~6mm이며 열매에 2~3개의 큰 톱니가 있는 막질膜質의 지느러미 모양 구조물이 3~4개 있다.

* 아시아의 이란이 원산지이며, 우리나라에서는 경기 안산의 수인산업도로변에서 다수 확인하였다.
* 다른 종류의 미나리과식물과 달리 잎이 우상 전열되고 열편은 타원형이며, 산형화서에서 주변부 꽃은 꽃잎의 크기가 다르면서 크고 중앙부 꽃은 크기가 같고 작다.

A. 주변부의 꽃, B. 중심부의 꽃, C. 열매, D. 뿌리, E. 화서, F. 소포엽

124. 백령풀

Baeg-ryong-pul [Kor.]
Oho-hutabamugura [Jap.]
Button-weed [Eng.]

***Diodia teres* Walt.** Fl. Car. 87(1788); Britton & Brown in Illus. Fl. U. S. & Can. Vol. 3: 256(1970); T. Lee in Illus. Fl. Kor. 693(1979).

1년생 초본으로 줄기는 높이 10~30cm이고 땅에 늘어지거나 위를 향한다. 잎은 마주나기(對生)이며 선형線形으로 길이 2~3cm, 폭 3~5mm이고 매우 거칠다. 탁엽托葉은 좌우의 것이 붙었으며 그 위에 여러 개의 긴 자모刺毛가 있다. 꽃은 7~9월에 피며 엷은 자주색이고 길이 4~6mm로 잎겨드랑이(葉腋)에서 1개씩 피고 꽃자루가 없다. 4개의 수술과 1개의 암술이 있는데 암술머리는 두상頭狀이며 씨방하위(子房下位)이다. 열매는 높이 4mm로 도란형체倒卵形體이고 2실室이며 빳빳한 털이 덮여 있고 4개의 꽃받침이 남아 있다.

* 북아메리카 원산이며, 우리나라에는 인천의 백령도와 동해안, 남해안의 모래땅에 분포한다.
* 큰백령풀(*Diodia virginiana* L.)에 비해 식물체가 왜소하며 열매에는 4개의 꽃받침이 남아 있다.

A. 꽃, B. 암술, C. 수술, D. 열매 … 마디와 열매

125. 큰백령풀

Keun-baek-ryung-pul [Kor.]
Merikenmugura [Jap.]
Larger Buttonweed [Amer.]

***Diodia virginiana* L.**, Sp. Pl. 104(1753); T. Osada in Col. Illus. Nat. Pl. Jap. 94(1976); T. Shimizu, Nat. Pl. Jap. 157(2003).

1년생 초본으로 줄기는 높이 10~60cm이고 기부에서 가지를 치며 하향下向의 거친 털이 줄지어 난다. 잎은 마주나기(對生)이고 피침형披針形으로 길이 2~6cm, 폭 6~10mm이다. 양면에 털이 없으며 잎 가장자리는 밋밋하고 끝이 예두銳頭이며 기부는 좁아진다. 탁엽托葉은 선형線形으로 길이 3~5mm이다. 꽃은 6~8월에 피고 잎겨드랑이(葉腋)에 1~2개의 꽃이 달린다. 꽃받침은 2개로 선형이고 길이는 4~6mm이다. 화관花冠은 길이 8~11mm로 백색 또는 분홍색이고 통부筒部는 홀쭉하다. 수술은 4개로 화관의 입구에 달리며 암술은 1개, 화주花柱는 2심열深裂되어 사상絲狀 구조를 보인다. 열매는 타원체로 8개의 모서리가 있고 길이 6~9mm이다.

* 북아메리카 원산이며, 우리나라에서는 전남 장성에서 자란다.
* 백령풀(*Diodia teres* Walt.)에 비해 식물체가 크며 꽃받침이 2개이고 화주가 2심열되어 사상 구조를 보인다.

A. 줄기의 일부, B. 꽃, C. 열매, D. 탁엽의 일부, E. 위쪽의 잎, F. 아래쪽의 잎

126. 꽃갈퀴덩굴

Kkot-gal-kwi-deong-gul [Kor.]
Hana-yaemugura [Jap.]
Field Madder [Eng.]

***Sherardia arvensis* L.**, Sp. Pl. 102(1753); Britton & Brown in Illus. Fl. U. S. & Can. Vol. 3: 266(1970); T. Shimizu, Nat. Pl. Jap. 159(2003).

1~2년생 초본이며 뿌리는 적갈색을 띤다. 줄기는 기부로부터 많이 갈라져 지면을 덮으며 길이는 20~60cm이고 네모지며 역자逆刺가 있다. 길이 1~1.5cm의 잎은 4~7개가 돌려나기(輪生)를 하며 넓은 선형線形으로 양 끝이 뾰족하고 잎자루가 없다. 꽃은 4~7월에 피며 줄기 위쪽 잎겨드랑이(葉腋)에서 나온 가지 끝에 포엽苞葉에 싸여 여러 개의 꽃이 두상頭狀으로 달린다. 포엽은 8개로 긴 삼각형이며 길이는 3~8mm이고 기부는 붙어 있다. 꽃받침의 통부筒部는 길이 약 1mm로 끝은 작게 6열裂된다. 화관花冠은 길이 2~3mm의 통부 끝이 4열된 형태이며 담홍자색이고 수술 4개, 암술 1개, 씨방 2실室이다. 열매(蒴果)는 타원형으로 길이 1.5~2mm이다.

* 유럽 원산이며, 우리나라에서는 서울의 월드컵공원과 제주 한경면의 목장지대에서 자란다.
* 개갈퀴속(*Asperula* L.)식물과 달리 두상화서頭狀花序는 가지 끝에 정생頂生하고 포엽은 기부가 붙어 있다.

2006. 5. 30. 제주 대경목장

2mm

A

B

2mm

C

1mm

D

1mm

E

1mm

20mm

In Young

A. 줄기의 일부, B. 화서, C. 꽃, D. 열매, E. 포엽의 일부

127. 서양메꽃

Seo-yang-me-kkot [Kor.]
Seiyoh-hirugao [Jap.]
Small Bindweed [Eng.]

Convolvulus arvensis **L.**, Sp. Pl. 153(1753); Britton & Brown in Illus. Fl. U. S. & Can. Vol. 3: 47(1970); T. Osada in Col. Illus. Nat. Pl. Jap. 153 (1976).

다년생 초본이며 줄기는 덩굴로 뻗고 길이는 1~2m이다. 잎은 어긋나기(互生)이며 난형卵形이고 길이는 2~7cm, 폭은 1~5cm이다. 잎 가장자리는 톱니가 없으며 끝이 둔두鈍頭 또는 원두圓頭이고 기부는 전저箭底이다. 꽃은 7~8월에 피고 꽃자루는 잎겨드랑이(葉腋)에서 생기며 길이 4~9cm로, 1~4개의 꽃(보통은 2개)이 달리며 꽃자루의 중간에 2개의 포엽苞葉이 있다. 꽃받침은 5개로 장타원형長楕圓形이고 끝이 둔두鈍頭이며 길이는 4~5mm이다. 꽃잎은 담홍색 또는 거의 백색이며 지름 3cm이다. 암술머리는 2심열深裂되고 선형線形이다.

* 유럽 원산이며 우리나라에는 전북 군산, 인천, 서울의 난지도, 울릉도 등지에 분포한다.
* 메꽃〔*Calystegia japonica* (Thunb.) Chois.〕과 달리 잎이 난형이며 꽃이 작고 꽃자루 중간에 2개의 포엽이 위치하여 구분된다.

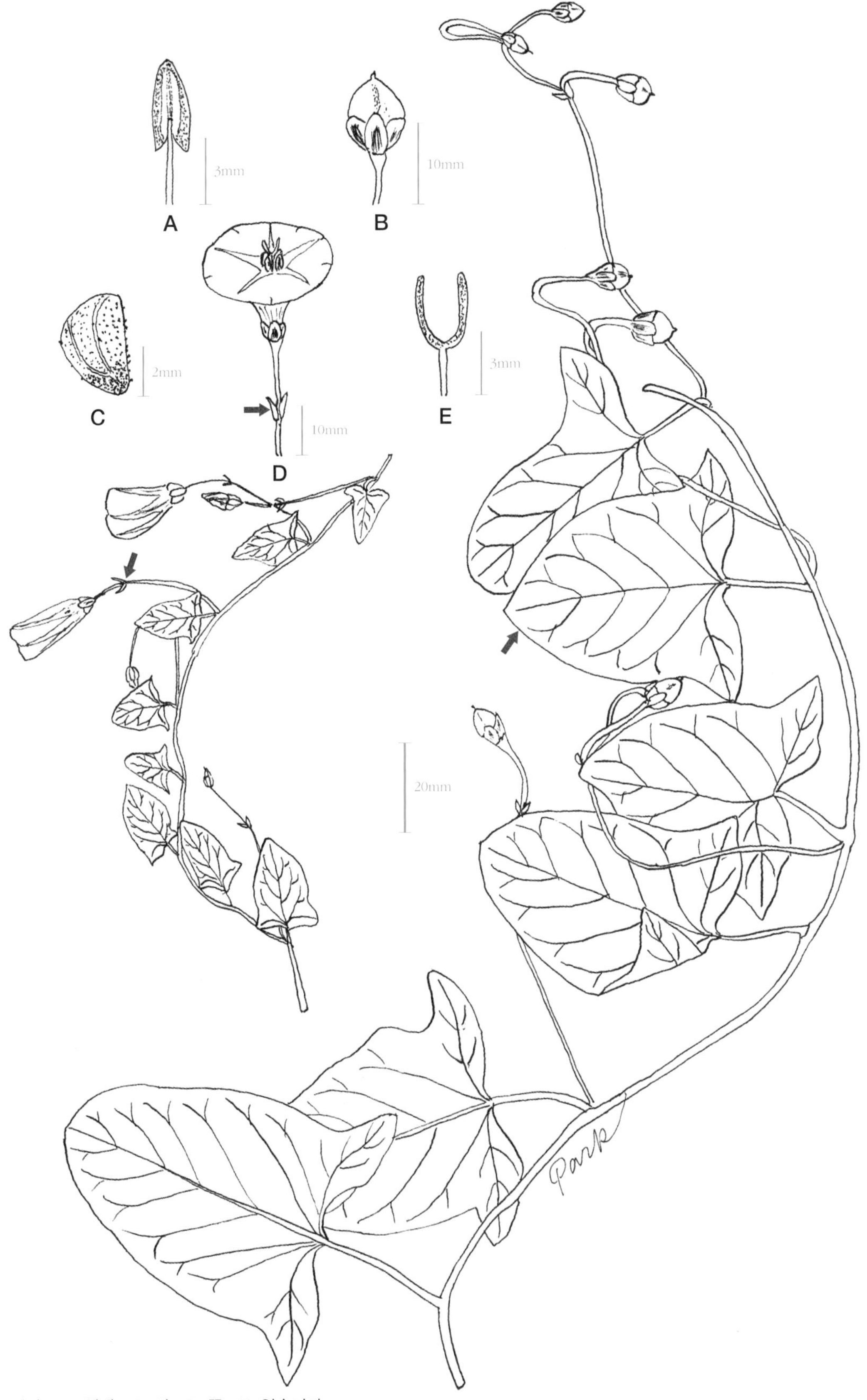

A. 수술, B. 열매, C. 씨, D. 꽃, E. 암술머리

128. 미국실새삼

Mi-guk-sil-sae-sam [Kor.]
Amerika-nenashikazura [Jap.]
Field Dodder [Eng.]

***Cuscuta pentagona* Engelm.**, Amer. J. Sci. 43: 340(1842); T. Osada in Col. Illus. Nat. Pl. Jap. 161(1976); T. Shimizu, Nat. Pl. Jap. 161(2003).

덩굴성 기생식물로 1년생 초본이며 숙주를 가리지 않고 모든 초본에 기생한다. 줄기는 지름 1mm 내외로 담황색 또는 담황적색이며 사상絲狀이고 소돌기상의 흡반吸盤이 있어 기주寄主에 왼쪽감기로 감아 오른다. 잎은 없고 꽃은 8~9월에 피며 줄기에 군데군데 여러 개의 꽃이 뭉쳐서 붙는다. 꽃받침은 지름 3mm로 끝이 얕게 5열裂되며 열편裂片은 끝이 둥글다. 꽃잎은 끝이 5열되며 열편은 삼각형으로 백색이고, 통부筒部의 안쪽에 5개의 인편鱗片이 있으며 그 가장자리는 빗살 모양으로 갈라진다. 수술 5개, 암술 1개로 암술대는 2개, 주두柱頭는 구형球形이다. 씨는 길이 2mm 정도이다.

* 북아메리카 원산으로 우리나라에서는 전국에 널리 자란다.
* 실새삼(*Cuscuta australis* R. Br.)에 비해 꽃잎 통부 안쪽의 인편 부속체가 크며 가장자리가 술처럼 발달되고 암술의 주두가 구형이다.

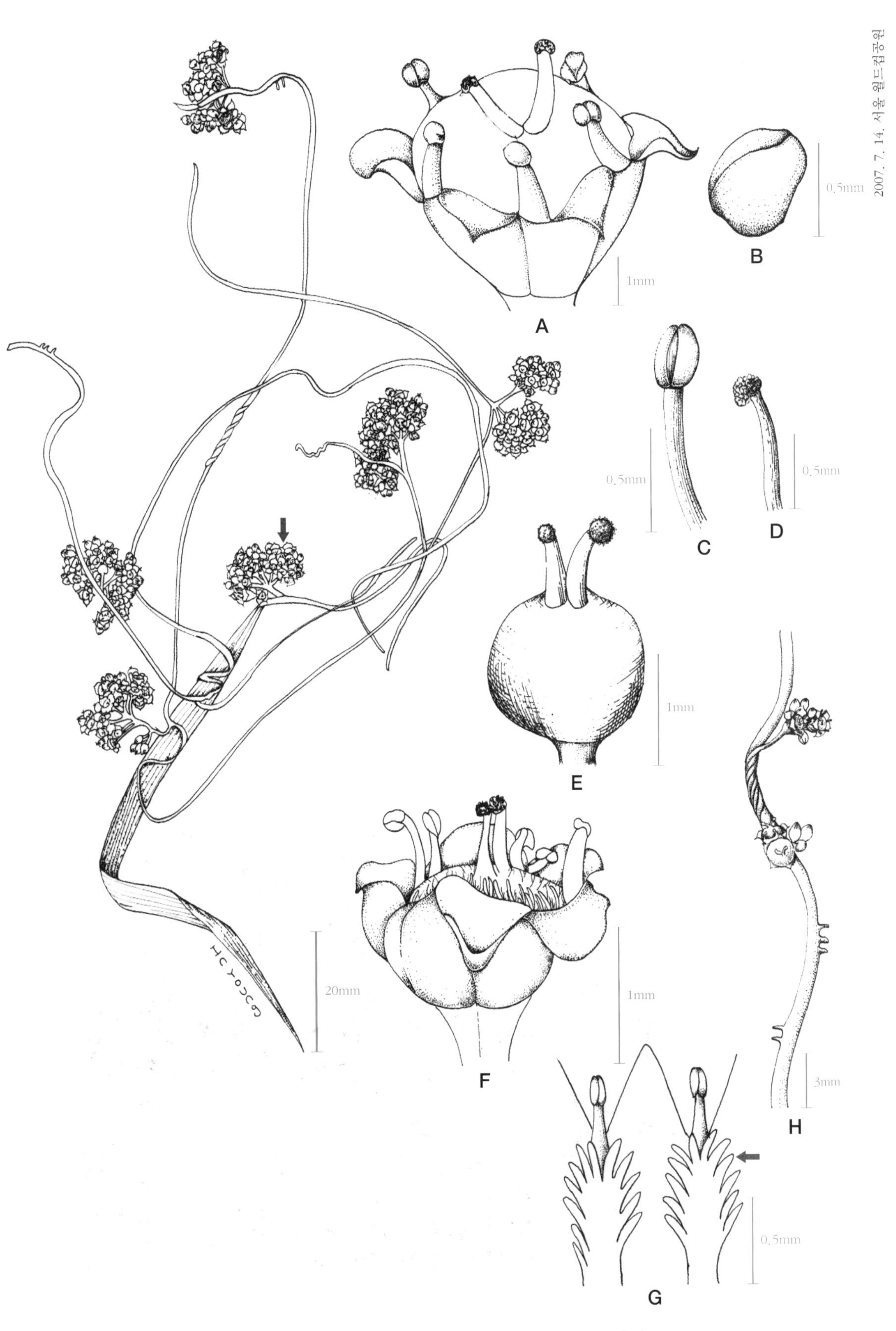

A. 열매, B. 씨, C. 수술, D. 암술의 끝, E. 암술, F. 꽃, G. 화관 안쪽의 인편, H. 흡반

129. 미국나팔꽃

Mi-guk-na-pal-kkot [Kor.]
Amerika-asagao [Jap.]
Ivy-leaved Morning-glory [Eng.]

Ipomoea hederacea **Jacq.** Icon. Rar. Pl. 36(1781); Britton & Brown in Illus. Fl. U. S. & Can. Vol. 3: 45(1970); T. Osada in Col. Illus. Nat. Pl. Jap. 154(1976).

1년생 덩굴성 초본으로 줄기는 길이 100~150cm이며 하향모下向毛가 많다. 잎은 어긋나기(互生)이고 난형卵形으로 길이 5~8cm, 폭 4.5~8cm이며 깊게 3열편裂片으로 갈라진다. 꽃은 6~10월 이른 아침에 피고 곧 오므라든다. 포엽苞葉은 2개로 작은 꽃자루 기부에서 마주난다. 꽃받침은 피침형披針形이고 끝이 길게 뻗고 뒤로 굽으며 뒷면에 길고 거친 털이 밀포密布한다. 꽃잎은 깔때기 모양이며 담청색이고 지름 2~3cm이다. 열매는 편구형扁球形으로 털이 없고 3개의 삭편蒴片이 있다.

* 열대 아메리카 원산으로, 국내에서는 중·남부지방에 널리 확산되고 있다. 또한 잎이 원형圓形이며 분열하지 않고 톱니가 없는 것을 둥근잎미국나팔꽃(*Ipomoea hederacea* var. *integriuscula* A. Gray)이라 하는데 서울과 경기 포천 등지에서 자라고 있다.

* 둥근잎나팔꽃(*Ipomoea purpurea* Roth)과 달리 잎이 깊게 3열편으로 갈라지고 꽃받침은 피침형으로 뒷면에 길고 거친 털이 밀포하며 꽃의 크기가 작다.

둥근잎미국나팔꽃

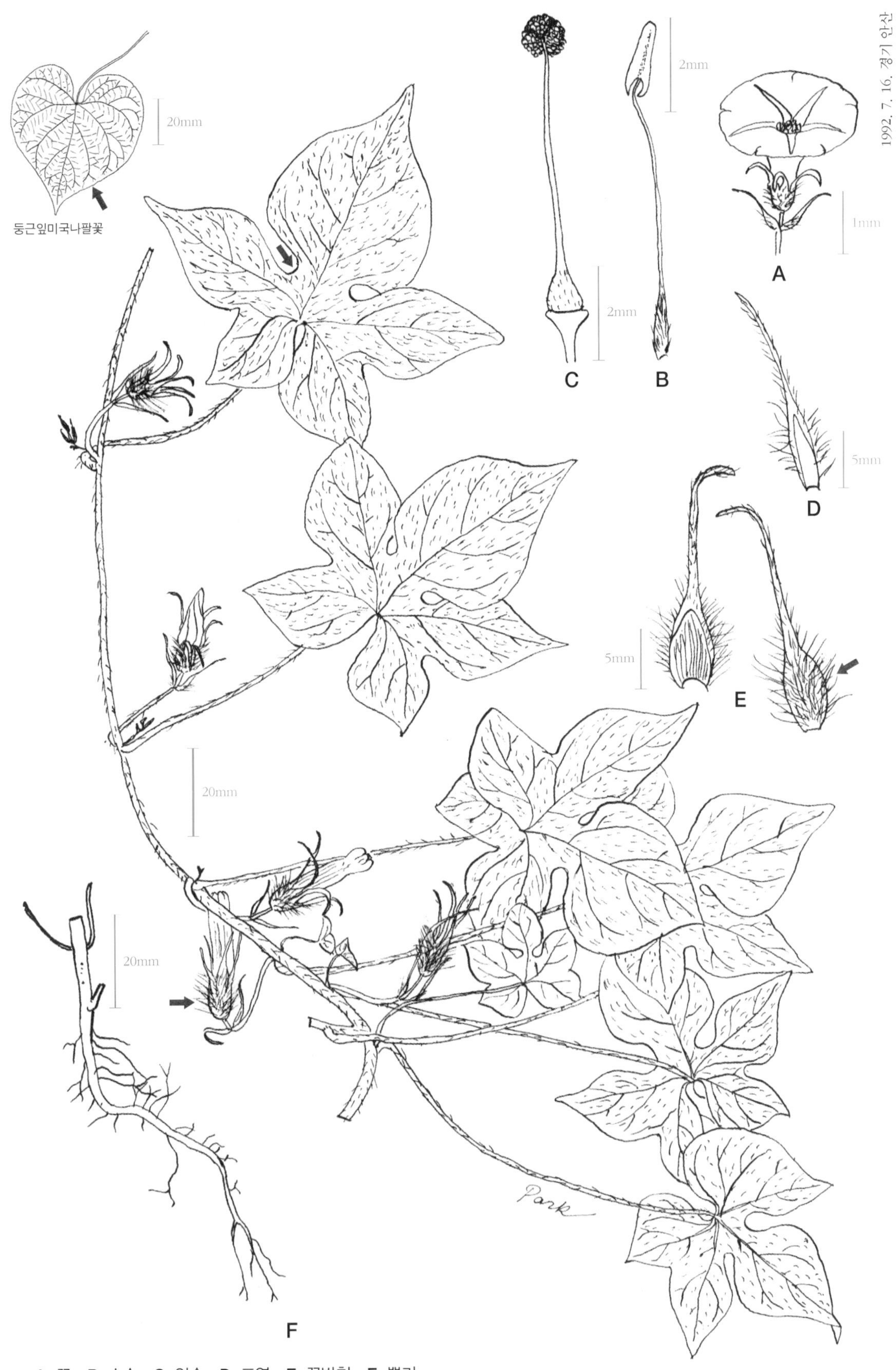

A. 꽃, B. 수술, C. 암술, D. 포엽, E. 꽃받침, F. 뿌리

130. 애기나팔꽃

Ae-gi-na-pal-kkot [Kor.]
Mame-asagao [Jap.]
Small-flowered White Morning-glory [Eng.]

***Ipomoea lacunosa* L.**, Sp. Pl. 161(1753); Britton & Brown in Illus. Fl. U. S. & Can. Vol. 3: 44(1970); T. Osada in Col. Illus. Nat. Pl. Jap. 157(1976).

1년생 초본으로 줄기는 덩굴성이며 지면을 덮고 성긴 털이 있다. 잎은 어긋나기(互生)이고 난형卵形으로 길이 6~8cm, 폭 4~7cm이다. 잎끝은 길게 뾰족하며 기부는 심장저心臟底이고 톱니가 없거나 모가 난 열편裂片이 있기도 하다. 꽃은 7~10월에 피고 꽃자루는 잎겨드랑이(葉腋)에서 생기는데 잎보다 짧으며 1~2개의 꽃이 핀다. 꽃받침은 장타원형長楕圓形으로 길이 8~10mm이고 꽃잎은 백색으로 깔때기꼴이며 지름 2cm 내외이다. 작은 꽃자루는 털이 없고 사마귀 모양의 돌기가 밀포密布한다. 열매는 구형球形으로 지름 7~9mm이고 4개의 삭편蒴片으로 되어 있다.

* 북아메리카 원산이며 우리나라에서는 인천, 서울 월드컵공원에서 흔히 볼 수 있다.
* 별나팔꽃(*Ipomoea triloba* L.)과 달리 잎은 톱니가 없으며 꽃은 흰색이고 열매는 편구형이다.

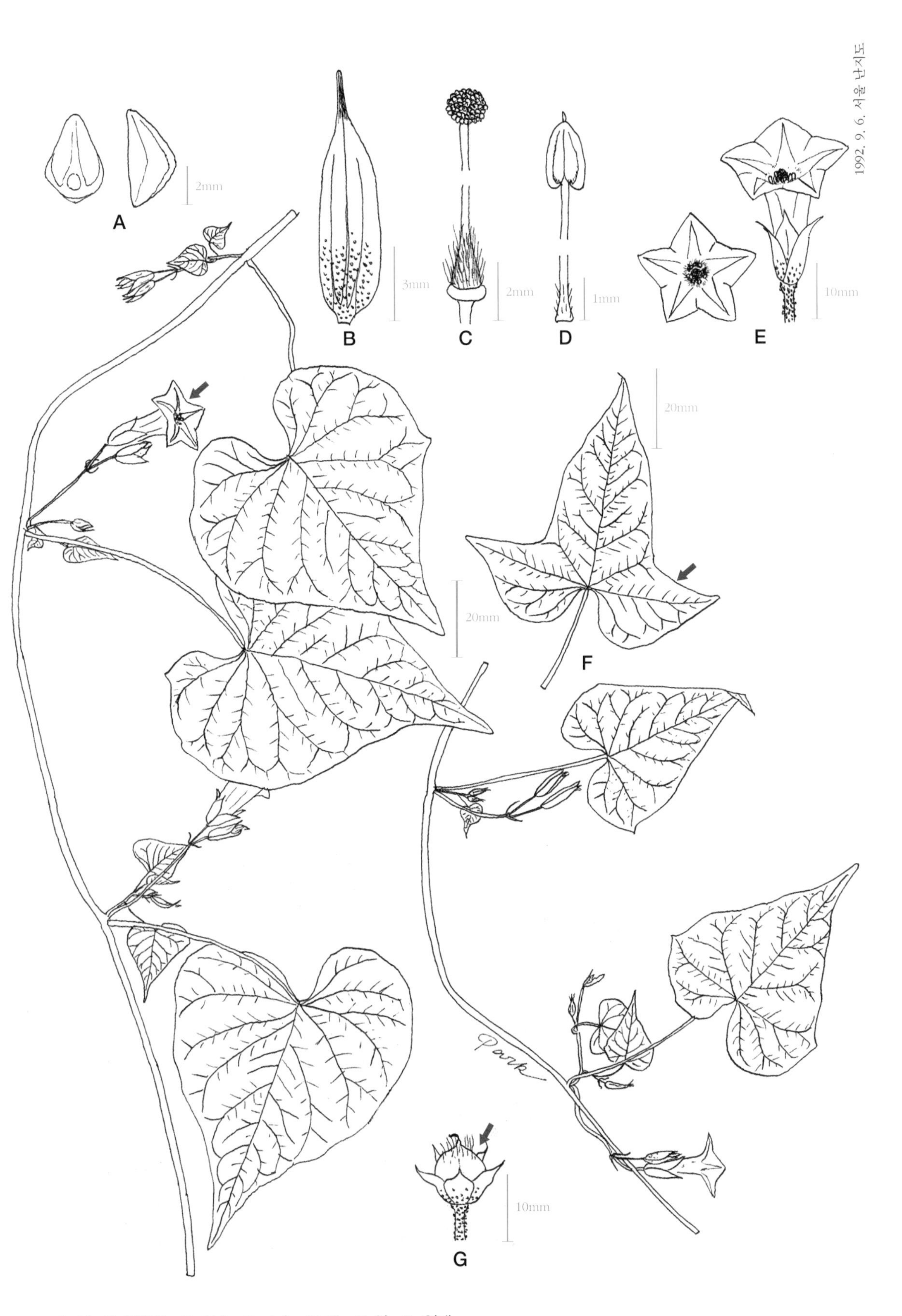

A. 씨, B. 꽃받침, C. 암술, D. 수술, E. 꽃, F. 잎, G. 열매

131. 둥근잎나팔꽃

Dung-gun-ip-na-pal-kkot [Kor.]
Maruba-asagao [Jap.]
Morning-glory [Eng.]

***Ipomoea purpurea* Roth**, Bot. Abhand. 27(1787); T. Osada in Col. Illus. Nat. Pl. Jap. 156(1976).
- *Pharbitis purpurea* Voigt, Hort. Suburb. Calc. 354(1845).

1년생 초본으로 줄기는 길이 120~300cm이고 덩굴성이며 하향모下向毛가 있다. 잎은 어긋나기(互生)이며 넓은 난형卵形이고 길이 7~8cm, 폭 6~7cm로 톱니가 없다. 꽃은 7~10월에 피며 꽃자루는 길이 10~13cm로 1~5개의 꽃이 달린다. 작은 꽃자루는 길이 2~3cm이고 기부에 2개의 포엽苞葉이 있다. 꽃받침은 피침형披針形 또는 장타원형長楕圓形이며 길이는 10~12mm로 끝이 뾰족하고 거친 털이 기부 근처에 난다. 깔때기 모양의 꽃잎은 청색, 자주색, 담홍색이며 지름 5~8cm이다. 암술머리는 3개로 구형球形이다. 열매는 편구형扁球形이며 3개의 삭편蒴片이 있고 지름은 1cm이다.

* 열대 아메리카 원산이며, 국내에서도 원예용으로 재배하던 것이 일출逸出하여 야생화한 것이 많다. 한반도의 중 · 남부지방에 널리 분포한다.
* 미국나팔꽃(*Ipomoea hederacea* Jacq.)과 달리 잎은 넓은 난형으로 결각缺刻이 없고 꽃은 크며 꽃받침은 장타원형이다.

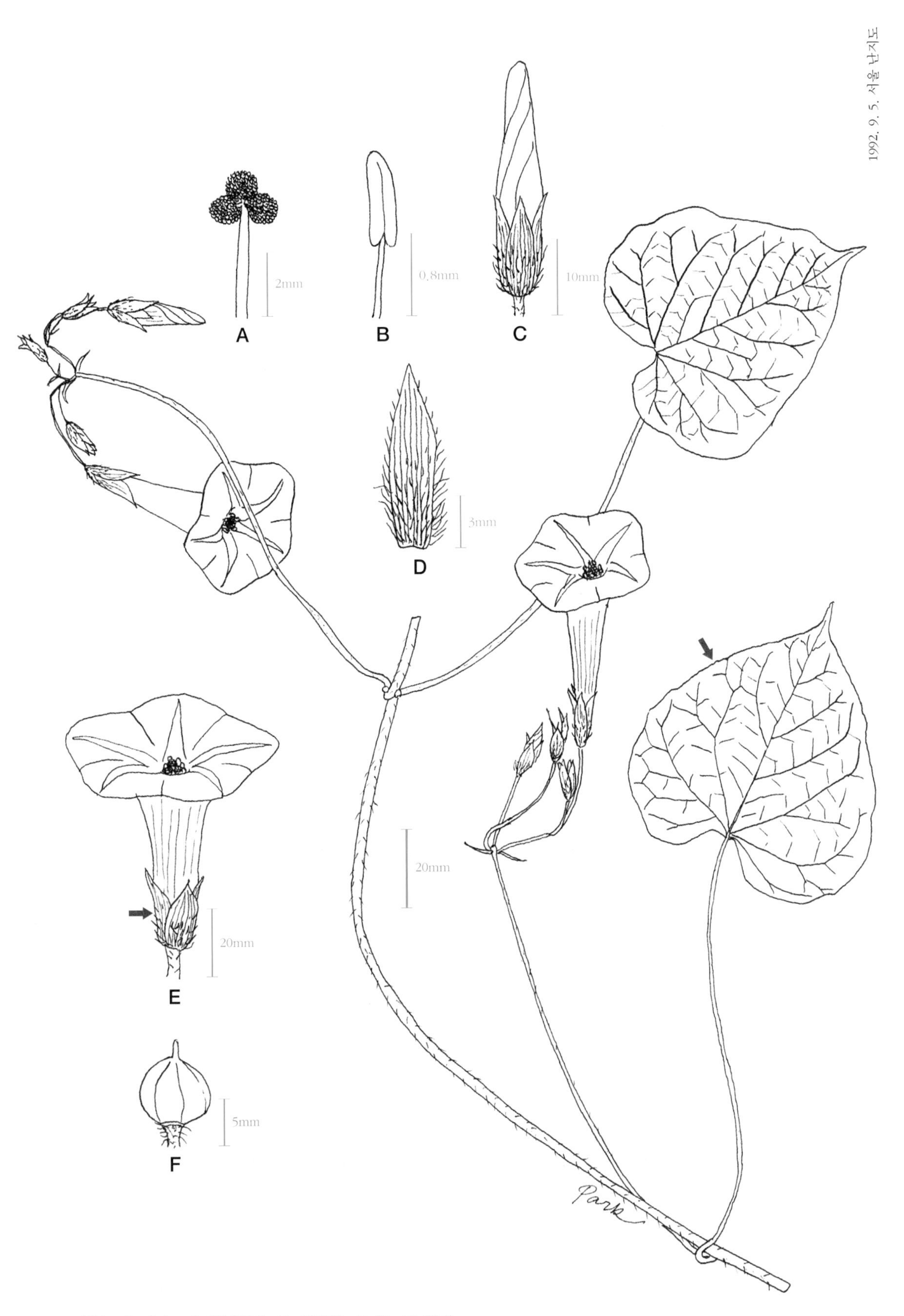

A. 암술, B. 수술, C. 꽃봉오리, D. 꽃받침, E. 꽃, F. 열매

132. 별나팔꽃

Byol-na-pal-kkot [Kor.]
Hoshi-asagao [Jap.]
Threelobe Morning-glory [Amer.]

***Ipomoea triloba* L.**, Sp. Pl. 161(1753); T. Osada in Col. Illus. Nat. Pl. Jap. 158(1976); C. E. Chang in Fl. Taiwan 4: 378(1978).

1년생 초본으로 줄기는 덩굴성이고 털이 없다. 잎은 어긋나기(互生)이며 난원형卵圓形이고 길이 3~6cm, 너비 2~5cm로 잎 가장자리가 밋밋하거나 3열裂되는 것도 있고 털이 없다. 꽃은 7~9월에 피고 취산화서聚繖花序는 잎겨드랑이(葉腋)에 달리며 꽃자루는 길이 8~12cm로 잎보다 길고 끝에 3~8개의 꽃이 달린다. 작은 꽃자루는 길이 2~8mm이며 능선과 사마귀 모양의 돌기가 있다. 꽃받침은 길이 8mm이고 꽃받침열편은 장타원형長楕圓形이며 끝이 뾰족하고 섬모纖毛가 있다. 꽃잎은 깔때기 모양으로 지름 15~20mm이고 담홍색이며 중심부는 홍자색을 띤다. 열매(蒴果)는 구형球形이며 지름 5~7mm이다.

* 열대 아메리카 원산이며, 우리나라에는 제주도와 중부지방에 분포한다.
* 애기나팔꽃(*Ipomoea lacunosa* L.)과 달리 꽃은 담홍색이고 중심부는 홍자색을 띤다.

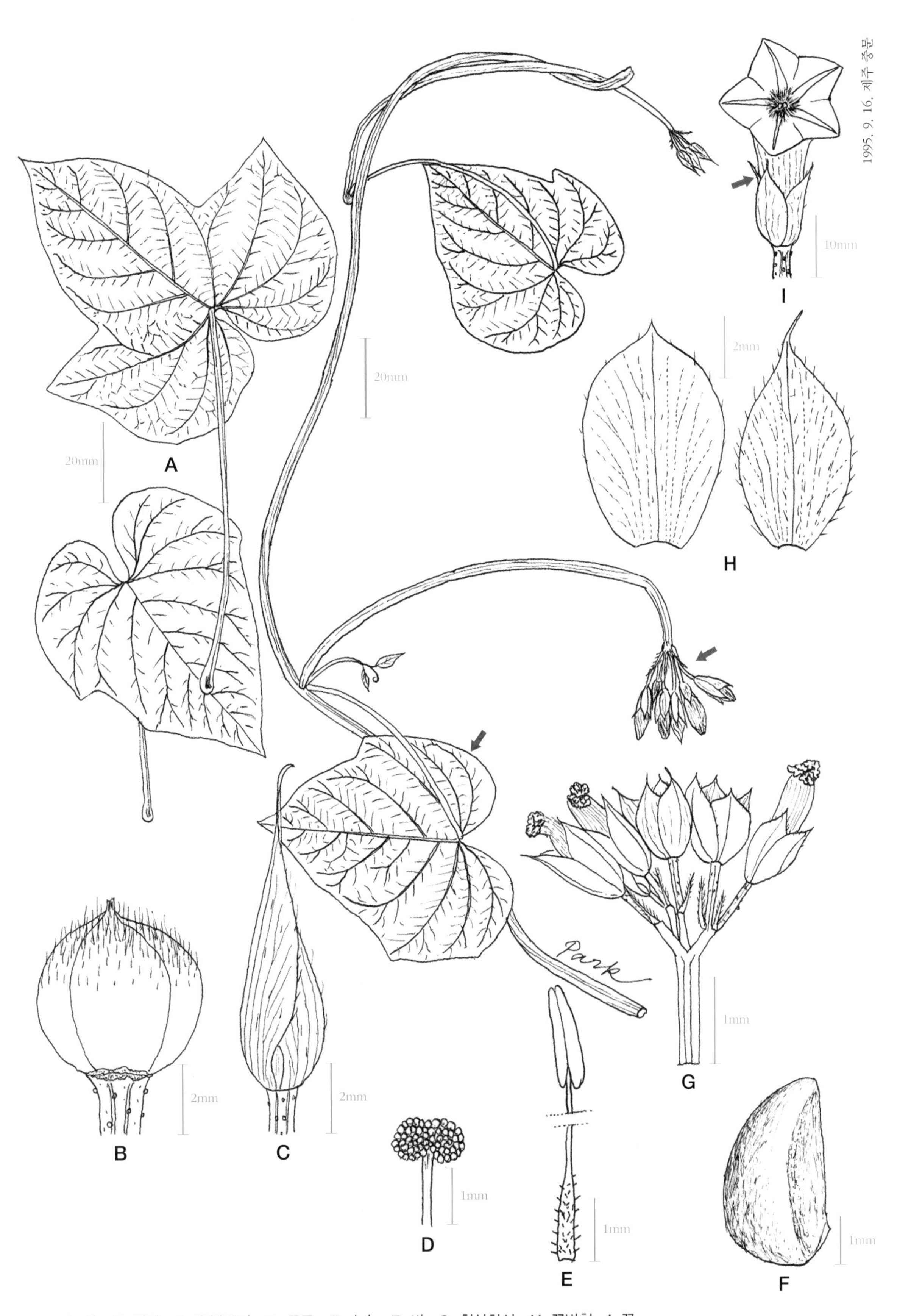

A. 잎, B. 열매, C. 꽃봉오리, D. 주두, E. 수술, F. 씨, G. 취산화서, H. 꽃받침, I. 꽃

133. 선나팔꽃

Seon-na-pal-kkot [Kor.]
Okina-asagao [Jap.]
Morning-glory,
Smallflower [Eng.]

Jacquemontia taminifolia **Gris.**, Fl. Brit. W. Ind. 474(1864); T. Osada in Illus. Jap. Ali. Pl. 85(1972); S. H. Park, Kor. Jour. Pl. Tax. Vol. 23(1): 28 (1993).

1년생 초본으로 줄기는 높이 100cm이며 곧추서거나 덩굴성으로 길게 뻗는다. 잎은 어긋나기(互生)이며 난형卵形으로 길이 5~7cm, 폭 3.5~5cm이고 끝은 뾰족하고 기부는 원저圓底이며 잎 가장자리는 톱니가 없다. 꽃은 9~10월에 핀다. 두상화서頭狀花序는 반구형半球形으로 줄기 끝이나 곁가지 끝에 달리며 지름 2.5~3cm이고 총포엽總苞葉은 여러 개로 화서를 둘러싼다. 꽃자루가 없고 꽃받침은 5개인데 기부까지 깊이 갈라지고 황갈색의 긴 털이 밀생密生한다. 꽃잎은 깔때기 모양이고 청색, 청자색青紫色이며 지름 1cm로 꽃받침열편과 길이가 같다. 암술머리는 2열裂되며 열편裂片은 난형이다.

* 열대 아메리카 원산이며, 우리나라에서는 서울의 월드컵공원과 뚝섬 서울의 숲에 자란다.
* *Ipomoea*속식물과 달리 줄기의 기부는 직립하고 위에서 옆으로 뻗으며, 꽃이 작고 여러 개가 모여 두상을 형성하는 특징이 있다.

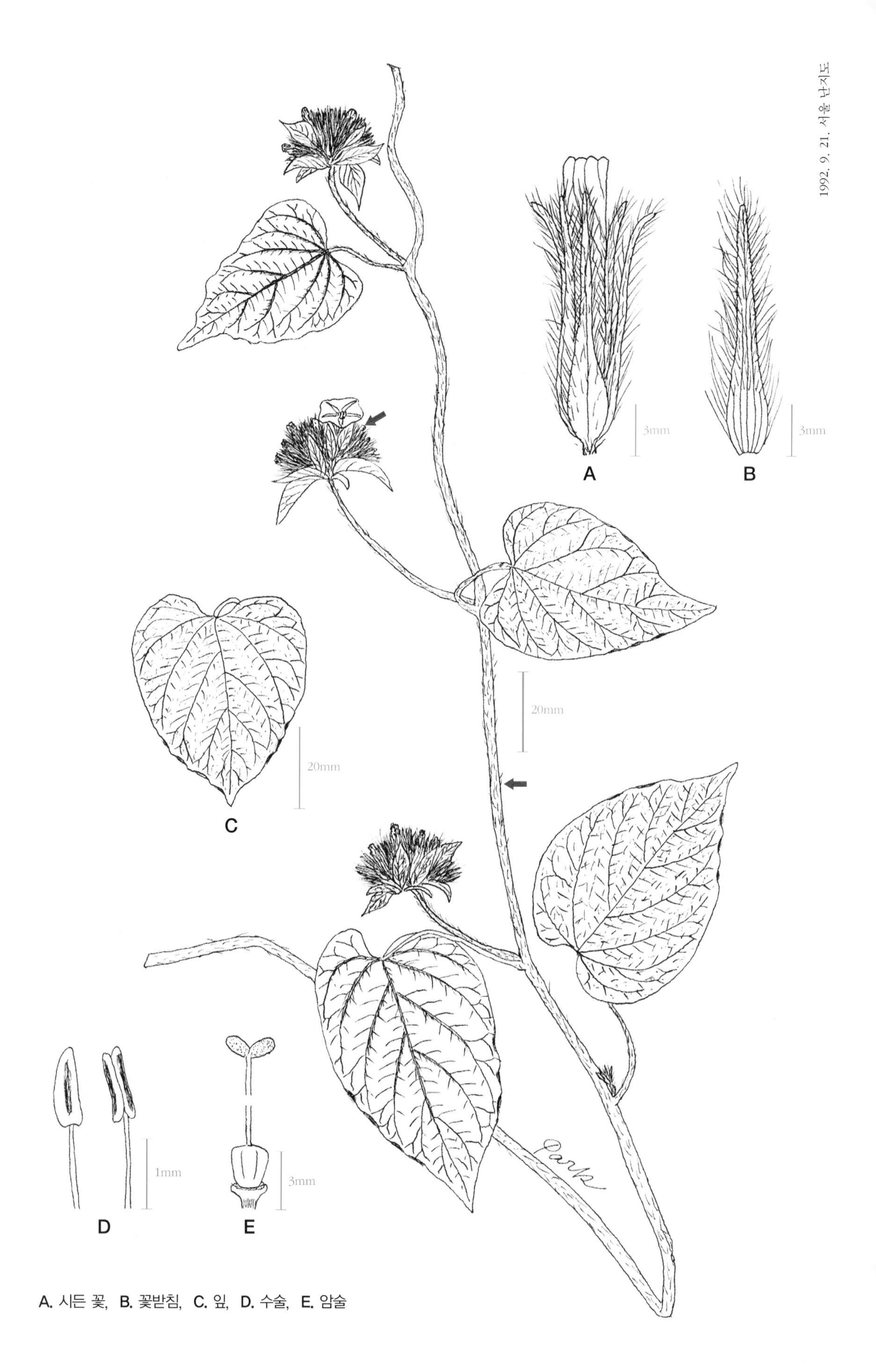

A. 시든 꽃, B. 꽃받침, C. 잎, D. 수술, E. 암술

134. 둥근잎유홍초

Dung-geun-ip-yu-hong-cho [Kor.]
Maruba-rukoh [Jap.]
Small Red Morning-glory [Eng.]

Quamoclit coccinea **Moench**, Meth. 453(1794).
-*Ipomoea coccinea* L., Sp. Pl. 160(1753).
-*Quamoclit angulata* Bojer, M. Park in Enum. Kor. Pl. 198(1949).

1년생 초본으로 줄기는 길이 300cm이고 덩굴성이며 다른 식물을 감으면서 길게 뻗는다. 잎은 어긋나기(互生)이며 난형卵形으로 길이 5~6cm, 폭 4~4.5cm이다. 잎 가장자리는 톱니가 없거나 아래쪽에 각角을 이룬 작은 열편裂片이 있기도 하다. 꽃은 7~10월에 피고 꽃자루는 3~6개의 꽃이 달리며 잎겨드랑이(葉腋)에서 난다. 꽃받침은 장타원형長楕圓形으로 길이 6~8mm, 꽃잎은 주황색이고 수술과 암술은 꽃잎보다 길어서 밖으로 돌출된다. 열매는 지름 8mm의 구형球形으로 털이 없고 4개의 삭편蒴片으로 이루어지며 암술대가 남아 있다.

* 열대 아메리카 원산이며, 국내에서도 원예용으로 재배하던 것이 일출逸出하여 한반도의 중부지방과 제주도에서 야생화하였다.
* 유홍초(*Quamoclit pennata* Bojer)와 달리 잎이 난형이며 잎 가장자리에 톱니가 없거나 아래쪽에 각을 이룬 작은 열편이 있기도 하다.

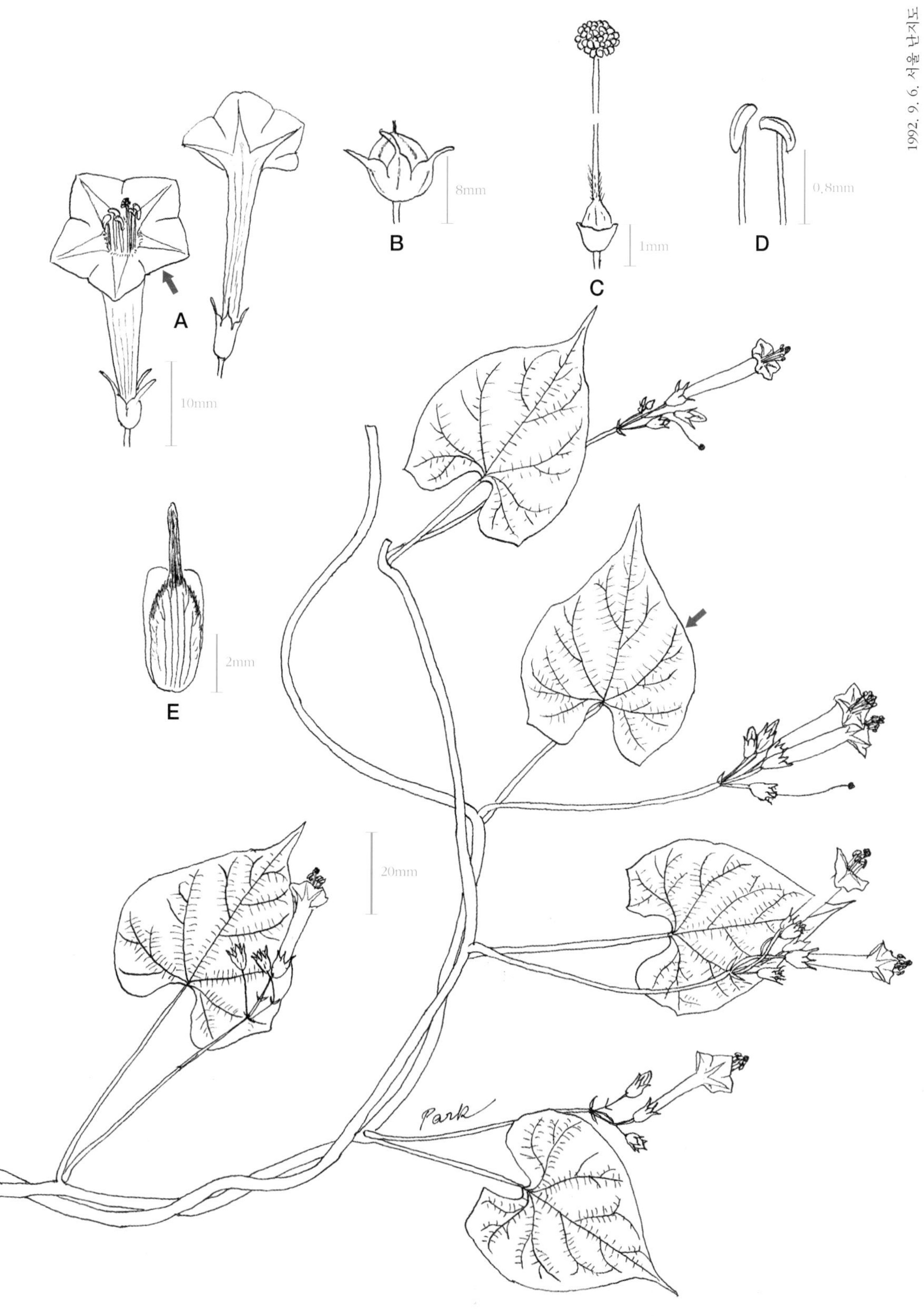

A. 꽃, B. 열매, C. 암술, D. 수술, E. 꽃받침

135. 미국꽃말이

Mikuk-kkot-mari [Kor.]
Warutabirako [Jap.]
Amsinckia [Amer.]

Amsinckia lycopsoides **Lehm.**, DC. Prodr. 10: 117(1846); Britton & Brown in Illus. Fl. U. S. & Can. 3: 84(1970); T. Osada in Col. Illus. Nat. Pl. Jap. 150(1976).

1년생 초본으로 줄기는 높이 30~60cm이고 표면에 거친 백색의 털이 있다. 잎은 피침형披針形으로 양면에 백색의 털이 밀포密布하며 잎 가장자리는 전연全緣 또는 파상波狀 주름이 생긴다. 꽃은 6~7월에 피며 가지 끝에 태엽처럼 말린 수상화서穗狀花序가 생긴다. 꽃은 짙은 황색이고 꽃받침은 5개의 열편裂片이 깊게 갈라지며 표면에 잔털과 긴 털이 함께 난다. 화관花冠은 길이 8mm 내외, 하반부는 통상筒狀이고 끝은 5열裂된다. 열매는 꽃받침 속에 4개의 분과分果가 생기는데, 분과는 길이가 2~3mm로 등 쪽에 1개의 굵은 능선이 만들어지고 사마귀 모양의 돌기물이 덮이며 회색이다.

* 북아메리카 원산이며, 우리나라에서는 경기 안산의 수인산업도로변과 아산호방조제에서 확인하였다.
* 지치과식물 중에서 줄기에 자상모刺狀毛가 있고 꽃이 황색이며 꽃받침이 5심열深裂되는 점이 특징이다.

A. 화관과 수술, B. 안쪽에서 본 씨, C. 등 쪽에서 본 씨, D. 화서의 일부, E. 꽃받침, F. 주두, G. 근생엽과 뿌리, H. 꽃, I. 잎

136. 컴프리

Keom-peu-ri [Kor.]
Hireharisoh [Jap.]
Comfrey [Eng.]

***Symphytum officinale* L.**, Sp. Pl. 136(1753); Britton & Brown in Illus. Fl. U. S. & Can. Vol. 3: 92(1970); T. Osada in Col. Illus. Nat. Pl. Jap. 151 (1976).

다년생 초본으로 전체에 거친 털이 있으며 줄기는 높이 50~80cm이다. 잎은 어긋나기(互生)이고 근생엽根生葉은 난형卵形이며 경생엽莖生葉은 난상 피침형卵狀披針形으로, 기부는 잎 가장자리가 잎자루와 줄기를 따라 흘러 날개 모양이 된다. 꽃은 6~7월에 피며 권산화서卷繖花序는 10~20개의 꽃으로 이루어진다. 꽃받침은 5개, 꽃잎은 담홍색 또는 자주색이고 길이는 12~25mm이다. 5개의 수술은 꽃잎 안쪽에 붙어 있고 수술 사이에는 삼각형의 백색 부속체가 있다. 열매는 4개의 분과分果로 갈라지며 분과는 난형이며 갈색으로 광택이 있고 길이는 4.5mm 정도이다.

* 유럽 원산이며, 약용 또는 사료 식물로 재배하던 것이 일출逸出하여 야생화하였다.
* 지치과식물 중 꽃받침이 심열深裂되고 화관花冠은 원통형이며 열편裂片이 곧게 뻗고 화서에 포엽苞葉이 없는 특징이 있다.

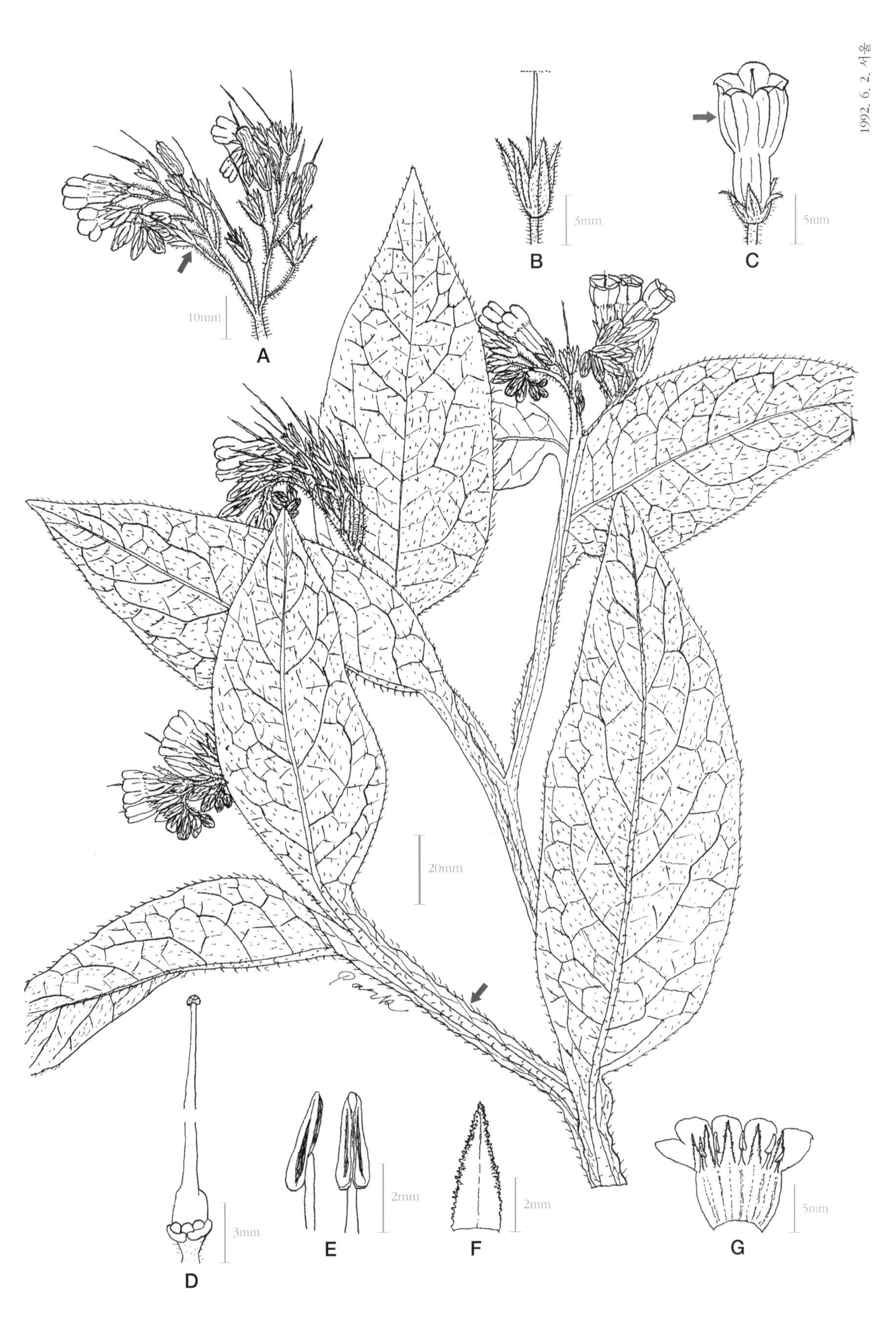

A. 화서, B. 꽃받침과 암술, C. 꽃, D. 암술, E. 수술, F. 부속체, G. 꽃잎 내부

137. 버들마편초

Beo-deul-ma-pyun-cho [Kor.]
Yanagihanagasa [Jap.]
Buenos Ayres Verbena [Eng.]

***Verbena bonariensis* L.**, Sp. Pl. 20(1753); T. Osada in Col. Illus. Nat. Pl. Jap. 140(1976); S. H. Park. Kor. Jour. Pl. Tax. Vol. 31(4): 377(2001).

다년생 초본으로 줄기는 높이 80~180cm이고 4각角이 지며 꺼칠꺼칠하다. 잎은 녹색으로 마주나기(對生)이며 잎자루는 없고 선형線形인데 가장자리에 낮은 거치鋸齒가 있고 표면의 잎맥은 함몰되어 주름이 진다. 꽃은 6~9월에 피며 홍자색으로 지름 3mm이다. 작은 꽃이 밀집되어 원통형의 수상화서穗狀花序를 만들고 이 수상화서가 가지 끝에 취산상聚繖狀으로 배열한다. 1개의 포엽苞葉은 꽃받침보다 짧고 통형筒形 꽃받침은 길이 2mm이며 화관花冠은 깔때기 모양이고 끝이 5열裂된다. 암술과 수술은 짧아서 화관의 통부筒部 속에 감추어진다. 열매(分果)의 길이는 2mm인데 익으면 과수果穗가 신장하여 길이 1~2cm가 된다.

* 남아메리카 원산이며, 우리나라에는 경남 마산 4부두에 큰 군락을 형성하고 있다.
* 브라질마편초(*Verbena brasiliensis* Vell.)에 비해 화관이 홍자색이고 화관 통부는 꽃받침 길이의 2~3배로 길다.

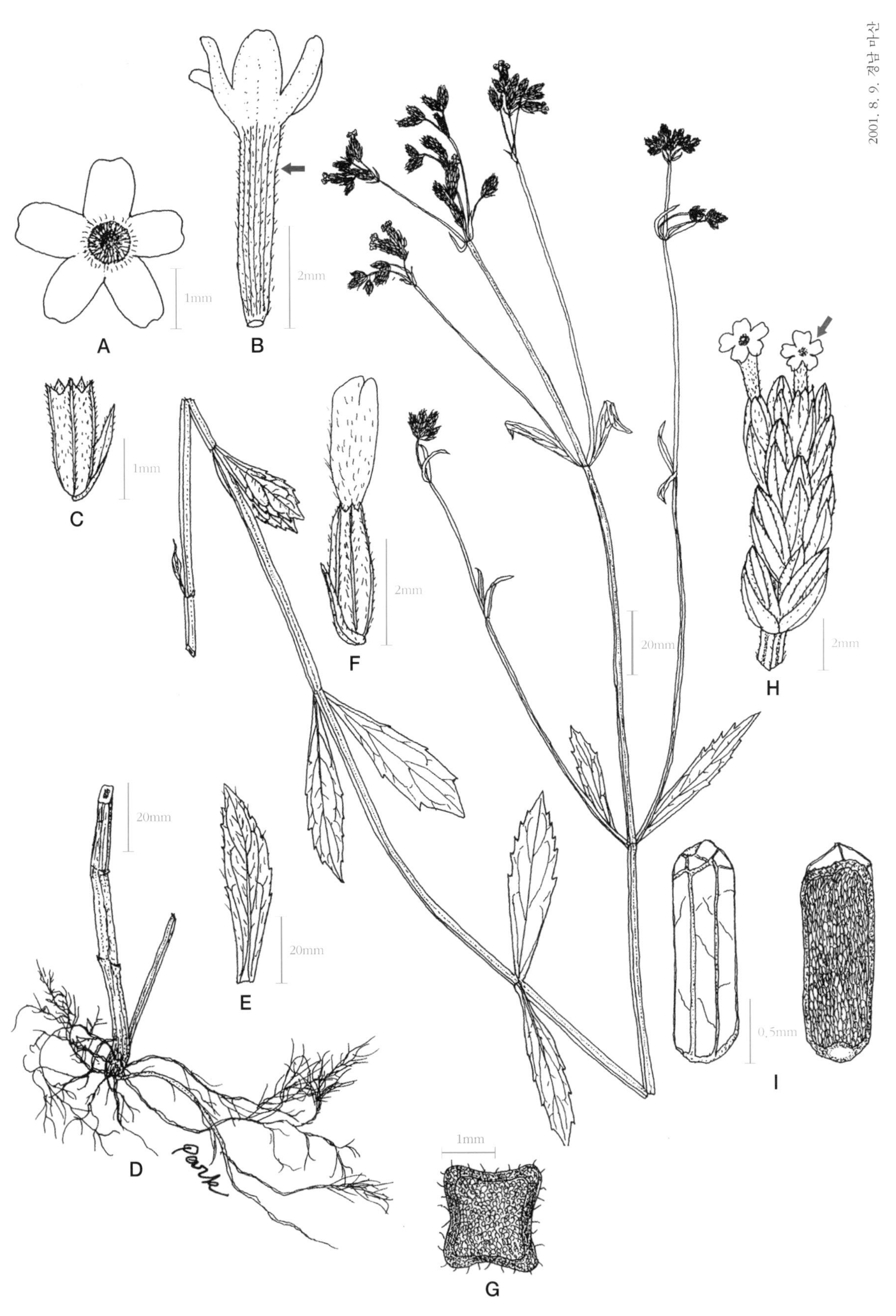

A. 위에서 본 화관, B. 옆에서 본 화관, C. 포엽과 꽃받침, D. 뿌리, E. 경생엽, F. 꽃봉오리, G. 줄기의 단면,
H. 과수의 일부, I. 씨

138. 브라질마편초

Bu-ra-zil-ma-pyun-cho [Kor.]
Areti-hanagasa [Jap.]
Brazilian Vervain [Amer.]

***Verbena brasiliensis* Vell.**, Fl. Flum. 17; I. t. 40.; M. L. Fernald, Gr. Manu. Bot. 1209(1950); S. H. Park in Kor. Jour. Pl. Tax. 28(4): 419(1998).

다년생 초본으로 줄기는 네모지며 높이 100~200cm이고 거친 털이 있다. 잎은 타원형이고 길이 7~15cm로 크기가 다른 톱니가 있고 거친 털이 있어 꺼끌꺼끌하다. 잎자루는 거의 없고 위의 잎은 기부가 줄기를 싼다. 꽃은 5~6월에 피며 줄기와 가지 끝에 취산화서聚繖花序가 달린다. 꽃은 지름이 2~3mm로 담자색이며 1개의 포엽苞葉이 있고, 꽃받침은 포엽보다 길이가 짧고 끝이 5열裂된다. 화관花冠의 통부筒部는 꽃받침 길이의 2배이며 외부에 털이 있고 끝이 5열된다. 암술과 수술은 짧아서 화관 통부 속에 들어 있다. 꽃이 지고 열매가 될 때에는 이삭이 길어져서 길이 1~5cm가 된다. 과실은 길이 1.2mm로 갈색이다.

* 남아메리카 원산이며, 우리나라에서는 제주 중문관광단지 내 여미지식물원 정문 앞에서 확인하였다.
* 마편초(*Verbena officinalis* L.)와 달리 잎이 단엽單葉이고 취산화서이며 꽃은 담자색이다.

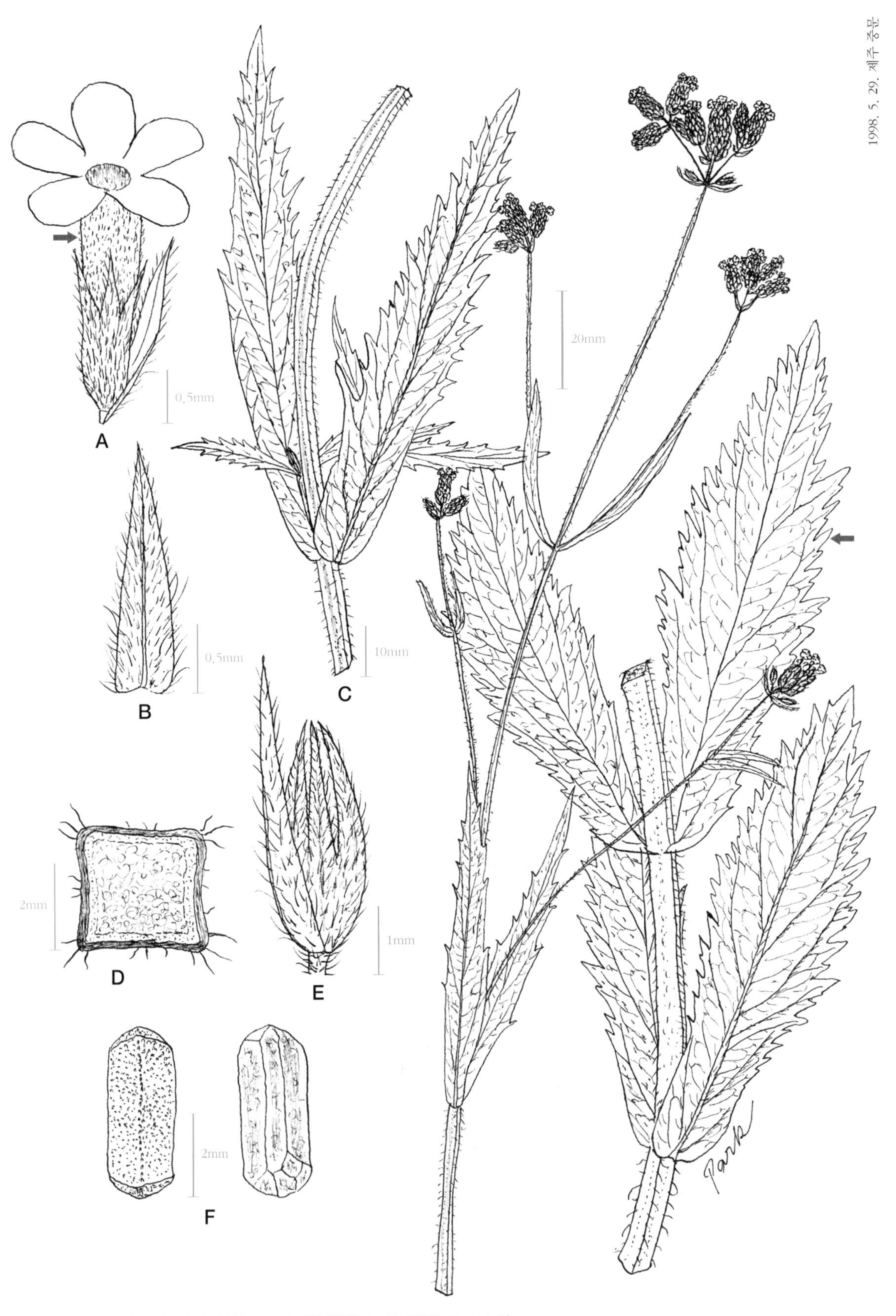

A. 꽃, B. 소포엽, C. 경생엽, D. 줄기의 횡단면, E. 꽃봉오리, F. 씨

139. 자주광대나물

Ja-ju-kwang-dae-na-mul [Kor.]
Hime-odorikosou [Jap.]
Red Dead-nettle [Amer.]

Lamium purpureum **L.**, Sp. Pl. 579(1753); Britton & Brown in Illus. Fl. U. S. & Can. 3: 121(1970); T. Osada in Col. Illus. Nat. Pl. Jap. 133(1976).

1~2년생 초본으로 줄기는 아래쪽에서 땅에 누우며 높이는 10~25cm이다. 잎은 마주나기(對生)이고 길이 0.7~3cm이며 아래쪽의 잎은 원형圓形, 위쪽의 잎은 난형卵形으로 진한 자주색을 띤다. 꽃은 4~5월에 피며 위쪽의 잎겨드랑이(葉腋)와 가지 끝에 모여 난다. 꽃받침은 길이 5~6mm이고 열편裂片은 크기가 같으며 피침형披針形으로 가장자리에 털이 있다. 꽃잎은 담홍색이며 길이 1~1.5cm로 통부筒部는 곧고 윗입술은 얕게 2열裂되며 등 쪽에 털이 많고 아랫입술은 3열되는데 그중 중편中片이 특히 크다. 수술은 4개, 암술은 1개이다. 열매(分果)는 길이 1.5mm로 도란형倒卵形이고 3개의 모서리가 있으며 등 쪽이 둥글다.

* 유라시아 원산이며, 우리나라에서는 남부지방과 제주도(제동목장)에 분포한다.
* 광대나물(*Lamium amplexicaule* L.)과 비교하면 줄기의 위쪽 절간節間이 짧아져 꽃이 모여 나고 진한 자주색을 띠는 점이 다르다.

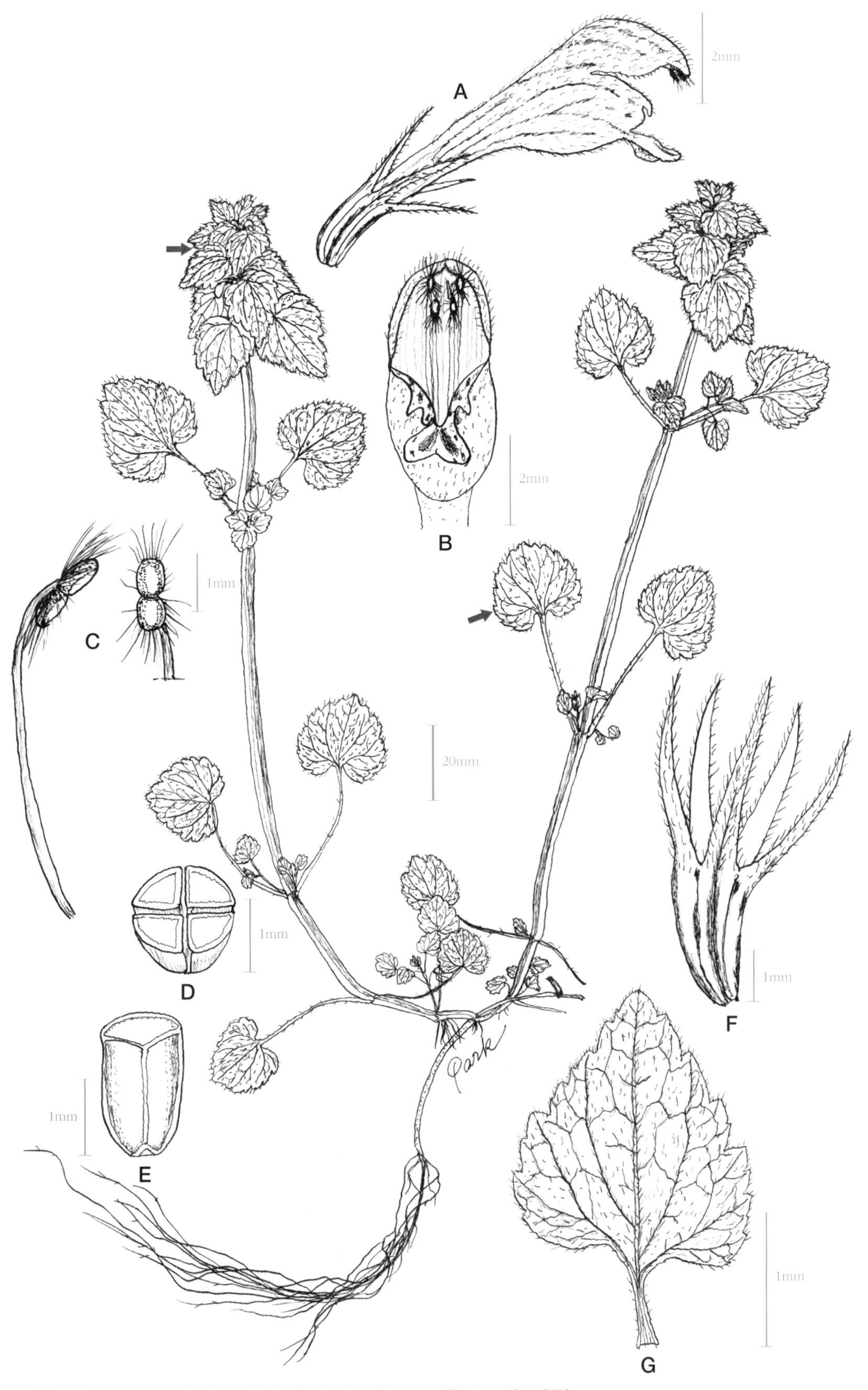

A. 꽃, B. 앞에서 본 꽃, C. 수술, D. 열매, E. 분과, F. 꽃받침, G. 위쪽의 잎

140. 황금

Hwang-geum [Kor.]
Koganeyanagi [Jap.]
Baikal Skullcap[Eng.]

***Scutellaria baicalensis* Georgi**, Bemerk. einer Reise im RUSS. R. I: 223 (1775); T. Nakai in Fl. Kor. 2: 144(1911); B. Do in Fl. Cent. Kor. 23(1936).

다년생 초본으로 줄기는 높이 60cm이며 곧게 서거나 구불구불하다. 잎은 마주나기(對生)이고 난상 피침형卵狀披針形이며 길이 1.5~4cm로 기부가 둥글고 끝은 뾰족하다. 윗면은 털이 없거나 짧은 털이 있고 뒷면은 선점腺点이 있다. 위쪽의 잎은 포엽苞葉이 된다. 꽃은 6~7월에 피고 화서花序는 편측성 총상화서偏側性總狀花序이며 꽃은 진형화唇形花로 포엽의 겨드랑이에 1개씩 달린다. 꽃받침은 종형鐘形이고 2열편裂片이며 길이 3mm, 꽃잎(花冠)은 청색으로 길이 2~2.5cm이고 긴 털이 겉을 덮고 있다. 윗입술은 투구형으로 아랫입술보다 약간 길다.

* 동시베리아, 몽골, 만주, 중국 등지에 분포하며 우리나라에서는 약용 식물로 재배하던 것이 일출逸出하여 야생화하였다. 울릉도, 충북 제천과 청주 등지에서 발견된다.
* 참골무꽃(*Scutellaria strigillosa* Hemsl)에 비해 식물체가 크고 잎이 난상 피침형이며 꽃도 약간 크다.

1993. 8. 19. 서울

A. 암술, B. 꽃, C. 꽃받침, D. 수술, E. 잎

141. 털독말풀

Teol-dog-mal-pul [Kor.]
Amerika-chiousen-asagao [Jap.]
Sacred Datula [Eng.]

***Datura meteloides* Dunal**, in Dc. Prod. 13: 544(1852); T. Osada in Col. Illus. Nat. Pl. Jap. 115(1976); S. H. Park in Kor. Jour. Pl. Tax. 25(1): 52 (1995).

다년생 초본으로 줄기는 높이 100cm이고 많은 가지를 치며 미세한 털이 밀생密生한다. 잎은 어긋나기(互生)이고 넓은 난형(廣卵形)이며 길이 8~18cm, 폭 5~10cm이다. 잎끝이 예두銳頭이고 기부는 왜저歪底이며 뒷면에 털이 많고 톱니가 없다. 꽃은 8~10월에 잎겨드랑이(葉腋)에 1개씩 핀다. 꽃받침은 긴 통형筒形으로 길이 8~10cm이고 끝은 5열裂되며 10맥이 있다. 깔때기꼴 화관花冠은 백색으로 길이 20cm이며 밤에 핀다. 수술은 5개로 길이 15cm이다. 열매는 지름 3~4cm의 공 모양이고 아래쪽으로 늘어지며 같은 크기의 가시가 밀생한다. 씨는 지름 5mm로 편평하며 갈색이다.

* 북아메리카 원산이며 우리나라에서는 서울의 난지도와 구파발, 충북 충주 등지에서 확인하였다.

* 흰독말풀(*Datura stramonium* L.)과 달리 다년생 초본이며 꽃이 크고 열매가 공 모양이다.

A. 꽃밥, B. 주두, C. 꽃봉오리, D. 화관, E. 열매의 가시, F. 열매, G. 씨

142. 흰독말풀

Hin-dog-mal-pul [Kor.]
Shirobana-chiousen-asagao [Jap.]
Thorn-apple [Eng.]

***Datura stramonium* L.**, Sp. Pl. 179(1753); B. Do. Fl. Cent. Kor. 84(1936); Britton & Brown in Illus. Fl. U. S. & Can. Vol. 3: 169(1970).

1년생 초본으로 줄기는 담녹색이고 높이는 약 100cm로 장대하다. 잎은 얇고 난형卵形이며 길이는 8~18cm, 잎 가장자리는 불규칙한 결각상缺刻狀 톱니가 있다. 잎자루는 길이 2~10cm로 담녹색이다. 꽃은 6~9월에 잎겨드랑이(葉腋)에 1개씩 피고 꽃받침은 길이 3cm로 각주상角柱狀이며 끝이 5열裂된다. 꽃잎(花冠)은 깔때기 모양이며 지름 4cm로 순백색이다. 수술 5개, 암술은 길이 5cm로 1개이며 씨방상위(子房上位)이고 4실室이다. 열매는 난형체卵形體이며 높이는 5cm로 가시가 많고 아래쪽 가시가 위쪽보다 약간 짧거나 또는 거의 같다. 씨는 지름 3mm로 납작하고 흑색이다.

* 열대 아시아 원산이며 우리나라에서는 서울의 난지도와 구파발, 전남 영광과 제주도에서 볼 수 있다.
* 독말풀(*Datura stramonium* L. var. *chalybea* Koch)과 달리 식물체가 담녹색이고 꽃은 순백색이다.

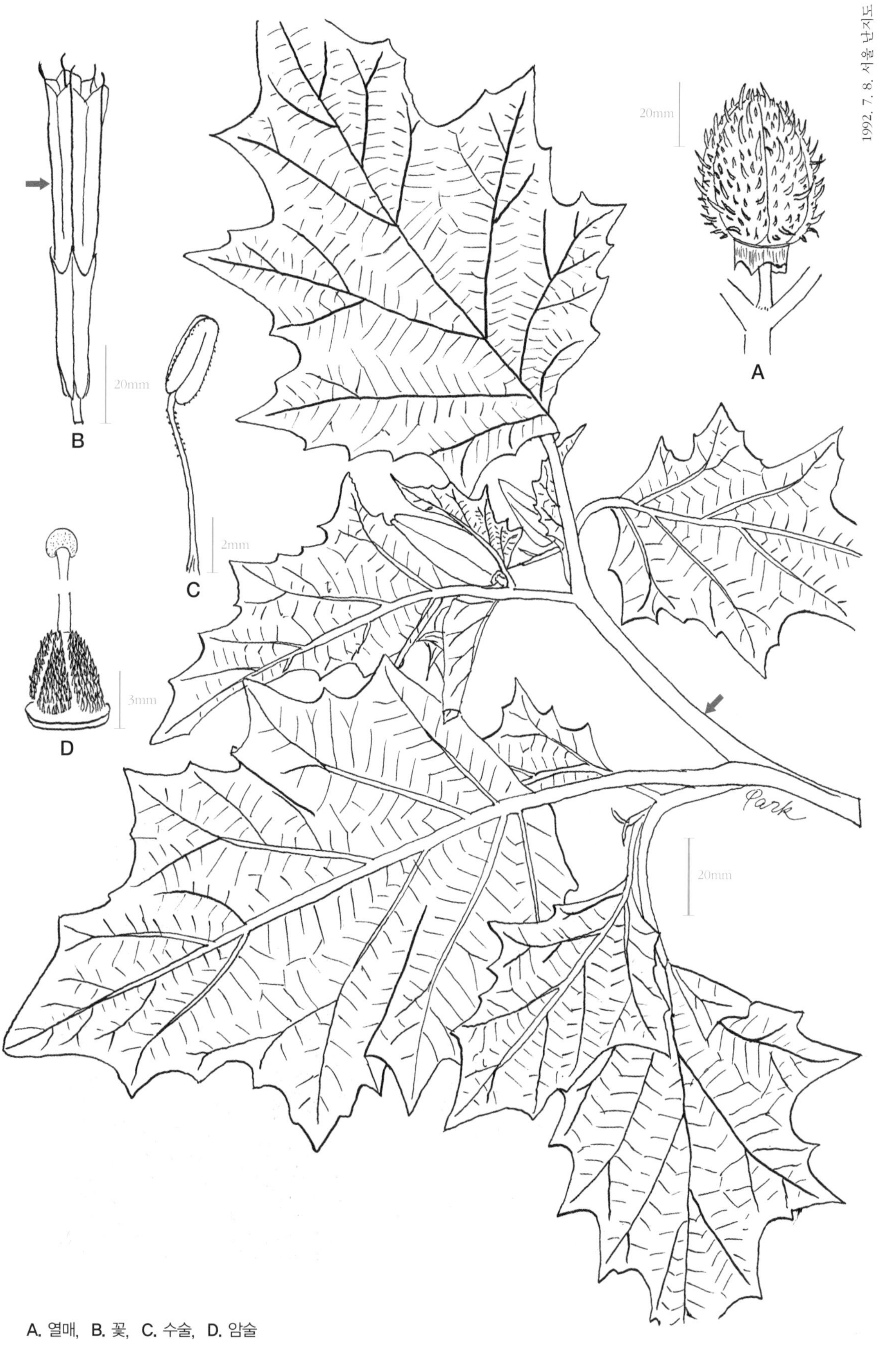

1992. 7. 8. 서울 난지도

A. 열매, B. 꽃, C. 수술, D. 암술

143. 독말풀

Dog-mal-pul [Kor.]
Yoshyu-chiousen-asagao [Jap.]
Thorn-apple [Eng.]

Datura stramonium* L. var. *chalybea Koch, T. Osada in Col. Illus. Nat. Pl. Jap. 114(1976).
-*Datura tatula* L., Sp. Pl. Ed. 2: 256(1762).

1년생 초본으로 줄기는 높이 약 1~1.5m이며 암자색을 띤다. 잎은 어긋나기(互生)이고 때로는 마주나기(對生)처럼 보이기도 한다. 잎새(葉身)는 난형卵形이며 길이 8~15cm, 잎 가장자리는 불규칙한 결각상缺角狀 톱니가 있다. 꽃은 6~8월에 잎겨드랑이(葉腋)에 1개씩 피며 꽃받침은 각주상角柱狀으로 길이 2.5~3cm이고 끝이 5열裂된다. 깔때기 모양 꽃잎은 길이 8cm 정도이고 담자색으로 끝이 얕게 5열되며 열편裂片의 끝은 꼬리 모양으로 뾰족하다. 5개의 수술과 1개의 암술이 있다. 열매는 길이 3cm로 난형체卵形體이고 크기가 다른 가시가 밀생密生한다.

* 열대 아메리카 원산이며, 국내에서 약용 식물로 재배하던 것이 일출逸出하여 야생화하였고 한반도 각지에 자란다.
* 흰독말풀(*Datura stramonium* L.)과 달리 줄기나 잎자루가 암자색이며 꽃이 담자색인 점으로 구분된다.

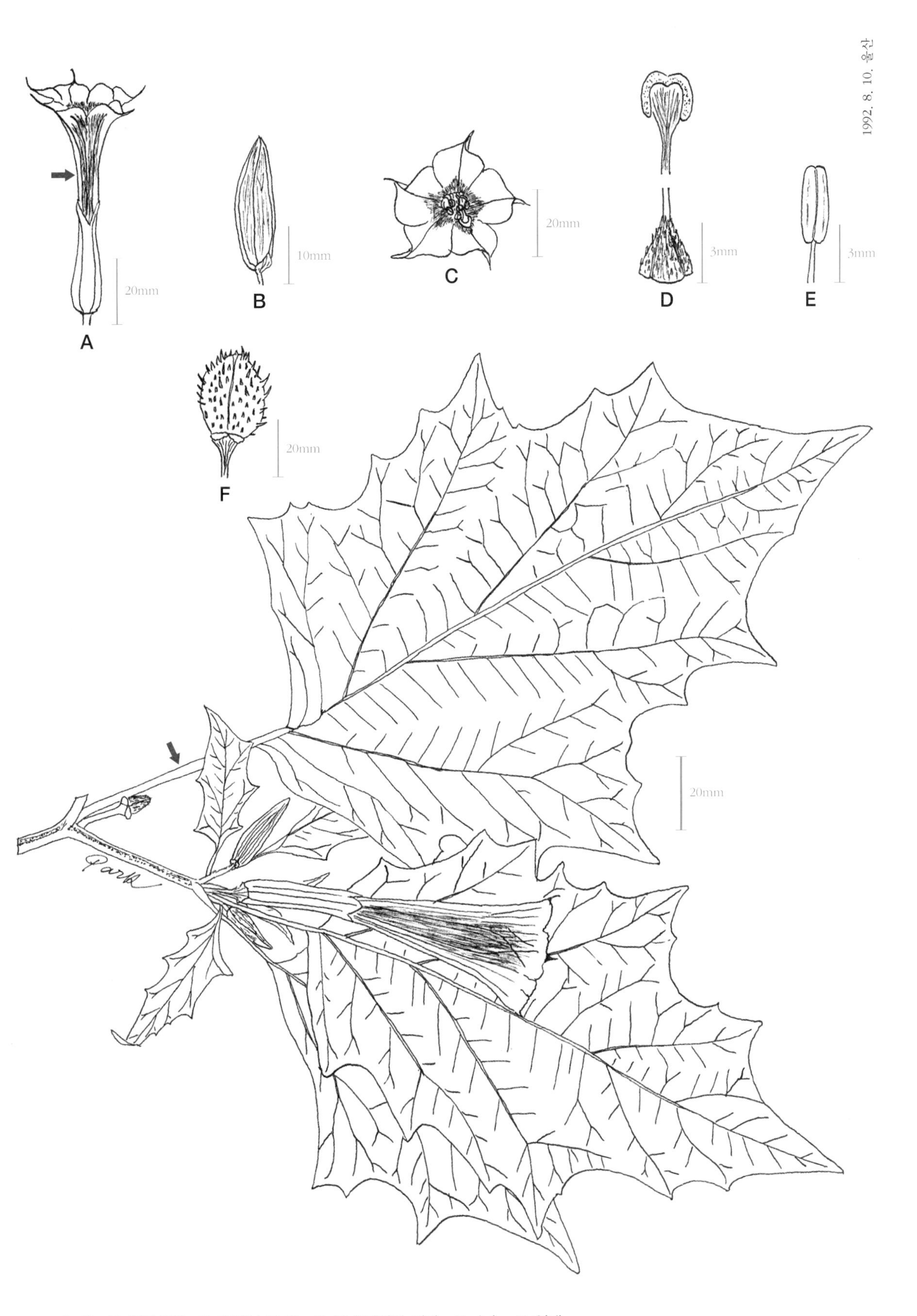

A. 꽃, B. 꽃봉오리, C. 위에서 본 꽃, D. 암술머리와 씨방, E. 수술, F. 열매

144. 페루꽈리

Pe-ru-kkwa-ri [Kor.]
Oho-sennari [Jap.]
Apple of Peru [Amer.]

Nicandra physalodes **Gaertner**, Fruct. Sem. Pl. 2: 237, t. 131, f. 2(1791).
–*Physalodes physalodes* (L.) Britton in Mem. Torr. Club 5: 287(1894).

1년생 초본으로 줄기는 높이 100cm 정도이며 가지를 많이 치고 털이 없다. 잎은 어긋나기(互生)이며 난형卵形이고 예두銳頭이며 기부는 좁아져 쐐기꼴을 한다. 길이는 5~15cm로 가장자리에 상아상象牙狀의 굵은 톱니가 드문드문 있다. 꽃은 7~9월에 피며 길이와 폭이 2~2.5cm로 연한 하늘색이고 잎겨드랑이(葉腋)에 1개씩 달린다. 꽃잎은 넓은 종형鐘形이며 얕게 5열裂된다. 열매일 때의 꽃받침은 길이와 폭이 2~2.5cm이고 열편裂片은 끝이 예두이며 기부의 이상 돌기耳狀突起도 뾰족하다. 열매(漿果)는 지름 1.3cm로 꽃받침이 둘러싸고 있다.

* 남아메리카 원산이며, 관상용 식물로 재배하던 것이 자연으로 일출逸出하여 야생화한 것이 있다.
* 땅꽈리(*Physalis angulata* L.)와 달리 꽃이 연한 하늘색이고 꽃받침열편은 끝이 예두이며 기부의 이상 돌기가 뾰족하다.

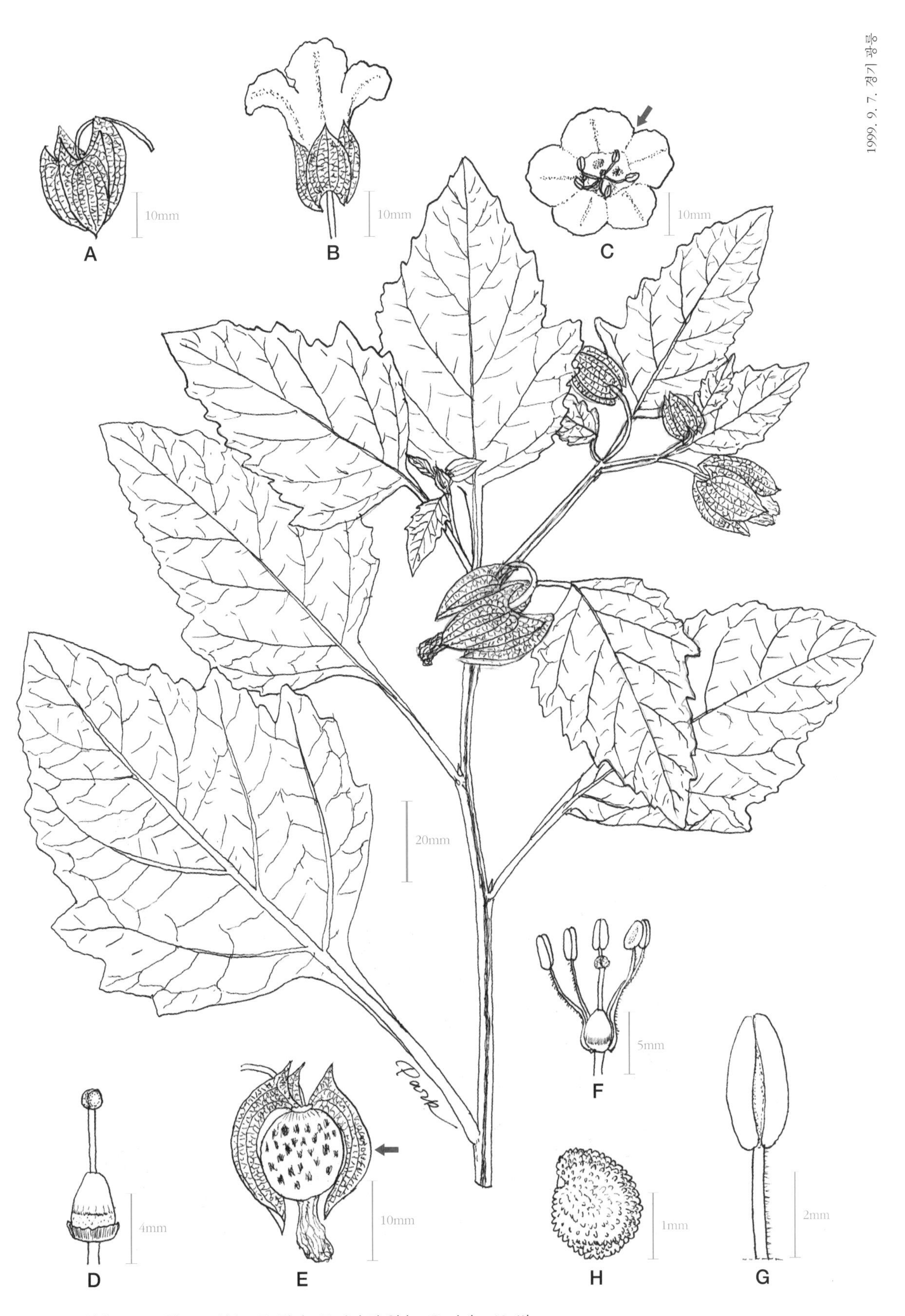

A. 열매, B, C. 꽃, D. 암술, E. 장과, F. 수술과 암술, G. 수술, H. 씨

145. 땅꽈리

Ttang-kkwa-ri [Kor.]
Senrari-hoozuki [Jap.]
Ground Cherry [Eng.]

***Physalis angulata* L.**, Sp. Pl. 183(1753); Britton & Brown in Illus. Fl. U. S. & Can. Vol. 3: 158(1970); T. Osada in Col. Illus. Nat. Pl. Jap. 126(1976).

1년생 초본으로 줄기는 높이 15~30cm이고 가지를 많이 친다. 잎은 어긋나기(互生)이고 난형卵形으로 길이 2~6cm, 폭 1.2~4cm이며 잎 가장자리는 끝이 뾰족한 심파상深波狀 톱니가 약간 있다. 6~9월에 꽃이 피는데 1개씩 잎겨드랑이(葉腋)에 달리며 꽃받침의 열편裂片은 삼각형이고 통부筒部보다 짧다. 화관花冠은 엷은 황백색이고 기부는 흑자색으로 지름 8mm이다. 꽃밥은 자주색을 띤다. 열매는 구형球形으로 지름 1cm 정도이며 주머니꼴로 비대肥大된 꽃받침에 싸여 있다. 열매일 때의 꽃받침은 난형체卵形體이며 5~10각角이 져 있다.

* 열대 아메리카 원산이며, 우리나라에서는 밭 잡초로 한반도 전체에 있었으나 최근에는 제주도와 남부지방을 제외하고는 찾아보기 어렵다.
* 노란꽃땅꽈리(*Physalis wrightii* Gray)와 달리 꽃이 엷은 황백색이며 기부에 흑자색 무늬가 있다.

1993. 8. 11. 제주

10mm

A

20mm

20mm

3mm

C

B

1mm

D

1mm

E

2mm

F

A. 열매, B. 뿌리, C. 꽃, D. 암술, E. 수술, F. 꽃봉오리

146. 노란꽃땅꽈리

No-ran-kkot-ttang-ggwa-ri [Kor.]
Wright Ground Cherry [Amer.]

Physalis wrightii Gray, in Proc. Am. Acad. X: 63(1875); P. A. Munz in Cal. Fl. 595(1968); S. H. Park in Kor. Jour. Pl. Tax. 29(1): 105(1999).

1년생 초본으로 줄기는 높이가 20~100cm이다. 잎은 어긋나기(互生)이고 장타원형長楕圓形 또는 난형卵形이며 길이가 2~9cm로, 가장자리에 6쌍 내외의 깊게 파인 거치鋸齒가 있다. 꽃은 6~9월에 잎겨드랑이(葉腋)에서 피며 꽃받침은 종형鍾形으로 길이가 3~5mm이다. 화관花冠은 담황색 또는 백색이며 위에서 보면 둔한 오각형으로 지름이 10~12mm이고 안쪽에 황색의 둥근 무늬가 있다. 수술은 5개로 꽃잎의 통부筒部 안쪽에 붙어 있고 꽃밥은 자주색을 띤다. 열매일 때 꽃받침은 길이가 2~3cm로 난형이며 막질膜質로 끝이 뾰족하고 농자색濃紫色의 맥이 뚜렷하게 나타나며 열매를 싸고 있다.

* 북아메리카 원산이며, 경기 안산의 수인산업도로와 제주도 제동목장에서 확인하였다.
* 땅꽈리(*Physalis angulata* L.)와 달리 꽃이 담황색 또는 백색이며 안쪽에 황색의 둥근 무늬가 있다.

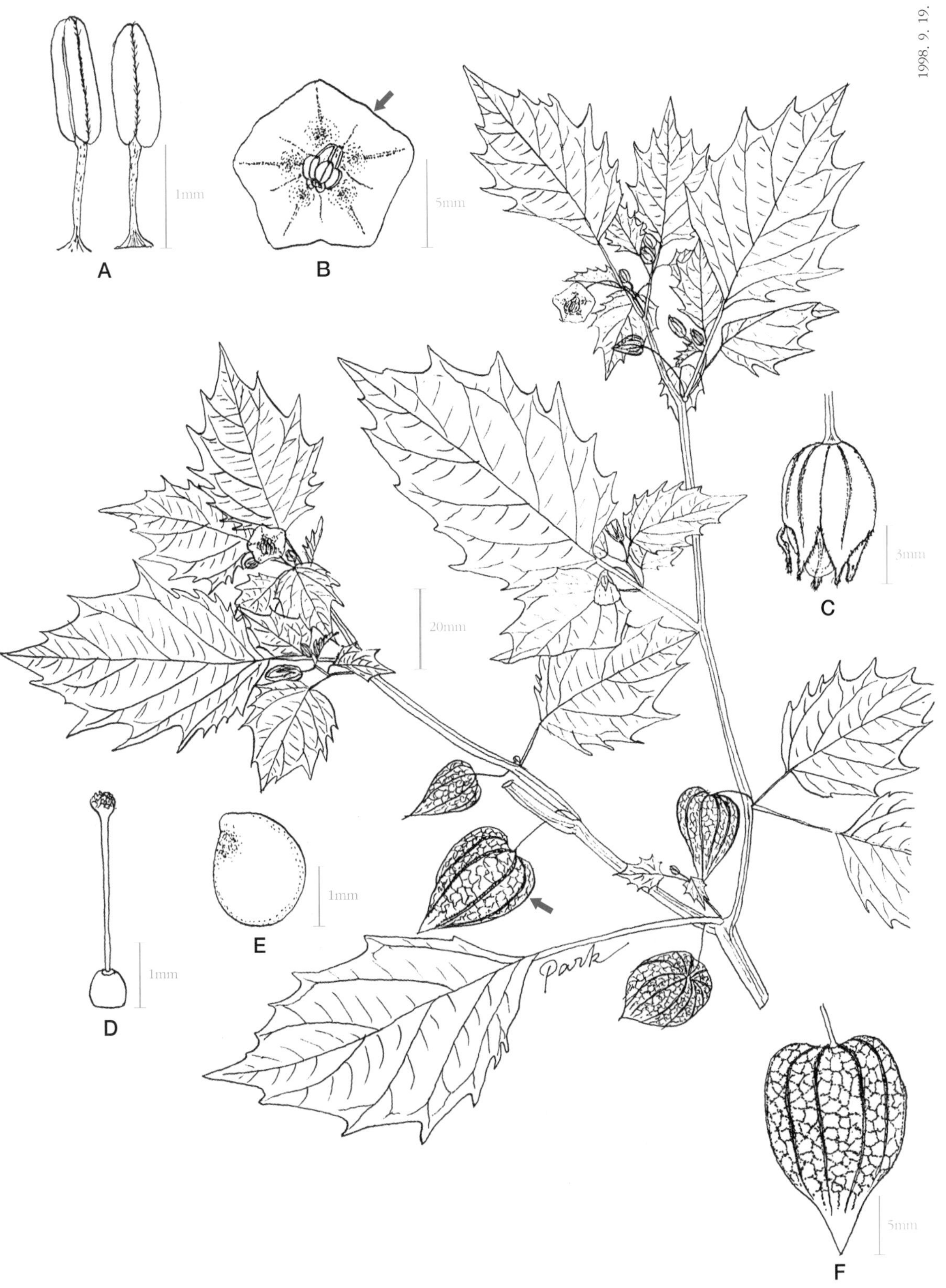

A. 수술, B. 위에서 본 꽃, C. 꽃봉오리, D. 암술, E. 씨, F. 열매

147. 미국까마중

Mi-guk-kka-ma-jung [Kor.]
Amerika-inuhoozuki [Jap.]
American Black Nightshade [Eng.]

Solanum americanum **Mill.**, Gard. Dict. Ed. 8: n.5(1768); T. Osada in Col. Illus. Nat. Pl. Jap. 123(1976); S. H. Park in Nat. conser. 85: 47(1994).

1년생 초본으로 줄기는 길이 30~60cm이며 옆으로 퍼진다. 잎은 어긋나기(互生)이고 난형卵形으로 길이 2~4cm, 가장자리에 톱니가 없거나 파상波狀 또는 약간의 톱니가 있다. 꽃은 6~10월에 피며 꽃자루는 마디와 마디 사이에 측생側生하는데 2~4개의 꽃이 달리며 산형화서繖形花序를 이룬다. 꽃은 백색이며 지름 4~5mm, 작은 꽃자루는 길이 5~8mm, 꽃받침 열편裂片은 5개로 장타원형長楕圓形이고 끝이 뾰족하다. 수술대와 암술대는 털이 있고 꽃밥은 길이 1.5mm이다. 열매는 구형球形이고 지름 5~8mm로 광택이 있고 아래를 향해 매달린다.

* 북아메리카 원산이며, 서울의 난지도와 경기 포천에서 확인하였다.
* 까마중(*Solanum nigrum* L.)과 달리 2~4개의 꽃으로 이루어진 산형화서이다.

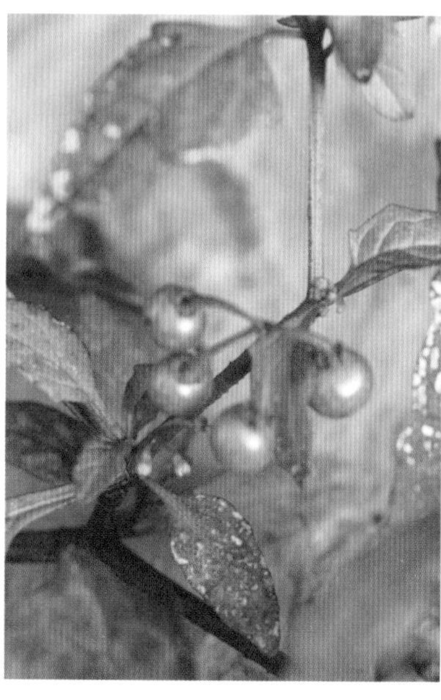

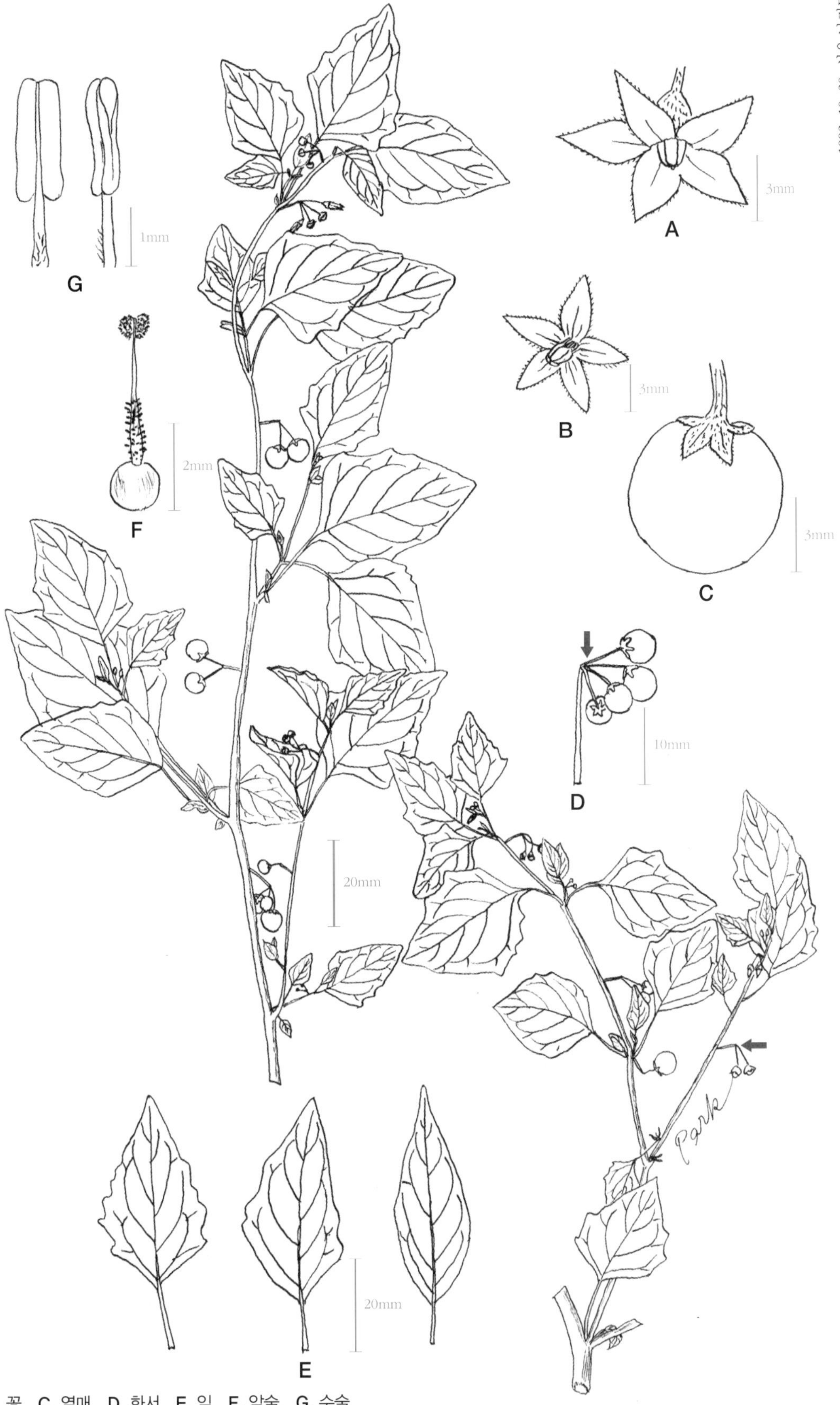

A, B. 꽃, C. 열매, D. 화서, E. 잎, F. 암술, G. 수술

148. 도깨비가지

Do-kkae-bi-ga-ji [Kor.]
Warunasubi [Jap.]
Horse Nettle [Eng.]

***Solanum carolinense* L.**, Sp. Pl. 184(1753); Britton & Brown in Illus. Fl. U. S. & Can. Vol. 3: 165(1970); T. Osada in Col. Illus. Nat. Pl. Jap. 118(1976).

다년생 초본으로 4~8갈래의 성상모星狀毛가 있다. 줄기는 높이 40~70cm이며 가지를 친다. 가지, 잎자루, 잎의 주맥主脈과 간혹 측맥側脈까지 송곳형의 튼튼한 노란색 가시가 있다. 잎은 어긋나기(互生)이고 장타원형長楕圓形이며 길이 7~14cm이다. 꽃은 5~9월에 피며 꽃자루는 줄기에 측생側生하고 3~10개의 꽃이 달려서 총상화서總狀花序를 만든다. 꽃은 지름 약 2.5cm로 백색 또는 엷은 자색이다. 꽃받침열편裂片은 5개, 화관花冠의 열편은 난상 피침형卵狀披針形으로 끝이 뾰족하다. 열매는 구형球形이고 지름 1.5cm로 익으면 주황색이 된다.

* 북아메리카 원산이며, 우리나라에서는 중 · 남부지방과 제주도에 분포한다.
* 가시가지(*Solanum rostratum* Dunal.)와 달리 잎이 장타원형이고 결각상缺刻狀의 큰 거치鋸齒가 있으며 수술의 길이가 같다.

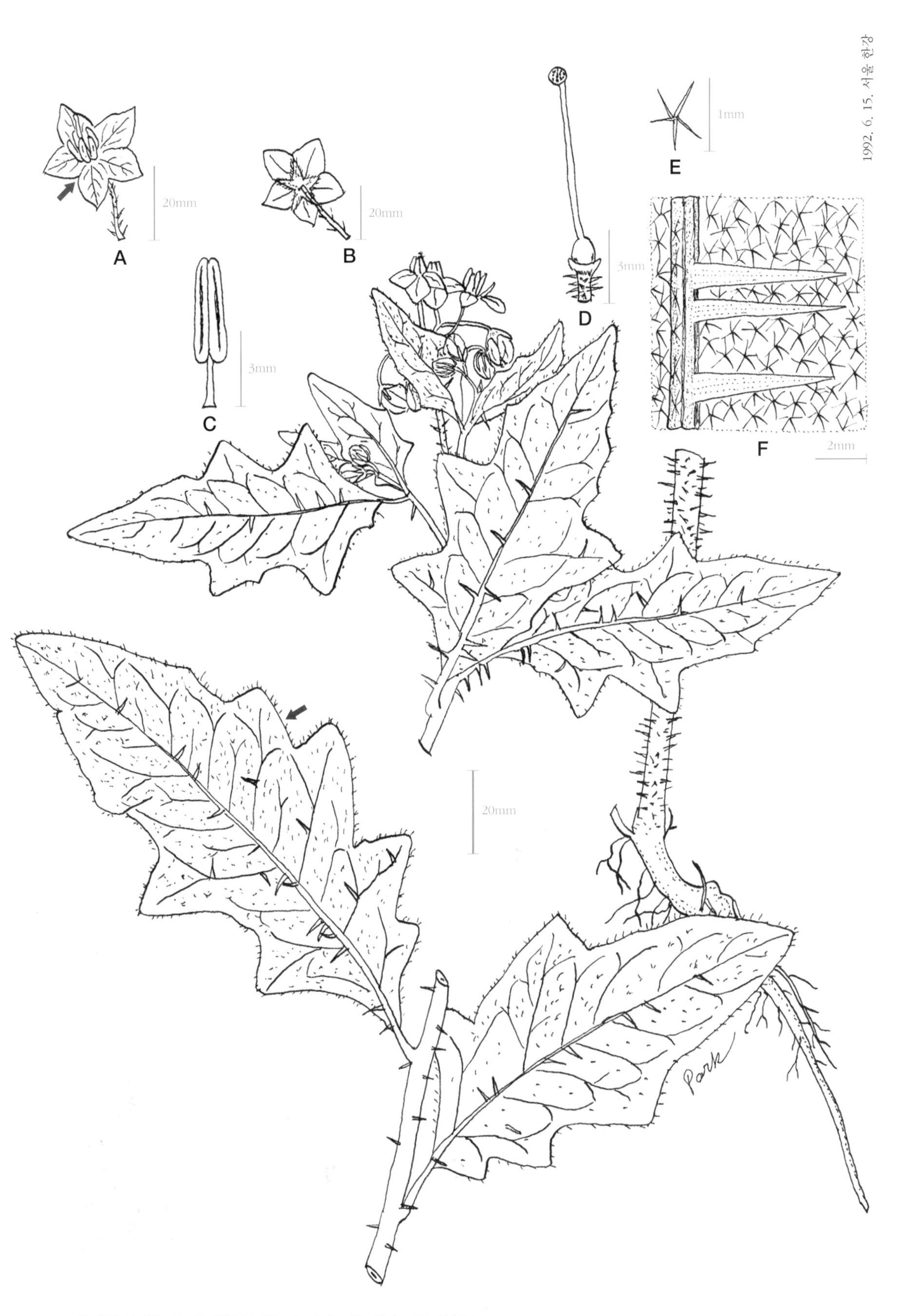

A. 앞에서 본 꽃, B. 뒤에서 본 꽃, C. 수술, D. 암술, E. 성상모

149. 노랑까마중

No-rang-kka-ma-jung [Kor.]

Solanum nigrum **L. var.** ***humile (Bernh.)*** **C. Y. Wu et S. C. Huang**, Fl. Rei. Pop. Sin. 67(1): 76(1978); S. H. Park, Col. Illus. Nat Pl. Kor. 238(1995).

1년생 초본으로 줄기의 높이는 20~60cm이다. 잎은 어긋나기(互生)이며 난형卵形으로 길이 1.5~6cm이고, 잎 가장자리는 뭉툭한 톱니가 있거나 거의 밋밋하고 양쪽 면과 가장자리에 안으로 굽은 복모伏毛가 있다. 꽃은 7~9월에 피고 길이 1~2cm의 꽃자루는 잎과 잎 사이에 달리며 작은 꽃자루는 길이 0.6~1.4cm이다. 꽃은 백색이며 지름 5~6mm이고 4~8개의 꽃이 모여서 짧은 총상화서總狀花序를 만든다. 꽃받침은 5열裂되며 열편裂片은 원두圓頭이다. 수술대와 암술대에는 털이 있다. 열매(漿果)는 구형球形이며 지름 6~10mm이고 털이 없으며 익으면 녹황색이 된다.

* 유럽 원산이며 중국에 귀화하였다. 우리나라에서는 서울의 난지도에서 채집하였다.
* 까마중(*Solanum nigrum* L.)과 달리 열매가 녹황색으로 익는다.

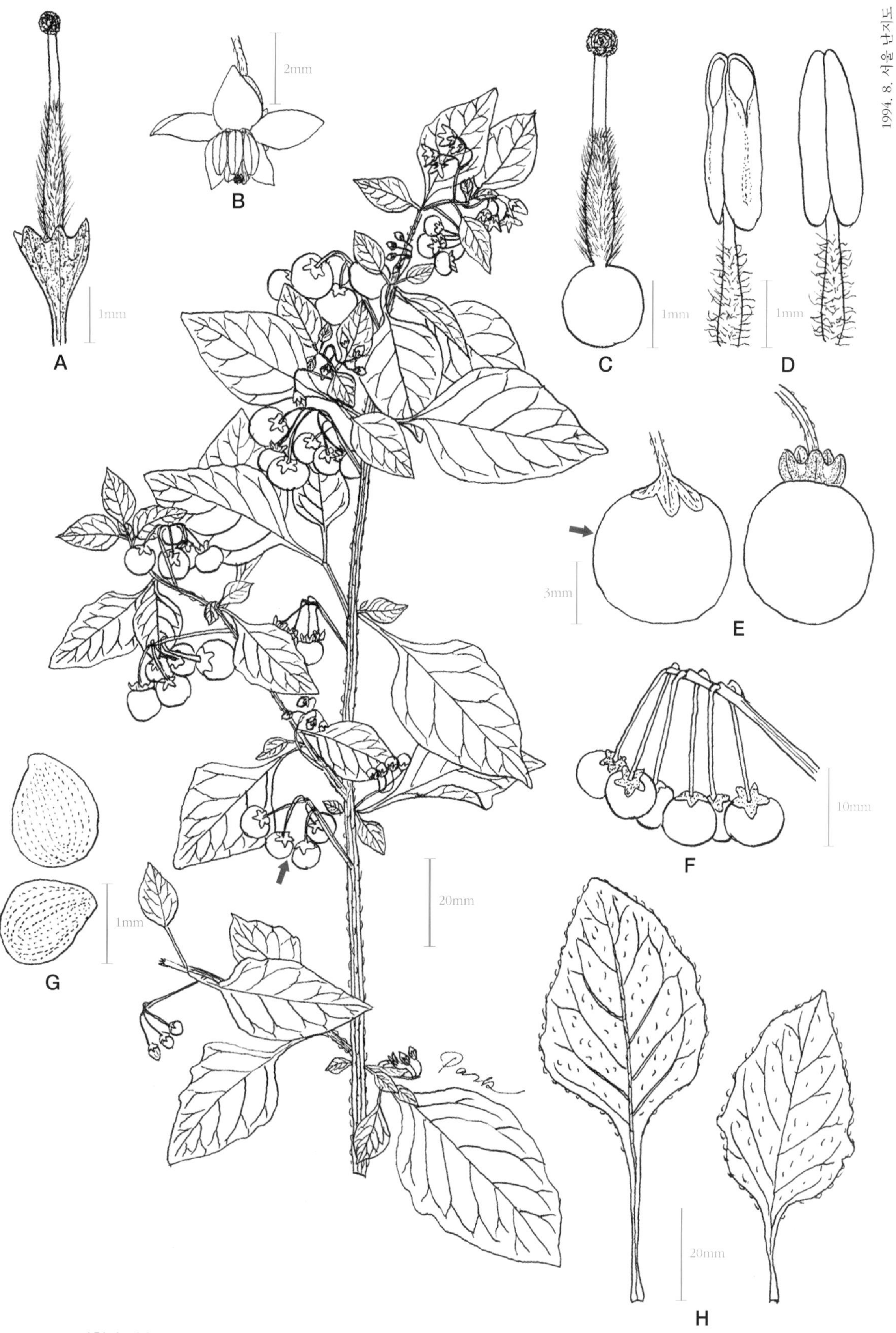

A. 꽃받침과 암술, B. 꽃, C. 암술, D. 수술, E. 장과, F. 화서, G. 씨, H. 잎

150. 가시가지

Ga-si-ga-ji [Kor.]
Tomato-damashi [Jap.]
Buffalobur [Amer.]

Solanum rostratum **Dunal**, Sol. 234. Pl. 24(1813); M. L. Fernald in Gr. Manu. Bot. 1254(1950); Y. H. Cho & W. Kim in Kor. Jour. Pl. Tax. 27: 277 (1997).

1년생 초본으로 식물체에 5~8개로 갈라진 성상모星狀毛와 송곳 모양의 황색 가시가 덮여 있다. 줄기는 높이 30~60cm이다. 잎은 어긋나기(互生)이며 윤곽이 난형卵形으로 길이 6~15cm이고 불규칙한 우상 분열羽狀分裂을 하며 5~7개의 열편裂片이 생긴다. 꽃은 5~9월에 피며 총상總狀으로 배열하고 황색이다. 꽃받침은 가시가 많고 열매(漿果)를 완전히 둘러싸며 가시는 열매와 같은 길이로 자란다. 화관花冠은 지름 2.5cm, 수술은 5개인데 아래쪽 1개의 수술이 크며 끝이 부리 모양이 되어 굽는다. 장과는 꽃받침에 의해 둘러싸이며 많은 씨가 들어 있다. 씨는 흑색으로 주름이 지며 편평하다.

* 북아메리카 원산이며, 우리나라에서는 1997년 대구에서 처음 확인하였고 그 후 경기도의 수인산업도로변과 인천의 강화도에서 확인하였다.
* 둥근가시가지(*Solanum sisymbriifolium* Lam.)에 비해 식물체가 작고 꽃이 황색이며 수술 5개 중 1개가 더 긴 것이 특징이다.

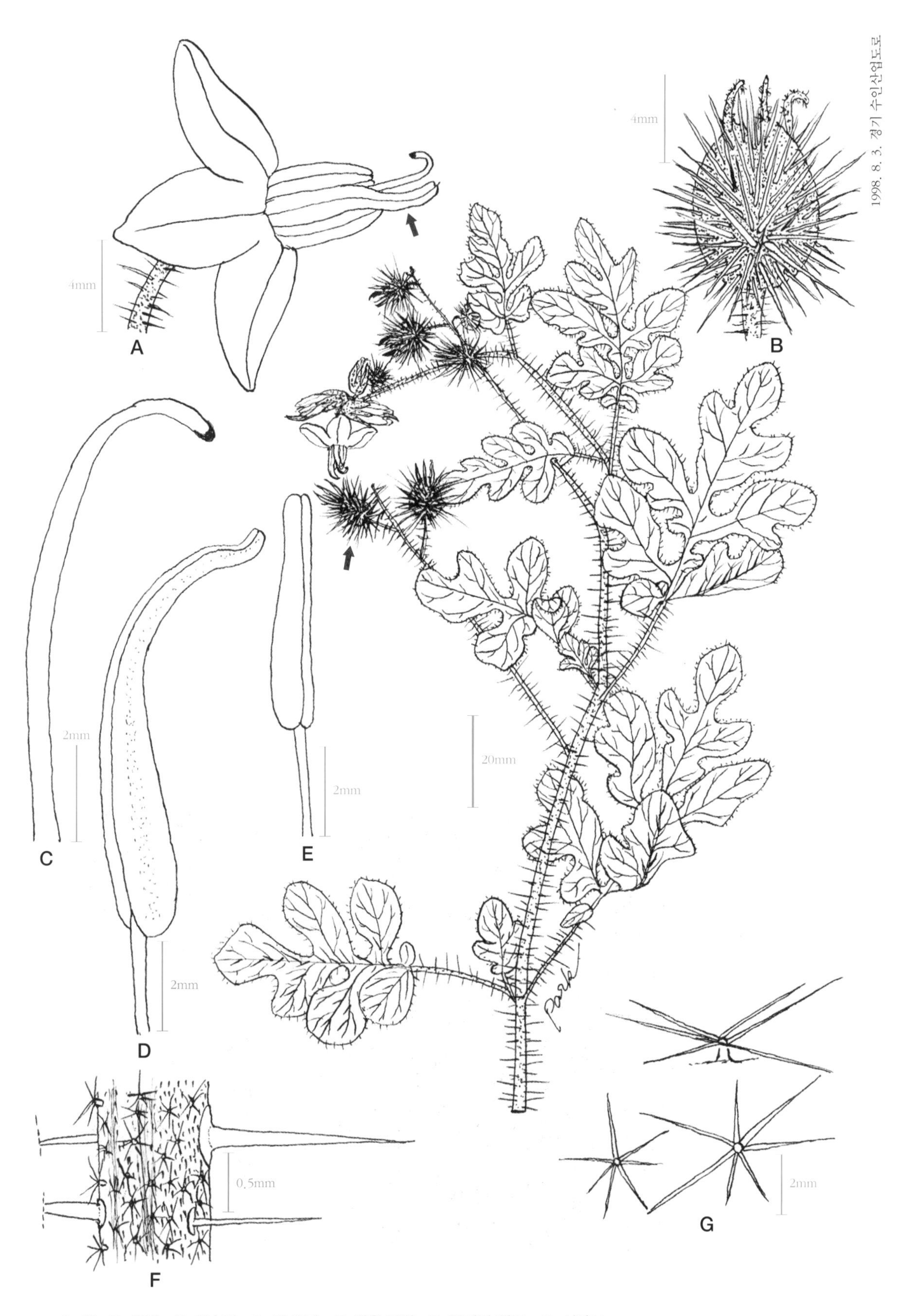

A. 꽃, B. 열매, C. 암술대, D. 긴 꽃밥, E. 짧은 꽃밥, F. 줄기의 일부, G. 성상모

151. 털까마중

T'ol-kkamajung [Kor.]
Ke-inuhoozuki [Jap.]
Hairy Nightshade [Eng.]

Solanum sarrachoides **Sendt.**, Mart. Fl. Bras. 10: 18(1846); T. Osada in Col. Illus. Nat. Pl. Jap. 125(1976); S. H. Park in Col. Illus. Nat. Pl. Kor. 240 (1995).

1년생 초본으로 식물 전체에 선모腺毛가 있어서 끈적거린다. 줄기는 높이 10~30cm이다. 잎은 난형卵形으로 길이 3~4.5cm, 폭 2~3.8cm이고 파상波狀 톱니가 있다. 잎자루는 길이 1.5~4cm이다. 꽃은 7~9월에 피며 취산화서聚繖花序는 잎겨드랑이(葉腋)에서 나와 3~9개의 꽃이 달린다. 꽃은 백색이며 지름 8~10mm이고 화관花冠은 5열裂되며, 꽃받침은 선모가 밀생密生하고 열매일 때는 길이 5mm까지 자라 열매와 거의 같은 길이가 된다. 열매는 지름 6~7mm로 아래를 향하며 구형球形이고 익으면 녹색 또는 자갈색紫褐色이 된다. 씨는 지름 2mm로 납작하다.

* 남아메리카 원산이며 우리나라에서는 전남 돌산도, 최근에는 인천 남항에서 확인하였다.
* 까마중(*Solanum nigrum* L.)과 달리 식물체에 선모가 밀생하며 꽃받침이 열매와 거의 같은 길이로 자란다.

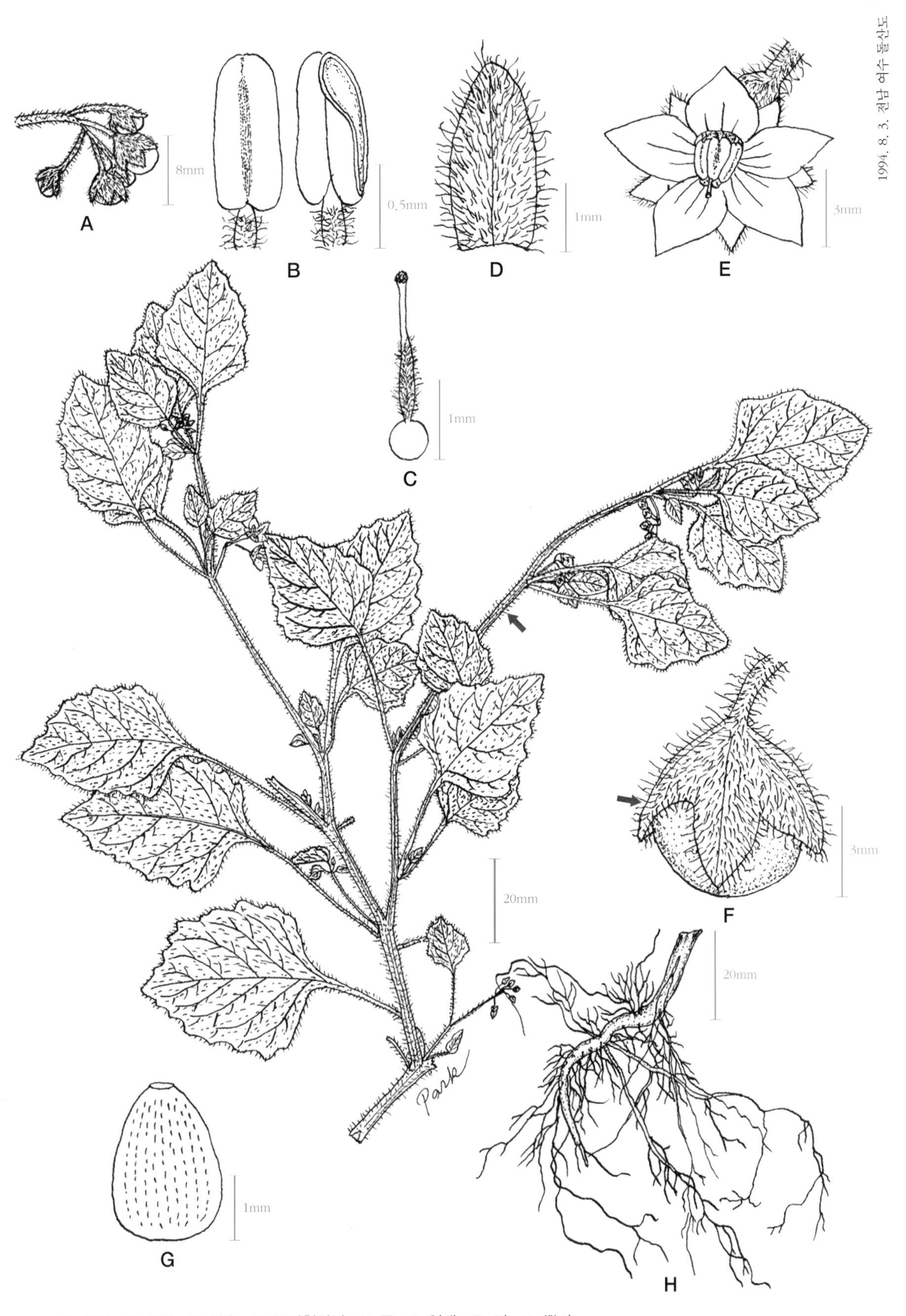

A. 화서, B. 꽃밥, C. 암술, D. 꽃받침열편, E. 꽃, F. 열매, G. 씨, H. 뿌리

152. 둥근가시가지

Dung-geun-ga-si-ga-ji [Kor.]
Hari-nasubi [Jap.]
Viscid Nightshade [Amer.]

***Solanum sisymbriifolium* Lam.**, Ill. 2: 25(1793); M. L. Fernald in Gr. Manu. Bot. 1254(1950); S. H. Park in Kor. Jour. Pl. Tax. 29(1): 102(1999).

1년생 초본으로 줄기는 높이가 50~100cm이다. 기부가 납작하고 끝이 황갈색이며 길이가 다른 많은 가시와 다세포로 이루어진 털이 식물 전체에 밀생密生한다. 잎은 어긋나기(互生)이며 우상羽狀으로 깊게 갈라지고 열편裂片은 다시 우상으로 가볍게 갈라진다. 잎자루와 잎맥 위에 예리한 가시가 있다. 꽃은 6~9월에 피며 가지 끝의 절간節間에서 꽃자루가 나와 여러 개의 꽃이 총상總狀으로 달린다. 꽃받침과 꽃잎은 5열裂되는데 꽃잎은 엷은 청색 또는 백색으로 지름이 3cm 내외이다. 수술은 5개로 길이가 같다. 열매(液果)는 구형球形이며 지름이 2.5cm이고 황적색으로 익는다.

* 남아메리카 원산이며, 우리나라에서는 경기 안산의 수인산업도로에서 확인하였다.
* 가시가지(*Solanum rostratum* Dunal)에 비해 식물체에 긴 가시가 더 밀포密布되고 꽃이 엷은 청색 또는 백색이며 수술의 길이가 같다.

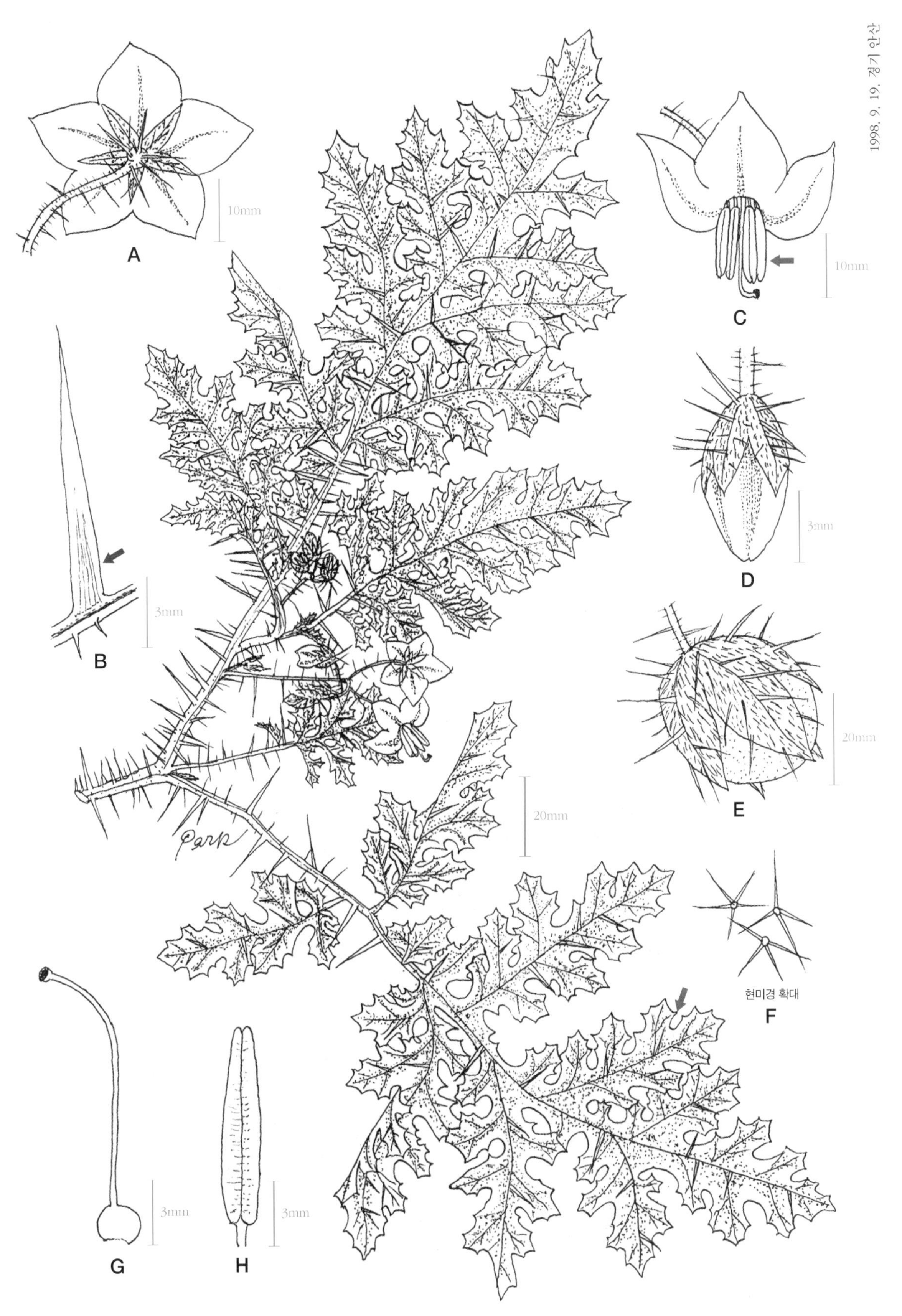

A. 꽃, B. 가시, C. 꽃, D. 꽃봉오리, E. 열매, F. 잎의 성상모, G. 암술, H. 수술

153. 유럽큰고추풀

Yurup-k'un-koch'up'ul [Kor.]
Gratiole [Eng.]

***Gratiola officinalis* L.**, Sp. Pl. 17(1753); Takematsu & Ichizen in Weeds World 1: 388(1987); S. H. Park in Kor. Jour. Pl. Tax. 29(3): 289(2000).

다년생 초본으로 줄기는 높이 15~40cm이고 털이 없다. 길이 20~50mm의 잎은 마주나기(對生)이며 선상 피침형線狀披針形으로 3행 맥이 뚜렷하고 가장자리에 미세한 거치鋸齒가 3~4개씩 있으며 혹은 밋밋한 것도 있다. 꽃은 5~6월에 피며 원元줄기나 가지의 위쪽 잎겨드랑이(葉腋)에서 쌍을 지어 달린다. 꽃받침은 5개의 열편裂片으로 갈라지고 화관花冠은 트럼펫 모양으로 길이 10~18mm이며 흰 바탕에 적자색 줄무늬가 있고 끝이 4열裂된다. 각 열편은 요두凹頭이고 위쪽의 열편 내부에는 긴 털이 밀생密生하며 2개의 수술이 달린다. 암술은 1개이며 구부러진 주두柱頭가 있다. 열매(蒴果)는 난형卵形으로 2실室이며 길이는 3~4mm이고 많은 씨가 들어 있다.

* 유럽 원산으로, 우리나라에서는 강원 춘천의 소양 제1교 아래 강가 습지에서 큰 군락을 이루고 있었으며 경기 팔당의 한강변에서도 이를 확인하였다.
* 큰고추풀(*Gratiola japonica* Miq.)에 비해 줄기의 중앙부 위쪽에서 가지를 많이 치며 화관은 길이 10~18mm로 트럼펫 모양이고 흰 바탕에 적자색 줄무늬가 있는 점이 다르다.

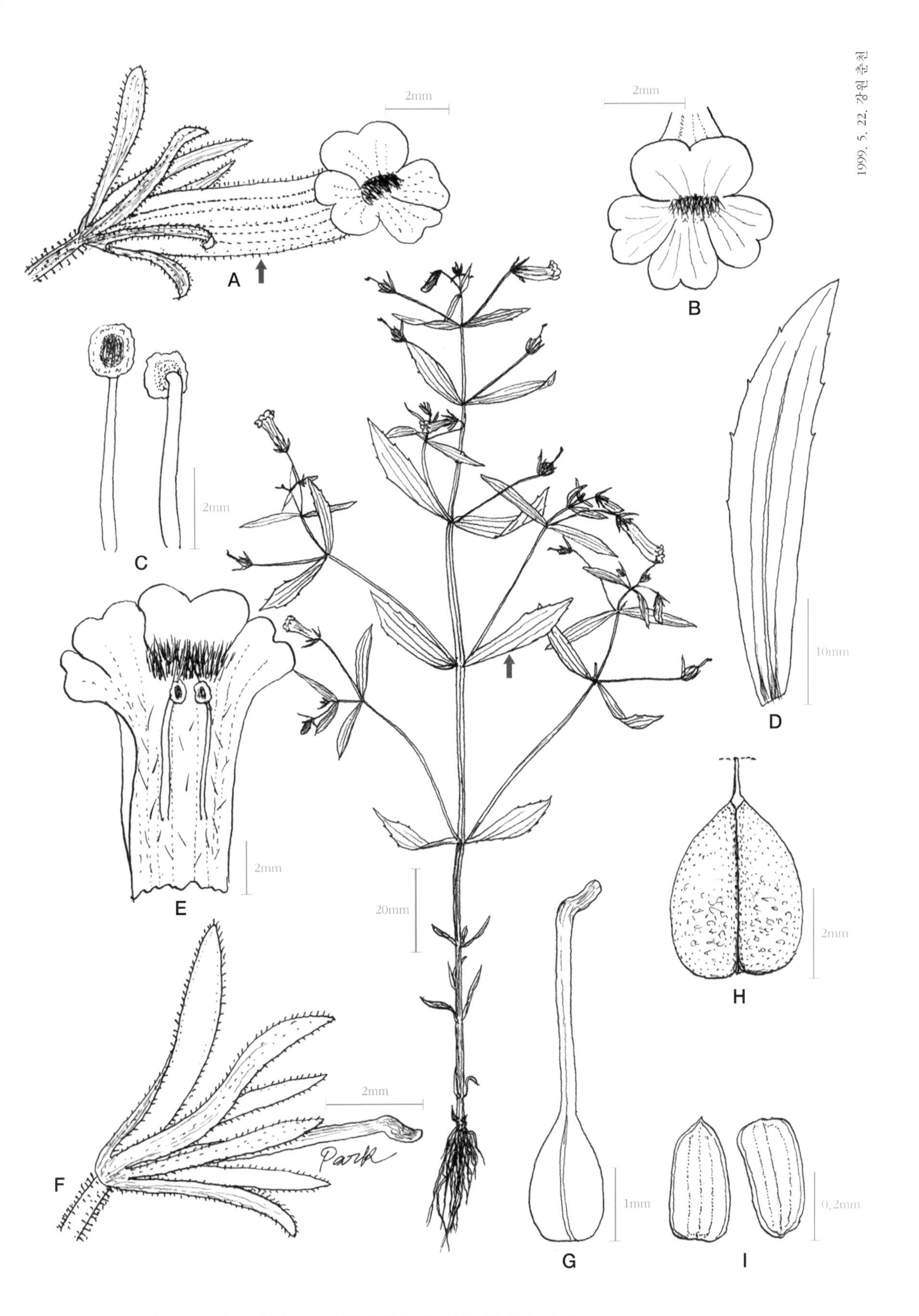

A, B. 꽃, C. 수술, D. 잎, E. 화관, F. 꽃받침과 암술, G. 암술, H. 열매, I. 씨

154. 가는미국외풀

Ga-neun-mi-guk-oe-pul [Kor.]
Hime-amerika-azena [Jap.]
False Pimpernel [Amer.]

***Lindernia anagallidea* (Michx.) Pennell**, Acad. Nat. Sci. Philadelphia Monor. 1: 152(1935); S. H. Park in Kor. Jour. Pl. Tax. 25(2): 127(1995).

1년생 초본으로 호수 기슭이나 습진 모래땅에서 자라며 줄기는 높이 20~30cm이다. 길이 0.6~1.8cm의 잎은 마주나기(對生)이며 난형卵形으로 3~5맥이 뚜렷하며 잎 가장자리에 2쌍 내외의 둔한 톱니가 있다. 꽃은 6~9월에 피며 꽃자루는 사상絲狀으로 길이 20~30mm이고 포엽苞葉 길이의 1.5~3배이다. 화관花冠은 엷은 자줏빛이고 3열裂된 아랫입술 기부에 엷은 자반紫斑이 있다. 꽃받침열편裂片은 선형線形이고 화관 길이의 1/2 정도이며 열매보다 짧다. 열매는 길이 4~6mm로 좁은 장타원형長楕圓形이며 수많은 씨가 들어 있다. 씨는 길이 0.25~0.3mm이고 폭은 길이의 1/2이며 연한 적갈색을 띤다.

* 북아메리카 원산이며, 우리나라에서는 경기 화성의 어천저수지 주변과 충북 충주에서 확인하였다.
* 미국외풀〔*Lindernia dubia* (L.) Pennell〕과 달리 잎은 난형이며 꽃자루는 사상으로 길이 20~30mm이고 포엽 길이의 1.5~3배이다.

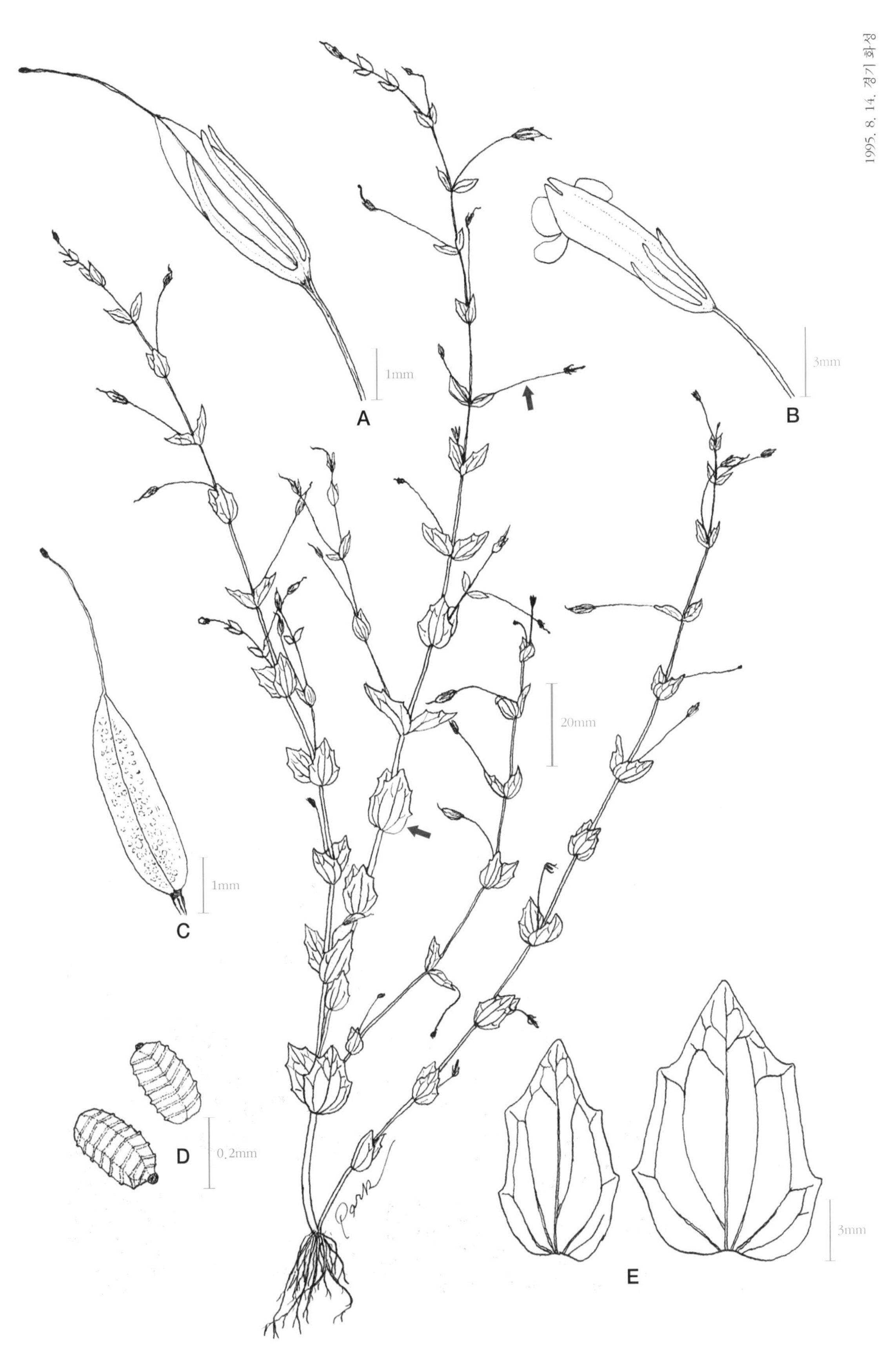

A. 꽃받침과 열매, B. 꽃, C. 열매, D. 씨, E. 잎

155. 미국외풀

Mi-guk-oe-pul [Kor.]
Amerika-azena [Jap.]
Short-stalked False Pimpernel [Eng.]

***Lindernia dubia* (L.) Pennell**, Acad. Nat. Sci. Philad. Monogr. 1, Scroph. 141(1935).
-*Lindernia attenuata Muhl.*, Cat. 59(1813).

1년생 초본으로 줄기는 높이 10~30cm이고 네모나며 곁가지는 옆으로 펼쳐진다. 잎은 마주나기(對生)이며 장타원형長楕圓形으로 길이 1.5~3.5cm, 잎맥은 3~5개이고 잎 가장자리는 2~3쌍의 톱니가 있다. 꽃은 7~9월에 잎겨드랑이(葉腋)에서 1개씩 피고 꽃자루는 잎보다 짧고 꽃받침 열편裂片은 선형線形-송곳형으로 열매와 같은 크기이다. 화관花冠의 길이는 5~10mm이다. 열매(蒴果)는 좁은 난형체卵形體로 4~5mm이며 많은 수의 씨가 들어 있다. 씨는 가볍게 굽었으며 길이 0.4mm로 황갈색이고 양 끝은 둥글다.

* 북아메리카 원산이며, 우리나라에는 중 · 남부지방에 분포한다.
* 가는미국외풀〔*Lindernia anagallidea* (Michx.) Pennell〕과 달리 꽃자루는 잎보다 짧고 잎은 장타원형이다.

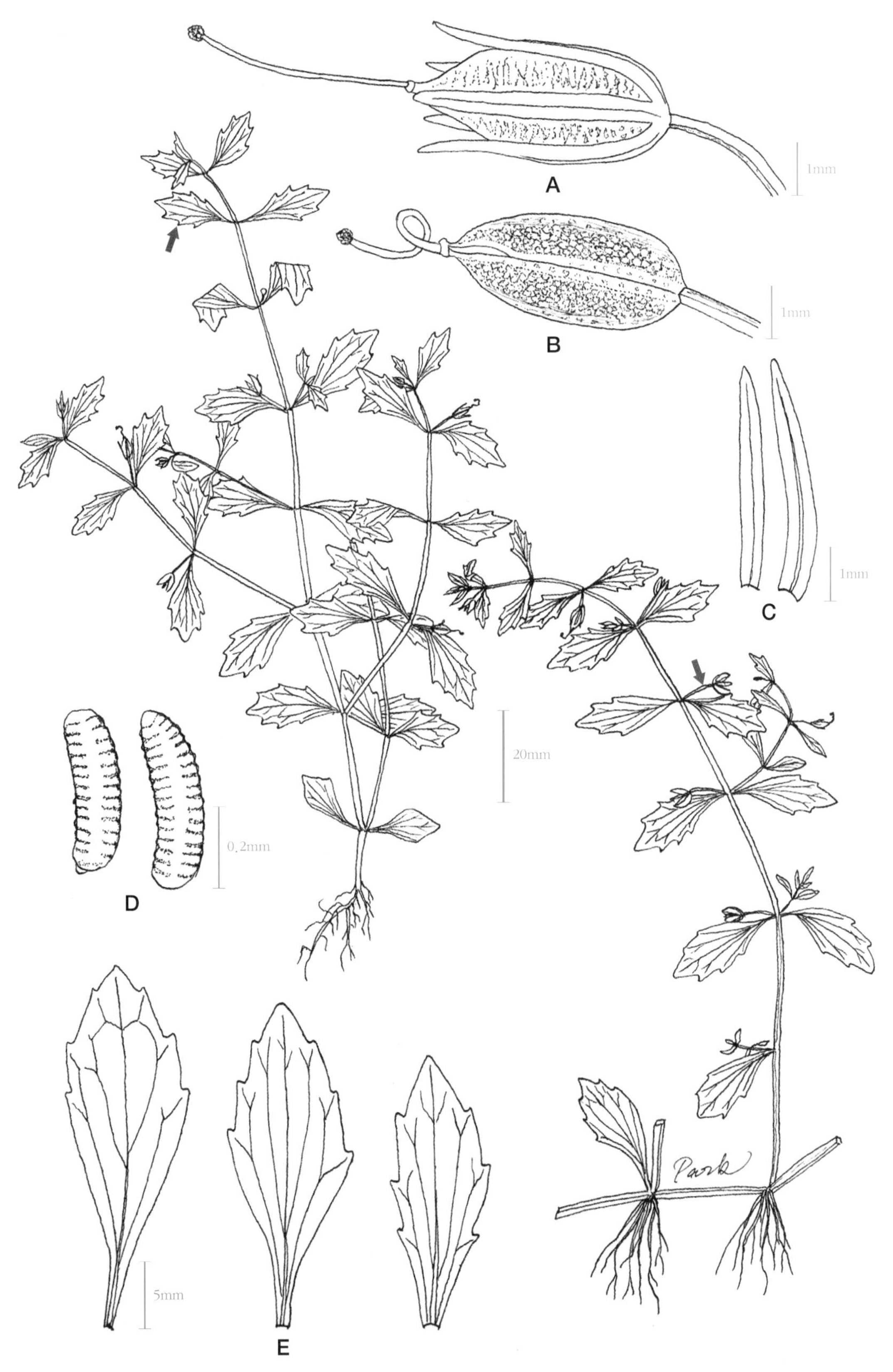

A. 꽃받침과 열매, B. 열매, C. 꽃받침열편, D. 씨, E. 잎

156. 우단담배풀

Woo-dan-dam-bae-pul [Kor.]
Birodo-mouzuika [Jap.]
Great Mullein [Eng.]

***Verbascum thapsus* L.**, Sp. Pl. 177(1753); Britton & Brown in Illus. Fl. U. S. & Can. Vol. 3: 173(1970); T. Osada in Col. Illus. Nat. Pl. Jap. 107 (1976).

2년생 초본으로 분지分枝된 털이 우단처럼 밀생密生하고 있다. 줄기는 높이 100~200cm이며 잎새(葉身)에서 흘러내린 날개 모양의 부수체附隨體가 있다. 12~40cm 길이의 잎은 어긋나기(互生)이며 장타원형長楕圓形이다. 6~9월에 황색 꽃이 피는데 지름은 2~2.5cm이며 꽃자루가 없다. 많은 꽃이 길이 50cm의 수상화서穗狀花序에 밀착되며 꽃잎 바깥쪽은 성상모星狀毛가 밀생한다. 수술은 5개로 위쪽 3개는 수술대에 흰 털과 짧은 꽃밥이 있고 아래쪽 2개는 털이 없고 꽃밥이 크다. 열매(蒴果)는 구형球形이며 높이 7mm로 털로 덮이고 잔존殘存하는 꽃받침에 싸여 있다.

* 유럽 원산이며, 우리나라에서는 서울, 경기 판교, 충북, 제주도 등지에서 확인하였다.
* 우단담배풀속(*Verbascum* L.)식물 중 잎이 담배잎처럼 크고 분지된 털이 우단처럼 밀생하며 높이가 200cm에 이른다.

A. 긴 수술, B. 암술, C. 열매, D. 화서

157. 선개불알풀

Seon-gae-bul-al-pul [Kor.]
Tachi-inunohuguri [Jap.]
Wall Speedwell [Eng.]

***Veronica arvensis* L.**, Sp. Pl. 13(1753); Britton & Brown in Illus. Fl. U. S. & Can. Vol. 3: 202(1970); T. Osada in Col. Illus. Nat. Pl. Jap. 112(1976).

1년생 초본으로 줄기는 높이 10~30cm이며 곧게 자란다. 아래쪽 잎은 마주나기(對生)이며 난형卵形으로 길이 6~12mm, 폭 4~10mm이다. 위쪽의 잎은 어긋나기(互生)이고 난형 또는 피침형披針形이며 끝이 뾰족하고 포엽苞葉이 된다. 3~9월에 꽃이 피는데 꽃은 포엽의 겨드랑이에서 1개씩 생긴다. 꽃자루는 꽃받침보다 짧고 꽃받침은 길이 4mm 정도이며 열편裂片에 선모腺毛가 있다. 꽃잎(花冠)은 지름 3~4mm로 코발트색이며 수술 2개와 1개의 암술이 있다. 열매는 도심장형倒心臟形이고 납작하며 가장자리에 선모가 있으며 20개 정도의 씨가 들어 있다.

* 유럽, 서아시아, 아프리카 원산이며 국내에도 거의 전역에 분포하고 있다.
* 큰개불알풀(*Veronica persica* Poiret)과 달리 줄기는 곧게 서고 꽃자루가 극히 짧아서 포엽 속에 꽃이 핀다.

A. 잎, B. 열매, C. 꽃

158. 눈개불알풀

Nun-gae-bul-al-pul [Kor.]
Hurasabasoh [Jap.]
Ivy-leaved Speedwell [Eng.]

***Veronica hederaefolia* L.**, Sp. Pl. 13(1753); Britton & Brown in Illus. Fl. U. S. & Can. Vol. 3: 203(1970); T. Osada in Col. Illus. Nat. Pl. Jap. 113(1976).

2년생 초본이다. 높이 10~20cm의 줄기는 포복하면서 끝이 곧게 서고 꽃이 필 때에도 떡잎이 남아 있다. 폭 6~20mm의 잎은 원형圓形으로 3~5 천열淺裂하며 표면은 긴 털이 있고 뒷면은 짧은 털이 드물게 있다. 아래쪽은 마주나기(對生)이고 위쪽은 어긋나기(互生)이다. 꽃은 3~10월에 잎겨드랑이(葉腋)에 1개씩 피며 화관(花冠)은 지름 4~5mm로 담청색이다. 꽃받침은 4개이고 꽃받침열편裂片 가장자리에는 긴 털이 줄지어 나며 수술 2개, 암술 1개이다. 열매(蒴果)는 구형球形으로 꽃받침보다 짧고 4개의 씨가 있다. 씨는 길이 2.5mm로 안쪽이 깊이 파여 있다.

* 유럽 원산이며, 우리나라에서는 경남 가덕도와 남해도, 전북 부안에서 채집되었다.

* 선개불알풀(*Veronica arvensis* L.)과 달리 꽃이 필 때도 떡잎이 남아 있고 꽃받침열편에 긴 털이 줄지어 난다.

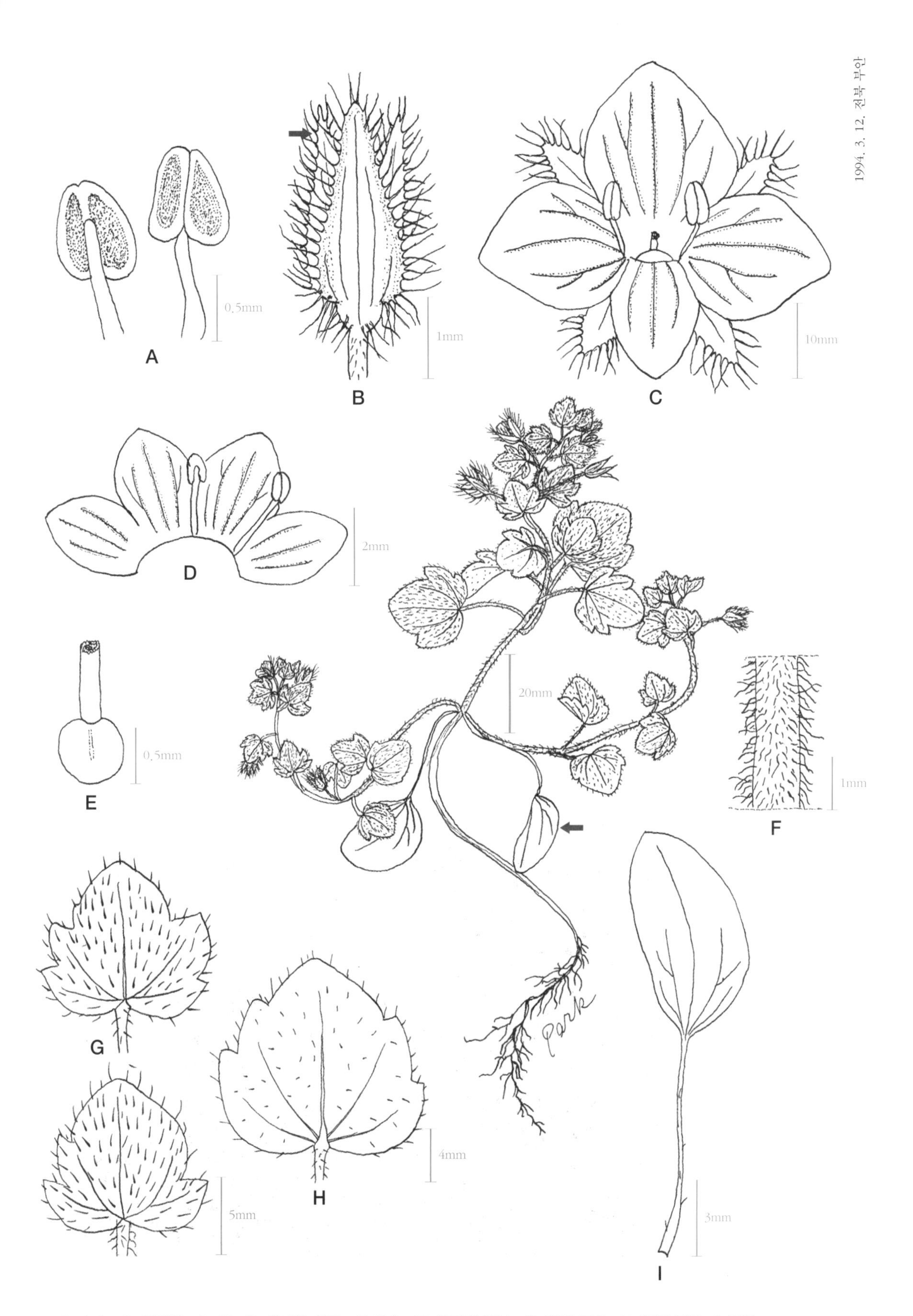

A. 수술, B. 꽃받침, C. 꽃, D. 열개한 화관, E. 암술, F. 줄기의 일부, G. 잎의 표면, H. 잎의 뒷면, I. 떡잎

159. 큰개불알풀

Keun-gae-bul-al-pul [Kor.]
Oho-inunohuguri [Jap.]
Field Speedwell [Eng.]

***Veronica persica* Poiret**, Encycl. Meth. 8: 542(1808); T. Osada in Col. Illus. Nat. Pl. Jap. 110(1976); T. Lee in Illus. Fl. Kor. 677(1979).

2년생 초본으로 줄기는 길이 15~30cm이며 옆으로 포복하면서 솟아오른다. 아래쪽 잎은 마주나기(對生), 위쪽의 것은 어긋나기(互生)이다. 길이 1~2cm의 잎새(葉身)는 삼각상 난형三角狀卵形으로 3~4쌍의 톱니가 있다. 꽃은 3~9월에 잎겨드랑이에서 1개씩 피고 꽃자루는 길이 1~4cm이며 가늘다. 꽃받침은 4개, 화관花冠은 코발트색으로 지름 8mm이며 4개의 열편裂片이 있고 앞쪽의 것 1개는 다소 작다. 2개의 수술과 1개의 암술이 있다. 길이 5mm, 폭 10mm의 열매는 도심장형倒心臟形이고 납작하며 가장자리에는 긴 털이 있고 8~15개의 씨가 들어 있다.

* 유럽, 서아시아, 아프리카 원산이며 국내에는 남부지방에 많고 중부지방에는 드물게 분포되어 있다.
* 선개불알풀(*Veronica arvensis* L.)에 비해 잎과 꽃이 크며 꽃자루가 길어서 포엽 밖으로 초출超出된다.

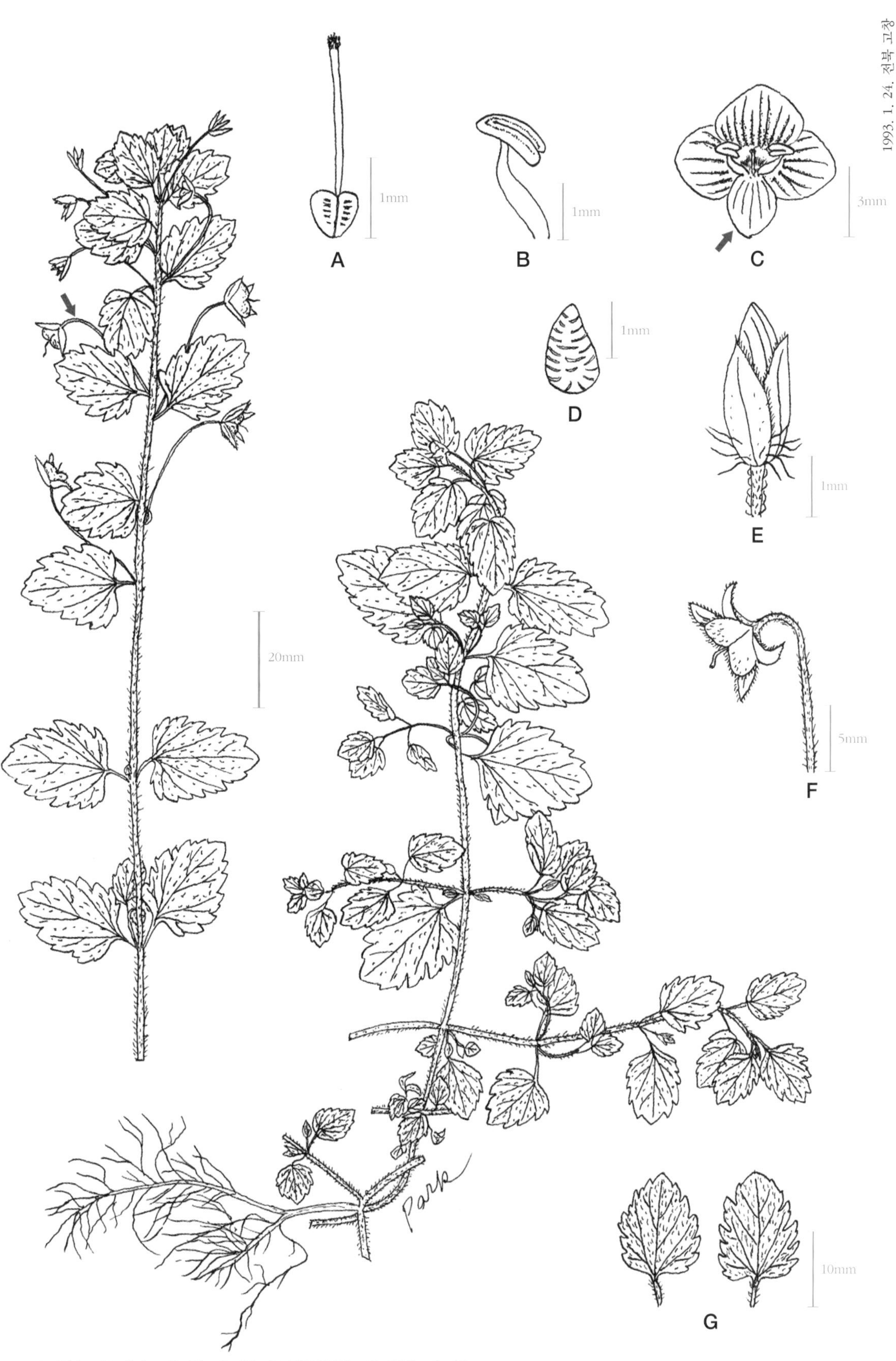

A. 암술, B. 수술, C. 꽃, D. 씨, E. 꽃봉오리, F. 열매, G. 잎

160. 긴포꽃질경이

Gin-po-kkot-jil-gyung-i [Kor.]
Amerika-oobako [Jap.]
Large Bracted Plantain [Eng.]

Plantago aristata **Michx.**, Fl. Bor. Am. Vol. 1. 95(1803); J. Sugimoto, Key. Herb. Pl. Jap. I. Dic. 553(1983); T. Shimizu, Nat. Pl. Jap. 194(2003).

물가 양지 초원에 자라는 1년생 초본으로 식물체에 세모細毛가 있다. 잎은 선형線形으로 전연全緣이며 중앙맥 1개가 뚜렷하고 끝이 좁아져서 뾰족하다. 꽃은 6~8월에 피며 조밀한 수상화서穗狀花序를 이루는데 화서는 원주형圓柱形이며 길이는 2~12cm이다. 꽃은 1개의 포엽苞葉이 있고 포엽은 선상 피침형線狀披針形으로 개출開出되며 털이 있고 아래쪽의 것은 꽃 길이의 10배 정도이다. 꽃받침은 4열裂되며 외측의 2열편裂片은 표면에 털이 있고 내측의 2열편은 막질膜質로 가운데 맥 표면에만 털이 있다. 화관花冠은 4심열深裂되고 담갈색을 띠며 수술은 4개이다. 열매는 타원상으로 꽃받침 통부筒部에 싸여 있고 2개의 씨가 들어 있다.

* 열대 아메리카 원산이며, 우리나라에서는 경기 일산의 한강 둔치와 경북 경주에서 확인하였다.
* 창질경이(*Plantago lanceolata* L.)와 달리 잎이 선형이며 포엽이 꽃보다 길어 화서 밖으로 초출超出된다.

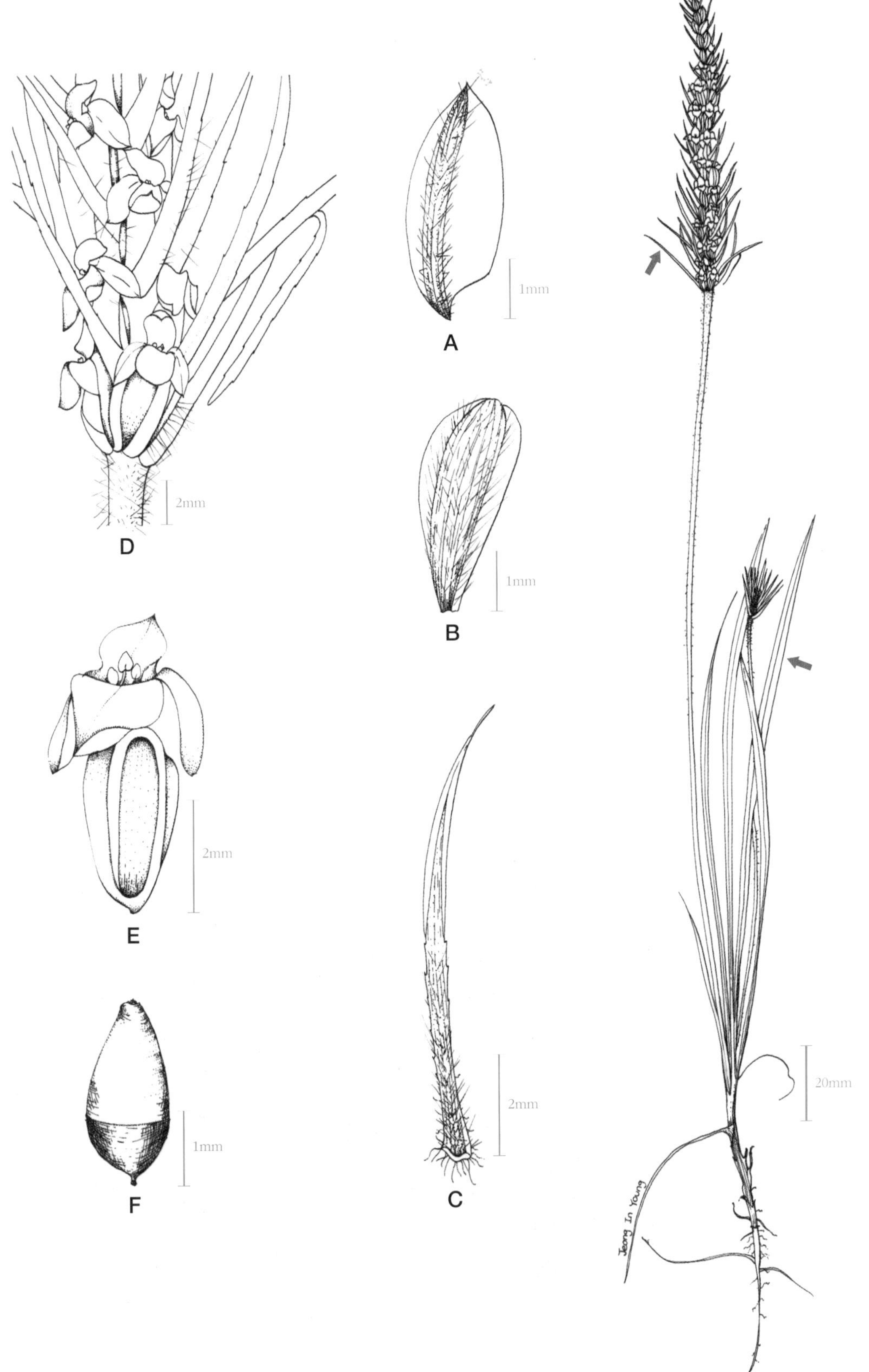

A. 안쪽 꽃받침, B. 바깥쪽 꽃받침, C. 포엽, D. 화서의 일부, E. 꽃, F. 열매

161. 창질경이

Chang-jil-kyong-i [Kor.]
Hera-ohobako [Jap.]
Ribgrass, Buckthorn [Eng.]

Plantago lanceolata **L.**, Sp. Pl. 113(1753); T. Chung in Kor. Fl. 609(1956); Britton & Brown in Illus. Fl. U. S. & Can. Vol. 3: 246(1970).

다년생 또는 2년생 초본으로 잎은 근생根生이고 좁은 장타원형長楕圓形-피침형披針形이다. 잎의 길이는 10~30cm인데 근생 화경花梗에 비해 짧고 톱니가 없으며 때로는 주름이 지고 3~5개의 잎맥이 있다. 4~11월에 꽃이 피며 근생 화경은 길이 30~60cm이다. 수상화서穗狀花序는 처음에는 짧고 난형체卵形體이지만 후에 길이 2~10cm, 폭 0.7~1.5cm의 원주상圓柱狀이 된다. 꽃받침은 길이 2.5mm, 화관花冠은 막질膜質이고 백색, 열편裂片은 4개로 후에 아래쪽으로 휜다. 수술은 백색으로 화관 밖으로 초출超出된다. 열매(蓋果)는 장타원형이며 2개의 씨가 있고 꽃받침보다 조금 길다.

* 유럽 원산이며 우리나라에는 남부지방에 많고 서울, 인천 백령도 등 중부지방에도 간혹 나타난다.
* 미국질경이(*Plantago virginica* L.)와 달리 잎이 피침형이며 수상화서가 짧고 수술이 화관 밖으로 초출된다.

1992. 8. 17. 전북 군산

A
2mm

B
1mm

C
1mm

20mm

D
20mm

Park

A. 꽃, B. 씨, C. 수술, D. 잎

162. 미국질경이

Mi-guk-jil-kyong-i [Kor.]
Tsubomi-ohobako [Jap.]
Horary Plantain [Eng.]

***Plantago virginica* L.**, Sp. Pl. 113(1753); Britton & Brown in Illus. Fl. U. S. & Can. 3: 248(1970); S. H. Park in Col. Illus. Nat. Pl. Kor. 254(1995).

1~2년생 초본으로 근생 화경根生花梗은 곧추서며 높이 10~30cm로 잎보다 훨씬 길다. 잎은 모두 근생이며 주걱형 또는 도란형倒卵形이다. 꽃은 5~7월에 피는데 수상화서穗狀花序는 길이 3~15cm, 폭 5~6mm로 조밀하며 아래쪽은 드문드문 있다. 황백색 화관花冠은 막질膜質로 하반부는 통형筒形이고 끝은 4열裂되며 열편裂片은 곧게 뻗고 펴지지 않는다. 수술은 4개로 화관 열편보다 짧다. 열매(蓋果)는 장타원형長楕圓形이고 꽃받침과 거의 같은 길이이며 2개의 씨가 들어 있고 가로로 열개裂開된다. 씨는 타원형이고 길이는 1.8mm이다.

* 북아메리카 원산이며 우리나라에서는 제주도, 전남 순천시내, 경남 창녕의 우포늪 주변 등지에서 확인하였다.
* 창질경이(*Plantago lanceolata* L.)에 비해 수상화서가 길고 수술이 화관보다 짧으며 잎이 주걱형이다.

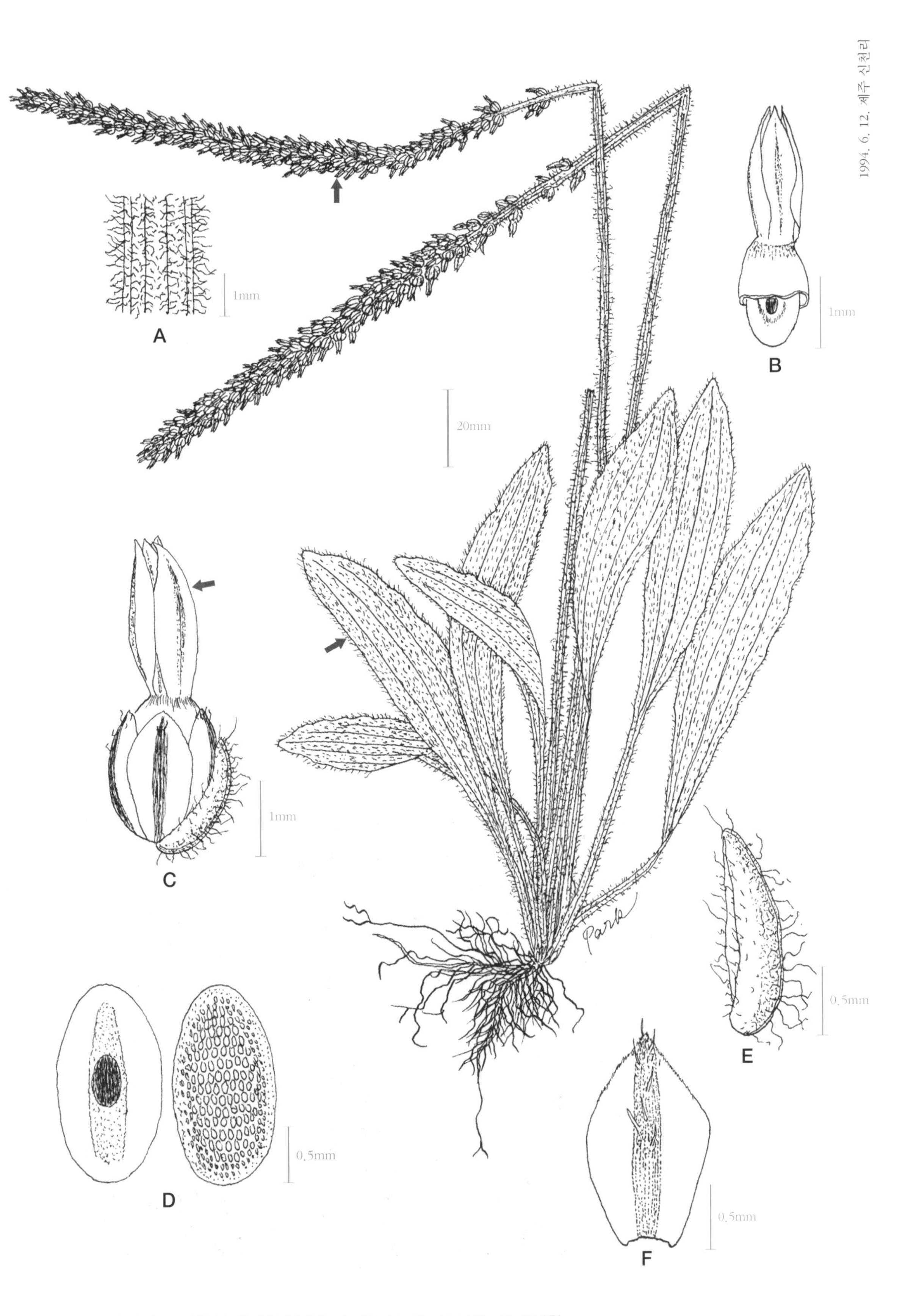

A. 줄기의 일부, B. 꽃잎과 열매의 윗부분, C. 꽃, D. 씨, E. 포엽, F. 꽃받침

163. 상치아재비

Sang-chi-a-jae-bi [Kor.]
Nozisya [Jap.]
Lamb' s Lettuce [Eng.]

***Valerianella olitoria* (L.) Pollich**, Hist. Pl. Palat. 1: 30(1776); S. H. Park, J. H. Kil, Y. H. Yang, Kor. Jour. Pl. Tax. 33(1): 88(2003).

1년생 초본으로 줄기는 10~40cm이고 여러 번 차상 분지叉狀分枝한다. 잎은 길이 1~3cm로 마주나기(對生)이며 얇고 아래쪽의 잎은 잎자루가 있고 주걱형이며 가장자리는 밋밋하다. 위쪽의 잎은 잎자루가 없으며 장타원형長楕圓形으로 길이 1~3cm이고 잎 가장자리에는 3~4쌍의 거치鋸齒가 있다. 꽃은 4~5월에 피며 화서花序는 가지 끝에 붙는다. 포엽苞葉은 장타원형으로 끝이 원두圓頭이며 길이는 2~8mm이다. 꽃의 지름은 1.5mm로 청자색青紫色이다. 꽃받침은 길이 1mm로 장타원형이고 화관花冠은 짧은 통형筒形으로 끝이 다르고 5열裂된다. 수술 3개, 암술 1개이고 암술 끝은 3열된다. 열매는 납작하고 길이 2~4mm이다.

* 유럽 원산이며, 우리나라에서는 제주도 넓은목장 도로변에서 확인하였다.
* 쥐오줌풀속(*Valeriana* L.)과 달리 열매는 3실室이며 그중 1실에만 씨가 익는다. 꽃받침열편裂片은 1mm 이내로 작으며 식물체는 키가 작다.

A. 꽃, B. 꽃받침, C. 근생엽, D. 경생엽, E. 열매, F. 주두

164. 서양톱풀

Seo-yang-top-pul [Kor.]
Seiyoh-nokogirisoh [Jap.]
Yarrow, Milfoil [Eng.]

***Achillea millefolium* L.**, Sp. Pl. 899(1753); Britton & Brown in Illus. Fl. U. S. & Can. Vol. 3: 515(1970); T. Osada in Col. Illus. Nat. Pl. Jap. 27(1976).

다년생 초본으로 줄기는 높이 30~100cm이고 연한 털(軟毛)이 있다. 근생엽根生葉은 좁은 장타원형長楕圓形 또는 피침형披針形으로 길이 10~25cm이고 2~3회 깃꼴(羽狀)로 깊이 갈라지며 열편裂片은 선형線形이다. 경생엽莖生葉은 어긋나기(互生)이고 밑부분이 줄기를 감싼다. 꽃은 6~9월에 피며 두화頭花는 지름 4mm로 백색 또는 담홍색이고 위가 납작한 산방화서繖房花序를 이룬다. 총포편總苞片은 난형卵形, 설상화舌狀花는 5개로 자성雌性이며 3치齒가 있고 관모冠毛는 없다. 통상화筒狀花는 양성兩性이고 끝이 5개로 갈라지며 관모가 없다.

* 유럽 원산이며, 우리나라에서는 관상용 또는 약용으로 재배하던 것이 야생화되어 제주, 전남 순천과 전북 군산에 분포하고 있다.
* 톱풀(*Achillea sibirica* Ledeb.)과 달리 잎이 2~3회 우상 복엽羽狀複葉이다.

A. 꽃, B. 내총포편, C. 외총포편, D. 통상화, E. 설상화, F. 화상의 인편

165. 등골나물아재비

Dung-gol-na-mul-a-jae-bi [Kor.]
Kakkoh-azami [Jap.]
Ageratum [Eng.]

***Ageratum conyzoides* L.**, Sp. Pl. 839(1753); **臺灣大學農學院農藝系, 臺灣耕地之雜草** Vol. 2: 271(1968); T. Osada in Illus. Jap. Ali. Pl. 2(1972).

1년생 초본으로 식물 전체에 털이 있고 줄기는 높이 30~60cm이다. 잎은 마주나기(對生)이며 위쪽에서 어긋나기(互生)가 되기도 한다. 잎새(葉身)는 난형卵形으로 길이 2~6cm이고 잎 가장자리는 끝에 둥근 거치鋸齒가 있으며 잎자루는 길이 1~3cm이고 털이 있다. 꽃은 7~10월에 피며 두화頭花는 백색 또는 담자색으로 여러 개이고 산방화서繖房花序를 만든다. 총포總苞는 종형鐘形, 설상화舌狀花는 없고 통상화筒狀花는 끝이 5열裂된다. 암술머리는 깊게 2열되어 화관花冠 밖으로 초출超出된다. 길이 2mm의 열매(瘦果)는 5각角이 지며 흑색이고 관모冠毛는 5개로 까락 모양이다.

* 열대 아메리카 원산으로, 국내에서는 제주도에서 처음 채집되었고 최근 서울 월드컵 공원에서도 확인된 바 있다.
* 불로화(*Ageratum houstonianum* Mill.)에 비해 키가 크며 줄기는 직립한다.

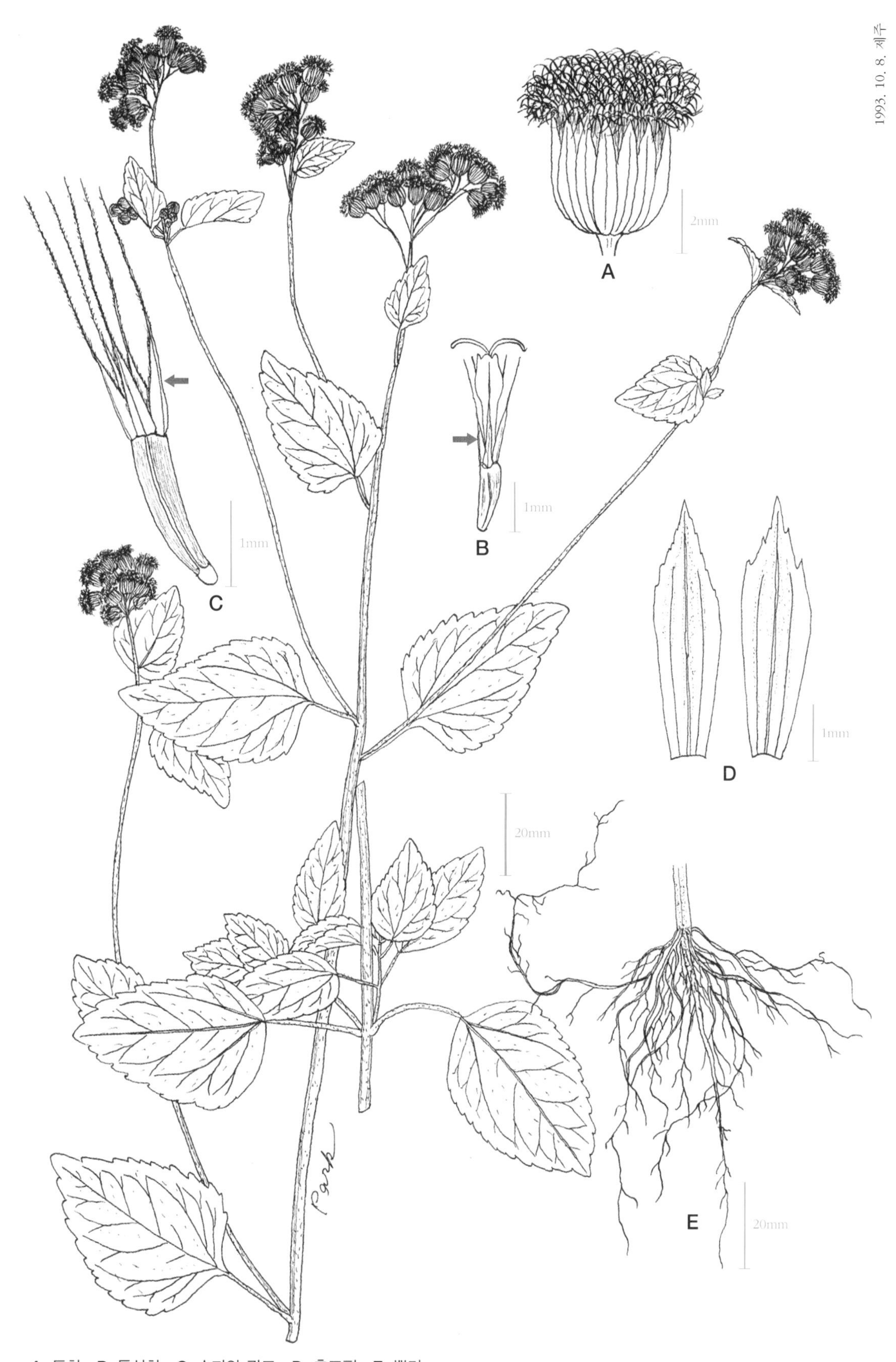

A. 두화, B. 통상화, C. 수과와 관모, D. 총포편, E. 뿌리

166. 돼지풀

Dwae-ji-pul [Kor.]
Butakusa [Jap.]
Ragweed, Hog-weed [Eng.]

***Ambrosia artemisiaefolia* L.**, Sp. Pl. 988(1753).
–*Ambrosia artemisiaefolia* L. var. *elatior* (L.) Desc., T. Osada in Col. Illus. Nat. Pl. Jap. 81(1976).

1년생 초본으로 줄기는 높이 30~180cm이며 연모軟毛가 있다. 아래쪽의 잎은 마주나기(對生)이고 2회 우상 심열羽狀深裂을 하며 암녹색이다. 뒷면은 연모가 밀포密布한다. 위쪽의 잎은 어긋나기(互生)이며 우상 심열한다. 꽃은 8~9월에 피며 자웅동주雌雄同株이다. 불임성 두화不稔性頭花는 웅성雄性이고 10~15개의 황색 통상화筒狀花로 이루어지며 총상화서總狀花序를 만든다. 총포總苞는 지름 3~4mm로 반구형半球形이고 둔거치鈍鋸齒가 있다. 임성 두화는 자성雌性이고 도란형체倒卵形體로 녹색이며 2~3개의 꽃이 잎겨드랑이(葉腋)에 뭉쳐나며 길이 3~4mm로 포엽苞葉에 싸여 있다.

* 북아메리카 원산으로, 우리나라에는 거의 전국에 분포하며 꽃가루 알레르기의 원인이 되기도 하고 귀찮은 잡초로 취급되고 있다.
* 단풍잎돼지풀(*Ambrosia trifida* L.)에 비해 식물체가 작고 잎은 대개 2회 우상 심열되며 줄기 위쪽의 잎은 점차 작아진다.

A. 웅성 두화, B. 웅화, C. 자성화의 총포편, D. 자성 소화, E. 자성 두화, F. 잎

167. 단풍잎돼지풀

Dan-pung-ip-dwae-ji-pul [Kor.]
Oho-butakusa [Jap.]
Buffalo-weed, Great Ragweed [Eng.]

***Ambrosia trifida* L.**, Sp. Pl. 987(1753); Britton & Brown in Illus. Fl. U. S. & Can. Vol. 3: 341(1970); T. Osada in Col. Illus. Nat. Pl. Jap. 83(1976).

1년생 초본으로 줄기는 3m이고 많은 가지를 치며 거친 털이 있다. 잎은 마주나기(對生)이며 윤곽이 난형卵形 또는 광난형廣卵形으로 길이와 폭이 20~30cm에 이르며 3~5열裂된다. 열편裂片은 가장자리에 톱니가 있으며 양면에 거친 털이 있다. 7~9월에 꽃이 피며 불임성 두화不稔性頭花로 이루어진 총상화서總狀花序는 길이 8~25cm이다. 총포總苞는 지름 5mm로 접시형이며 약 15개의 통상화筒狀花가 있다. 임성 두화는 포엽苞葉의 잎겨드랑이(葉腋)에 뭉쳐나며 팽이 모양-도란형체倒卵形體이다. 열매는 길이 6~12mm, 폭 4~5mm로 난형이며 5~7개의 능선이 있고 각 능선의 꼭대기에는 작은 혹이 붙는다.

* 북아메리카 원산으로, 우리나라에는 중부지방에 분포하며 최근에 남부지방까지 확산되고 있다. 잎이 타원형 또는 장타원형이고 분열되지 않으면서 잎 가장자리에 톱니가 있는 변종을 둥근잎돼지풀〔*Ambrosia trifida* L. var. *integrifolia* (Muhl) Fern.〕이라 하는데 서울과 강원 춘천에서 자라고 있다.
* 돼지풀(*Ambrosia artemisiaefolia* L.)에 비해 식물체가 장대하고 잎은 광난형이며 단풍잎처럼 결각缺刻이 생기고 화서 역시 크다.

둥근잎돼지풀

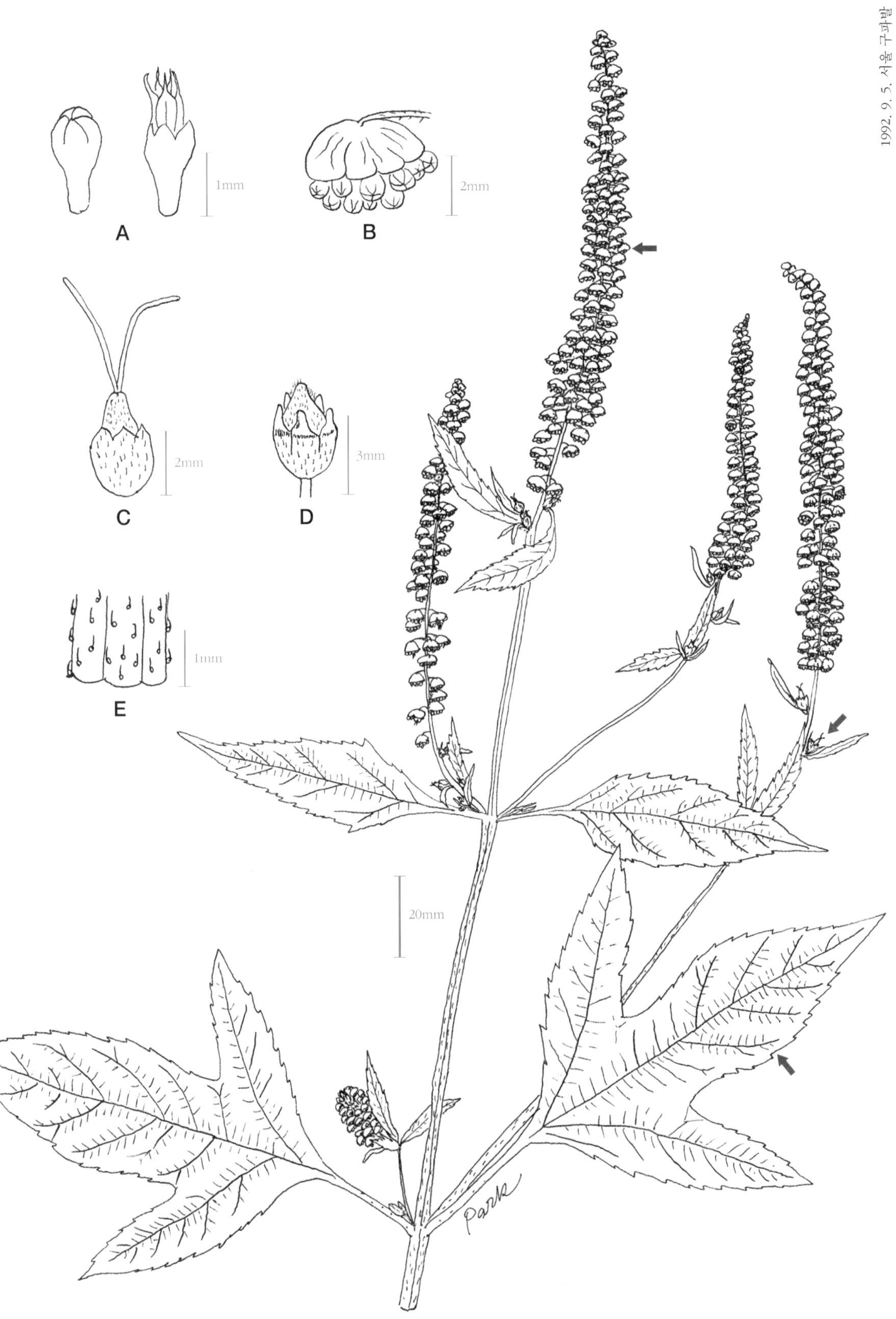

A. 수꽃의 통상화, B. 수꽃의 두화, C. 암꽃, D. 열매, E. 줄기의 털

168. 길뚝개꽃

Gil-ttuk-gae-kkot [Kor.]
Kizomekamitsure [Jap.]
Corn or Field Camomile [Eng.]

***Anthemis arvensis* L.**, Sp. Pl. 894(1753); Britton & Brown in Illus. Fl. U. S. & Can. Vol. 3: 517(1970); S. Park in Kor. Jour. Pl. Tax. Vol. 23(2): 99 (1993).

1년생 초본으로 줄기는 백색 털이 있고 높이는 10~50cm이다. 잎은 길이 2~5cm로 어긋나기(互生)이며 윤곽이 도란형倒卵形으로 2회 우상 심열羽狀深裂한다. 열편裂片은 선형線形으로 폭 0.8~1.5mm이며 긴 연모軟毛가 있다. 꽃은 6~8월에 피는데 두화頭花는 지름 2~3cm로 여러 개이며 관모冠毛는 없다. 총포편總苞片은 장타원형長楕圓形이고 설상화舌狀花는 15~20개로 백색이고 자성雌性이며 짧은 암술이 있다. 통상화筒狀花는 양성兩性으로 황색이다. 화상花床은 원추형圓錐形이고 백색 막질膜質의 인편鱗片이 있다. 열매(瘦果)는 길이 2mm로 4개의 모서리가 있고 관모가 없으며 회갈색이다.

* 유럽 원산이며, 우리나라에서는 경기 시흥과 충북 단양에서 확인한 바 있다.
* 개꽃아재비(*Anthemis cotula* L.)와 달리 잎의 윤곽이 도란형이며 화상에 피침형披針形의 인편이 있다.

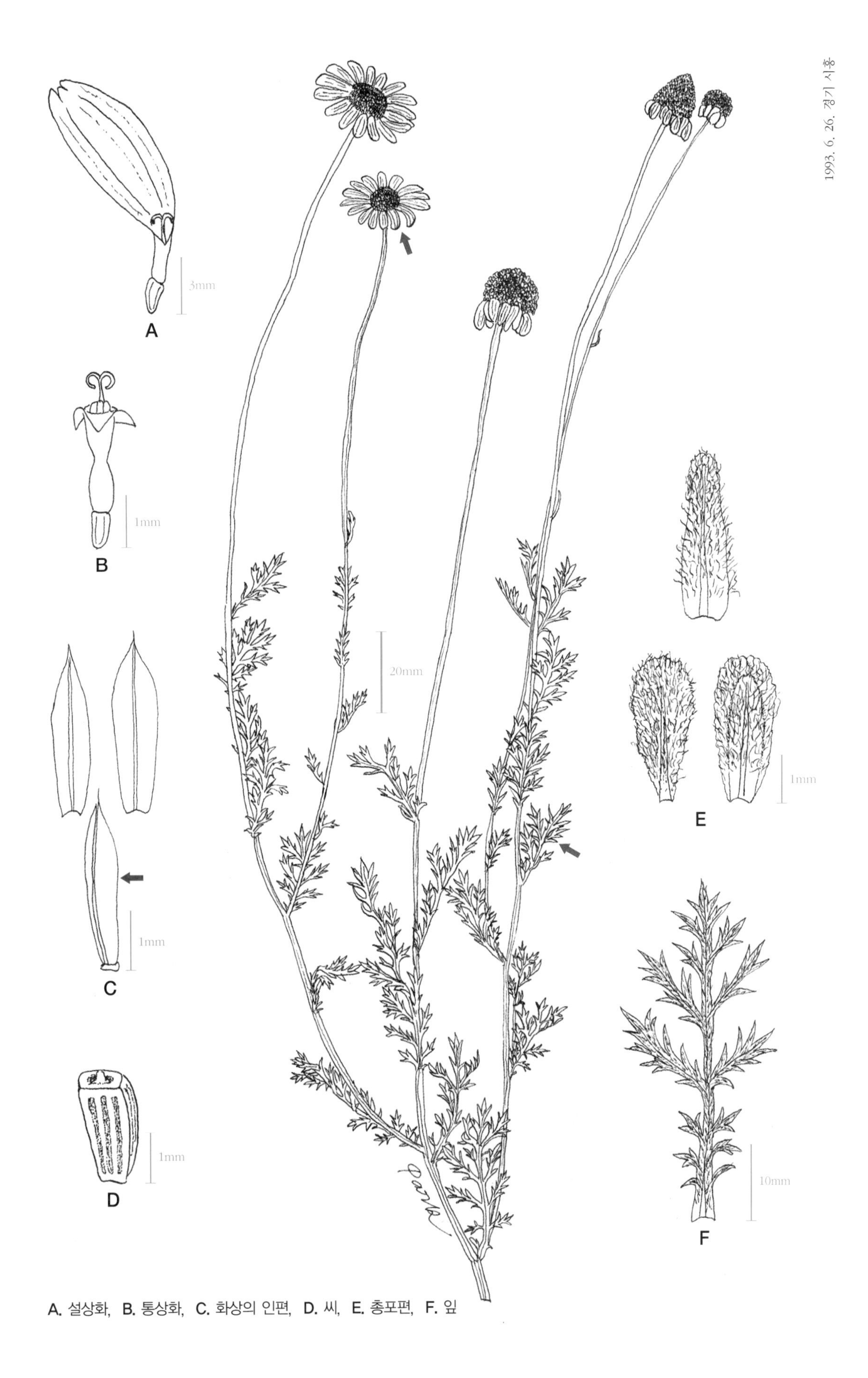

A. 설상화, B. 통상화, C. 화상의 인편, D. 씨, E. 총포편, F. 잎

169. 개꽃아재비

Gae-kkot-a-jae-bi [Kor.]
Kamitsuremodoki [Jap.]
Stinking Mayweed [Eng.]

***Anthemis cotula* L.**, Sp. Pl. 894(1753); Britton & Brown in Illus. Fl. U. S. & Can. Vol. 3: 516(1970); T. Osada in Col. Illus. Nat. Pl. Jap. 29(1976).

1년생 초본으로 줄기는 높이 20~40cm이며 털이 없고 악취가 난다. 잎은 길이 3~5cm로 어긋나기(互生)이고 윤곽이 장타원형長楕圓形이며 1~3회 우상 전열羽狀全裂을 한다. 열편裂片은 거의 사상絲狀으로 폭 0.5~0.8mm이다. 꽃은 6~9월에 피고 두화頭花는 지름 1.5~2.5cm로 여러 개이며 총포편總苞片은 3줄로 배열하고 장타원형이다. 설상화舌狀花는 10~18개로 백색이고 후에 뒤로 말리며 중성中性이다. 통상화筒狀花는 황색으로 양성兩性이다. 화상花床은 장타원형이 되고 그곳에 있는 인편鱗片은 선형線形이며 백색 막질膜質이다. 열매(瘦果)는 10개의 능선이 있고 주름이 졌다.

* 유럽 원산이며, 우리나라에는 거의 전국에 걸쳐 분포하나 양은 적다.
* 길뚝개꽃(*Anthemis arvensis* L.)과 비교하면 설상화는 중성으로 암술이나 수술이 없고 화상의 인편은 선형인 점이 다르다.

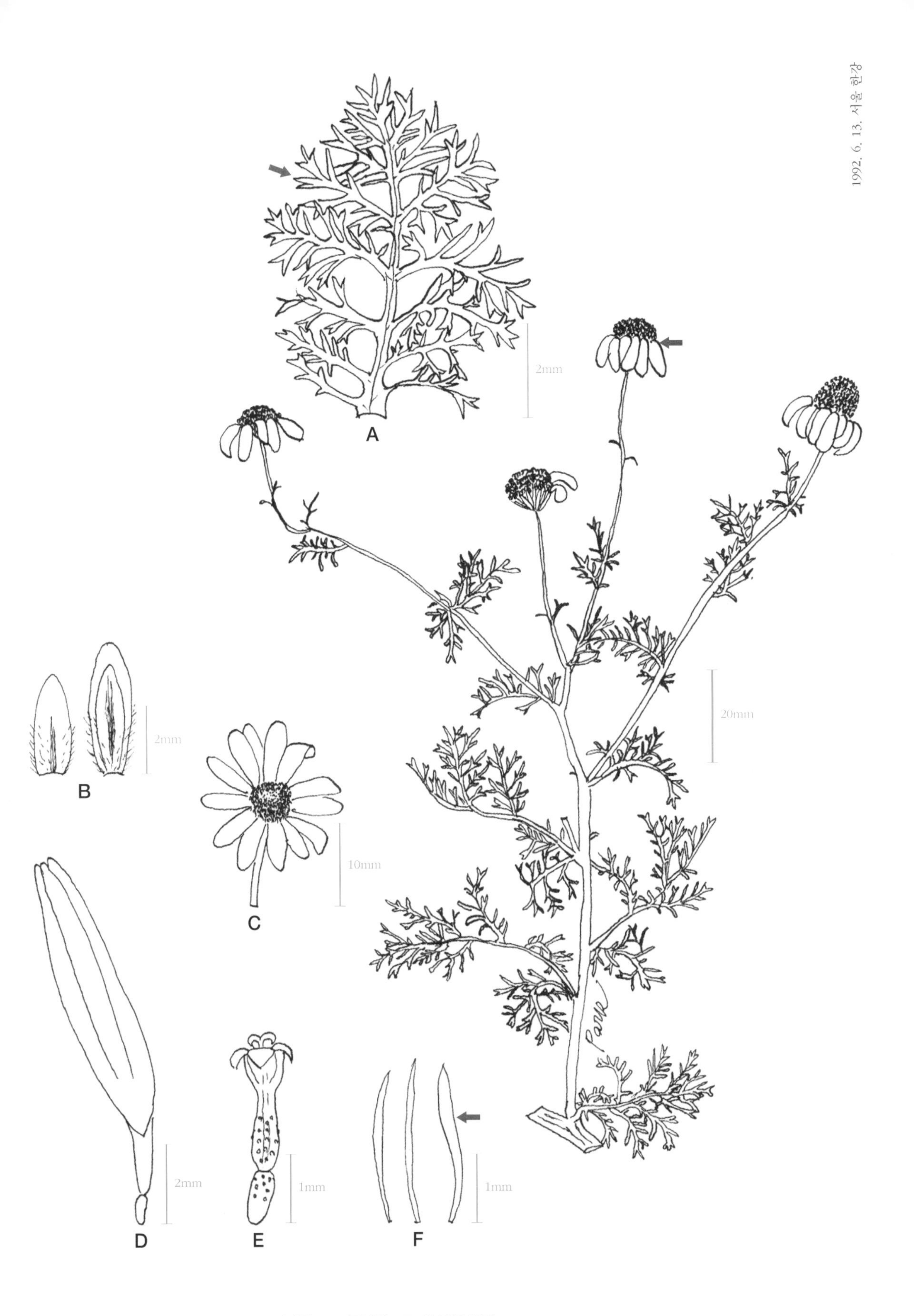

A. 잎, B. 총포편, C. 두화, D. 설상화, E. 통상화, F. 화상의 인편

170. 우선국

Woo-seon-guk [Kor.]
Yuzengiku [Jap.]
New York Aster [Eng.]

***Aster novi-belgii* L.**, Sp. Pl. 877(1753); T. Chung in Illus. Ency. Fa. & Fl. Kor. Vol. 5(App.): 143(1970); Britton & Brown in Illus. Fl. U. S. & Can. Vol. 3: 421(1970).

다년생 초본으로 줄기는 높이 30~70cm이며 가지를 많이 친다. 잎은 어긋나기(互生)이며 피침형披針形, 장타원상 피침형長楕圓狀披針形 또는 선상피침형線狀披針形이며 길이 5~15cm로 톱니가 없거나 가볍게 예거치銳鋸齒가 있다. 꽃은 8~10월에 피고 지름 2.5cm의 두화頭花는 여러 개이며 산방화서繖房花序를 이룬다. 총포總苞는 반구형半球形을 이루고 그 열편裂片은 선형線形으로 끝이 뾰족하고 3~4줄로 펼쳐지며 가장 밖의 것은 반곡反曲된다. 설상화舌狀花는 15~25개로 자주색이고 길이는 8~12mm, 관모冠毛는 백색으로 자성雌性이다. 통상화筒狀花는 황색과 백색의 관모가 있다. 열매(瘦果)는 성기게 털이 있다.

* 북아메리카 원산이며, 관상용으로 재배하던 것이 일출逸出하여 야생화하고 있다.
* 미국쑥부쟁이(*Aster pilosus* Willd.)와 달리 잎이 장타원상 피침형으로 폭이 넓고 꽃은 지름 2.5cm로 자주색을 띤다.

A. 총포편, B. 설상화, C. 통상화, D. 두화

171. 미국쑥부쟁이

Mi-guk-ssuk-bu-jaeng-i [Kor.]
Kitachikongiku [Jap.]
White Heath Aster [Eng.]

Aster pilosus **Willd.**, Sp. Pl. 3: 2025(1804); T. Osada in Col. Illus. Nat. Pl. Jap. 39(1976).
-*Aster ericoides* L, Sp. Pl. 875(1753).

다년생 초본으로 줄기는 높이 30~100cm이고 가지는 총상總狀을 이루며 작은 가지들은 한쪽을 향하여 배열한다. 아래쪽의 잎은 주걱형이고 잎 가장자리에 털이 있다. 줄기의 잎은 길이 3~10cm로 좁은 선형線形이며 끝이 뾰족하고 톱니가 없다. 작은 가지의 잎은 선형 또는 송곳형이며 다수 부착한다. 꽃은 9~10월에 피고 두화頭花는 지름 10~17mm로 여러 개이며 총포總苞는 종형鐘形이고 총포편總苞片은 높이 6mm로 혁질革質이다. 설상화舌狀花는 15~25개이고 길이는 6~9mm로 백색 또는 엷은 장미색이며 관모冠毛가 있다. 통상화筒狀花는 황색으로 관모가 있다. 열매(瘦果)는 짧은 털이 있고 관모는 백색이다.

* 북아메리카 원산으로, 우리나라에는 1980년대에 경기 포천을 중심으로 산정호수, 춘천지구까지 널리 분포하였으며 지금은 한반도 전역에서 자란다.
* 우선국(*Aster novi-belgii* L.)과 달리 근생엽根生葉은 주걱형이고 경생엽莖生葉은 선형이며 꽃은 지름 10~17mm로 작다.

A. 두화, B. 꽃봉오리, C. 설상화, D. 통상화, E. 총포편, F. 뿌리, G. 근생엽

172. 비짜루국화

Bi-ja-ru-guk-hwa [Kor.]
Hohki-giku [Jap.]
Saltmarsh Aster [Eng.]

***Aster subulatus* Michx.**, Fl. Bor. Am. 2: 111(1803); T. Osada in Col. Illus. Nat. Pl. Jap. 40(1976); Makino in Mak. Illus. Fl. Jap. 622(1988).

1년생 초본이며 줄기는 원추형圓錐形이고 많은 가지를 많이 치며 높이는 50~120cm이다. 잎은 어긋나기(互生)이며 근생엽根生葉은 주걱형이고 톱니가 없거나 성기게 둔거치鈍鋸齒가 있다. 경생엽莖生葉은 선형線形으로 길이 10~13cm이고 기부는 가볍게 줄기를 둘러싼다. 가지의 잎은 아주 작고 송곳형이다. 꽃은 8~10월에 피는데 두화頭花는 지름 5~6mm로 여러 개이며 원추화서圓錐花序를 만든다. 총포總苞는 종형鐘形이며 높이 5~6mm이다. 설상화舌狀花는 20~30개로 담자색이고 통상화筒狀花는 황색이며 꽃이 진 후 관모冠毛는 계속 자라서 총포 밖으로 길게 초출超出된다.

* 북아메리카 원산으로 우리나라에서는 1980년 인천에서 채집, 보고되었고 인천과 강화도, 제주도 등지의 바닷가에 분포한다.
* 큰비짜루국화(*Aster subulatus* Michx. var. *sandwicensis* A. G. Jones)와 달리 경생엽은 잎자루가 없고 잎새(葉身)의 기부가 줄기를 가볍게 둘러싸며 꽃이 진 뒤에 관모는 계속 자라서 총포 밖으로 길게 초출된다.

A. 씨, B. 총포편, C. 통상화, D. 설상화, E. 꽃봉오리, F. 시든 꽃송이, G. 두화, H. 뿌리, I. 근생엽, J. 경생엽

173. 큰비짜루국화

Keun-bi-ja-ru-guk-hwa [Kor.]
Oho-hohkigiku [Jap.]
Slim Aster [Eng.]

Aster subulatus **Michx. var.** ***sandwicensis*** **A. G. Jones**, in Brittonia, 36(4): 465(1984).
-*Aster exilis* Ell. Bot. S. C. & Ga. 2: 344(1824).

1년생 초본으로 줄기는 높이 50~120cm이고 많은 가지를 치며 가지들은 다시 분지分枝한다. 잎은 길이 12~18cm로 어긋나기(互生)이고 아래쪽의 것은 좁은 장타원형長楕圓形이며 양 끝이 뾰족하고 1~4cm 길이의 잎자루가 있다. 위쪽의 잎은 피침형披針形 또는 선형線形이고 톱니가 거의 없으며 잎자루도 없다. 꽃은 8~10월에 피며 두화頭花는 지름 10mm로 여러 개이고 원추화서圓錐花序를 이룬다. 총포總苞는 종형鐘形으로 높이 6~7mm이고 설상화舌狀花는 보라색이며 길이 5mm이다. 꽃이 시든 다음에도 관모冠毛는 꽃 밖으로 초출超出되지 않는다. 열매(瘦果)는 짧은 털이 있다.

* 열대 아메리카 원산이며, 필자는 1993년 서울의 난지도에서 채집, 보고하였고 지금은 전국에 확산되었다.
* 비짜루국화(*Aster subulatus* Michx.)에 비해 식물체가 크고 경생엽은 양 끝이 뾰족하고 잎자루가 있으며 꽃이 시든 뒤에도 관모는 꽃 밖으로 초출되지 않는다.

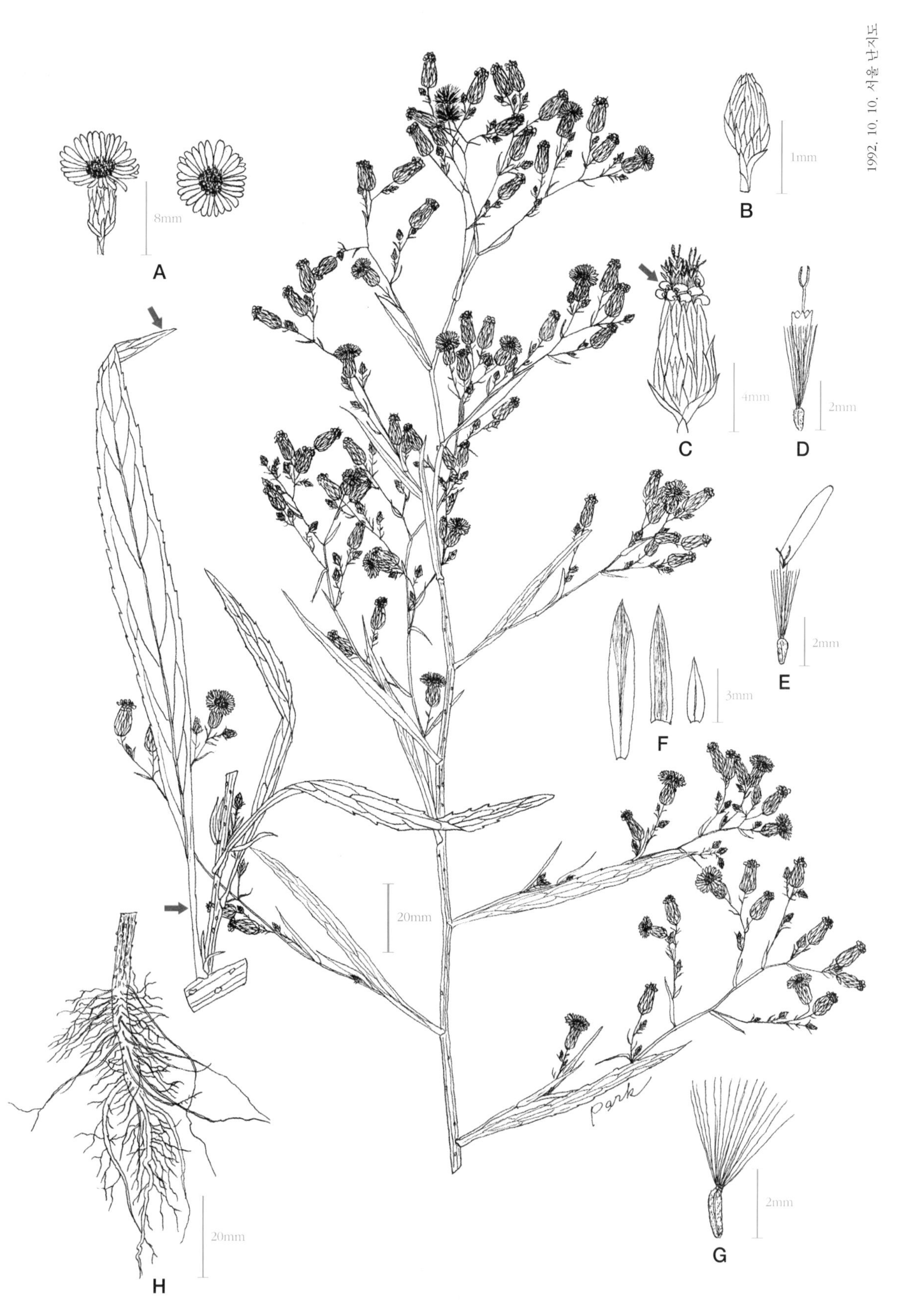

A. 두화, B. 꽃봉오리, C. 개화 후의 두화, D. 통상화, E. 설상화, F. 총포편, G. 씨, H. 뿌리

174. 미국가막사리

Mi-guk-ga-mak-sa-ri [Kor.]
Seitaka-taukogi [Jap.]
Beggar-ticks, Stick-tight [Eng.]

***Bidens frondosa* L.**, Sp. Pl. 832(1753); Britton & Brown in Illus. Fl. U. S. & Can. Vol. 3: 497(1970); T. Osada in Col. Illus. Nat. Pl. Jap. 54(1976).

1년생 초본으로 줄기는 높이 50~150cm이고 가지를 치며 암자색을 띤다. 잎은 마주나기(對生)이며 우상羽狀으로 3~5열裂되고 가운데 소엽小葉은 옆의 것보다 크며 3전열全裂이 되거나 분열하지 않는다. 6~9월에 꽃이 피며 두화頭花는 여러 개이고 주황색이다. 총포總苞는 종형鐘形이며 외총포편外總苞片은 길이 1~2.5cm, 6~12개로 다소 잎 모양이고 도피침형倒披針形이며 때로는 뒤로 반곡反曲되기도 한다. 설상화舌狀花는 없거나 흔적만 남아 있다. 통상화筒狀花는 주황색이고 양성화兩性花이다. 열매(瘦果)는 길이 6~10mm로 납작하고 2개의 가시가 있으며 가시에는 아래를 향한 작은 미늘이 있다.

* 북아메리카 원산으로 우리나라 전역에 분포하며 길가 수습지, 때로는 논 가운데까지 번지고 있다.
* 울산도깨비바늘(*Bidens pilosa* L.)과 달리 소엽이 피침형이며 두화의 외총포편이 6~12개로 다소 잎 모양을 하면서 두화 주위에 펼쳐진다.

A. 두화, B. 설상화, C. 통상화, D. 씨, E. 화상의 외측 인편, F. 화상의 내측 인편, G. 총포편, H. 잎

175. 울산도깨비바늘

Wool-san-do-kkae-bi-ba-neul [Kor.]
Kosendangusa [Jap.]

Bidens pilosa **L.**, Sp. Pl. 832(1753); T. Osada in Col. Illus. Nat. Pl. Jap. 50(1976); S. H. Park in Kor. Jour. Pl. Tax. Vol. 22(1): 60(1992).

1년생 초본으로 높이 50~110cm의 줄기는 곧추서며 4~6각角이 졌다. 잎은 마주나기(對生)이고 위쪽은 간혹 어긋나기(互生)이며 잎자루가 있다. 잎새(葉身)는 우상羽狀으로 3~5열裂되며 소엽小葉은 난형卵形이다. 꽃은 6~8월에 피며 두화頭花는 황색으로 지름 1cm이다. 설상화舌狀花가 없고 통상화筒狀花로만 이루어졌으며 가지 끝에 1개씩 붙는다. 총포편總苞片은 1열裂로 7~8개이고 주걱형이며 통상화는 양성兩性으로 황색이다. 화상花床의 인편鱗片은 선형線形이다. 열매(瘦果)는 선형이며 4각이 졌고 흑색으로, 총포편보다 길고 관모冠毛가 변한 3~4개의 가시가 있다. 가시에는 아래를 향한 작은 미늘이 있다.

* 전 세계의 열대에서 난대까지 널리 분포하며, 국내에서는 남부지방과 제주도 그리고 최근 서울의 월드컵공원에서 확인하였다.
* 흰도깨비바늘(*Bidens pilosa* L. var. *minor* Sherff)과 달리 두화의 가장자리에 설상화가 없고 통상화로만 이루어졌다.

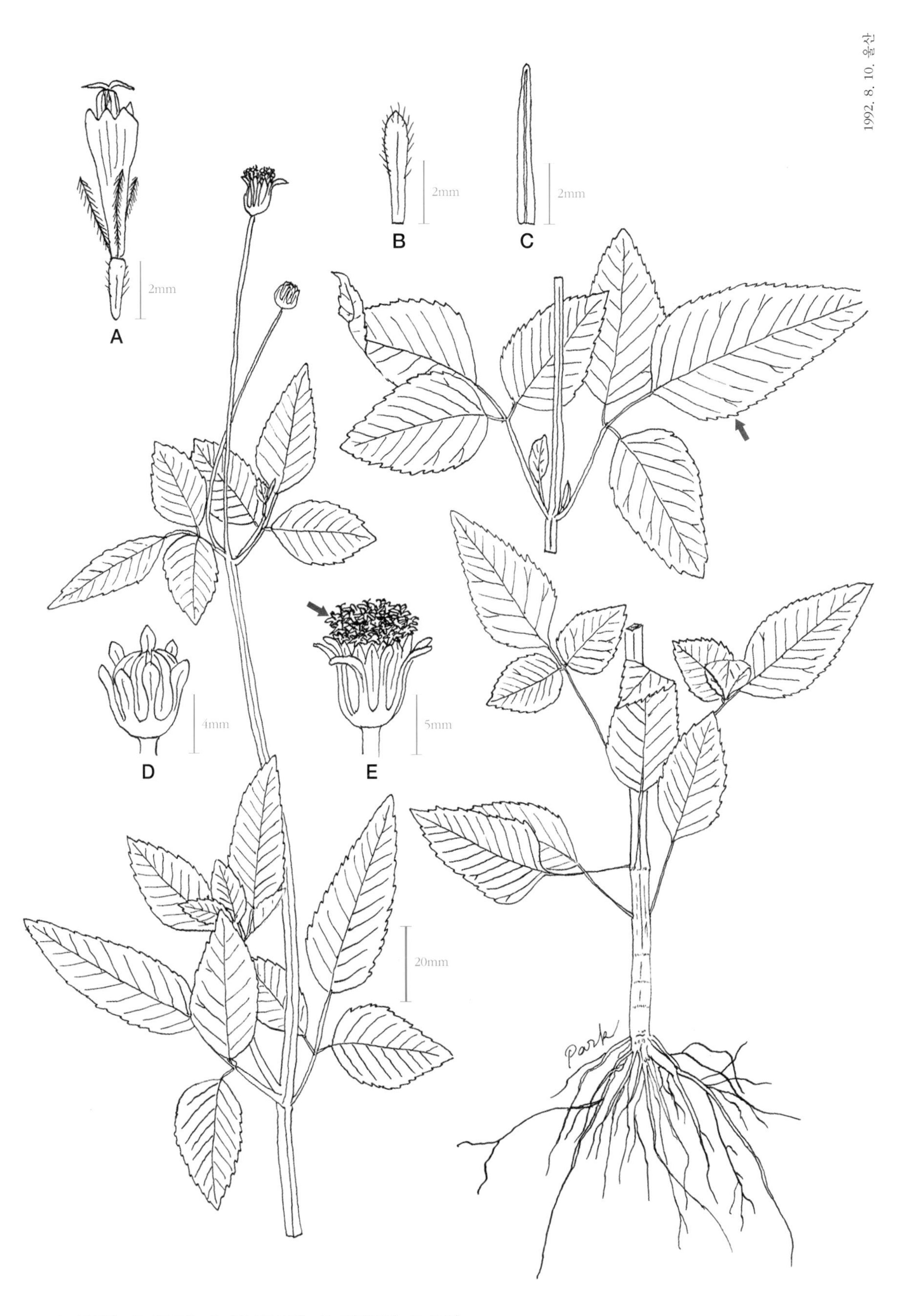

A. 통상화, B. 총포편, C. 화상의 인편, D. 꽃봉오리, E. 두화

176. 흰도깨비바늘

Hin-do-kkae-bi-ba-neul [Kor.]
Ko-shirono-sendangusa [Jap.]

***Bidens pilosa* L. var. *minor* Sherff** in Bot. Gaz. 80: 387(1925); T. Osada in Col. Nat. Pl. Jap. 51(1976); Takematsu & Ichizen in Weeds World 1:70(1987).

1년생 초본으로 줄기는 높이 20~80cm이다. 잎은 마주나기(對生)이며 대개는 3출엽出葉이고 우상 복엽羽狀複葉도 나타난다. 소엽小葉은 난형卵形으로 길이 2~6cm이고 정소엽頂小葉은 측소엽側小葉보다 크다. 꽃은 10~11월에 피며 두화頭花는 지름 10~12mm이고 취산화서聚繖花序를 만든다. 총포편總苞片은 7~8개로 주걱형이고 설상화舌狀花는 4~6개로 두화의 바깥쪽에 있으며 백색이고 끝이 3열裂된다. 중심화는 통상화筒狀花로 황색이다. 열매(瘦果)는 길이 7~13mm로 좁은 선형線形이고 편평하며 3~4개의 가시가 있으며 가시는 길이 1.5~2.5mm로 아래를 향한 갈고리 모양의 강모剛毛가 있다.

* 열대 아메리카 원산(?)이며, 우리나라에서는 남부지방인 전남 여수 돌산도와 울산에서 자란다.
* 울산도깨비바늘(*Bidens pilosa* L.)과 달리 두화의 가장자리에 백색의 설상화가 4~6개 돌려난다.

A. 화탁의 인편, B. 두화, C. 총포편, D. 통상화, E. 설상화, F. 잎, G. 열매

177. 지느러미엉겅퀴

Ji-neu-reo-mi-eong-geong-kwi [Kor.]
Hireazami [Jap.]
Welted Thistle [Eng.]

Carduus crispus L., Sp. Pl. 821(1753); Britton & Brown in Illus. Fl. U. S. & Can. Vol. 3: 555(1970); T. Osada in Col. Illus. Nat. Pl. Jap. 13(1976).

2년생 초본으로 줄기는 70~100cm이며 현저하게 날개가 있고 날개는 많은 톱니가 있으며 끝이 가시로 이루어진다. 잎은 길이 5~30cm로 어긋나기(互生)이고 윤곽이 피침형披針形이며 불규칙하게 우상羽狀으로 갈라지고 톱니 끝이 가시로 되어 있다. 꽃은 6~9월에 피며 두화頭花는 지름 2.5cm로 자주색이다. 총포總苞는 길이 1.5~2cm로 난형체卵形體이고 7~8줄의 총포편總苞片은 겹쳐지며 끝이 가시이다. 화상花床에는 백색 사상絲狀의 인편鱗片이 밀포密布한다. 설상화舌狀花는 없고 통상화筒狀花는 양성兩性으로 자주색이며 끝이 5심열深裂되고 관모冠毛는 백색이다.

* 유럽, 서아시아 원산이며, 국내에서도 개항 이후 이입되어 전국적으로 분포한다. 꽃의 색이 백색인 것을 흰지느러미엉겅퀴(*Cardus crispus* L. var. *albus* Makino)라 하며 인천 백령도와 중부지방에서 자란다.
* 사향엉겅퀴(*Carduus nutans* L.)와 달리 총포편은 폭이 2mm 이하이며 두화는 지름 2.5cm로 작다.

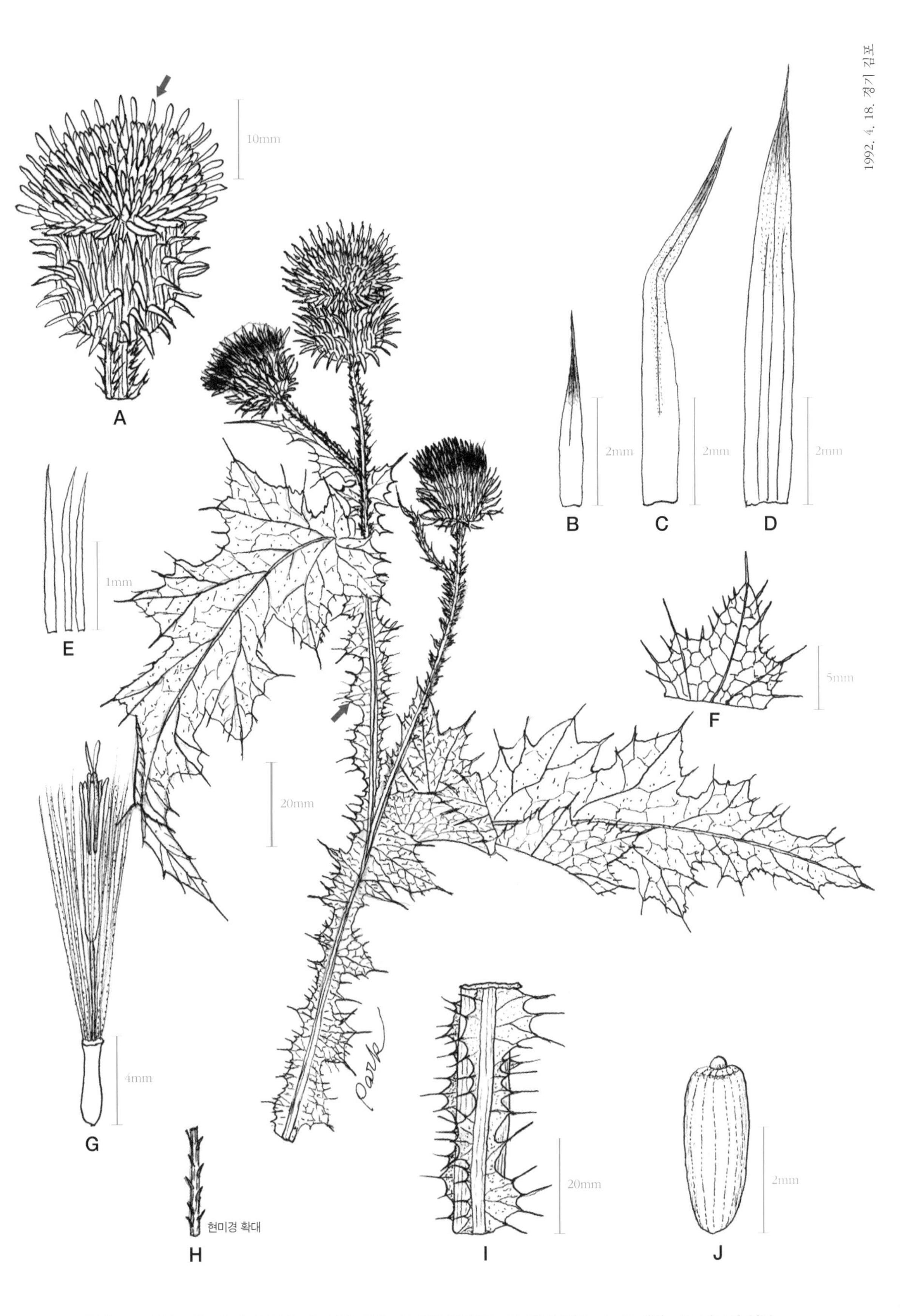

A. 두화, B. 외총포편, C. 중총포편, D. 내총포편, E. 화상의 인편, F. 잎의 일부, G. 통상화, H. 관모의 일부
I. 줄기의 일부, J. 씨

178. 사향엉겅퀴

Sa-hyang-eong-geong-kwi [Kor.]
Musk Thistle [Amer.]

***Carduus nutans* L.**, Sp. Pl. 821(1753); Britton & Brown in Illus. Fl. U. S. & Can. Vol. 3: 554(1970).

2년생 초본으로 줄기는 높이 30~200cm이며 가지를 친다. 잎은 윤곽이 피침형披針形이며 큰 것은 길이 25cm, 폭 10cm에 이른다. 잎 가장자리는 깊게 우상羽狀으로 분열되고 열편裂片은 삼각상三角狀이며 톱니 끝은 예리한 가시로 이루어져 있다. 잎의 끝이 뾰족하고 기부는 가지를 감싸며 흘러내려 날개를 이루는데 날개에 예리한 가시로 된 톱니가 있다. 꽃은 7~8월에 피며 홍자색이다. 줄기나 가지 끝에 1개씩 아래를 향한 두화頭花가 달리며 두화 바로 아래의 자루는 날개가 없다. 두화는 지름 4~8cm로 반구형半球形이며 총포편總苞片은 끝이 모두 가시로 발달되며 여러 줄로 배열된다. 두화는 통상화筒狀花로만 이루어지며 통상화는 길이 25mm 내외이다.

* 유럽 원산으로 우리나라에서는 서울의 월드컵공원, 경기 진접과 양수리 등지에 산발적으로 번지고 있다.
* 지느러미엉겅퀴(*Carduus crispus* L.)에 비해 식물체가 장대하고 줄기나 가지 끝에 두화가 1개씩 달리며 아래를 향해 숙인다.

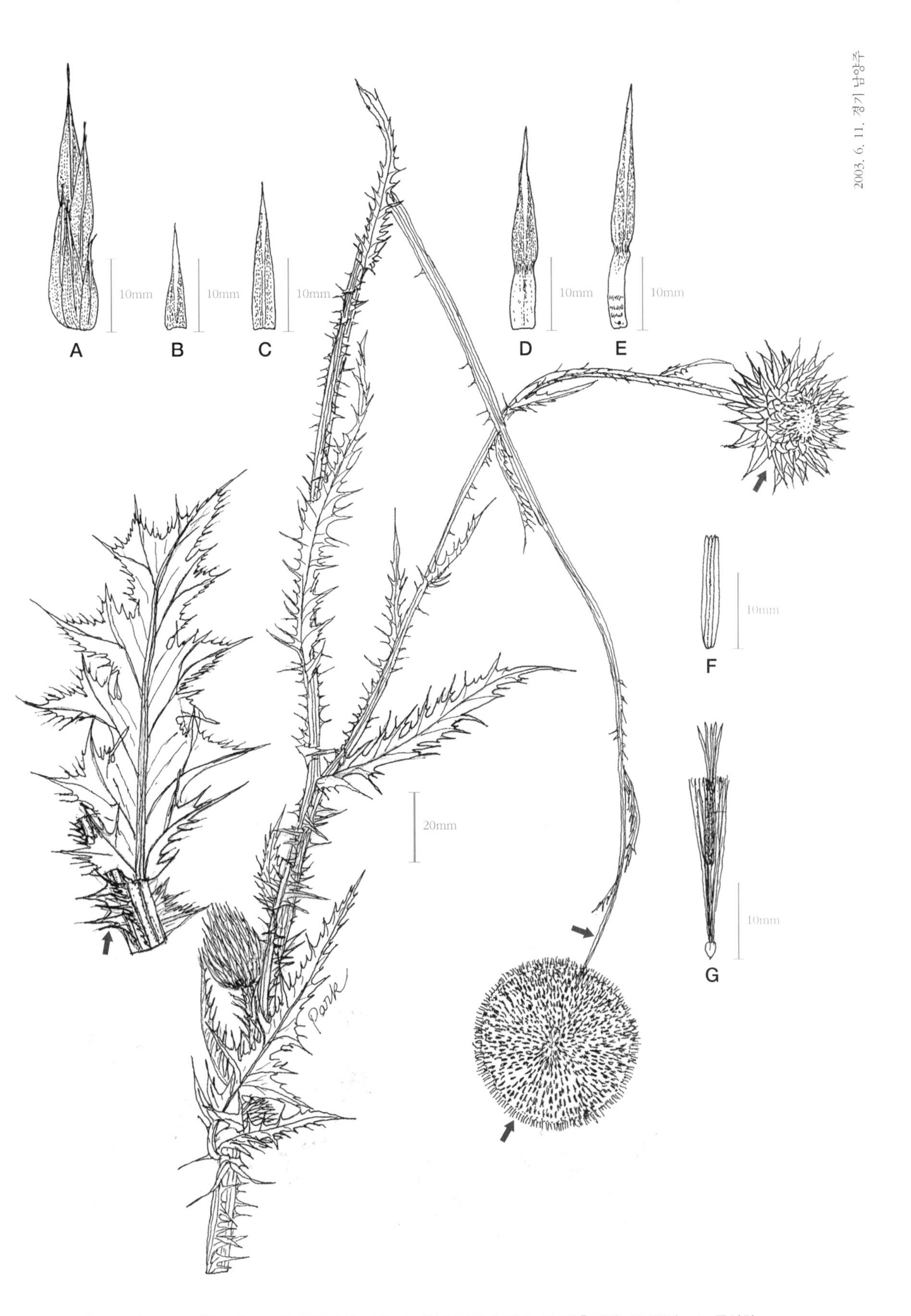

A. 총포의 일부, B. 외총포편, C. 둘째 줄의 총포편, D. 셋째 줄의 총포편, E. 내총포편, F. 꽃밥, G. 통상화

179. 불란서국화

Bul-ran-seo-guk-hwa [Kor.]
Huransu-giku [Jap.]
White-weed, Moon-daisy [Eng.]

***Chrysanthemum leucanthemum* L.**, Sp. Pl. 888(1753); Britton & Brown in Illus. Fl. U. S. & Can. Vol. 3: 518(1970); T. Osada in Col. Illus. Nat. Pl. Jap. 25(1976).

다년생 초본으로 줄기는 높이 30~50cm이며 기부 근처에서 가지를 친다. 잎은 어긋나기(互生)이고 근생엽根生葉은 도란형倒卵形이며 긴 잎자루가 있고 조악粗惡한 톱니가 있거나 우상羽狀으로 분열된다. 경생엽莖生葉은 길이 2.5~7cm로 선형線形이고 위쪽의 잎은 작고 톱니가 거의 없다. 꽃은 5~8월에 피고 두화頭花는 줄기 끝에 1개씩 달리며 백색으로 지름 5cm이다. 총포편總苞片은 장타원형長楕圓形인데 끝이 뭉툭하고 털이 없으며 건성 막질乾性膜質이 가장자리에 있다. 설상화舌狀花는 20~30개가 달리는데 백색이고 자성雌性이며 가볍게 2~3치齒가 있다. 통상화筒狀花는 황색으로 끝이 5열裂된다. 관모冠毛는 없다.

* 유럽 원산이며, 국내에서는 관상용으로 재배하던 것이 일출逸出하여 야생화하였다. 강원 대관령, 경기 분원 등지에 자라고 있다.
* 쑥갓(*Chrysanthemum coronarium* L.)과 비교하면 근생엽은 도란형이고 경생엽은 선형-주걱형이며 결각缺刻이 얕고 꽃이 백색인 점이 다르다.

A. 총포편, B. 설상화, C. 통상화, D. 근생엽, E. 경생엽

180. 카나다엉겅퀴

Ka-na-da-eong-geong-kwi [Kor.]
Seiyou-togeazami [Jap.]
Canada Thistle, Creeping Thistle [Amer.]

***Cirsium arvense* (L.) Scop.**, Fl. Carn. Ed. 2, 2: 126(1772); M. L. Fernald in Gr. Manu. Bot. 1542(1950); Britton & Brown in Illus. Fl. U. S. & Can. 3: 553(1970).

다년생 초본으로 길게 뻗는 지하경地下莖이 있고 줄기는 높이 40~130cm이다. 잎은 어긋나기(互生)이고 장타원형長楕圓形이며 거칠게 파상波狀으로 우상 심열羽狀深裂되고 잎 가장자리의 거치鋸齒 끝은 가시로 되어 있다. 꽃은 6~8월에 피며 길이 2~2.5cm, 폭 1.5~2.5cm의 두화頭花는 보라색 또는 백색이며 여러 개가 모여 산방화서繖房花序를 이루고 자웅이주雌雄異株이다. 암꽃의 두화는 난형체卵形體이고 향기로운 냄새가 나며 수꽃의 두화는 구형球形이며 꽃가루만 만든다. 총포편總苞片은 6줄로 배열되며 관모冠毛는 길이 10mm로 백색이고 곁가지털이 달린다. 씨는 타원체이며 길이 3.5mm, 폭 1.1mm로 담갈색이다.

* 유럽 원산이며, 우리나라에서는 경기 안산과 시흥에서 1996년에 확인하였다.
* 서양가시엉겅퀴〔*Cirsium vulgare* (Savi) Tenore.〕와 달리 지하의 포복경匍匐莖에 의해 번식하여 군락을 형성하며 자웅이주이다.

A. 꽃봉오리, B. 총포편, C. 경생엽, D. 통상화, E. 관모의 일부, F. 두화, G. 열매

181. 서양가시엉겅퀴

Seo-yang-ga-si-eong-geong-kwi [Kor.]
Amerika-oni-azami [Jap.]
Bull-thistle [Amer.]

Cirsium vulgare **(Savi) Tenore.**, Fl. Nap. 5: 209(1835); T. Osada in Col. Illus. Nat. Pl. Jap. 16(1976).
-*Cirsium ochrocentrum* A. Gray, Mem. Am. Acad. I: 110(1849).

2년생 초본으로 줄기는 높이 50~150cm이고 잎의 기부로부터 흘러내린 날개가 있으며 날개의 톱니 끝에 예리한 황백색의 가시가 있다. 잎은 우상분열羽狀分裂을 하며 큰 것은 열편裂片이 다시 나누어지거나 톱니가 되고 가시가 있다. 꽃은 6~10월에 피고 두화頭花는 여러 개가 줄기나 가지 끝에 달린다. 두화는 자주색이고 통상화筒狀花로만 이루어지며 화관花冠은 길이가 3~4cm이다. 총포總苞는 피침상 장타원형披針狀長楕圓形으로 폭 2~4cm이고 총포편은 끝이 예리한 침으로 되어 있다. 화탁花托의 인편鱗片은 백색이며 길이 1~2cm이다. 열매(瘦果)는 길이 3mm이며 회백색이고 표면에 얼룩무늬가 있다.

* 유럽 원산으로, 우리나라에서는 인천의 북항에서 처음 확인하여 보고하였다.
* 카나다엉겅퀴〔*Cirsium arvense* (L.) Scop.〕와 달리 군락을 형성치 않으며 두화는 완전화完全花이고 잎새(葉身) 기부가 흘러 줄기에 좁은 날개가 생긴다.

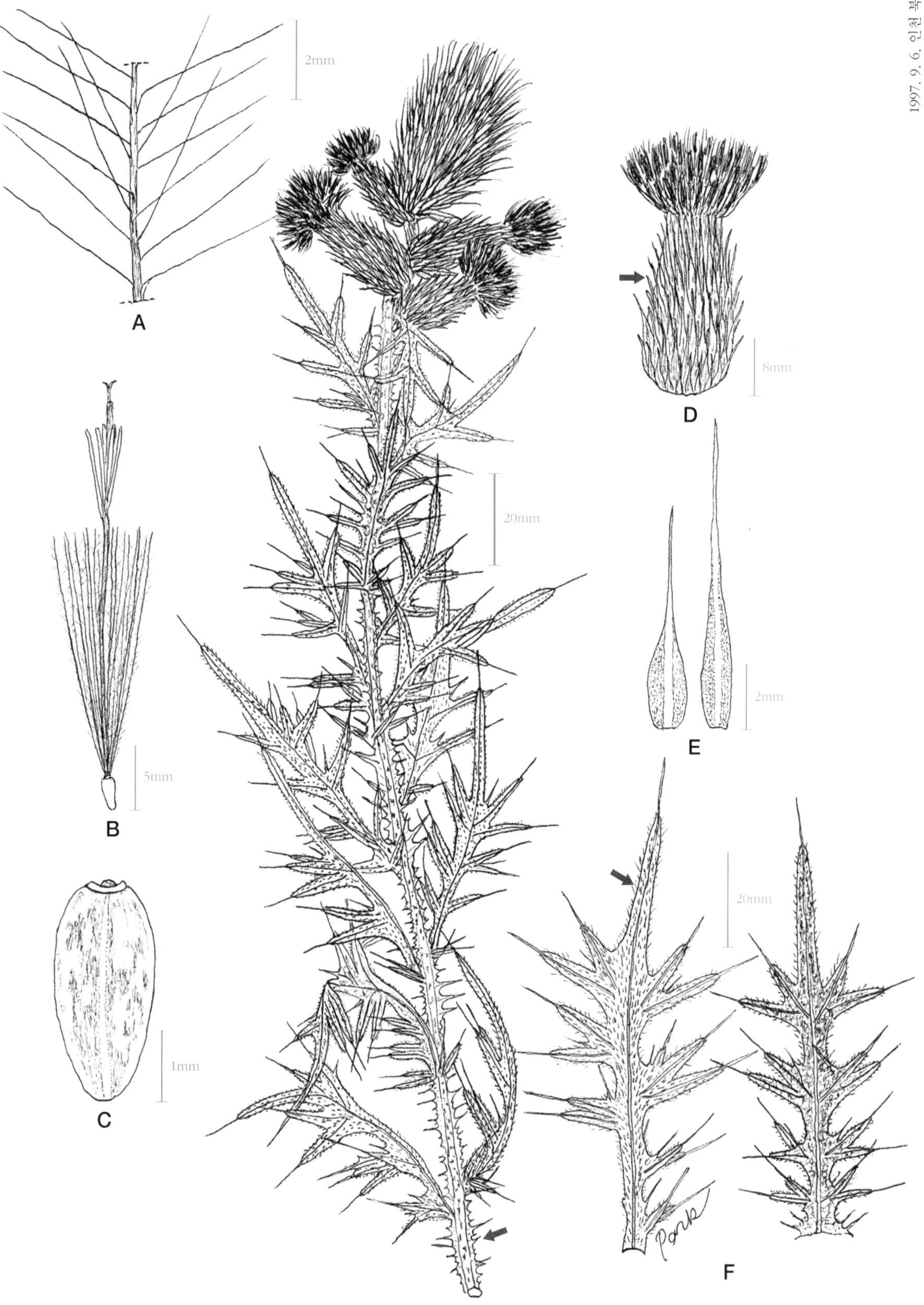

A. 관모의 일부, B. 통상화, C. 씨, D. 두화, E. 총포편, F. 잎

182. 실망초

Sil-mang-cho [Kor.]
Arechinokiku [Jap.]
Flax-leaf Fleabane [Eng.]

***Conyza bonariensis* (L.) Cronquist**, Bull. Torr. Bot. Cl. LXX: 632(1943); C. Stace in Fl. Brit. Isl. 855(1991).
-*Erigeron bonariensis* L., Sp. Pl. 863(1753).

1~2년생 초본으로 식물체 전체에 회백색 털이 많이 있고 줄기는 높이 100~150cm이다. 잎은 어긋나기(互生)이며 근생엽根生葉은 선상 피침형線狀披針形으로 길이 2~12cm이고 우상羽狀으로 심열深裂된다. 위쪽의 잎은 선형線形으로 거치鋸齒가 거의 없다. 꽃은 7~9월에 피며 원元줄기 끝에 짧은 화서花序가 있고 그 밑에 2~3개의 곁가지가 생겨 길게 자라는 특징이 있다. 두화頭花는 여러 개이고 원추상 총상화서圓錐狀總狀花序를 이룬다. 총포總苞는 종형鐘形으로 길이 4~6mm이고 설상화舌狀花는 작고 총포편總苞片 밖으로 초출超出되지 않는다. 통상화筒狀花는 양성兩性으로 회황색이고 끝이 5열裂되며 관모冠毛는 담갈색이다.

* 남아메리카 원산으로, 국내에서는 남부지방과 제주도 바닷가에서 발견된다.
* 큰망초〔*Conyza sumatrensis* (Retz.) E. Walker〕와 달리 총포는 길이 5~6mm, 총포편은 26~27개, 관모는 갈색이고 통상화는 모두 5치齒이다.

A. 씨, B. 통상화, C. 설상화, D. 줄기 하단의 잎, E. 꽃봉오리, F. 두화, G. 총포편

183. 망초

Mang-cho [Kor.]
Hime-mukashiyomogi [Jap.]
Horse-weed, Canadian Fleabane [Eng.]

Conyza canadensis **(L.) Cronquist**, in Bull. Torr. Bot. Cl. LXX: 632(1943).
-*Erigeron canadensis* L. Sp. Pl. 863(1753); T. Chung in Kor. Fl. 702(1956).

2년생 초본이며 줄기는 높이 50~150cm이고 원추상圓錐狀으로, 가지를 많이 친다. 근생엽根生葉은 주걱형이며 거치鋸齒가 있다. 경생엽莖生葉은 도피침형倒披針形으로 길이 7~10cm이며 한쪽에 2~4개의 거치가 있고 가장자리에 퍼진 긴 털이 열생列生한다. 꽃은 7~9월에 피며 두화頭花는 지름 약 5mm로 여러 개이고 커다란 원추화서圓錐花序를 이룬다. 총포總苞는 종형鐘形이며 지름 2.5mm, 설상화舌狀花는 길이 2.5~3.5mm로 자성雌性이고 백색이며 끝에 2치齒가 있고 총포 밖으로 초출超出된다. 통상화筒狀花는 담황색으로 양성兩性이며 길이 2.5~3.0mm, 관모冠毛는 길이 2.5~3.0mm이다.

* 북아메리카 원산으로, 국내에서는 개항 이후에 이입되어 지금은 전국에 분포한다.
* 애기망초(*Conyza parva* Cronquist)와 달리 식물체 전체에 강모剛毛가 있고 잎은 거치가 있으며 총포편은 끝 쪽에 암자색의 반점이 없다.

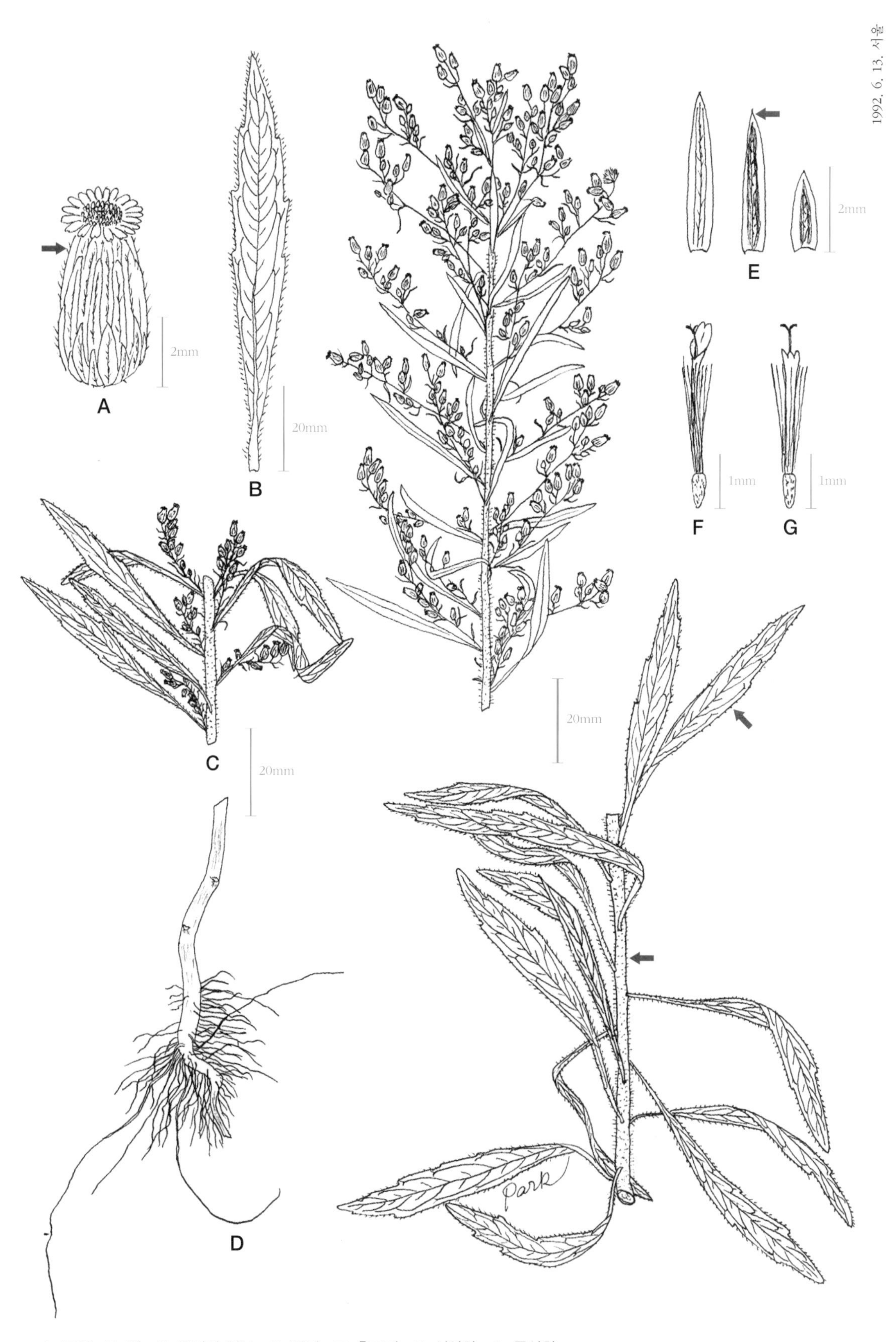

A. 두화, B. 잎, C. 줄기의 일부, D. 뿌리, E. 총포편, F. 설상화, G. 통상화

184. 애기망초

Ae-gi-mang-cho [Kor.]
Kenashi-Hime-mukashiyomogi [Jap.]

***Conyza parva* Cronquist**, Bull. Torr. Bot. Cl. 70: 632(1943).
–*Erigeron pusillus* NUTT., Gen. Am. 2: 148(1818); S. H. Park, Kor. Jour. Pl. Tax. Vol. 26(2): 155(1996).

1년생 식물로 줄기는 털이 없고 높이는 20~100cm이다. 잎은 좁은 주걱형 또는 선형線形이며 줄기를 나선상으로 가볍게 감으며 펼쳐진다. 줄기 중앙부의 잎은 작은 거치鋸齒가 있으며 위쪽의 것은 거치가 없다. 9~10월경 줄기 위쪽에 원추형圓錐形의 화서花序가 생기며 두화頭花는 가지의 아래쪽에는 없고 위쪽에 달린다. 총포總苞는 길이 3~5mm로 원통형이며 총포편總苞片은 3~4개로 털이 없고 끝 쪽에 암자색의 반점이 있다.

* 북아메리카 원산이며, 우리나라에서는 제주도와 남부지방에 분포한다.
* 망초〔*Conyza canadensis* (L.) Cronquist〕와 달리 줄기의 높이는 20~100cm이고 털이 없으며 두화는 화서의 가지 끝에 엉성하게 달린다. 총포편은 녹색으로 가장자리에 백색 막질膜質이 있고 끝 쪽에 암자색의 반점이 있다.

A. 두화, B. 꽃봉오리, C. 설상화, D. 통상화, E. 잎, F. 줄기, G. 총포편

185. 큰망초

Keun-mang-cho [Kor.]
Oho-arechinogiku [Jap.]

***Conyza sumatrensis* (Retz.) E. Walker**, Jour. Jap. Bot. 46(3): 72(1971).
–*Erigeron sumatrensis* Retz., Obs. 5: 28; T. Osada in Col. Illus. Nat. Pl. Jap. 43(1976).

2년생 초본으로 줄기는 높이 80~180cm, 암녹색이며 조모粗毛가 밀생한다. 잎은 어긋나기(互生)이며 근생엽根生葉은 피침형披針形으로 중거치重鋸齒가 거칠게 있다. 경생엽莖生葉은 피침형으로 한쪽에 5~9개의 거치가 있고 위쪽의 잎은 선형線形으로 톱니가 없다. 꽃은 7~9월에 피고 두화頭花는 길이 5mm로 여러 개이며 커다란 원추화서圓錐花序를 이룬다. 총포總苞는 난형卵形인데 폭이 약 4mm로 회녹색이며, 총포편總苞片은 피침형으로 3줄로 배열하고 끝이 예두銳頭이며 털이 있다. 설상화舌狀花의 설상부는 작고 끝에 2치齒가 있으며 총포 밖으로 나오지 않는다. 관모冠毛는 길이 약 4mm이고 담회갈색이다.

* 남아메리카(브라질) 원산이며, 국내에서는 남부지방과 제주도에서 자란다.
* 실망초〔*Conyza bonariensis* (L.) Cronquist〕에 비해 총포는 길이 4mm로 약간 작고 관모는 담회갈색이다.

A. 두화, B. 설상화, C. 통상화, D. 총포편, E. 화서의 일부, F. 씨

186. 큰금계국

Keun-geum-ge-guk [Kor.]
Oho-kinkeigiku [Jap.]
Lance-leaved Tickseed [Eng.]

Coreopsis lanceolata **L.**, Sp. Pl. 908(1753); H. Lee in Illus. Encyc. Fl. Kor. Gard. Fl. 1: 168(1964); T. Osada in Col. Illus. Nat. Pl. Jap. 67(1976).

다년생 초본으로 줄기는 높이 30~70cm이고 조모粗毛로 덮였다. 근생엽根生葉은 긴 잎자루가 있고 주걱형이며 끝이 둔두鈍頭이고 길이는 5~15cm이다. 경생엽莖生葉은 피침형披針形으로 위쪽의 것은 갈라지지 않는다. 꽃은 5~8월에 피고 두화頭花는 가늘고 길게 자란 꽃자루 위에 1개씩 피며 지름 5~7cm이다. 총포편總苞片은 털이 없거나 가장자리에만 털이 있고 피침형披針形이며 외편外片이 내편內片보다 좁고 길이는 비슷하다. 설상화舌狀花는 등황색橙黃色으로 끝에 4~5치齒가 있으며 화상花床의 인편鱗片은 선형線形이고 길이는 5~8mm이다. 열매(瘦果)는 편평하고 흑색이며 광택이 있다.

* 북아메리카 원산이며, 관상용 식물로 재배하던 것이 일출逸出하여 야생화하였고 남부지방에 분포한다.
* 기생초(*Coreopsis tinctoria* Nutt.)와 달리 잎이 세열細裂되지 않으며 두화는 지름이 5~7cm이고 설상화는 등황색이다.

A. 통상화, B. 화상의 인편, C. 설상화, D. 두화의 뒷면, E. 내총포편, F. 외총포편, G. 뿌리

187. 기생초

Gi-saeng-cho [Kor.]
Harushiyagiku [Jap.]
Golden Coreopsis,
Garden Tickseed. [Eng.]

***Coreopsis tinctoria* Nutt.**, Jour. Acad. Phila. 2: 114(1821); H. Lee in Illus. Encyc. Fl. Kor. Gard. Fl. 1: 171(1964); T. Osada in Illus. Jap. Ali. Pl. 19 (1972).

1년생 초본이며 줄기의 높이는 60~120cm이고 가지를 친다. 잎은 마주나기(對生)이며 전체 윤곽이 난형卵形으로 1~2회 우상 심열羽狀深裂하고 열편裂片은 선형線形으로 광택이 있다. 위쪽의 잎은 선형이며 톱니가 없다. 꽃은 6~9월에 피며 두화頭花는 지름 3~4cm이다. 총포總苞는 반구형半球形이며 외총포편外總苞片의 가장자리는 막질膜質이다. 내총포편內總苞片은 난형이고 길이 5~6mm, 가장자리는 건성 막질乾性膜質이다. 설상화舌狀花는 6~10개인데 상반부는 등황색橙黃色, 하반부는 자갈색紫褐色이다. 통상화筒狀花는 암적갈색으로 관모冠毛가 없다.

* 북아메리카 원산으로 '공작국화'라고도 알려졌으며, 재배하던 식물이 일부 자연으로 일출逸出하여 야생화한 것이 많다.
* 큰금계국(*Coreopsis lanceolata* L.)과 달리 잎은 1~2회 우상 심열하고 열편은 선형이며 두화는 지름 3~4cm, 설상화는 등황색 바탕에 하반부에 자갈색의 진한 무늬가 있다.

A. 화상의 인편, B. 내총포편, C. 외총포편, D. 설상화, E. 통상화, F. 잎

188. 코스모스

Ko-seu-mo-seu [Kor.]
Kosumosu [Jap.]
Common Cosmos [Eng.]

***Cosmos bipinnatus* Cav.**, Icon. et Descr. Pl. 1: 9(1791); H. Lee. in Illus. Encyc. Fl. Kor. Gard. Fl. 1: 171(1964); T. Osada in Illus. Jap. Ali. Pl. 14 (1972).

1년생 초본이며 줄기는 높이 80~120cm이고 가지를 많이 친다. 잎은 마주나기(對生)이며 윤곽이 난형卵形으로 2회 우상 전열羽狀全裂하고 열편裂片은 선형線形으로 얇다. 꽃은 6~10월에 피며 두화頭花는 여러 개인데 가지 끝에 1개씩 달리며 지름은 5~6cm이다. 총포편總苞片은 2줄로 배열되며 외편外片 8개, 내편內片 8개이다. 설상화舌狀花는 7~9개로 홍색, 연분홍색, 백색이며 끝 부분에 뭉툭하게 3~5치齒가 있다. 통상화筒狀花는 황색으로 끝에 5개의 피침형披針形 톱니가 있고 꽃밥은 암갈색이다. 열매(瘦果)는 털이 없고 길이 7~12mm, 폭 1~1.5mm이며 부리 모양의 돌기가 있다.

* 멕시코 원산이며, 관상용으로 전국에 걸쳐 재배하고 있는 식물로 최근 일부 일출逸出하여 야생화한 것도 있다.
* 노랑코스모스(*Cosmos sulphureus* Cav.)와 달리 잎이 2회 우상 전열되며 최종 열편은 선형, 꽃은 백색과 연분홍색이다.

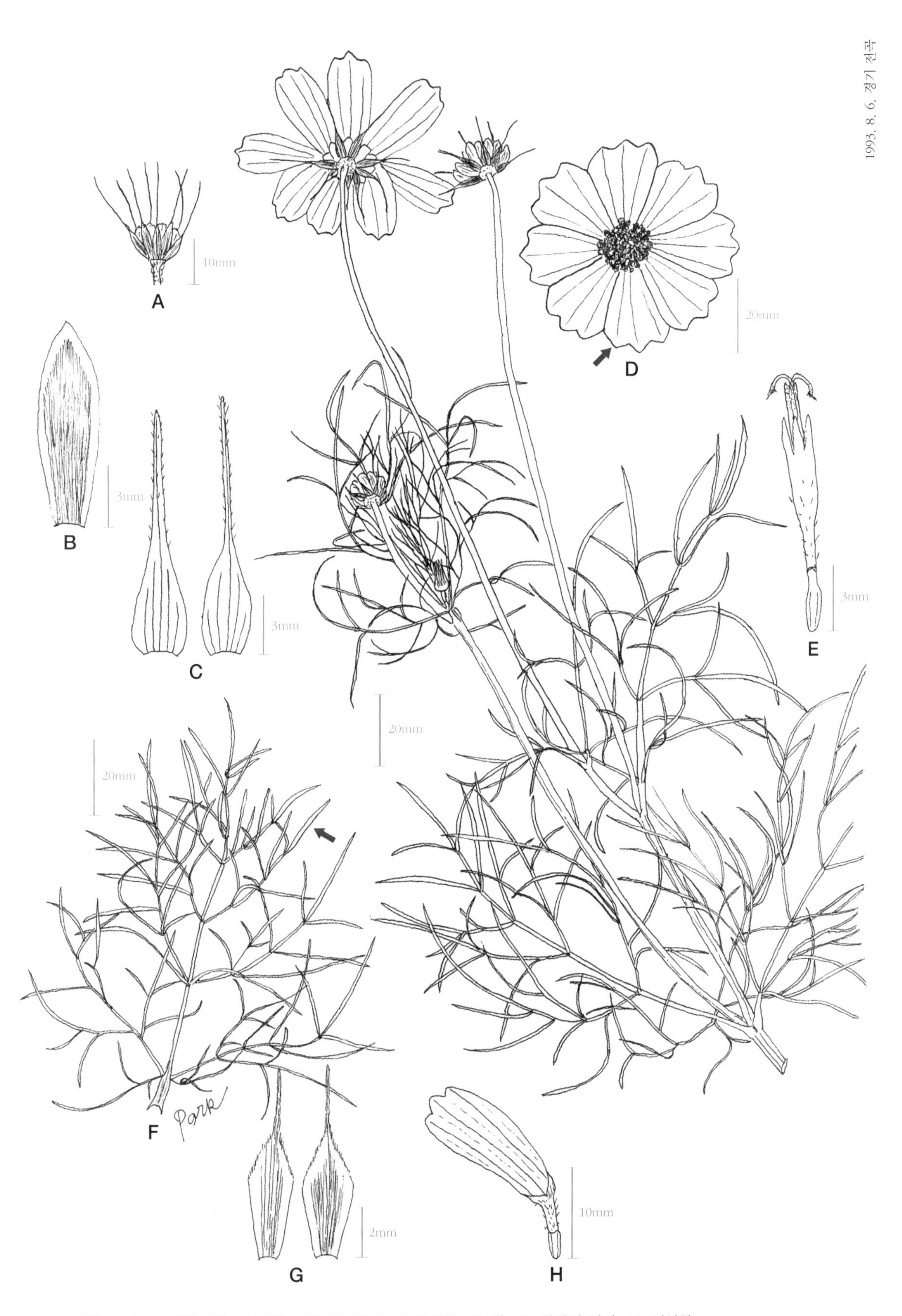

A. 꽃봉오리, B. 내총포편, C. 외총포편, D. 두화, E. 통상화, F. 잎, G. 화상의 인편, H. 설상화

189. 노랑코스모스

No-rang-ko-seu-mo-seu [Kor.]
Kibana-kosumosu [Jap.]
Yellow Cosmos [Eng.]

Cosmos sulphureus **Cav.**, Icon. et Descr. Pl. 1: 56(1791); H. Lee in Illus. Encyc. Fl. Kor. Gard. Fl. 1: 172(1964); T. Osada in Illus. Jap. Ali. Pl. 14 (1972).

1년생 초본으로 줄기는 높이 40~100cm이며 곧추선다. 잎은 마주나기(對生)이고 아래쪽의 것은 윤곽이 삼각상 난형三角狀卵形이며 2회 우상 심열羽狀深裂하고 열편裂片은 장타원형長楕圓形이다. 위쪽의 잎은 1~2회 우상 심열한다. 꽃은 7~9월에 피고 두화頭花는 지름 5~6cm로 여러 개인데 가지 끝에 1개씩 피며 주황색이다. 외총포편外總苞片은 8개, 내총포편內總苞片도 8개이다. 설상화舌狀花는 무성無性이고 끝에 불규칙하게 3~5치齒가 있다. 통상화筒狀花는 양성兩性이며 끝이 5심열深裂된다. 열매(瘦果)는 약간 굽었으며 긴 부리 모양의 돌기가 있고 2개의 가시가 있다.

* 멕시코 원산이며, 관상용 식물로 재배하고 있으며 일부가 일출逸出하여 야생화하였다.
* 코스모스(*Cosmos bipinnatus* Cav.)와 달리 잎은 2회 우상 심열되고 최종 열편은 장타원형 또는 피침형披針形이며 두화는 지름 5~6cm로 주황색이다.

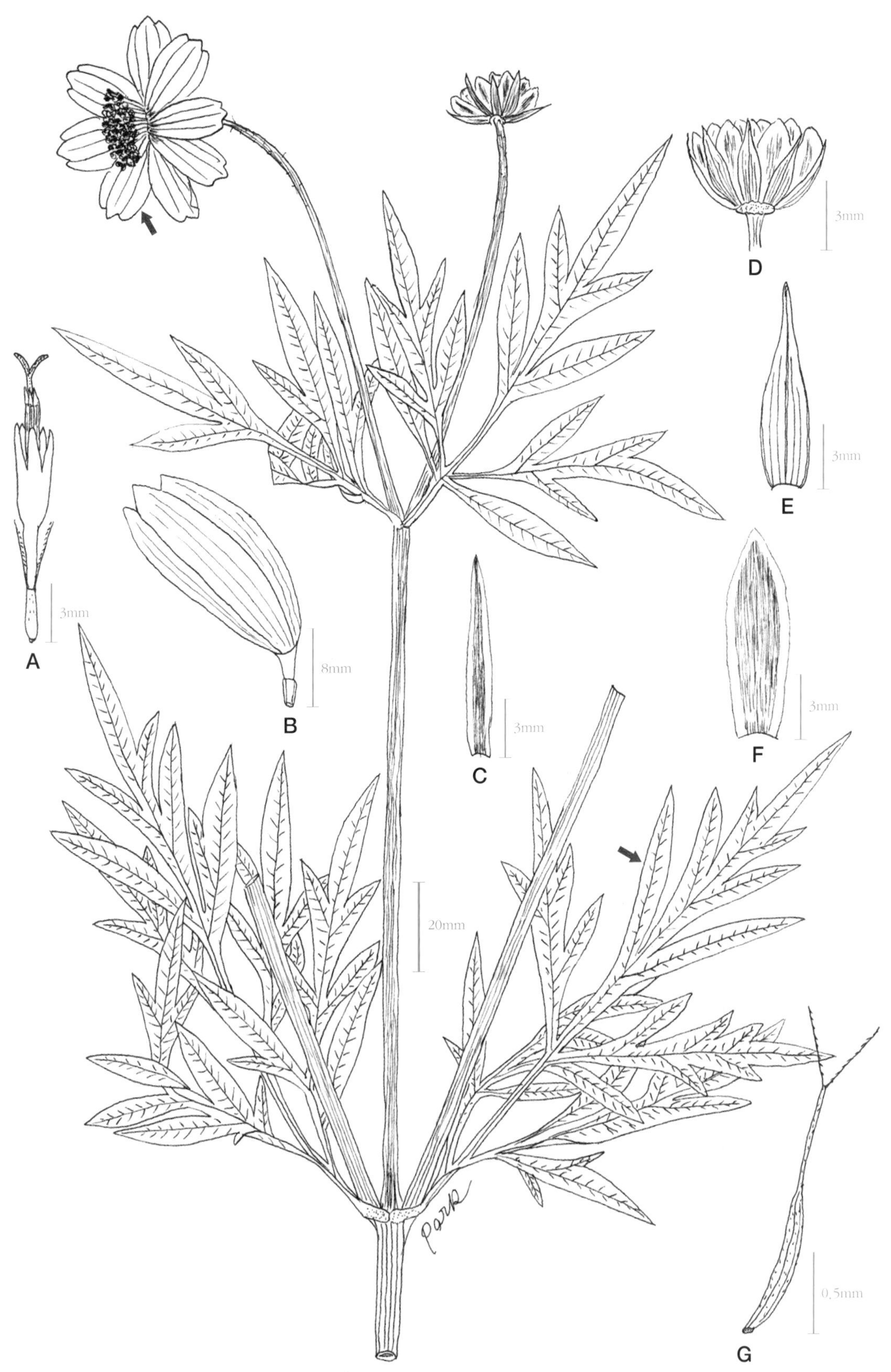

A. 통상화, B. 설상화, C. 화상의 인편, D. 꽃봉오리, E. 외총포편, F. 내총포편, G. 씨

190. 주홍서나물

Ju-hong-seo-na-mul [Kor.]
Benibanaborogiku [Jap.]

Crassocephalum crepidioides **(Benth.) S. Moore**, Jour. Bot. 1: 211(1912); T. Osada in Col. Illus. Nat. Pl. Jap. 72(1976).

1년생 초본으로 줄기는 높이 30~70cm이며 털이 성기게 있다. 잎은 어긋나기(互生)이고 난형卵形인데 불규칙하게 우상 분열羽狀分裂되며 가장자리는 크기가 다른 거치鋸齒가 있다. 위쪽의 잎은 좁은 장타원형長楕圓形이다. 꽃은 7~9월에 피며 두화頭花는 모두 아래를 향하여 매달리고 총상화서總狀花序를 이룬다. 총포總苞는 원통형이며 길이는 9~10mm로 기부 근처가 뚜렷하게 부풀었다. 설상화舌狀花는 없고 통상화筒狀花는 긴 관상管狀인데 통부筒部는 백색이고 판연瓣緣은 적색이며 5열裂된다. 관모冠毛는 백색으로 통부보다 짧다. 암술머리는 2개로 갈라지고 끈 모양이며 끝이 가늘어진다.

* 아프리카 원산으로, 우리나라에서는 제주도와 남부지방에 분포한다.
* 붉은서나물〔*Erechtites hieracifolia* (L.) Raf.〕에 비해 식물체가 작고 두화는 모두 아래를 향하여 매달리며 통상화의 판연부는 적색이다.

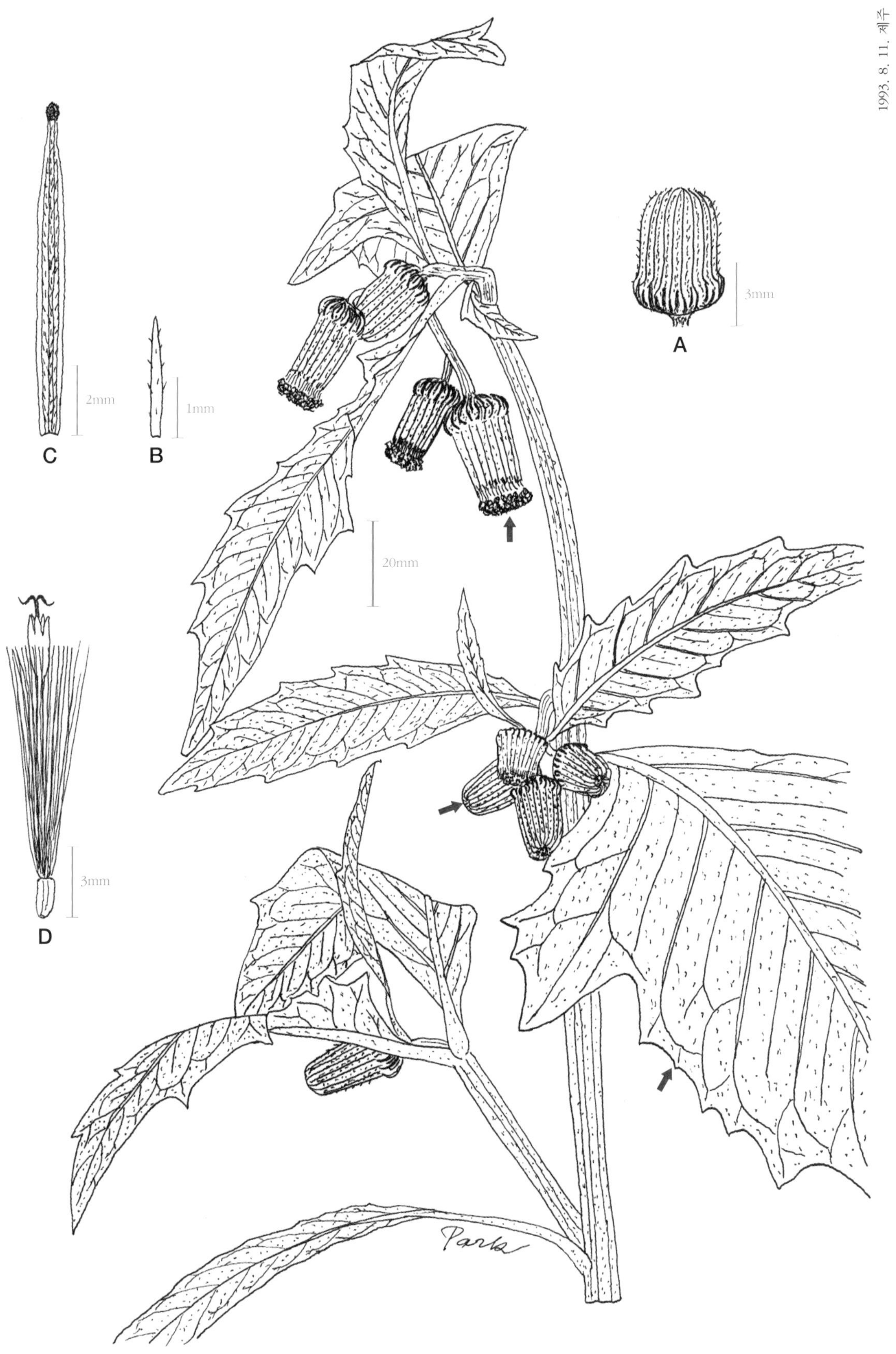

1993. 8. 11. 제주

3mm

A

2mm

C

1mm

B

20mm

3mm

D

Park

A. 꽃봉오리, B. 외총포편, C. 내총포편, D. 통상화

191. 나도민들레

Na-do-min-deul-re [Kor.]
Yanetabirako [Jap.]
Hawksbeard [Eng.]

***Crepis tectorum* L.**, Sp. Pl. 2: 989(1753); T. Osada in Col. Illus. Nat. Pl. Jap. 10(1976); T. Shimizu, Nat. Pl. Jap. 231(2003).

1년생 초본으로 줄기는 높이 20~100cm이며 7~8개의 모서리와 백색 털이 있다. 근생엽根生葉은 길이 10~15cm이고 가장자리에 불규칙한 톱니가 있고 기부에 잎자루가 있다. 경생엽莖生葉은 어긋나기(互生)이고 위로 갈수록 좁고 작아지며 기부가 줄기를 감싸고 가장자리는 전연全緣이다. 꽃은 5~7월에 피며 황색이고 지름 20mm 정도인 두화頭花는 설상화舌狀花로만 이루어지며 2~10개가 산방상繖房狀으로 화서花序를 이룬다. 총포總苞는 길이 7~9mm로 총포편總苞片은 2줄로 배열되며 외총포편은 내총포편보다 짧다. 총포편 등 쪽 중륵中肋에 길이 1mm 미만의 흑색 선모腺毛와 백색 압축모壓縮毛가 있으며 안쪽에는 백색 단모短毛가 산생散生한다. 관모冠毛는 백색이고 과체果體는 적갈색이다.

* 유럽 원산이며, 우리나라에서는 강원 평창군 진부리에 계속 번지고 있다.
* *Crepis* L.속식물은 상처를 내면 유액이 나오고 설상화로만 이루어진다. 총포편의 등 쪽 중륵에 1mm 미만의 흑색 선모와 백색 압축모가 있으며 안쪽에는 백색 단모가 산생한다.

열매

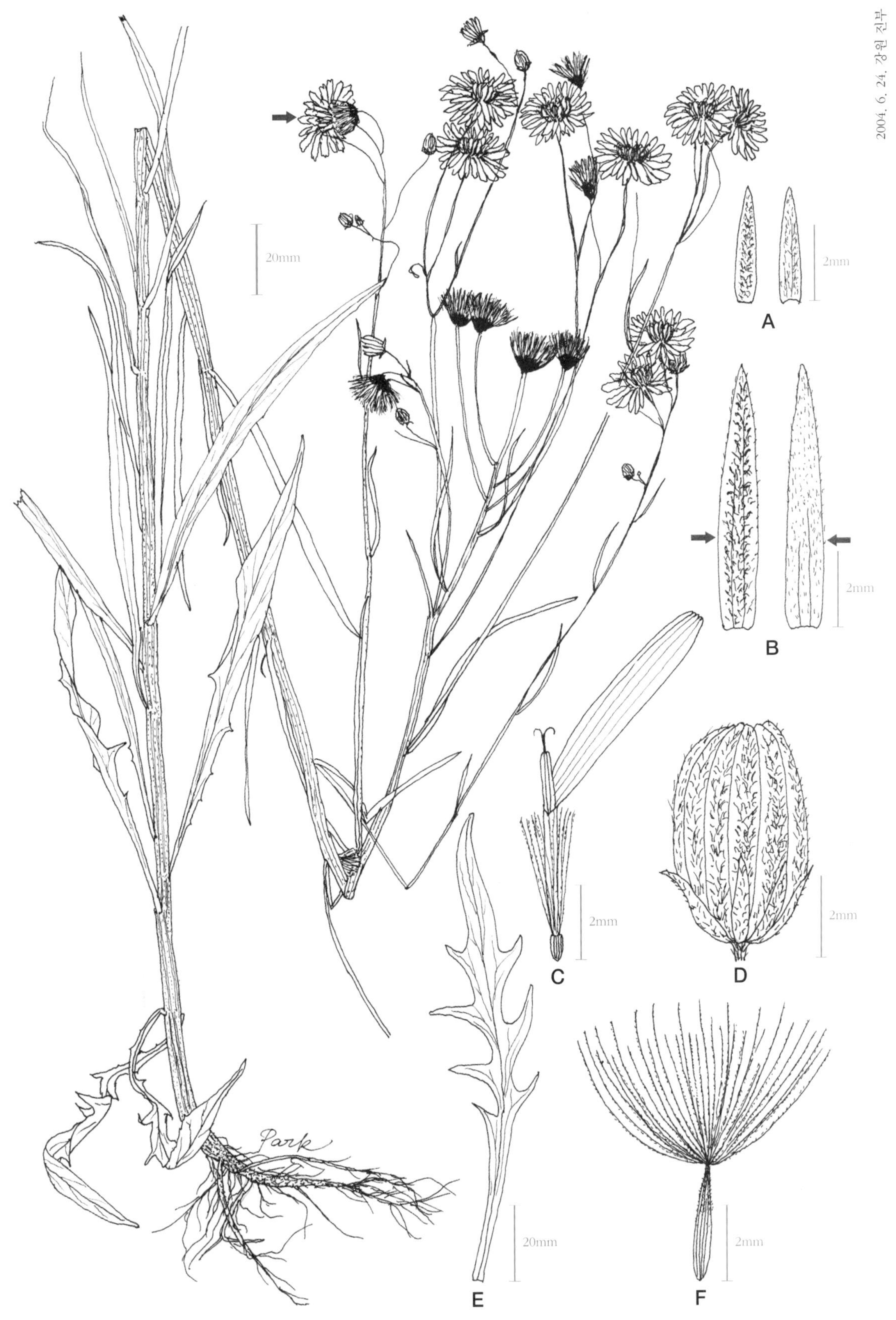

A. 외총포편, B. 내총포편, C. 설상화, D. 꽃봉오리, E. 근생엽, F. 수과

192. 천인국아재비

Cheon-in-guk-a-jae-bi [Kor.]
Clasping Leaved Cone-flower [Amer.]

***Dracopis amplexicaulis* Cass.**, DC. Prodr. 5: 558(1836); Britton & Brown in Illus. Fl. U. S. & Can. 3: 473(1970); S. H. Park in Kor. Jour. Pl. Tax. 29(3): 291(2000).

1년생 초본으로 줄기는 높이 30~60cm이며 골이 파여 있다. 잎은 어긋나기(互生)이며 아래쪽의 잎새(葉身)는 장타원형長楕圓形으로 잎 가장자리는 밋밋하고 망상網狀 맥이 있다. 위쪽의 잎은 난형卵形이며 길이 4~8cm, 기부는 심장저心臟底로 줄기를 둘러싼다. 꽃은 6~8월에 피며 원元줄기나 가지 끝에 1개씩 두상화서頭狀花序가 달린다. 두화頭花는 지름 6cm 내외이며 황색이고 총포편總苞片은 8~10개이다. 설상화舌狀花는 중성中性으로 황색이며 때로는 기부가 진한 갈색을 띠기도 한다. 많은 수의 통상화筒狀花는 양성화兩性花로 기부가 인편鱗片에 싸여 있고 갈색을 띤다. 열매(瘦果)는 각지지 않았고 화탁花托에 비스듬히 착생한다.

* 북아메리카 원산으로 우리나라에서는 경기 의정부에서 확인하였다. 도로 공사로 생긴 절개지를 피복하기 위해 양잔디 종자를 살포할 때 섞여 들어와 번진 것으로 추정된다.
* *Dracopis*속식물은 국내에 처음 알려진 속이며, 경생엽莖生葉은 난형이고 기부가 줄기를 감싸며 두화는 황색으로 지름이 6cm 내외인 특징이 있다.

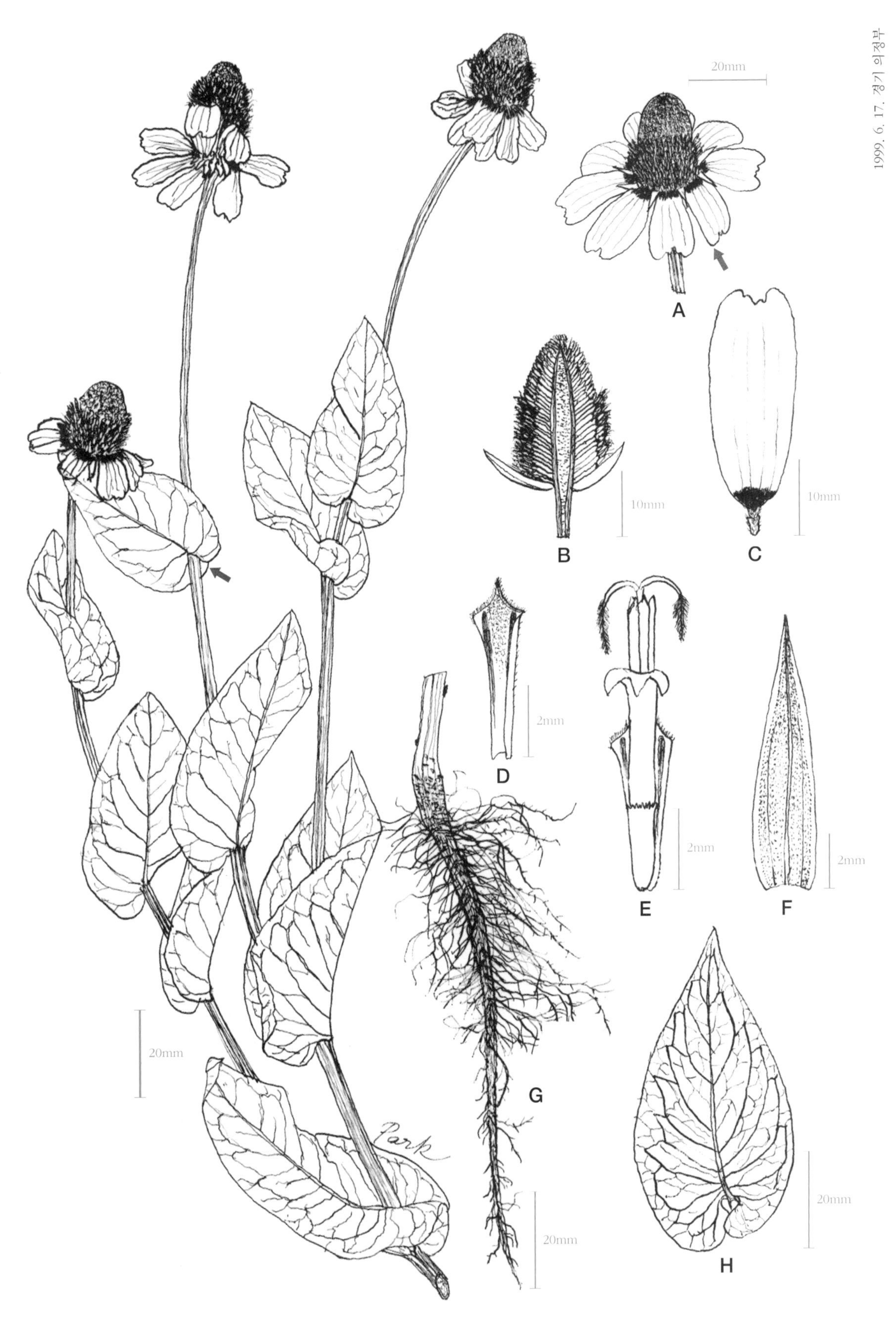

A. 꽃, B. 두화의 종단면, C. 설상화, D. 인편, E. 통상화와 인편, F. 총포편, G. 뿌리, H. 경생엽

193. 붉은서나물

Bul-geun-seo-na-mul [Kor.]
Dandoborogiku [Jap.]
Pilewort, Fireweed [Eng.]

***Erechtites hieracifolia* (L.) Raf.** DC. Prodr. 6: 294(1837); T. Osada in Col. Illus. Nat. Pl. Jap. 74(1976); T. Lee in Illus. Fl. Kor. 743(1979).

1년생 초본으로 줄기는 붉은 빛이 돌며 높이는 50~150cm이다. 잎은 어긋나기(互生)이며 선형線形이고 잎 가장자리는 거치鋸齒가 있으며 흔히 깊게 결각상缺刻狀이다. 위쪽의 잎은 잎자루가 없고 길이 7~20cm이며 기부는 이저耳底로 줄기를 감싼다. 꽃은 9~10월에 피고 두화頭花는 길이 1.5cm, 폭 0.5cm로 원통형이며 아래쪽이 현저하게 팽대되었고 산방상繖房狀의 화서花序를 이룬다. 외총포外總苞는 선형線形으로 길이 2~3mm, 내총포편內總苞片은 선형이며 길이 10~14mm이다. 설상화舌狀花는 없고 통상화筒狀花는 좁은 관상管狀이며 담황색 또는 황록색이다. 관모冠毛는 밝은 백색이다.

* 북아메리카 원산이며, 우리나라에는 거의 전국에 분포하고 있다.
* 주홍서나물〔*Crassocephalum crepidioides* (Benth.) S. Moore〕에 비해 식물체가 크며 통상화의 판연瓣緣은 담황색이다.

A. 내총포편, B. 외총포편, C. 통상화, D. 두화, E. 씨, F. 암술머리

194. 개망초

Kaemangch'o [Kor.]
Himezion [Jap.]
Daisy Fleabane, Sweet Scabious [Eng.]

***Erigeron annuus* Pers.**, Syn. 2: 431(1807); Britton & Brown in Illus. Fl. U. S. & Can. Vol. 3: 440(1970); T. Osada in Col. Illus. Nat. Pl. Jap. 46(1976).

2년생 초본으로 줄기는 높이 30~100cm이고 곧추선다. 잎은 어긋나기(互生)이다. 근생엽根生葉은 길이 5~15cm로 난상 피침형卵狀披針形이며 거친 거치鋸齒가 있다. 경생엽莖生葉은 피침형이며 성긴 거치가 있다. 꽃은 6~7월에 피고 두화頭花는 지름 2cm로 백색 때로는 자줏빛이 돌기도 한다. 총포總苞는 반구형半球形이며 총포편總苞片은 약간 긴 털이 있다. 설상화舌狀花는 100개 내외로 자성雌性이며 관모冠毛는 흔적만 있다. 통상화筒狀花는 황색으로 화관花冠이 5열裂되고 열편裂片은 삼각상 피침형三角狀披針形으로 긴 관모冠毛를 갖는다.

* 북아메리카 원산으로, 우리나라 전역의 공한지 어디서나 찾아볼 수 있는 잡초이다.
* 주걱개망초(*Erigeron strigsus* Muhl.)와 달리 근생엽과 경생엽 모두 거치가 있다.

1992. 8. 14. 경기 과천

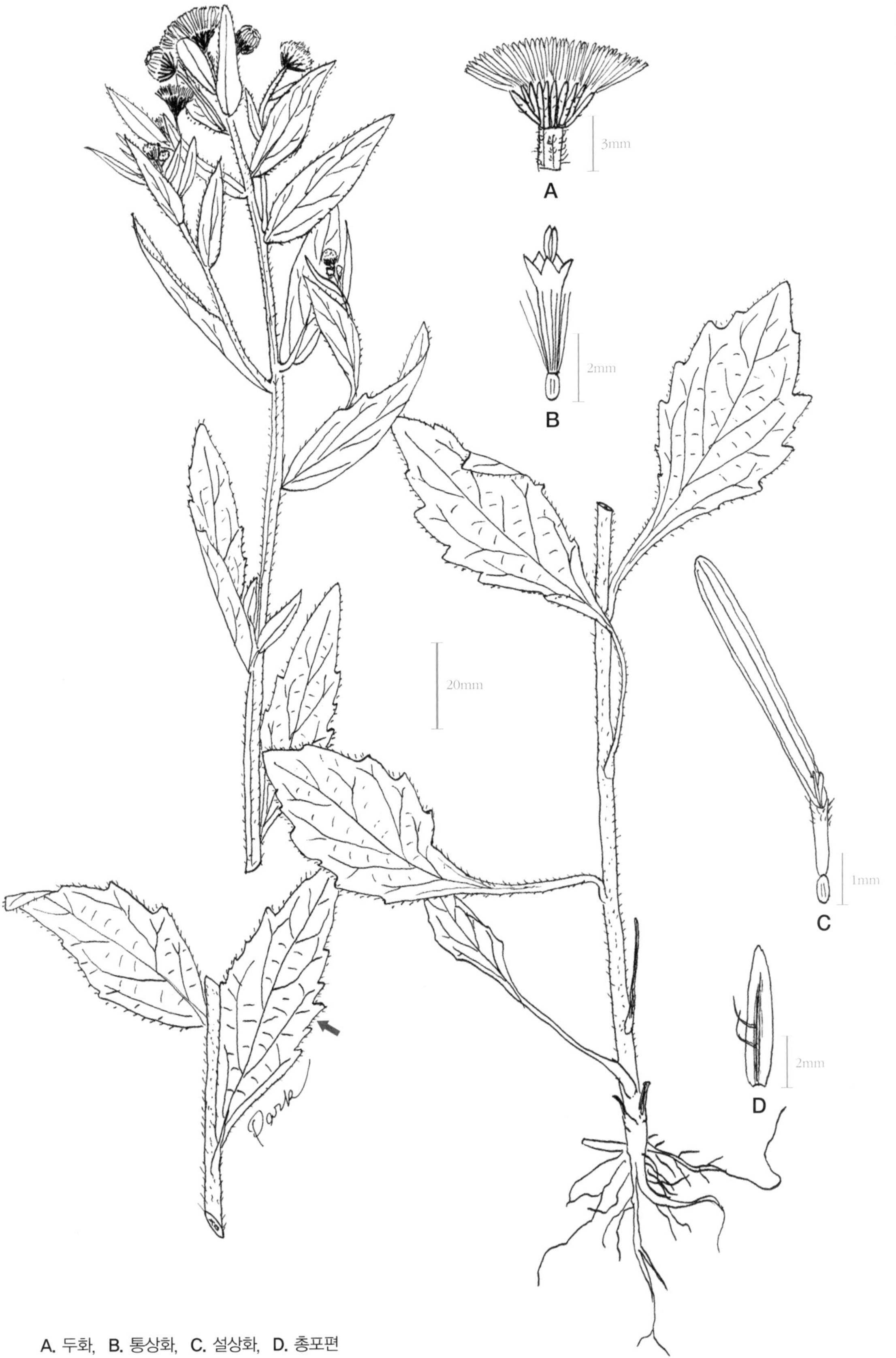

A. 두화, B. 통상화, C. 설상화, D. 총포편

195. 봄망초

Bom-mang-cho [Kor.]
Haru-zion [Jap.]
Philadelphia Fleabane [Amer.]

***Erigeron philadelphicus* L.**, Sp. Pl. 863(1753); Britton & Brown in Illus. Fl. U. S. & Can. 3: 439(1970); T. Osada in Col. Nat. Pl. Jap. 48(1976).

다년생 초본으로 줄기는 높이 30~80cm이며 속이 비었고 연한 털이 있다. 근생엽根生葉은 길이 4~10cm로 좁은 도피침형倒披針形이고 성긴 거치鋸齒가 있으며 기부는 좁아져서 잎자루에 이른다. 경생엽莖生葉은 주걱형, 기부는 심장저心臟底로 줄기를 감싼다. 꽃은 4~6월에 피고 두화頭花는 지름 2~2.5cm이며 산방상 원추화서繖房狀圓錐花序를 이룬다. 꽃봉오리일 때 화서는 아래쪽을 향해 고개를 숙인다. 설상화舌狀花는 15~400개이며 길이 5~10mm, 지름 0.5mm, 연분홍색 또는 백색이다. 통상화筒狀花는 길이 2.5~3.5mm이다. 열매(瘦果)는 2줄의 맥이 있고 20~30개의 관모冠毛가 있다.

* 북아메리카 원산이며 우리나라에는 대구, 인천과 서울의 월드컵공원에 분포한다.
* 개망초(*Erigeron annuus* Pers.)와 달리 줄기 속이 비었고 경생엽의 기부가 줄기를 감싸며 두화의 설상화가 좁고 350~400개에 이른다.

A. 총포편, B. 설상화, C. 통상화, D. 줄기의 단면, E. 경생엽, F. 아래쪽의 잎

196. 주걱개망초

Chugok-kaemangch'o [Kor.]
Heraba-himezion [Jap.]
Daisy Fleabane, Tall Fleabane [Eng.]

Erigeron strigosus **Muhl.**, Willd. Sp. Pl. 3: 1956(1804); T. Osada in Col. Illus. Nat. Pl. Jap. 47(1976); S. H. Park in Kor. Jour. Pl. Tax. Vol. 22(1): 60(1992).

1~2년생 초본으로 줄기는 높이 30~100cm이고 표면에 상향上向의 털이 있다. 근생엽根生葉은 주걱형으로 길이 3.5~8cm이고 잎 가장자리에는 톱니가 없으나 얕은 거치鋸齒가 있는 경우도 있다. 경생엽莖生葉도 주걱형이며 잎 가장자리에는 톱니가 없다. 꽃은 6~7월에 피며 두화頭花는 지름 14~15mm로 엉성한 원추화서圓錐花序를 이룬다. 총포편總苞片은 피침형披針形이며 끝이 예첨두銳尖頭로 길이 3mm이다. 설상화舌狀花는 자성雌性이며 120개 내외로 백색이며 흔적적인 관모冠毛가 있다. 통상화筒狀花는 양성兩性으로 여러 개이고 황색이며 긴 관모冠毛가 있다.

* 유럽 원산으로 우리나라에서는 서울, 경기 청평과 여주 등지에서 확인하였다.
* 개망초〔*Erigeron annuus* (L.) Pers.〕에 비해 근생엽이나 경생엽은 모두 거치가 없다.

A. 설상화, B. 통상화, C. 줄기의 털, D. 줄기의 일부, E. 총포편

197. 서양등골나물

Seo-yang-deung-gol-namul [Kor.]
Maruba-huzibakama [Jap.]
White Snakeroot [Eng.]

Eupatorium rugosum **Houtt.**, Nat. Hist. 2(10): 558(1779); T. Osada in Col. Illus. Nat. Pl. Jap. 76(1976); W. Lee, Y. Yim, Kor. Jour. Pl. Tax. Vol. 8(App.): 19(1978).

다년생 초본으로 줄기의 높이는 30~130cm이다. 잎은 마주나기(對生)이고 난형卵形으로 길이 2~10cm, 폭 1.5~6cm이고 잎 가장자리에는 거칠게 예거치銳鋸齒가 있다. 꽃은 8~10월에 피며 두화頭花는 백색으로 폭은 7~8mm이고 15~25개의 통상화筒狀花로만 이루어지며 산방화서繖房花序를 만든다. 원통형 총포總苞는 길이 4~5.5mm이고 총포편總苞片은 1줄로 배열되며 등 쪽에 털이 있다. 통상화는 백색으로 끝이 5열裂되고 암술머리는 사상絲狀이며 2심열深裂하여 화관花冠 밖으로 초출超出된다. 열매(瘦果)는 길이 2mm로 4~5개의 모서리가 있고 흑색이며 광택이 있다.

* 북아메리카 원산으로, 우리나라에서는 서울을 중심으로 서울 근교에 분포한다.
* 등골나물(*Eupatorium chinense* var. *simplicifolium* Kitamura)과 달리 잎은 난형이며 잎자루가 길고 두화는 백색이다.

A. 두화, B. 통상화, C. 총포편, D. 씨, E. 뿌리

198. 털별꽃아재비

Teol-byol-kkot-a-jae-bi [Kor.]
Hakidamegiku [Jap.]
French-weed, Potato-weed [Eng.]

***Galinsoga ciliata* (Raf.) Blake**, Rhodora. 14: 35(1922); T. Osada in Col. Illus. Nat. Pl. Jap. 70(1976); Y. Yim, E. Jeon Kor. Jour. Bot. Vol. 23: 141 (1980).

1년생 초본으로 줄기의 높이는 15~50cm이다. 잎은 마주나기(對生)이며 난형卵形이고 길이는 2~8cm로, 한쪽에 5~10개의 조거치粗鋸齒가 있으며 어린 가지나 줄기 마디에는 백색의 긴 털이 밀생密生한다. 꽃은 6~9월에 피며 두화頭花는 지름 6~7mm이다. 총포總苞는 반구형半球形이고 총포편總苞片은 5개로 표면에 선모腺毛가 있다. 설상화舌狀花는 5개로 설상부舌狀部의 폭이 4mm 정도이고 끝이 3열裂되며 백색이다. 관모冠毛는 좁은 능형菱形이다. 통상화筒狀花는 황색이고 화관花冠이 5열되며 관모는 끝이 뾰족하다. 열매(瘦果)는 흑색이고 털이 있다.

* 열대 아메리카 원산으로, 국내에서는 1970년대에 이입되었으며 서울을 비롯하여 중부지방에 널리 분포하고 있다.

* 별꽃아재비(*Galinsoga parviflora* Cav.)에 비해 설상화의 폭이 4mm 정도로 보다 크며 관모는 좁은 능형이다.

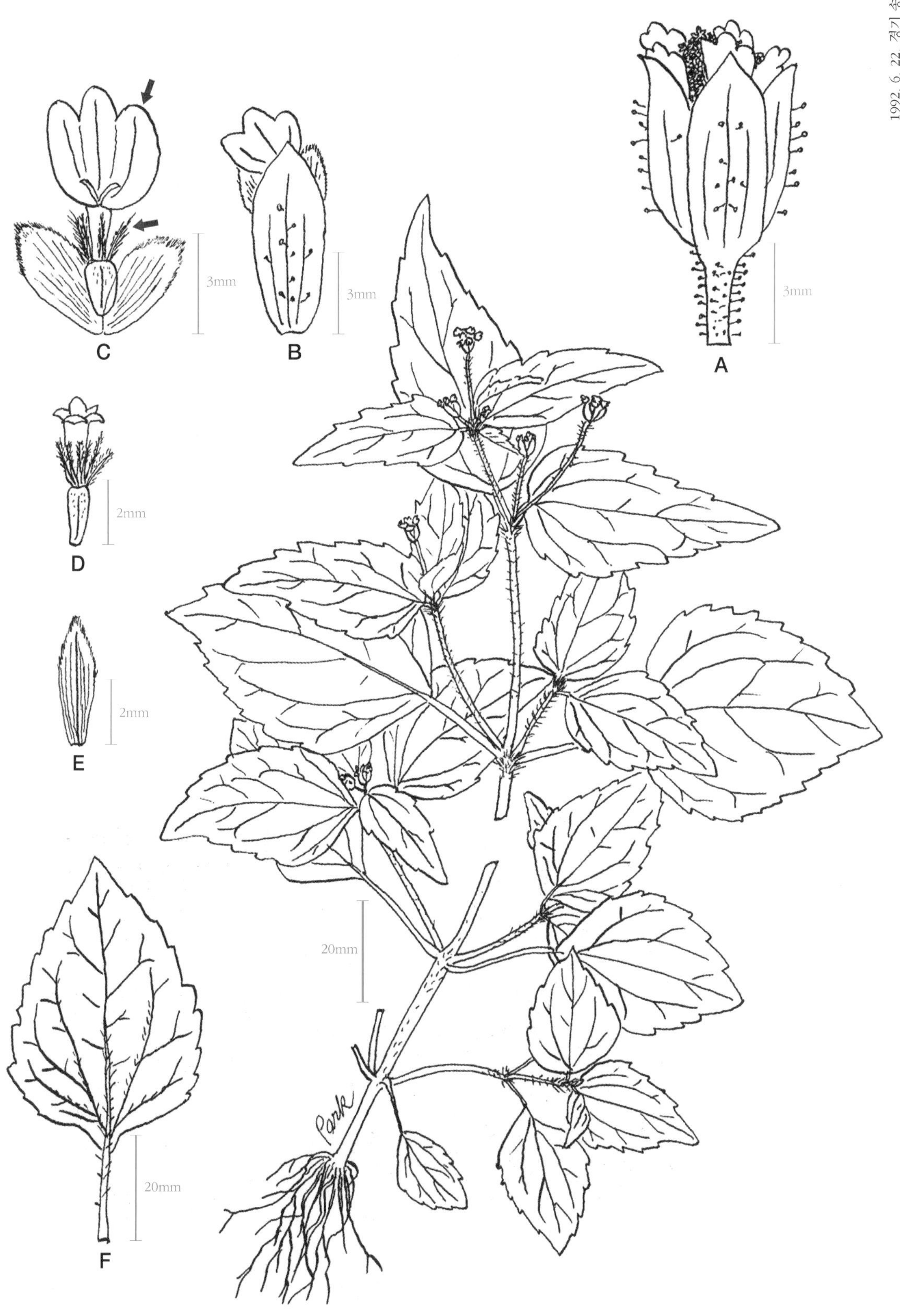

A. 두화, B. 총포편과 설상화, C. 설상화와 인편, D. 통상화, E. 화상의 인편, F. 잎

199. 별꽃아재비

Byol-kkot-a-jae-bi [Kor.]
Kogomegiku [Jap.]
Kew-weed [Eng.]

***Galinsoga parviflora* Cav.**, Icon. 3: 41, Pl. 281(1794); T. Osada in Col. Illus. Nat. Pl. Jap. 71(1976); S. Park in Kor. Jour. Pl. Tax. Vol. 7(1-2): 24(1976).

1년생 초본이며 줄기는 높이 10~40cm로 윗부분에 털이 있다. 잎은 마주나기(對生)이며 난형卵形으로 길이는 2~3.5cm이고 한쪽에 5~8개의 얕은 거치鋸齒가 있고 양면에 털이 드물게 난다. 꽃은 5~8월에 피며 두화頭花는 지름 5mm 정도이고 줄기와 가지 끝에 달린다. 총포總苞는 반구형半球形으로 길이가 5~6mm이며 총포편總苞片은 광타원형廣楕圓形이다. 설상화舌狀花는 5개로 백색이며 설상부舌狀部는 폭이 2.5mm이고 관모冠毛가 없다. 통상화筒狀花는 황색으로 끝이 5열裂되며 관모冠毛는 도피침형倒披針形이고 둔두鈍頭이며 긴 털이 있다.

* 열대 아메리카 원산으로, 우리나라에는 남부지방(울산, 포항)에 분포하고 있다.
* 털별꽃아재비〔*Galinsoga ciliata* (Raf.) Blake〕에 비해 설상화가 작아서 흔적적이고 설상화의 관모가 없다.

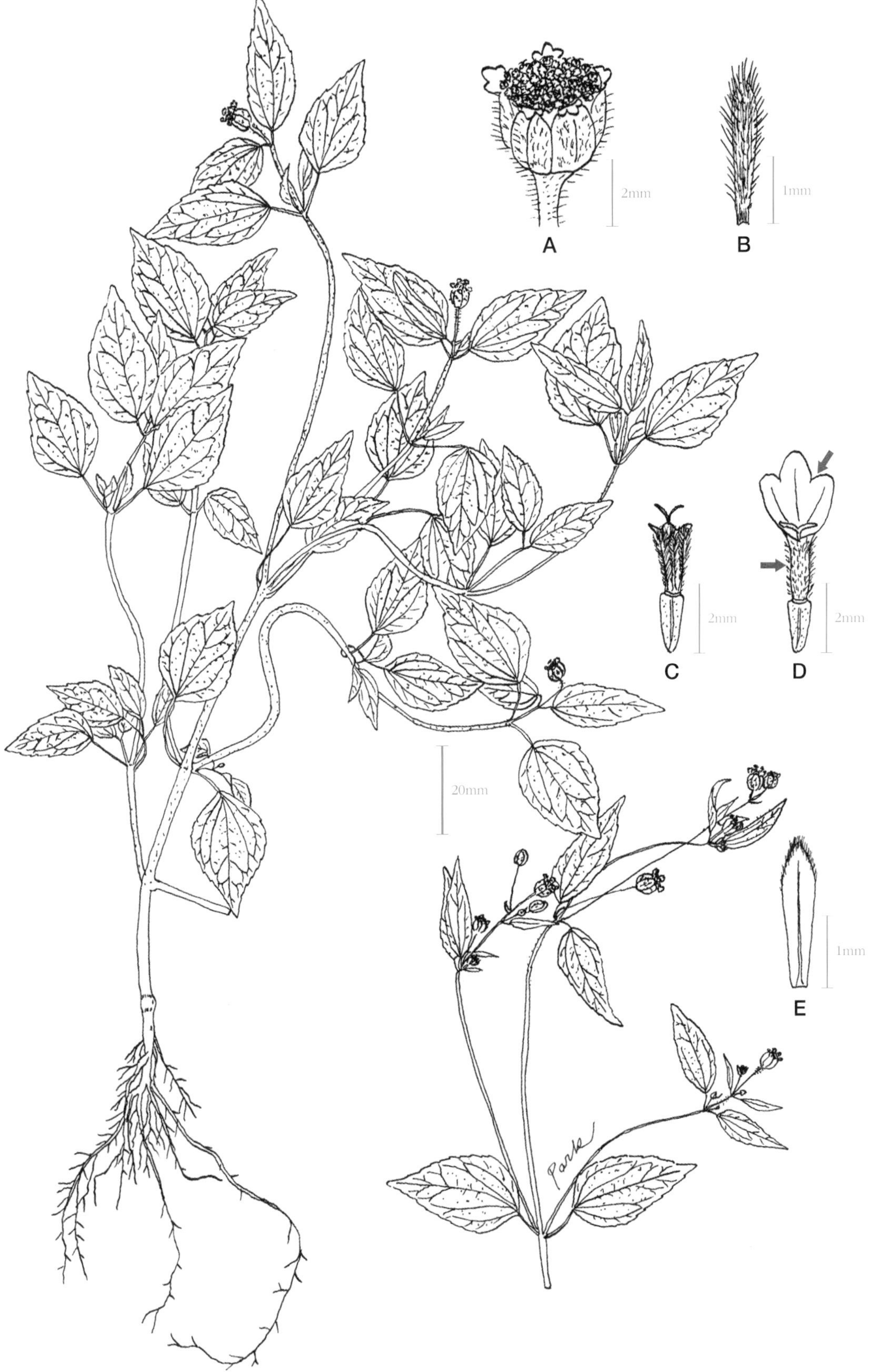

A. 두화, B. 통상화의 관모, C. 통상화, D. 설상화, E. 화상의 인편

200. 선풀솜나물

Son-p'ulsomnamul [Kor.]
Tatsi-tsitsikogusa [Jap.]
Cudweed [Eng.]

Gnaphalium calviceps **Fernald** in Rhodora, 37: 449(1935).
–*Gnaphalium purpureum* L. Sp. Pl. 854(1753); M. Kim, Illus. Fl. Cheju 442 (1991).

1~2년생 초본이며 전체에 면모綿毛가 덮여 있고 줄기는 높이 15~60cm이다. 잎은 어긋나기(互生)이고 아래쪽 잎은 주걱형이며 길이 4~8cm, 줄기의 잎은 선형線形이며 길이 2~5cm로 끝이 뾰족하다. 꽃은 5~9월에 피고 두화頭花는 높이 약 5mm이며 단속적斷續的인 수상화서穗狀花序를 이루고 아래쪽에 면모가 있다. 총포總苞는 황갈색 또는 적자색이고 외총포편外總苞片은 삼각상 난형三角狀卵形으로 끝이 점첨두漸尖頭이며 기부에 면모가 있다. 내총포편內總苞片은 피침형披針形이다. 관모冠毛는 밑이 붙어 있고 열매(瘦果)는 사마귀 모양의 돌기로 덮여 있다.

* 북아메리카 원산이며, 국내에는 제주도의 평지에 분포한다.
* 자주풀솜나물(*Gnaphalium purpureum* L.)과 달리 단속적인 수상화서를 만들어 길이가 길다.

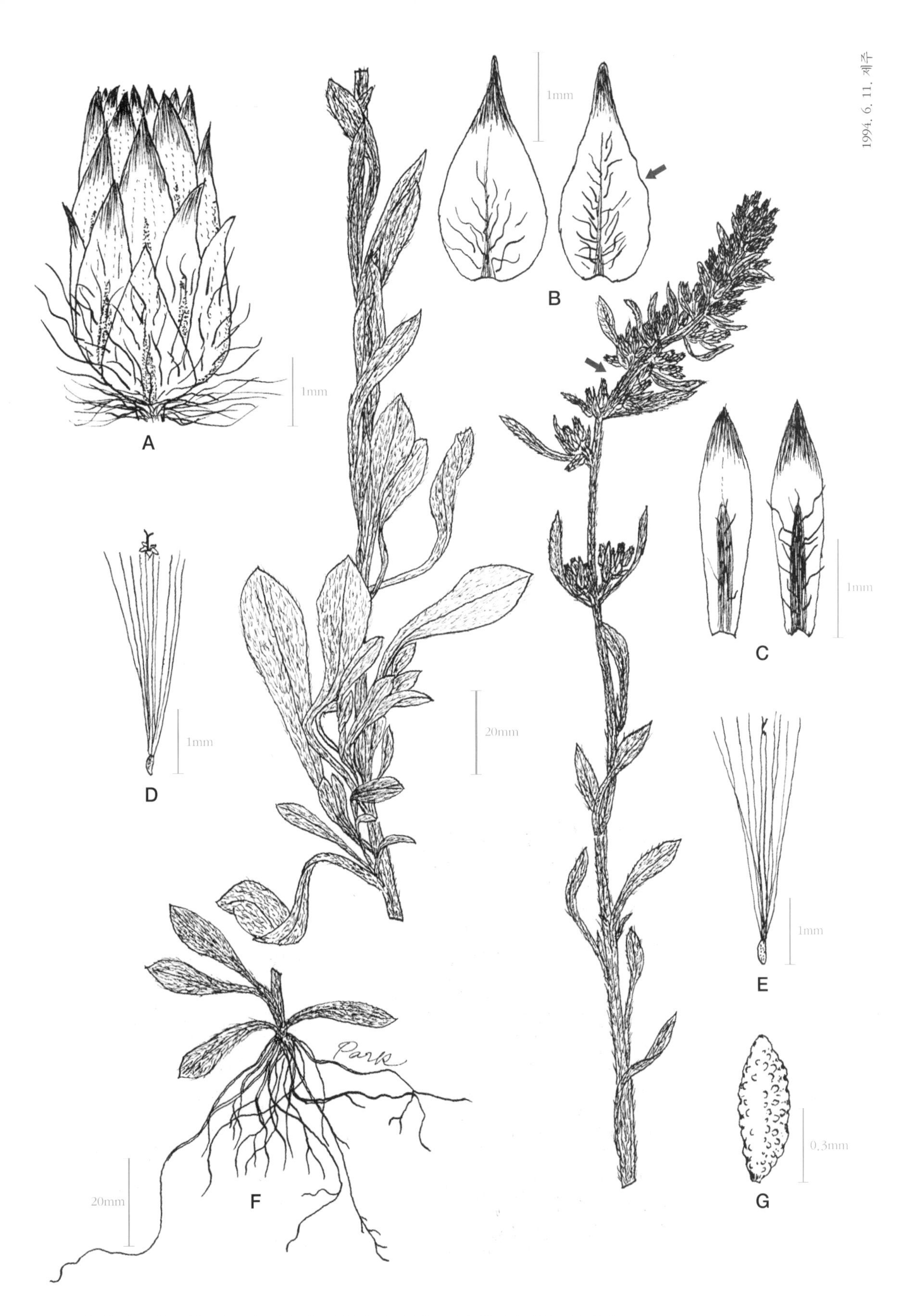

A. 두화, B. 외총포편, C. 내총포편, D. 양성화, E. 자화, F. 근생엽과 뿌리, G. 수과

201. 자주풀솜나물

Chaju-p'ulsom-namul [Kor.]
Purplish Cudweed [Amer.]

***Gnaphalium purpureum* L.**, Sp. Pl. 854(1753); Britton & Brown in Illus. Fl. U. S. & Can. 3: 456(1970); S. H. Park in Kor. Jour. Pl. Tax. 27(3): 373 (1997).

1년생 초본으로 식물체 전체가 긴 백색의 솜털로 덮여 있고 줄기는 높이 20~40cm이다. 잎은 주걱형이며 길이 3~6cm, 잎의 표면은 털이 적으며 오래된 것은 털이 거의 없고 뒷면은 우단처럼 긴 솜털이 밀포密布되어 흰색을 띤다. 꽃은 4~6월에 피며 줄기 끝에 밀집된 수상화서穗狀花序를 이룬다. 총포總苞는 밑이 넓은 종형鐘形을 이루며 꽃자루와 총포 기부에 길이 4~6mm의 부드러운 털이 밀집해 있다. 기부의 총포편總苞片은 모두 끝이 뾰족하고 밤색 또는 적자색을 띤다. 꽃은 통상화로만 이루어지고 통상화는 길이 3mm 정도로 통부筒部가 가늘고 길며 관모冠毛는 꽃보다 길다.

* 북아메리카 원산이며, 우리나라에는 제주도에 널리 분포한다.
* 선풀솜나물(*Gnaphalium calviceps* Fernald)과 비교하면 줄기 위쪽의 잎까지 주걱형이고 밀집된 수상화서이며 총포편의 끝이 더욱 뾰족하고 총포 기부와 꽃자루에 길고 부드러운 털이 밀포되어 양털처럼 뭉쳐 있는 점이 다르다.

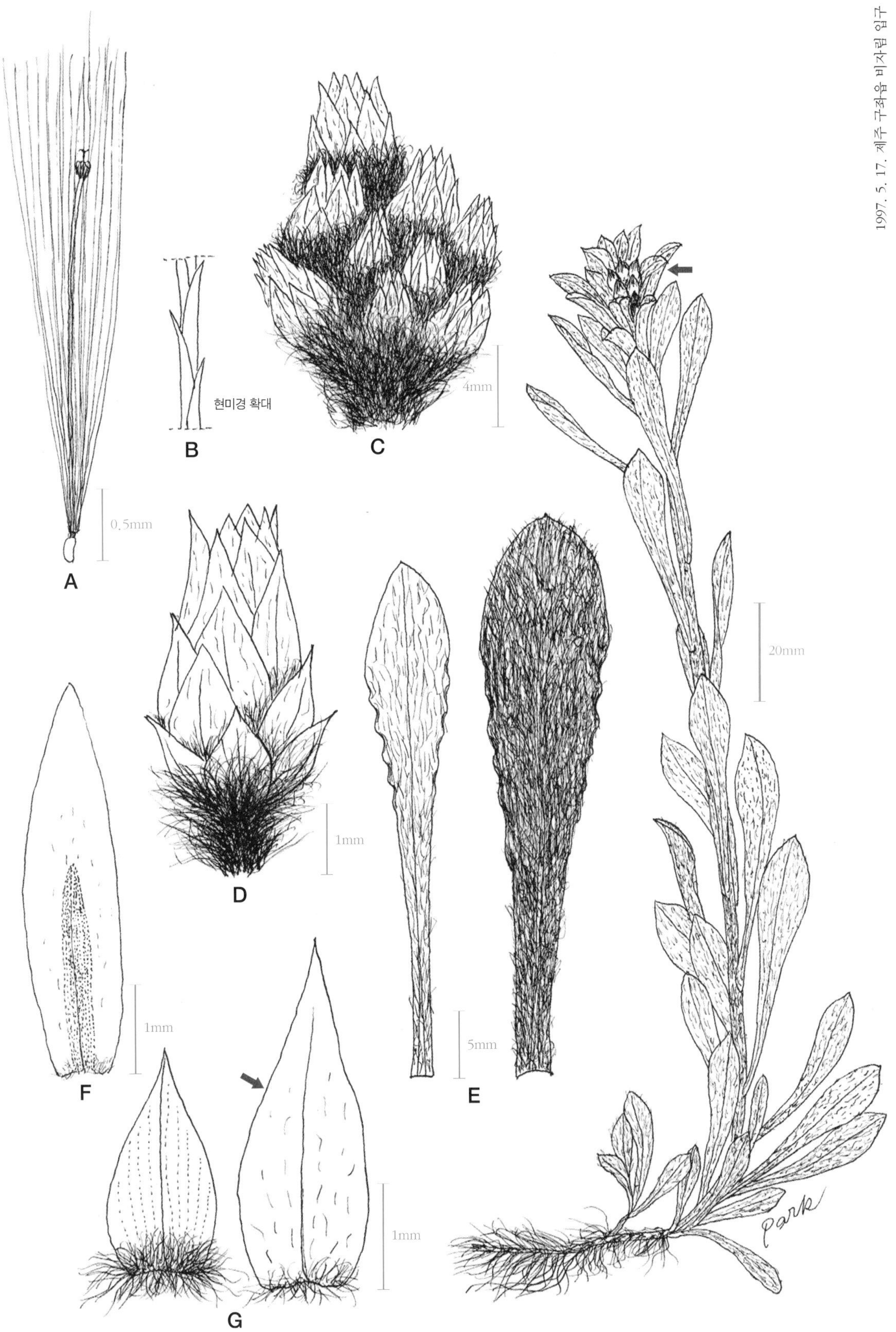

1997. 5. 17. 제주 구좌읍 비자림 입구

현미경 확대

B

C

4mm

0.5mm

A

20mm

1mm

D

1mm

5mm

F

E

1mm

Park

G

A. 통상화, B. 관모의 일부, C. 화서, D. 두화, E. 잎, F. 내총포편, G. 외총포편

202. 애기해바라기

Ae-gi-hae-ba-ra-gi [Kor.]
Himehimawari [Jap.]
Cucumber-leaf Sunflower [Eng.]

Helianthus debilis **Nutt.**, Trans. Am. Phil. Soc. N. S. 7: 367(1841); S. H. Park, Col. Illus. Nat. Pl. Kor. 132(2001).

1년생 초본으로 줄기는 높이 80~160cm이고 위쪽에서 가지를 많이 친다. 아래쪽의 잎은 마주나기(對生)이고 위쪽은 어긋나기(互生)이며 긴 잎자루가 있다. 잎새(葉身)는 심장형心臟形으로 양면에 짧은 강모剛毛가 있고 잎 가장자리에는 거친 톱니(鋸齒)가 있다. 꽃은 8~10월에 피며 두화頭花는 지름 5~9cm이다. 설상화舌狀花는 황색이며 통상화筒狀花는 흑자색이다. 총포편總苞片은 3줄로 배열되며 좁은 피침형披針形이고 끝은 꼬리 모양이다. 설상화는 18~30개이며 자성雌性 또는 무성無性이다. 통상화는 여러 개이며 양성兩性이고 관모冠毛는 2개이다. 열매(瘦果)는 길이 10mm로 편평하고 털이 밀생한다.

* 북아메리카 원산으로, 우리나라에서는 서울 중랑천 하안에 번지고 있다.
* 해바라기(*Helianthus annuus* L.)와 달리 두화 바로 밑에 잎이 없으며 두화의 지름은 5~9cm, 총포편은 좁은 피침형이고 끝이 꼬리 모양이다.

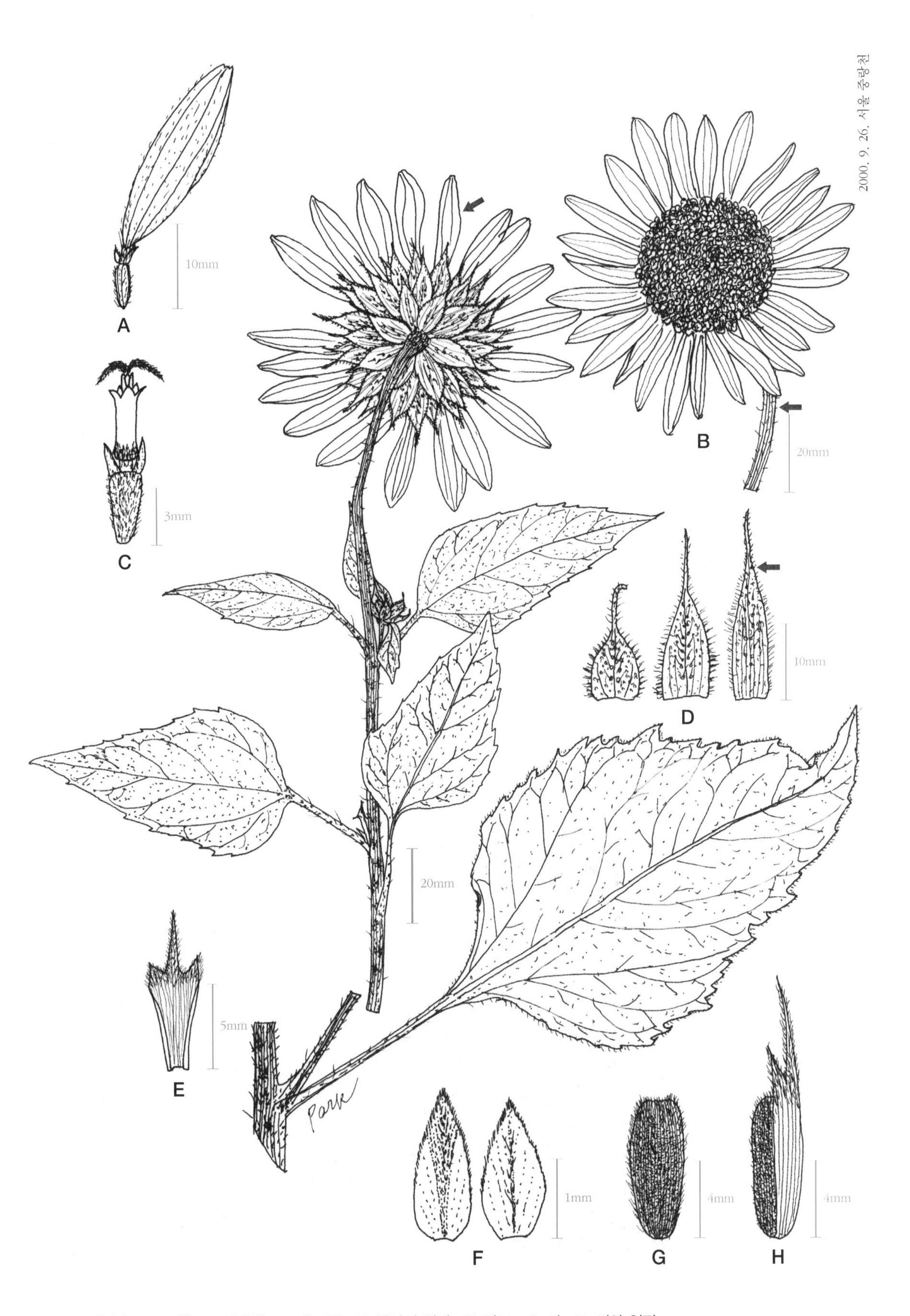

A. 설상화, B. 두화, C. 통상화, D. 총포편, E. 화상의 인편, F. 관모, G. 씨, H. 씨와 인편

203. 뚱딴지(돼지감자)

Ttung-ttan-ji [Kor.]
Kikuimo [Jap.]
Jerusalem Artichoke [Eng.]

***Helianthus tuberosus* L.**, Sp. Pl. 905(1753); T. Mori in Enum. Pl. Cor. 358(1921); T. Nakai in Fl. Kor. II: 20(1911); T. Chung in Kor. Fl. 709 (1956).

다년생 초본으로 지하경地下莖에 괴경塊莖이 달린다. 줄기는 높이 150~300cm이며 길고 거친 털이 있고 위쪽에서 가지를 친다. 잎은 아래쪽은 마주나기(對生), 위쪽은 어긋나기(互生)이다. 잎은 난형卵形으로 경질硬質이며 기부에서 3맥이 발달하고 길이는 10~20cm이다. 꽃은 9~10월에 피고 두화頭花는 가지 끝에 1개씩 달리며 지름 6~8cm이다. 총포總苞는 반구형半球形이고 총포편總苞片은 2~3줄로 배열한다. 설상화舌狀花는 12~20개로 등황색橙黃色이고 통상화筒狀花는 여러 개로 역시 등황색이다. 화상花床의 인편鱗片은 막질膜質이고 관모冠毛는 피침형披針形이며 2~4개가 있다.

* 북아메리카 원산으로, 국내에서는 개항 이후에 들여와서 관상용 또는 식용으로 재배했던 것이 일출逸出하여 야생화하였다.
* 애기해바라기(*Helianthus debilis* Nutt.)와 달리 지하경에 괴경이 달리며 두화는 가지 끝에 1개씩 달린다.

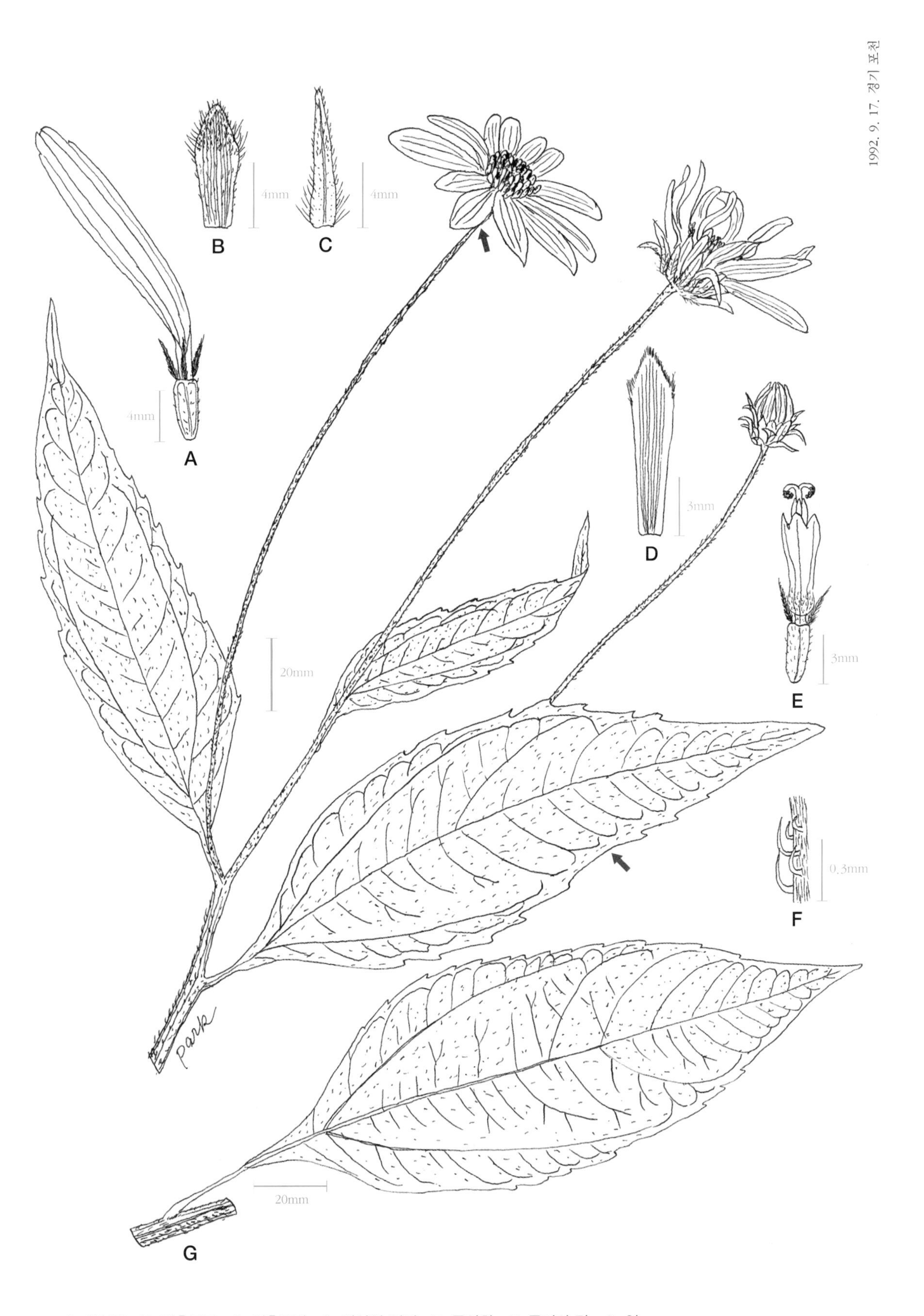

A. 설상화, B. 내총포편, C. 외총포편, D. 화상의 인편, E. 통상화, F. 줄기의 털, G. 잎

204. 유럽조밥나물

Yu-reop-jo-bap-na-mul [Kor.]
Kibanakourintanpopo [Jap.]
Field Hawkweed [Eng.]

Hieracium caespitosum **Dumor.**, Fl. Belg. (Dumortier) 62(1827).
–*Hieracium pratensis* Tausch., Flora 11: 1(1828).

다년생 초본으로 포복지가 생겨 옆으로 뻗고 줄기는 높이 25~50cm로 화경花莖처럼 자라며 길이 0.5~3mm의 강모剛毛와 작은 성상모星狀毛가 있다. 잎은 주로 근생엽根生葉으로 광피침형廣披針形이며 길이 3~15cm, 폭 0.8~2.5cm이고 전연全緣 또는 파상 거치波狀鋸齒가 있다. 줄기 상부에 1~2개의 작은 잎이 붙는다. 꽃은 6~7월에 피고 두화頭花는 지름 20mm로 황색이며 설상화舌狀花뿐이고 3~50개가 복산방상複散房狀으로 달린다. 총포總苞는 길이 5~9mm, 외총포편外總苞片은 내총포편의 1/2 길이이며 등 쪽 중륵中肋에 강모, 성상모, 선모腺毛가 섞여 난다. 열매(瘦果)는 길이 1.5mm 정도로 진한 적자색이다.

* 유럽 원산이며, 우리나라에서는 강원 양구군 도솔산 도로변에 수천 포기가 자라고 있다.
* 조밥나물(*Hieracium umbellatum* L.)과 달리 포복지가 있으며 줄기는 화경처럼 자라고 1~2개의 작은 경생엽莖生葉이 있어 구별된다.

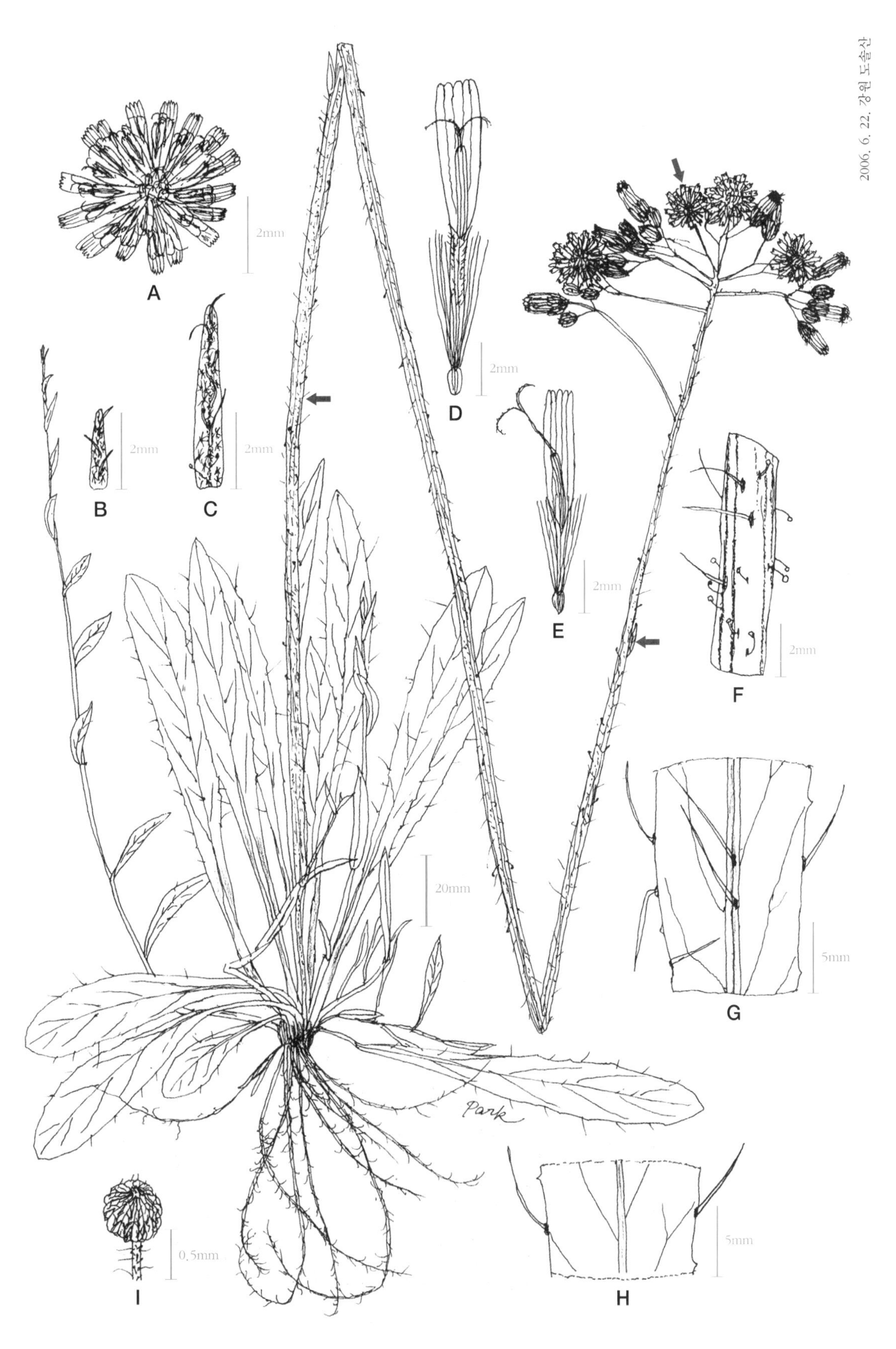

A. 두화, B. 외총포편, C. 내총포편, D. 주변부의 설상화, E. 중심부의 설상화, F. 줄기의 일부, G. 잎의 일부(뒷면), H. 잎의 일부(표면), I. 꽃봉오리

205. 서양금혼초(민들레아재비)

Seo-yang-gum-hon-cho [Kor.]
Butana [Jap.]
Cat's Ear [Eng.]

***Hypochaeris radicata* L.**, Sp. Pl. 811(1753); Britton & Brown in Illus. Fl. U. S. & Can. Vol.3: 309(1970); T. Osada in Col. Illus. Nat. Pl. Jap. 3(1976).

다년생 초본으로 잎은 모두 근생根生이며 도피침형倒披針形이다. 길이는 4~12cm로 4~8쌍의 우상 천열羽狀淺裂을 하며 양면에 황갈색의 긴 조모粗毛가 밀생密生한다. 줄기는 30~50cm이고 군데군데 길이 2~10mm의 인편鱗片이 붙고 후에 흑색이 된다. 꽃은 5~6월에 피고 두화頭花는 가지 끝에 1개씩 피며 지름 3cm로 등황색橙黃色이다. 총포편總苞片은 3줄로 배열한다. 설상화舌狀花는 통부筒部 상단에 긴 털이 있고 관모冠毛의 길이는 통부의 1/2 정도이다. 열매(瘦果)의 표면에는 가시 모양의 돌기가 밀생하며 아주 가느다란 부리가 있다.

* 유럽 원산이다. 우리나라에서는 제주도에서 군락으로 크게 번지며 한반도 중·남부 지방에 간혹 자라고 있다.
* *Hypochoeris*속식물은 민들레와 비슷하지만 설상화 구조에서 관모 외에 통부 상단에 긴 털이 관모처럼 붙고 관모는 짧은 털이 우상으로 분지되는 점이 다르다.

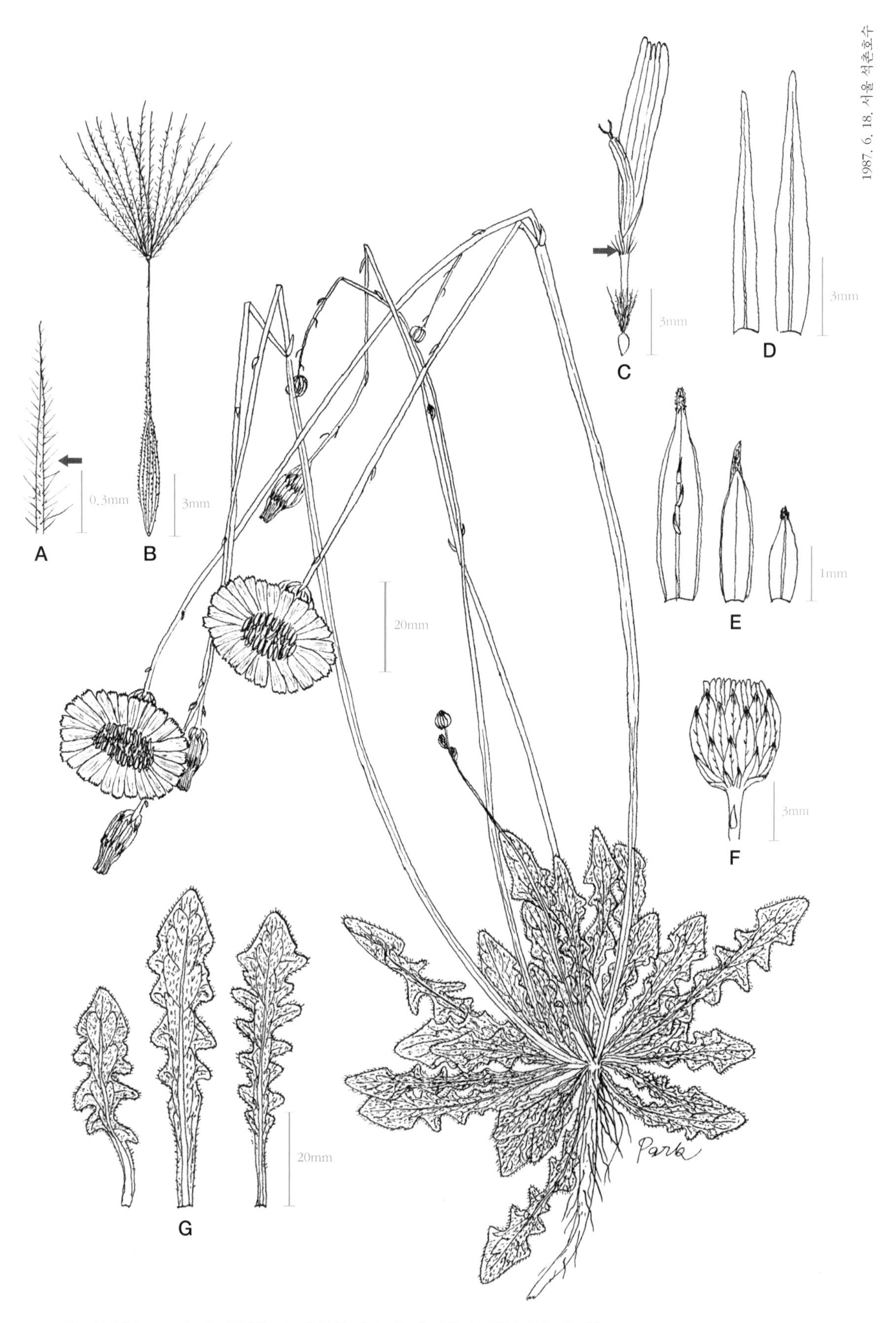

A. 관모의 일부, B. 씨, C. 설상화, D. 화상의 인편, E. 총포편, F. 꽃봉오리, G. 잎

206. 가시상추

Ga-shi-sang-chu [Kor.]
Togechishia [Jap.]
Prickly Lettuce [Eng.]

***Lactuca scariola* L.**, Sp. Pl. Ed. 2: 1119(1763); T. Osada in Col. Illus. Nat. Pl. Jap. 11(1976); Y. Yim, E. Jeon in Kor. Jour. Bot. Vol. 23(3-4): 78 (1980).

1~2년생 초본으로 높이는 20~80cm이다. 잎은 어긋나기(互生)이고 장타원형長楕圓形이며 길이는 10~20cm, 기부는 이저耳底로 줄기를 일부 싸며 가장자리에 작은 가시가 있고 뒷면 주맥 위에 가시가 줄을 지어 배열된다. 꽃은 7~9월에 피며 두화頭花는 지름 1.2cm 정도로 6~12개의 설상화舌狀花로만 이루어지며 원추화서圓錐花序를 만든다. 총포總苞는 원통형이며 높이는 6~9mm이다. 설상화는 황색이며 끝에 5치齒가 있다. 열매(瘦果)는 도란형倒卵形이며 길이는 7mm로 담갈색이고 길이 4~8mm의 부리 모양의 돌기가 있다. 관모冠毛는 백색이다.

* 유럽 원산이며, 국내에는 서울을 비롯하여 중 · 남부지방에 분포한다.
* 왕고들빼기〔*Lactuca indica* var. *laciniata* (O. Kuntze) Hara〕에 비해 식물체가 작고 잎의 뒷면 주맥과 잎 가장자리에 작은 가시가 줄지어 배열된다.

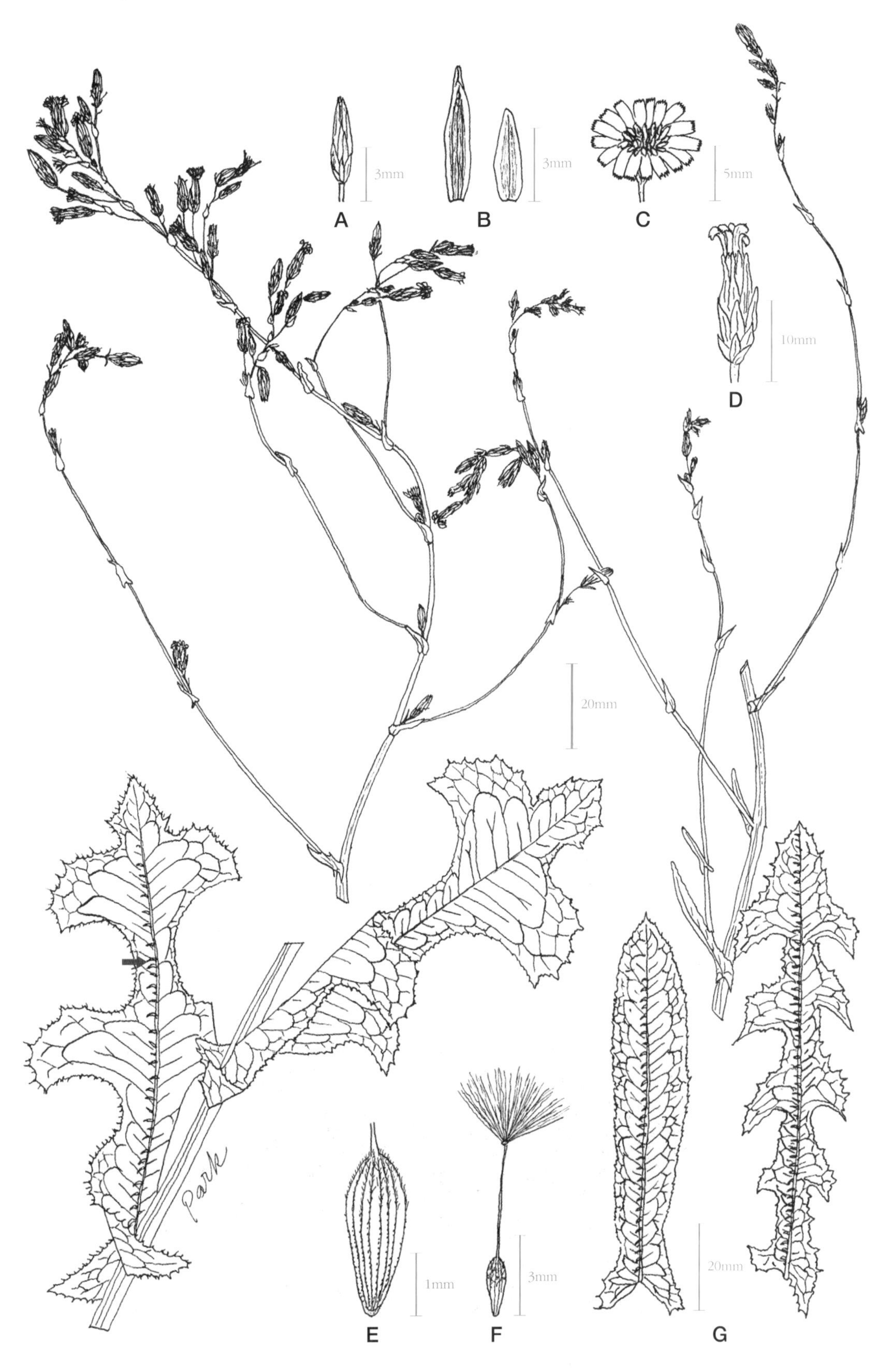

A. 꽃봉오리, B. 총포편, C. 두화, D. 시든 꽃, E. 씨, F. 씨와 관모, G. 잎

207. 서양개보리뺑이

Seo-yang-gae-bo-ri-ppaeng-i [Kor.]
Natane-tabirako [Jap.]
Nipplewort [Amer.]

***Lapsana communis* L.**, Sp. Pl. 811(1753); Britton & Brown in Illus. Fl. U. S. & Can. 3: 306(1970); S. H. Park in Kor. Jour. Pl. Tax. 102(1999).

1년생 초본으로 줄기는 높이가 20~120cm이며 자르면 유즙乳汁이 나온다. 잎은 어긋나기(互生)이고 아래쪽 잎은 난형卵形으로 우상 중열羽狀中裂되며, 경생엽莖生葉은 파상 거치波狀鋸齒가 있고 위쪽의 잎은 피침형披針形으로 가장자리가 밋밋하다. 꽃은 6~9월에 피며 지름 5~10mm의 황색 두상화頭狀花가 산방상繖房狀으로 가지 끝에 달린다. 총포總苞는 원통형이며 외편外片은 극히 짧고 내편內片은 선형線形으로 6~8개이다. 설상화舌狀花는 8~15개로 황색이다. 열매는 회갈색의 수과瘦果로 길이가 3~4mm이고 방추형紡錘形이며 세로로 20개 내외의 주름이 있고 관모冠毛는 없다.

* 유럽 원산이며, 우리나라에서는 경기 안산의 수인산업도로변과 울릉도에서 자란다.
* 개보리뺑이〔*Lapsanastrum apogonoides* (Maxim.) J. H. Pak & Bremer〕와 달리 식물체가 직립하고 내총포편이 6~8개이다.

A. 위에서 본 두화, B. 수과, C. 옆에서 본 두화, D. 총포, E. 시든 꽃, F. 설상화, G. 잎의 주맥, H. 수술, I. 총포편, J. 잎

208. 꽃족제비쑥

Kkot-jok-je-bi-ssuk [Kor.]
Inu-kamitsure [Jap.]
Scentless Camomile [Eng.]

***Matricaria inodora* L.**, Fl. Suec Ed. 2: 297(1755); T. Nakai in Fl. Kor. 2: 22(1911); Mori in Enum. Pl. Cor. 363(1921).

1~2년생 초본으로 줄기는 높이 20~60cm이다. 잎은 어긋나기(互生)이고 윤곽이 난형卵形 또는 장타원형長楕圓形으로 길이는 2~10cm이다. 잎은 3~4회 우상 전열羽狀全裂을 하며 최종 열편裂片은 사상絲狀으로 폭이 0.3~0.4mm이다. 꽃은 6~9월에 피며 두화頭花는 백색으로 지름은 2~3.5cm이고 여러 개이다. 총포편總苞片은 2~3줄로 배열되며 가장자리는 갈색 건성 막질乾性膜質이다. 설상화舌狀花는 백색이며 자성雌性으로 20~30개가 피는데 길이는 0.6~2cm이고 3치齒가 있다. 통상화筒狀花는 양성兩性이며 황색이다. 열매(瘦果)는 납작하고 3맥이 있으며 관모冠毛는 4치가 있는 관冠 모양을 한다.

* 유럽 원산이며, 국내에서는 1921년 이전에 서울과 평북 의주에 이입된 기록이 있으나 그 후 절멸되었다가 최근에 다시 이입된 것으로 추정된다. 서울, 경기 시흥과 서인천에서 확인하였다.
* 족제비쑥〔*Matricaria matricarioides* (Less.) Porter.〕에 비해 키가 크고 잎은 윤곽이 난형이며 두화에는 20~30개의 백색 설상화가 있다.

A. 통상화, B. 설상화, C. 총포편, D. 줄기 잎

209. 족제비쑥

Jok-je-bi-ssuk [Kor.]
Oroshiagiku [Jap.]
Rayless Camomile [Eng.]

***Matricaria matricarioides* (Less.) Porter.**, Mem. Torr. Club 5: 341(1894); M. Park in Enum. Kor. Pl. 257(1949).

1년생 초본으로 줄기는 기부에서 많은 가지를 치며 높이는 5~40cm이다. 잎은 어긋나기(互生)이고 윤곽이 도피침형倒披針形으로 2~3회 우상 전열羽狀全裂되고 열편裂片은 선형線形이며 폭이 0.3~0.6mm이다. 꽃은 5~8월에 피고 두화頭花는 가지 끝에 1개씩 달린다. 설상화舌狀花가 없고 통상화筒狀花로만 이루어진 두화는 담황색으로 지름 6~8mm이다. 총포편總苞片은 장타원형長楕圓形으로 녹색이고 넓은 백색 막질膜質이 가장자리에 있다. 통상화는 끝에 4치齒가 있다. 열매(瘦果)는 장타원형長楕圓形이고 가볍게 각이 지며 관모冠毛는 관상冠狀이다.

* 동북아시아 원산(?)으로 시베리아, 동북아시아, 유럽, 북미에 분포한다. 국내에서는 최근 서울과 전북 전주에서 채집되었다.

* 꽃족제비쑥(*Matricaria inodora* L.)과 달리 잎의 윤곽이 도피침형이며 두화는 설상화가 없이 통상화만으로 이루어진다.

A. 통상화, B. 총포편, C. 수과, D. 두화, E. 경생엽

210. 돼지풀아재비

Dwae-ji-pul-a-jae-bi [Kor.]
Santa Maria [Amer.]

***Parthenium hysterophorus* L.**, Sp. Pl. p. 988(1753); J. Sugimoto, Key Herb. Pl. Jap. 1: 700(1983); Gleason & Cronq., Manu. Vasc. Pl. Nor. U. S. & Can. 548(1991).

1년생 초본으로 줄기는 곧게 자라며 높이는 30~90cm이다. 상반부에서 분지分枝되며 털이 있다. 잎은 어긋나기(互生)이며 윤곽은 난형卵形 또는 타원형이고 2회 우상 복엽羽狀復葉으로 길이 8~20cm, 너비 4~5cm이며 위쪽의 것은 점차 작아진다. 9~11월에 꽃이 피며 조밀한 산방화서繖房花序를 이룬다. 두화頭花는 지름 3~6mm로 백색이며 총포總苞는 찻잔꼴이며 총포편總苞片은 능형菱形이다. 두화의 중앙에 있는 40개 내외의 관상화管狀花는 수꽃이며 가장자리에 있는 5개의 설상화舌狀花는 암꽃이다. 열매(瘦果)는 도란형倒卵形으로 길이 1~1.5mm이고 납작하며 위쪽에 숟가락 모양의 부속체가 2개 있고 흑색이다.

* 열대 아메리카 원산이며, 우리나라에서는 경남의 충무, 마산, 울산 등지에서 번져가고 있다.

* 돼지풀아재비속(*Parthenium* L.)식물의 두화 중 수꽃은 40개 내외의 관상화로 중앙에 위치하며 암꽃은 5개의 설상화로 주변부에 있다.

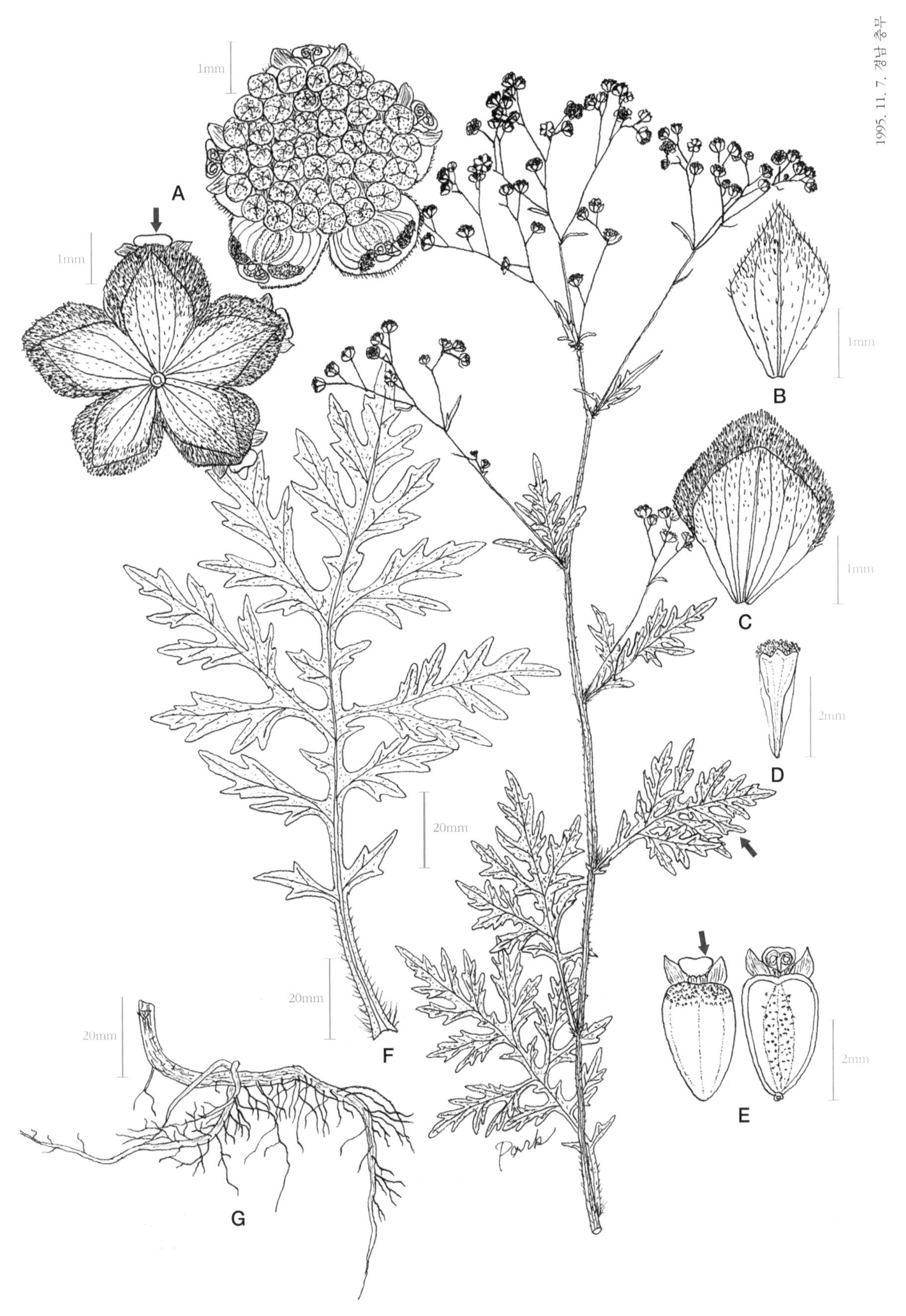

A. 두화, B. 외총포편, C. 내총포편, D. 웅화, E. 자화, F. 잎, G. 뿌리

211. 원추천인국

Won-chu-cheon-in-guk [Kor.]
Tennin-giku-modoki [Jap.]
Pinewood Coneflower [Eng.]

***Rudbeckia bicolor* Nutt.** in Jour. Acad. Philad. 7: 81(1834); H. Lee in Illus. Ency. Fl. Kor. Gard. Fl. 188(1964); T. Lee in Illus. Fl. Kor. 764(1979).

다년생 초본이며 식물체 전체에 길고 거친 털이 있고 줄기는 높이 30~50cm이다. 잎은 어긋나기(互生)이며 피침형披針形 또는 장타원형長楕圓形이고 두꺼우며 길이는 2.5~5cm이다. 6~7월에 꽃이 피며 두화頭花는 지름 5~8cm로 긴 꽃자루 끝에 1개씩 달린다. 총포편總苞片은 잎 모양이며 뒤로 젖혀지고 선상 장타원형線狀長楕圓形 또는 피침형이며 길고 거친 털이 많이 있다. 설상화舌狀花는 황색이거나 윗부분은 황색, 아래쪽은 자갈색紫褐色이고 길이는 1.5~2.5cm이다. 통상화筒狀花는 암적색 또는 흑색이고 길이 1.8cm로 관모冠毛는 없다.

* 북아메리카 남부지방 원산이다. 우리나라에서는 1959년에 관상용 식물로 도입하여 재배하고 있으며 최근 야생화한 것이 많다.

* 겹삼잎국화(*Rudbeckia laciniata* L. var. *hortensis* Bail.)에 비해 키가 작고 잎이 단엽單葉으로 두꺼우며 두화의 설상화가 두 가지 색이다.

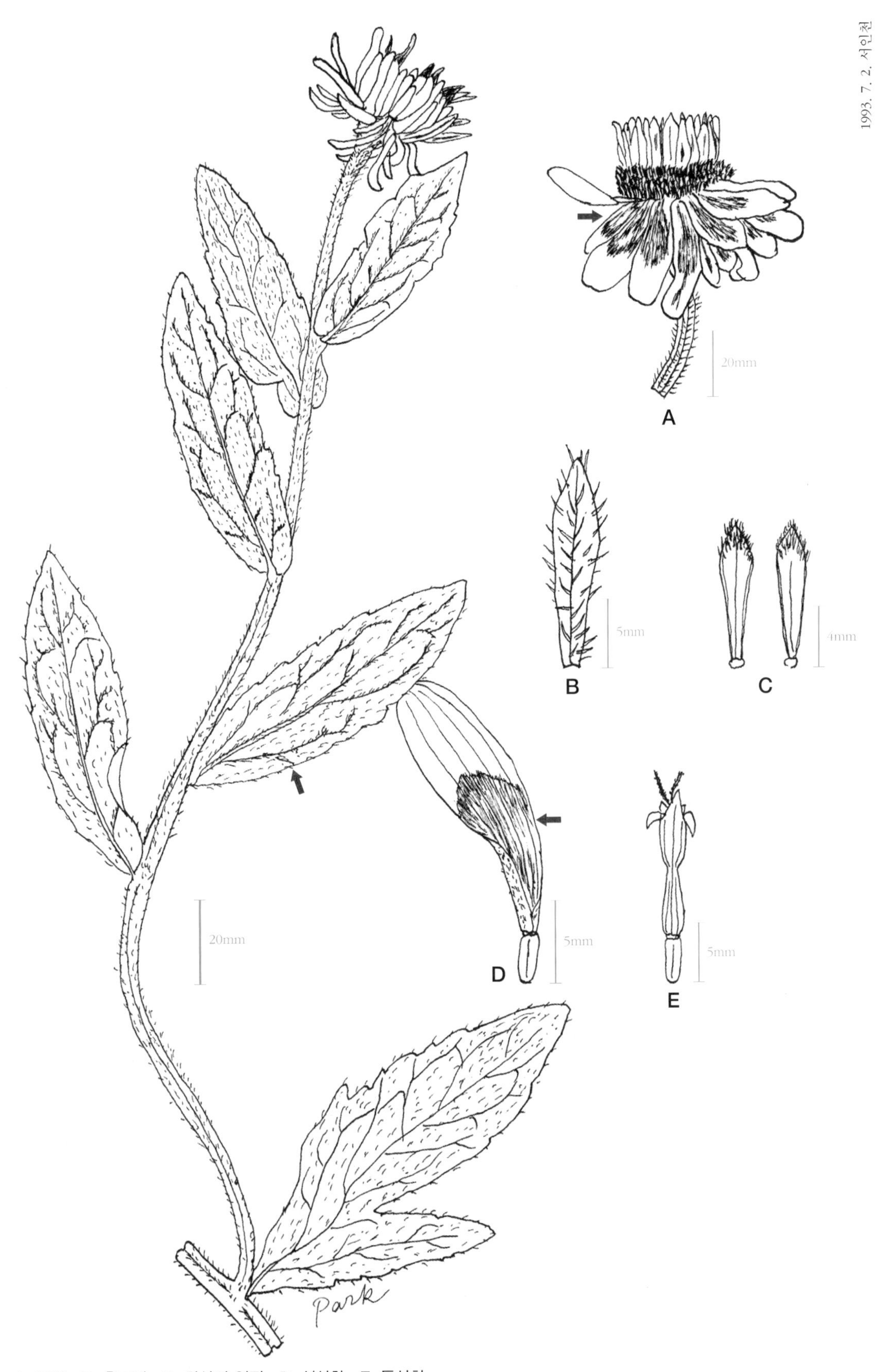

A. 두화, B. 총포편, C. 화상의 인편, D. 설상화, E. 통상화

212. 겹삼잎국화

Gyop-sam-ip-guk-hwa [Kor.]
Yaezaki-oho-hangonsoh [Jap.]
Golden Glow [Eng.]

***Rudbeckia laciniata* L. var. *hortensis* Bail.**, M. Park in Enum. Kor. Pl. 258(1949); H. Lee in Illus. Ency. Fl. Kor. Gard. Fl. 188(1964).

다년생 초본으로 줄기는 높이 100~200cm이고 많은 가지를 치며 곧게 자란다. 잎은 어긋나기(互生)이고 근생엽根生葉과 아래쪽의 잎은 우상羽狀으로 3~7열裂한다. 경생엽莖生葉은 3~5천열淺裂을 하거나 분열하며 가장 위쪽의 잎은 아주 작다. 꽃은 7~9월에 피며 두화頭花는 여러 개이고 겹꽃으로 지름은 5~10cm이며 선황색이다. 총포편總苞片은 잎 모양이며 열편裂片은 2줄로 배열하고 진한 녹색이다. 설상화舌狀花는 여러 개이며 바깥쪽의 것은 뒤로 젖혀지고 통상화筒狀花는 수가 적다. 화상花床의 인편鱗片은 주걱형으로 끝이 평두平頭이거나 둥글고 등 쪽 상부에 밀모密毛가 있다.

* 북아메리카 원산으로, 국내에는 1912~1945년에 원예식물로 도입해 재배되어 왔으며 일부가 자연으로 일출逸出되어 야생화하였다.
* 원추천인국(*Rudbeckia bicolor* Nutt.)에 비해 식물체는 키가 크고 두화는 겹꽃이다.

A. 설상화, B. 통상화, C. 화상의 인편

213. 개쑥갓

Gae-ssuk-gat [Kor.]
Noborogiku [Jap.]
Common Graundsel [Eng.]

***Senecio vulgaris* L.**, Sp. Pl. 867(1753); T. Mori, Enum. Pl. Cor. 370(1921); T. Lee in Illus. Fl. Kor. 748(1979); C. Stace in Fl. Brit. Isl. 875(1991).

1년생 초본이며 줄기는 높이 20~40cm이다. 잎은 불규칙하게 우상羽狀으로 분열하며 길이는 3~5cm, 아래쪽 잎은 윤곽이 주걱형이며 잎자루가 있고 위쪽의 잎은 잎자루가 없고 기부에서 줄기의 일부를 싼다. 꽃은 4~10월에 피며 두화頭花는 여러 개이고 지름 6~8mm, 황색으로 산방화서繖房花序를 이룬다. 총포總苞는 원주형圓柱形이고 총포편總苞片은 피침형披針形이며 2줄로 배열되고 끝이 흑색이다. 설상화舌狀花는 없고 통상화筒狀花는 황색으로 끝이 5열되며 관모冠毛는 백색이고 통부筒部보다 길다. 열매(瘦果)는 원주형이며 10맥과 회백색 세모細毛가 있다.

* 유럽 원산이며, 국내에도 개항 이후 이입되어 전국에 분포하고 있다.
* 쑥갓(*Chrysanthemum coronarium* L.)과 잎이 비슷하나 꽃이 산방화서이며 설상화가 없이 통상화로만 이루어진다.

1992. 5. 5. 서울

5mm

A

5mm

B

20mm

2mm

C

1mm

D

2mm

E

A. 두화, B. 통상화, C. 씨, D. 외총포편, E. 내총포편

214. 양미역취

Yang-mi-yeok-chwi [Kor.]
Seitaka-awadachisoh [Jap.]
Tall Golden-rod [Eng.]

***Solidago altissima* L.**, Sp. Pl. 878(1753); W. Lee, Y. Yim in Kor. Jour. Pl. Tax. Vol. 8(App.): 19(1978); T. Osada in Col. Illus. Nat. Pl. Jap. 58(1976).

다년생 초본이며 지하경地下莖이 있고 줄기는 높이 100~250cm이다. 잎은 어긋나기(互生)로 촘촘히 달리며 길이 3~10cm의 피침형披針形으로 3맥이 뚜렷하고 양 끝이 뾰족하며 상반부에 약간의 낮은 거치鋸齒가 있다. 꽃은 9~10월에 피며 두화頭花는 높이 3.5~5mm, 황색이고 여러 개의 꽃이 편측적片側的으로 피며 커다란 원추화서圓錐花序를 이룬다. 총포總苞는 원통형으로 높이 3~4mm이고 설상화舌狀花는 자성雌性이며 암술머리 끝은 2열裂된다. 통상화筒狀花는 양성兩性이며 암술머리는 2열되고 열편裂片은 장타원형長楕圓形이다. 관모冠毛는 백색으로 열매(瘦果) 길이의 3배이다.

* 북아메리카 원산이며, 국내에서는 전남 순천을 포함한 남부지방에 분포하고 있다.
* 미국미역취(*Solidago serotina* Ait.)와 달리 9~10월에 꽃이 피며 설상화의 암술머리는 길어서 화관花冠의 통부筒部로부터 길게 초출超出된다.

A. 통상화, B. 설상화, C. 두화, D. 총포편, E. 잎

215. 미국미역취

Mi-guk-mi-yeok-chwi [Kor.]
Oho-awadachisoh [Jap.]
Late Golden-rod [Eng.]

***Solidago serotina* Ait.**, Hort. Kew. 3: 211(1789); Britton & Brown in Illus. Fl. U. S. & Can. Vol. 3: 394(1970); T. Osada in Col. Illus. Nat. Pl. Jap. 59 (1976).

다년생 초본으로 줄기는 높이 50~150cm이며 경질硬質이고 대개 털이 없다. 잎은 피침형披針形으로 길이 3~10cm이며 3맥이 뚜렷하고 양 끝이 뾰족하며 상반부에 거치鋸齒가 뚜렷하다. 꽃은 7~8월에 피고 두화頭花는 높이 4~6mm로 황색이며, 옆으로 퍼지거나 아래를 향해 굽은 가지에 여러 개의 꽃이 편측적片側的으로 피어 큰 원추화서圓錐花序를 만든다. 총포편總苞片은 장타원형長楕圓形이며 3줄로 배열한다. 설상화舌狀花는 7~15개로 암술머리가 꽃의 통부筒部에서 조금 초출超出된다. 통상화筒狀花는 양성兩性이며 암술머리의 열편裂片은 장타원형, 관모冠毛는 백색이다.

* 북아메리카 원산이며, 국내에는 제주도와 중 · 남부지방에 분포한다.
* 양미역취(*Solidago altissima* L.)와 달리 꽃은 7~8월에 피며 설상화의 암술머리는 꽃의 통부에서 조금 초출된다.

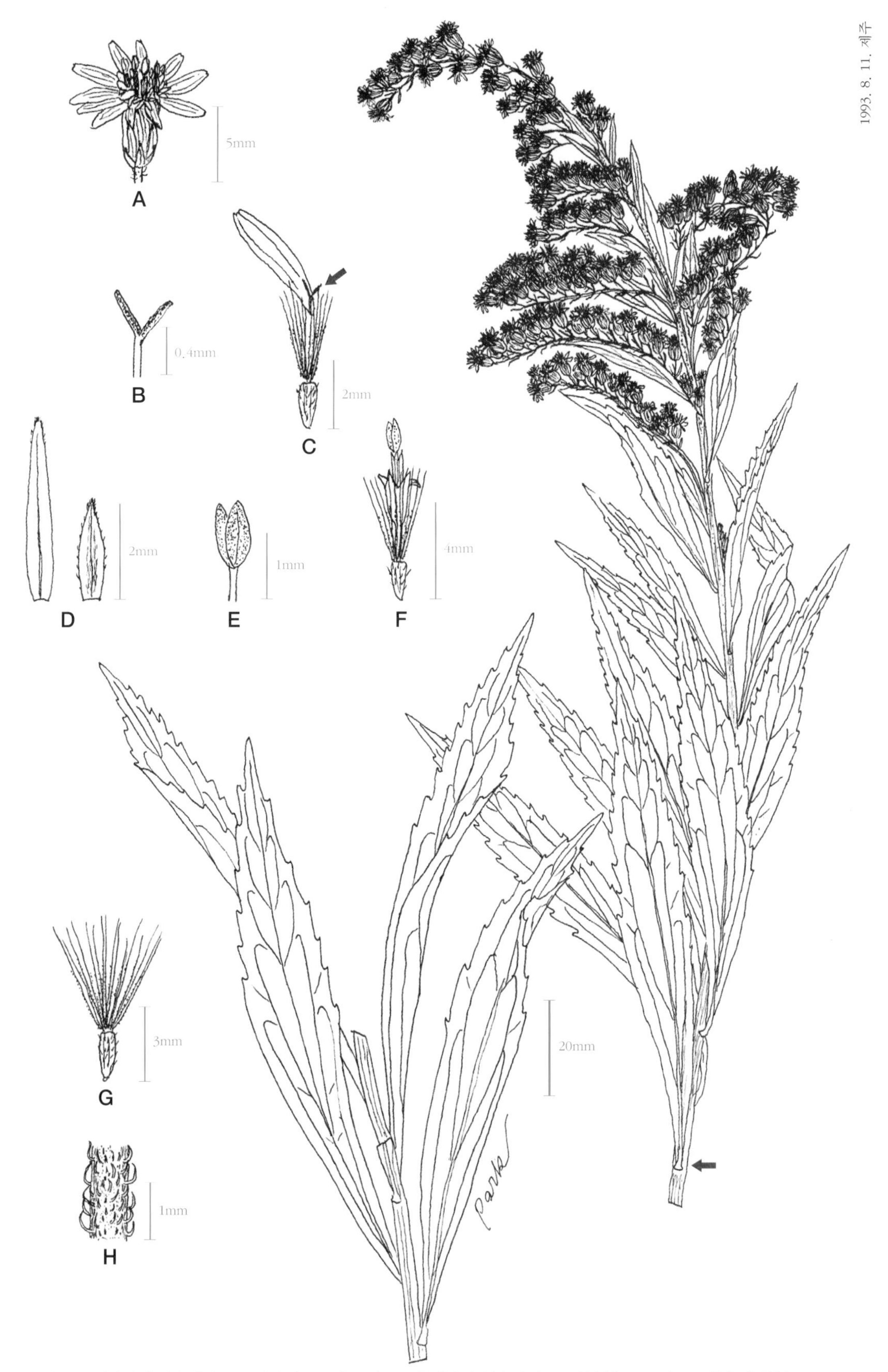

A. 두화, B. 설상화의 암술머리, C. 설상화, D. 총포편, E. 통상화의 암술머리, F. 통상화, G. 씨, H. 화축의 일부

216. 큰방가지똥

Keun-bang-ga-ji-ttong [Kor.]
Oni-nogeshi [Jap.]
Spiny Sow-Thistle [Eng.]

Sonchus asper **(L.) Hill**, Herb. Brit. 47(1769); T. Chung in Kor. Fl. 754 (1956); Britton & Brown in Illus. Fl. U. S. & Can. Vol. 3: 317(1970).

1년생 초본으로 줄기는 높이가 50~100cm이며 가운데가 비어 있고 곧추선다. 잎은 어긋나기(互生)이고 우상羽狀으로 분열하며, 잎 가장자리는 크기가 다른 불규칙한 자상 거치刺狀鋸齒가 있고 기부는 줄기를 싸며 이형열편耳形裂片은 둥글다. 꽃은 5~10월에 피며 두화頭花는 지름 2cm로 황색이고 설상화舌狀花로만 이루어지며 꽃자루에 선모腺毛가 있다. 총포편總苞片은 2줄로 배열하며 털이 없거나 성기게 선모가 있고 피침형이며 외편外片이 내편內片보다 짧다. 열매(瘦果)는 길이 2.5mm로 세로로 맥이 있고 관모冠毛는 여러 개이며 순백색이다.

* 유럽 원산으로, 우리나라에는 전국에 분포한다.
* 방가지똥(*Sonchus oleraceus* L.)과 달리 잎새(葉身)의 기부가 줄기를 싸며 이형 열편은 둥글고 잎의 가장자리는 불규칙한 자상 거치가 있다.

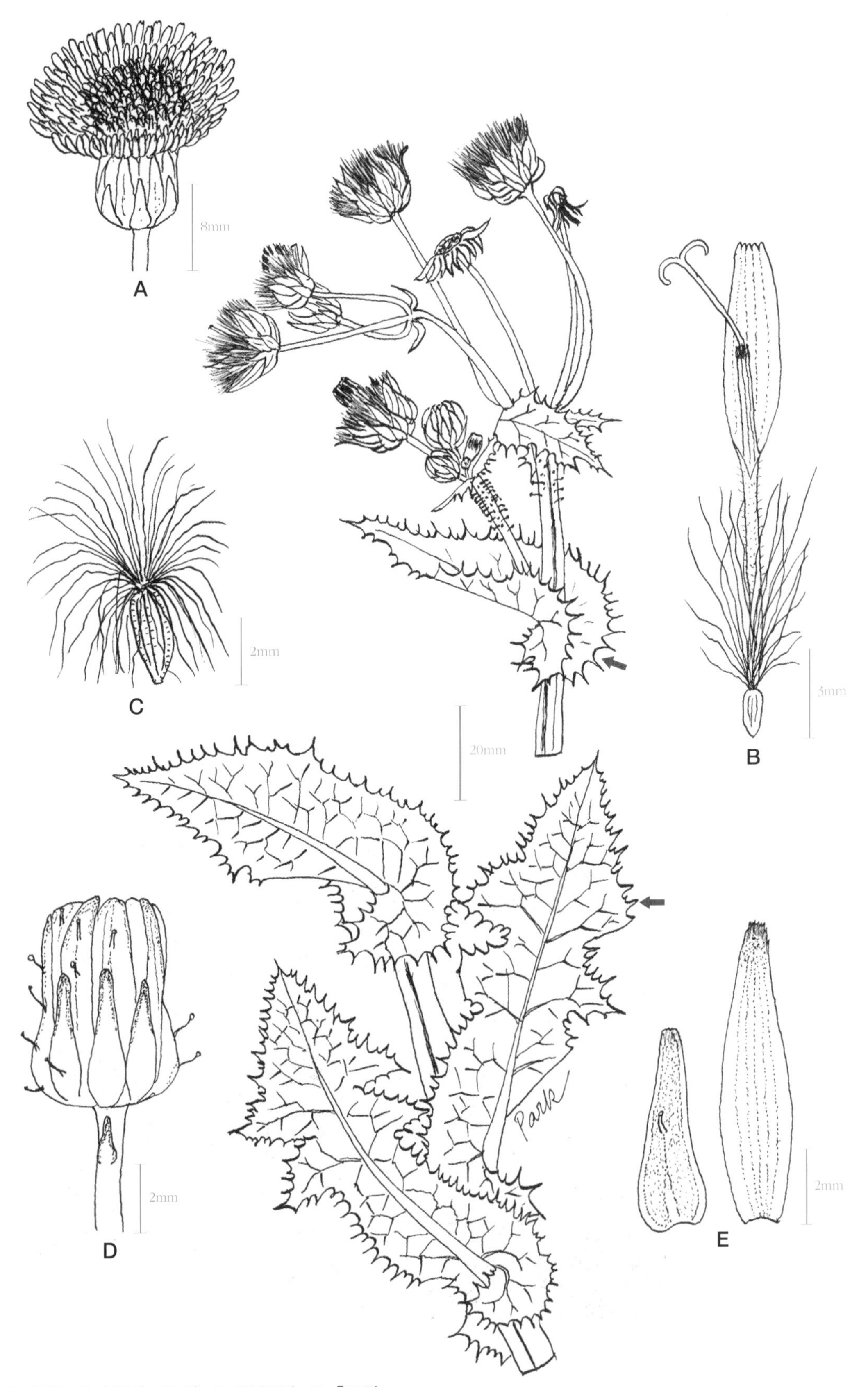

A. 두화, B. 설상화, C. 씨, D. 꽃봉오리, E. 총포편

217. 방가지똥

Bang-ga-ji-ttong [Kor.]
Nogeshi [Jap.]
Sow Thistle, Hare's Lettuce [Eng.]

Sonchus oleraceus **L.**, Sp. Pl. 794(1753); T. Nakai in Fl. Kor. 2: 53(1911); T. Mori in Enum. Pl. Cor. 371(1921); T. Osada in Col. Illus. Nat. Pl. Jap. 7(1976).

1년생 초본으로 줄기는 높이 50~100cm이고 가운데가 비어 있으며 곧추 선다. 잎은 어긋나기(互生)이고 우상羽狀으로 분열되며 길이 5~25cm로, 끝 쪽의 열편裂片이 크고 2~3쌍의 삼각상 열편三角狀裂片이 생기며 기부는 이저耳底로 줄기를 싼다. 꽃은 5~9월에 피며 두화頭花는 지름 2cm로 황색이고 설상화舌狀花만으로 이루어진다. 총포總苞는 높이 10~15mm로 성기게 선모腺毛가 있고 총포편總苞片은 피침형披針形이며 외편外片이 내편內片보다 짧다. 열매(瘦果)는 길이 3mm로 세로로 맥이 있으며 가로로 주름이 진다. 관모冠毛는 여러 개이며 순백색이다.

* 유럽 원산(?)으로, 국내에서도 흔히 볼 수 있는 사전귀화식물史前歸化植物이다.
* 큰방가지똥〔*Sonchus asper* (L.) Hill〕에 비해 잎새(葉身)는 끝 쪽의 열편裂片이 크고 2~3쌍의 삼각상 열편이 생기며 기부는 이저로 줄기를 싼다.

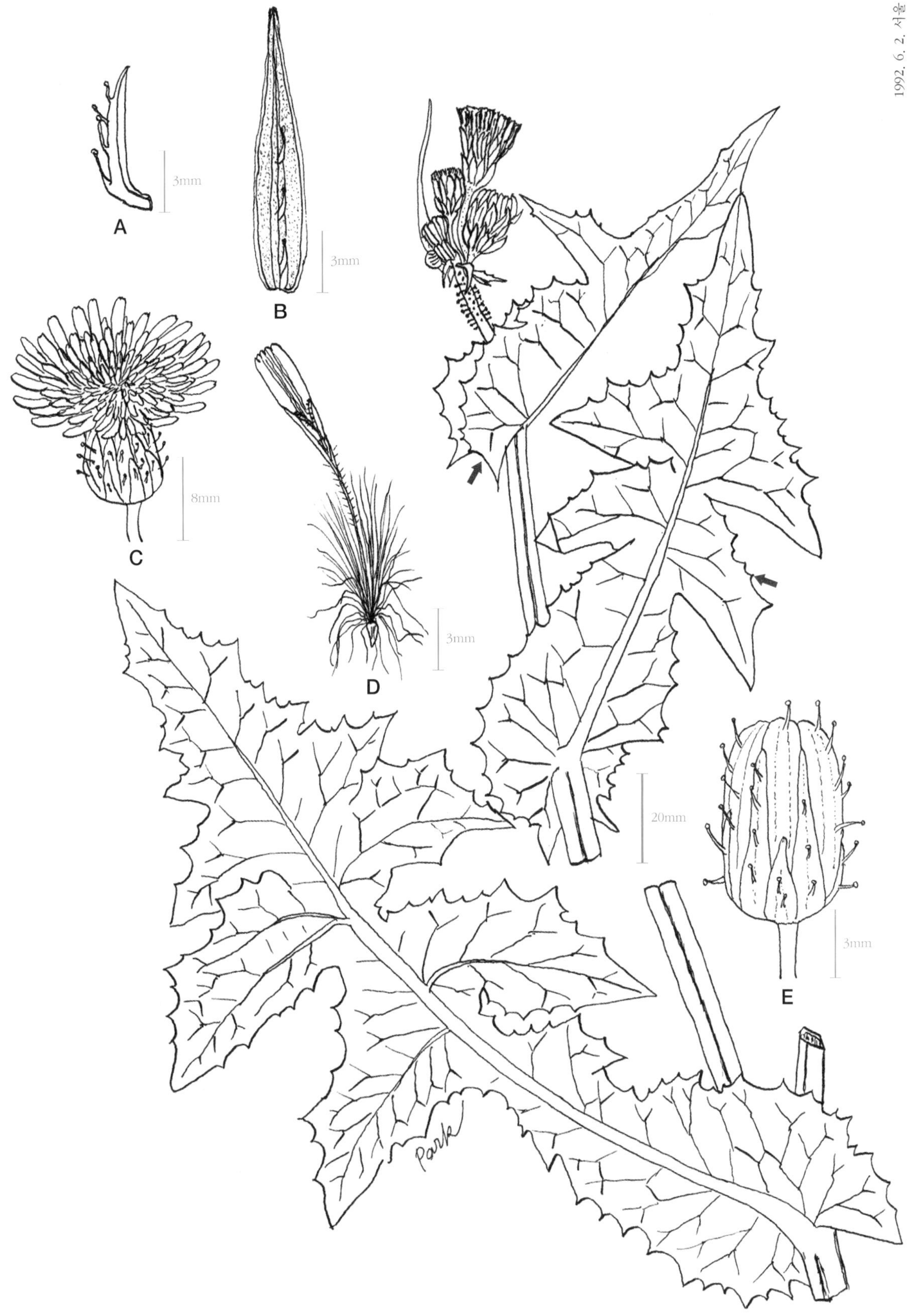

· A. 외총포편, B. 내총포편, C. 두화, D. 설상화, E. 꽃봉오리

218. 만수국아재비

Man-su-guk-a-jae-bi [Kor.]
Shiozakisoh [Jap.]
Marigold, Southern Marigold [Eng.]

***Tagetes minuta* L.**, Sp. Pl. 887(1753); T. Osada in Col. Illus. Nat. Pl. Jap. 79(1976); V. L. Komarov in Fl. U.S.S.R. Vol. 25: 615(1990).

1년생 초본으로 냄새가 나며 줄기는 20~100cm이다. 잎은 어긋나기(互生) 또는 마주나기(對生)이며 우상 분열羽狀分裂하고 열편裂片은 길이 1.5~4cm, 5~15개로 선상 피침형線狀披針形이며 선점腺点이 산재散在한다. 꽃은 7~9월에 피고 두화頭花는 원주형圓柱形이며 산방화서繖房花序를 이룬다. 총포總苞는 길이 8~14mm로 좁은 갈색의 선점腺点이 흩어져 있다. 설상화舌狀花는 2~3개이고 설상부는 황색이며 통상화筒狀花는 3~5개이다. 열매(瘦果)는 선형線形으로 길이 6.5~7mm이고 흑갈색이며 털과 자상 관모刺狀冠毛가 있다.

* 남아메리카 원산이며, 우리나라에는 제주도와 남부지방에 분포하고 있다.
* 만수국(*Tagetes patula* L.)에 비해 식물체의 키는 크지만 잎의 열편은 보다 좁고 길며 여러 개의 두화는 가지 끝에 산방화서를 만든다.

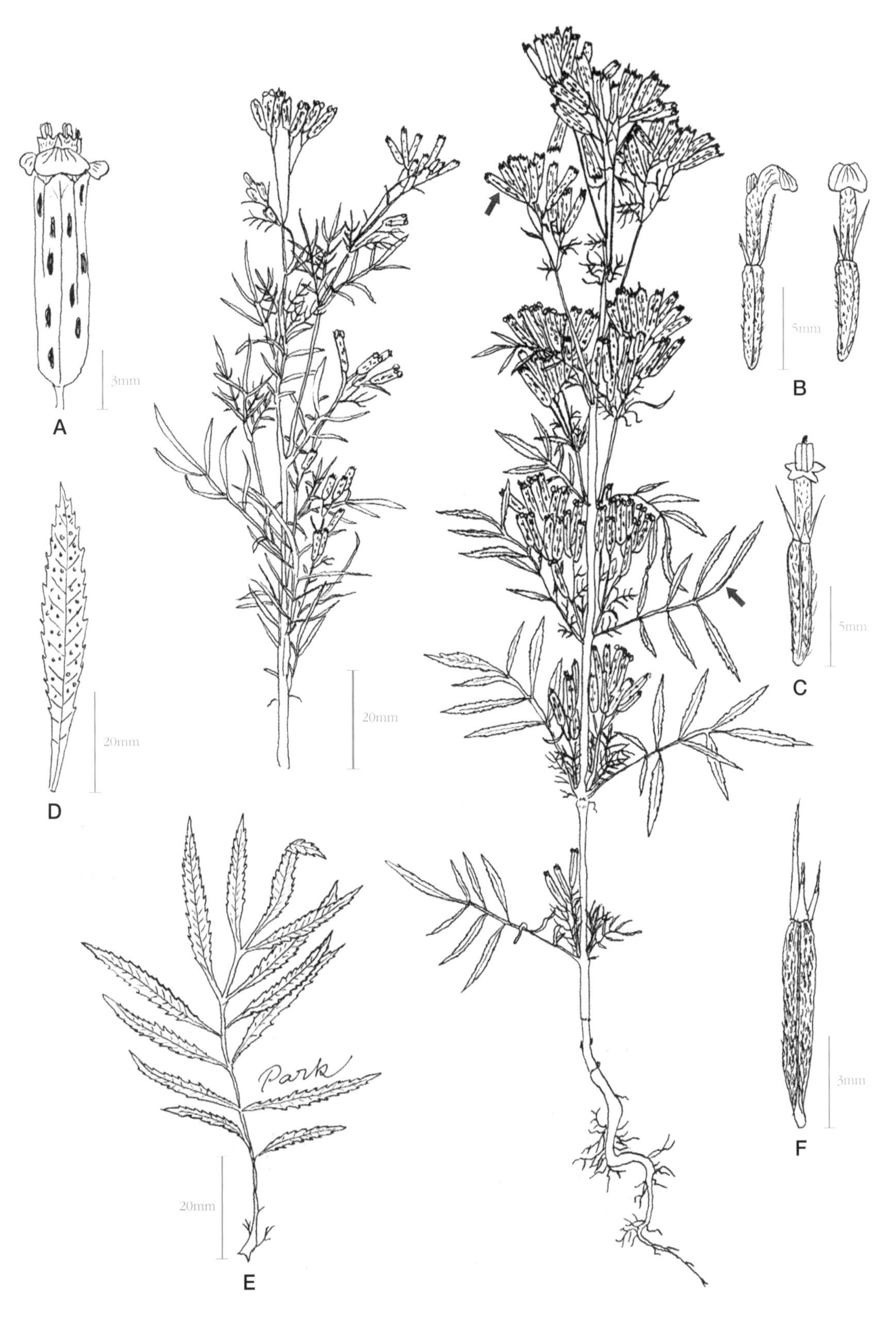

A. 두화, B. 설상화, C. 통상화, D. 소엽, E. 잎, F. 씨

219. 붉은씨서양민들레

Bul-gun-ssi-seo-yang-min-deul-re [Kor.]
Akami-tanpopo [Jap.]
Red-seeded Dandelion [Eng.]

***Taraxacum laevigatum* DC.**, Cat. Hort. Monsp. 149(1813).
– *Leontodon erythrospermum* Britton, Britton & Brown in Illus. Fl. Ed. 2, 3: 316(1913).

다년생 초본으로 서양민들레와 비슷하다. 잎은 길이 8~15cm로 근생엽根生葉뿐이며 깊게 하향下向 톱니가 있는 우상 분열羽狀分裂을 하고 열편 사이에 작은 예거치銳鋸齒가 있어 가장자리가 불규칙하다. 꽃은 4~6월에 피며 두화頭花는 지름 2.5~3cm로 황색이고 70~90개의 설상화舌狀花로 이루어지며 꽃자루 끝에 1개씩 달린다. 총포편總苞片은 2줄로 배열하며 외총포편外總苞片은 끝이 아래쪽을 향하여 굽고 내총포편內總苞片은 선형線形이며 굽지 않는다. 열매(瘦果)는 방추형紡錘形이며 적색 사상絲狀의 부리 모양 돌기가 있다. 관모冠毛는 오백색汚白色이다.

* 유럽 원산으로 우리나라에는 서울 전역과 중 · 남부지방, 제주도에 분포한다.
* 서양민들레(*Taraxacum officinale* Weber.)와 달리 잎 가장자리에 불규칙한 가는 톱니가 있고 열매는 방추형으로 적색을 띤다.

A. 잎, B. 설상화, C. 씨

220. 서양민들레

Seo-yang-min-dul-re [Kor.]
Seiyoh-tanpopo [Jap.]
Common Dandelion [Eng.]

***Taraxacum officinale* Weber.**, Prim. Pl. Holst. 56(1780); T. Mori in Enum. Pl. Cor. 372(1921); T. Osada in Col. Illus. Nat. Pl. Jap. 1(1976).

다년생 초본이다. 잎은 근생엽根生葉뿐인데 윤곽이 장타원형長楕圓形이고 우상 분열羽狀分裂하며 파상 거치波狀鋸齒가 있다. 길이 7~25cm, 폭 1.5~6cm로 끝이 뾰족하거나 뭉툭하며 기부는 잎자루를 따라 좁아진다. 꽃은 3~9월에 피고 두화頭花는 황색으로 양성兩性이며 150~200개의 설상화舌狀花로 구성되고 지름은 2~5cm이다. 총포편總苞片은 선형線形이고 외총포편外總苞片은 뒤로 젖혀지며 내총포편內總苞片은 곧추선다. 열매(瘦果)는 길이 2~4mm, 회갈색으로 편평한 방추형紡錘形이고 사상絲狀의 부리 모양 돌기가 있고 관모冠毛는 백색이다.

* 유럽 원산으로 국내에는 1910년대에 이입되었으며, 지금은 한반도 중·남부의 도심지와 제주도에 분포한다.
* 붉은씨서양민들레(*Taraxacum laevigatum* DC.)와 달리 잎은 일정한 파상 거치가 있고 열매는 회갈색이다.

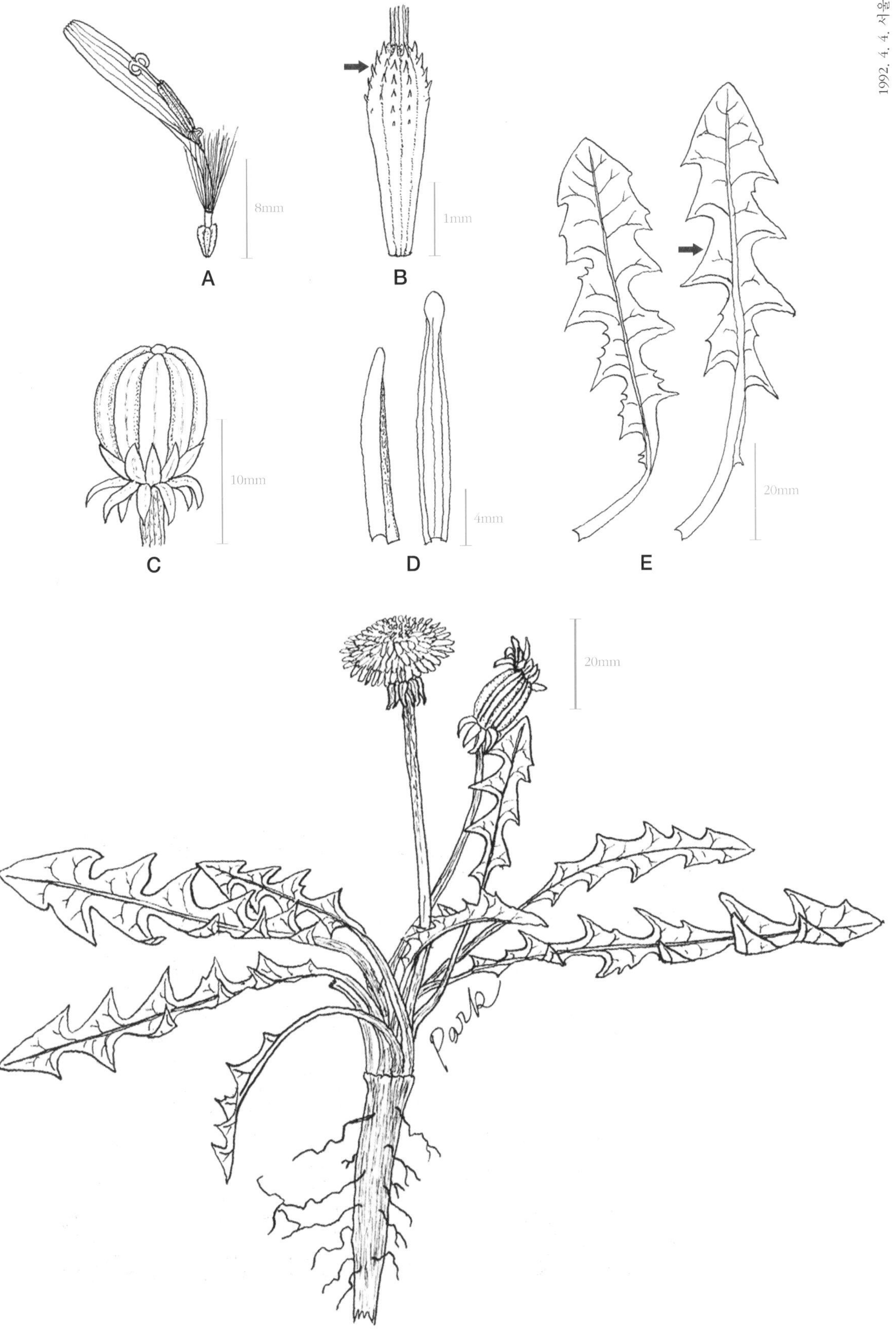

A. 설상화, B. 씨, C. 꽃봉오리, D. 총포편, E. 잎

221. 쇠채아재비

Soech'ae-ajaebi [Kor.]
Fistulous Goat's Beard [Amer.]

Tragopogon dubius **Scop.**, Fl. Carn. Ed. II. ii: 95(1772); S. H. Park in Kor. Jour. Pl. Tax. Vol. 29(2): 198(1999).

1~2년생 초본으로 뿌리는 직근直根이며 줄기는 높이 30~100cm로 가운데가 비어 있다. 잎은 어긋나기(互生)이며 선상 피침형線狀披針形으로 길이 20~30cm이고 기부는 줄기를 반쯤 둘러싸며 끝 부분은 뾰족하다. 5~6월에 가지 끝에 두화頭花가 피며 두화 바로 밑의 꽃자루는 넙적하게 자란다. 총포總苞는 종형鐘形이며 길이 4cm이고 같은 모양의 총포편總苞片 8~13개가 1줄로 배열된다. 설상화舌狀花는 담황색이고 길이 2.5~3cm이다. 열매(瘦果)는 길이 20mm 내외이고 가는 방추형紡錘形으로 능선 위에 작은 돌기물이 있으며 길이 30mm 정도의 자루 끝에 관모冠毛가 붙는다. 관모는 백색이며 우상羽狀으로 갈라진다.

* 유럽 원산이며, 우리나라에서는 충북 단양의 매포 지역과 제천, 강원 영월 등지에 자란다.
* 쇠채(*Scorzonera albicaulis* Bunge)와 비슷하나 두화 바로 밑의 꽃자루가 넓적하고 총포편이 8~13개로 크기와 모양이 비슷하면서 1줄로 배열되는 점이 다르다.

A. 꽃봉오리, B. 꽃, C. 총포편, D. 수과, E. 수과와 관모, F. 관모의 일부, G. 줄기의 일부, H. 설상화

222. 나래가막사리

Na-rae-ga-mak-sa-ri [Kor.]
Hanemigiku [jap.]
Yellow Iron Weed [Eng.]

Verbesina alternifolia **Britton**, Kearney, Bull. Torr. Club 20: 485(1893).
-*Coreopsis alternifolia* L., Sp. Pl. 909(1753).

다년생 초본으로 줄기는 높이 120~250cm이고 좁은 날개가 달린다. 잎은 어긋나기(互生) 또는 아래쪽이 마주나기(對生)이며 장타원상 피침형長楕圓狀披針形이다. 잎의 길이는 8~20cm, 기부는 쐐기형이며 양면이 거칠고 표면에 인모鱗毛가 있다. 꽃은 8~9월에 피며 두화頭花는 지름 2.5~5cm로 산방상 원추화서繖房狀圓錐花序를 이룬다. 총포편總苞片은 피침형이고 반곡反曲된다. 설상화舌狀花는 2~10개이며 황색으로 길이는 1.8~2.5cm이고 통상화筒狀花는 황색이다. 화상花床의 인편鱗片은 능형菱形이며 윗부분에 털이 있다. 열매(瘦果)는 넓은 날개가 달리며 연모軟毛가 있고 관모冠毛는 2개의 까락(芒)으로 변한다.

* 북아메리카 원산이며 우리나라에서는 경남 함안, 광주 무등산, 서울 구파발 등지에서 확인되었다.
* *Verbesina*속식물은 잎의 기부가 줄기로 흘러 줄기에 좁은 날개 2개가 형성되며 두화에 설상화가 반쪽 정도만 붙고 열매에 넓은 날개가 달리는 특징이 있다.

A. 두화, B. 설상화, C. 화상의 인편, D. 통상화, E. 총포편, F. 잎 표면의 인모, G. 근생엽, H. 열매

223. 큰도꼬마리

Keun-do-kko-ma-ri [Kor.]
Oho-onamomi [Jap.]
Cocklebur, Burweed [Eng.]

***Xanthium canadense* Mill.**, Gard. Dict. Ed. 8: n.2(1768); W. Lee, Y. Yim in Kor. Jour. Pl. Tax. Vol. 8(App.): 19(1978).

1년생 초본으로 줄기는 50~200cm이며 표면에 반점이 있다. 잎은 어긋나기(互生)이며 광난형廣卵形이고 3천열淺裂 또는 중열中裂이 된다. 잎 가장자리는 크기가 다르고 끝이 뾰족한 톱니가 뚜렷하다. 꽃은 8~9월에 피고 원추화서圓錐花序를 이루며 자웅동주雌雄同株로, 수꽃의 두화頭花는 둥글며 화서花序 끝에 달리고 암꽃은 수꽃 밑에 부착한다. 암꽃의 총포總苞는 길이 2~2.5cm로 타원형이고 위쪽에 부리 모양의 돌기 2개가 있으며 끝이 갈고리 모양인 길이 3~6mm의 가시가 밀포密布한다. 총포의 표면은 털이 없고 사마귀 모양의 선점腺点이 산재한다.

* 북아메리카 원산이며, 우리나라의 중 · 남부지방과 제주도에 분포한다.
* 도꼬마리(*Xanthium strumarium* L.)에 비해 식물체가 크며 총포는 타원형이고 길이는 2~2.5cm이다. 끝이 갈고리 모양인 길이 3~6mm의 가시가 밀포한다.

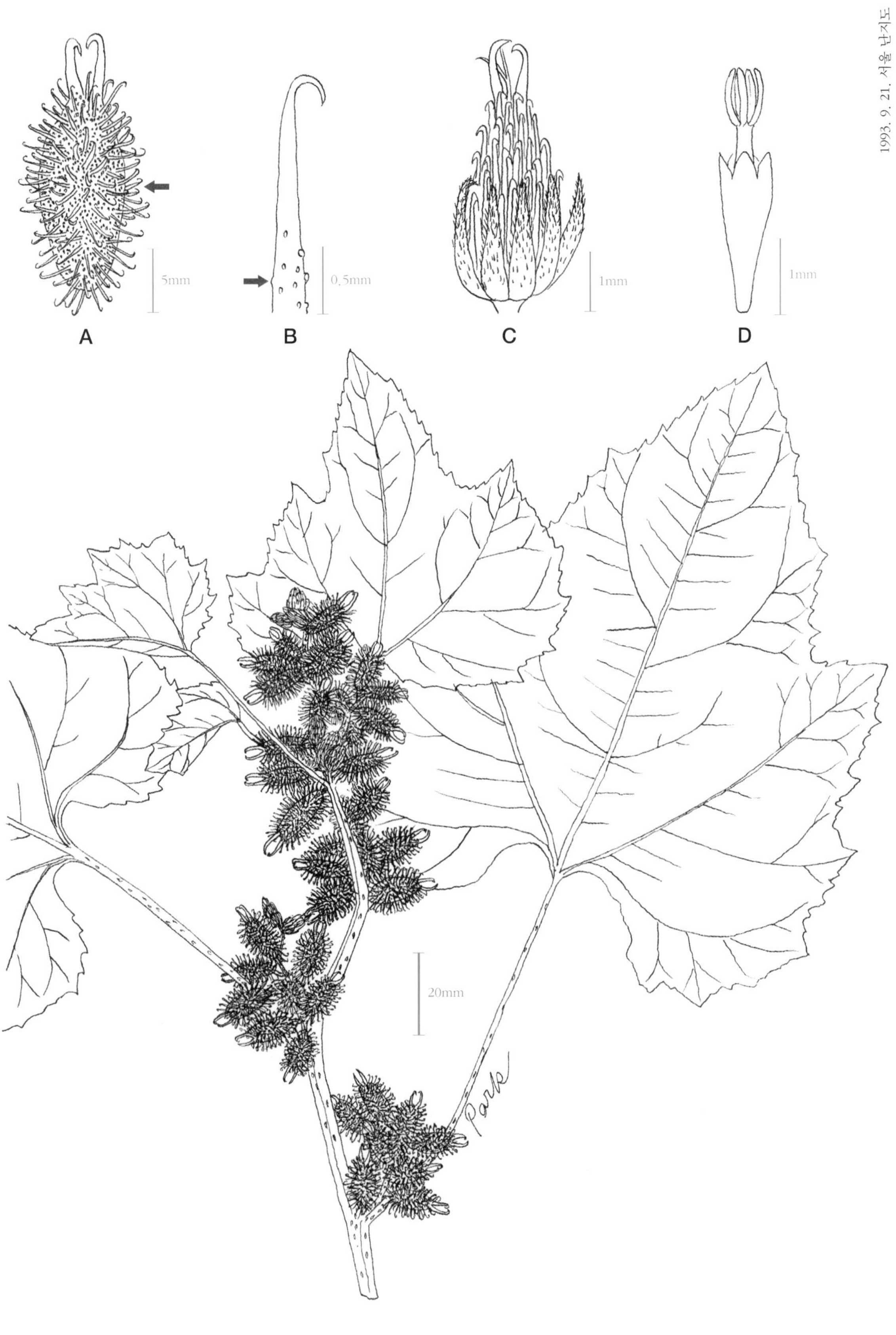

1993. 9. 21. 서울 난지도

5mm

0.5mm

1mm

1mm

A B C D

20mm

Park

A. 총포, B. 총포의 가시, C. 암꽃, D. 수꽃

224. 가시도꼬마리

Ga-si-do-kko-ma-ri [Kor.]
Iga-onamomi [Jap.]
Cocklebur, Clotbur [Eng.]

***Xanthium italicum* Moore**, Brugnat. Giorn. Fis. Dec. II. 5: 32(1822).
-*Xanthium commune* Britt., Manual 912(1901).

1년생 초본으로 줄기는 높이 40~120cm이고 흑자색 반점이 있다. 잎은 어긋나기(互生)이고 넓은 난형卵形이며 3천열淺裂되고 잎 가장자리에는 크기가 다른 뭉툭한 낮은 톱니가 있다. 꽃은 8~10월에 피며 자웅동주雌雄同株이고 줄기나 가지 끝에 원추화서圓錐花序를 만든다. 수꽃의 두화頭花는 구형球形이며 화서花序의 위쪽에 부착하고 암꽃은 2개가 총포總苞에 싸여 있으며 수꽃의 아래쪽에 달린다. 암꽃의 총포는 길이 1.9~3cm로 타원형이며 끝 쪽에 2개의 끝이 굽은 부리 모양의 돌기가 있고 표면에 길이 4~7mm의 많은 가시가 있다. 가시에는 인편상鱗片狀의 작은 가시가 있다.

* 남아메리카, 북아메리카, 하와이, 유럽 등지에 널리 분포하며 원산지가 어디인지는 명확하지 않다. 우리나라에서는 남한강 유역, 울산, 경북 포항과 구룡포에서 발견된다.
* 큰도꼬마리(*Xanthium canadense* Mill.)와 달리 총포에 가시가 있으며 그 가시에 인편상의 작은 가시가 부착된다.

A. 총포, B. 총포의 가시, C. 수꽃

225. 도꼬마리

Do-kko-ma-ri [Kor.]
Onamomi [Jap.]
Cocklebur, Clotbur,
Burweed [Eng.]

Xanthium strumarium **L.**, Sp. Pl. 987(1753); T. Nakai in Fl. Kor. 2: 18 (1911); T. Osada in Col. Illus. Nat. Pl. Jap. 84(1976).

1년생 초본으로 줄기는 높이 50~150cm이며 흑자색 반점이 있다. 잎은 어긋나기(互生)이고 난형卵形이며 3천열淺裂되고 잎 가장자리는 크기가 다른 뾰족한 톱니가 있다. 꽃은 8~9월에 피고 황색이며 자웅동주雌雄同株이고 가지와 줄기 끝에 원추화서圓錐花序를 이룬다. 수꽃의 두화頭花는 둥글며 화서花序의 윗부분에 달리고 암꽃은 화서의 아래쪽에 달린다. 암꽃의 총포總苞는 길이 8~14mm로 타원형이며 부리 모양의 돌기가 2개 있고, 표면에 거친 털과 선모腺毛가 있어 광택이 없고 길이 1~2mm의 가시가 드문드문 생긴다.

* 아시아 대륙 원산이며, 국내에는 오랜 옛날에 귀화되었고 전국에 분포가 알려졌으나 주로 북부지방에 있다.
* 큰도꼬마리(*Xanthium canadense* Mill.)에 비해 총포가 작고 보다 작은 가시가 엉성하게 부착된다.

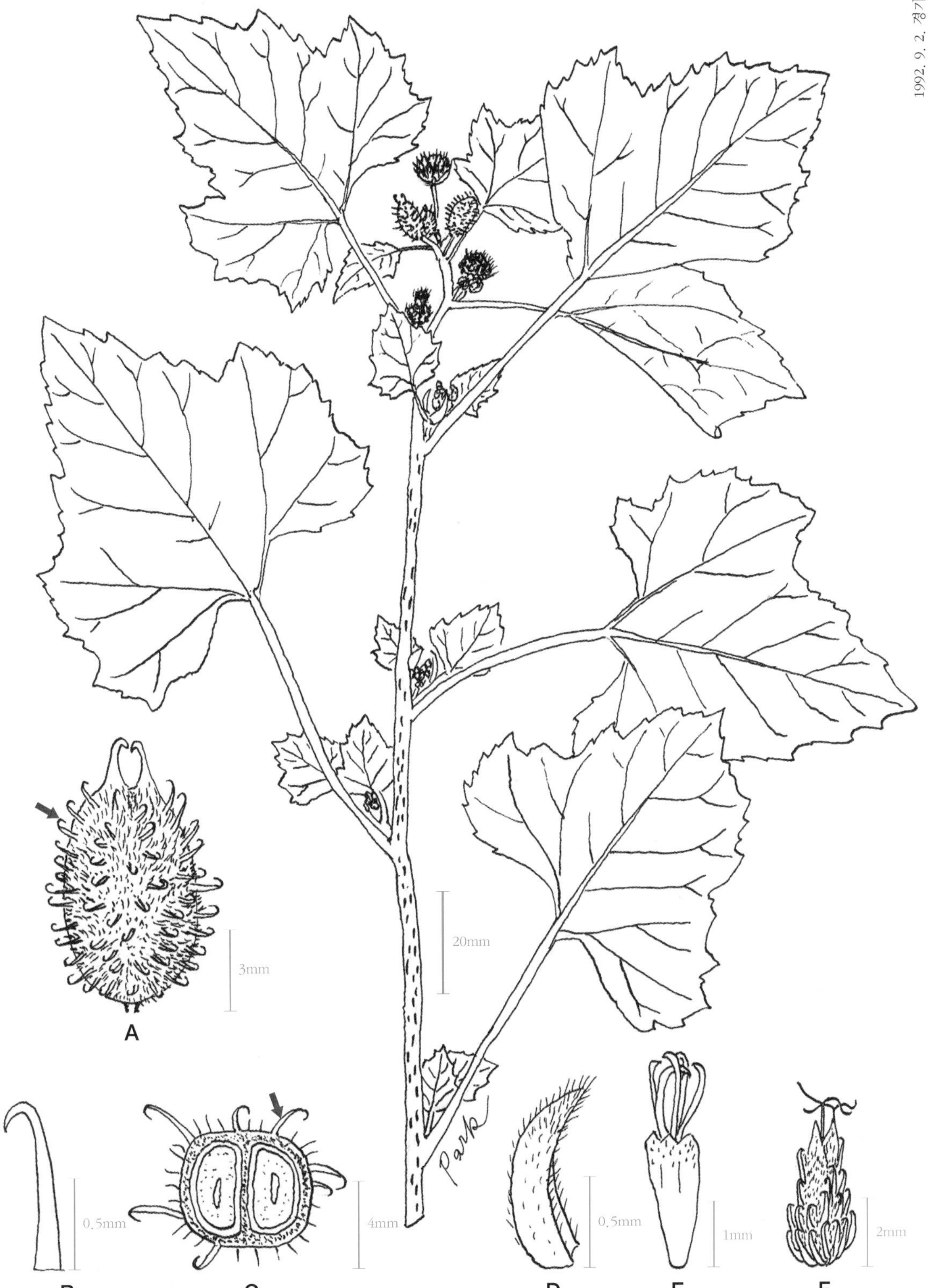

1992. 9. 2. 경기 김포

20mm

3mm

A

0.5mm

4mm

0.5mm

1mm

2mm

B C D E F

A. 총포, B. 총포의 가시, C. 총포의 단면, D. 수꽃의 총포편, E. 수꽃, F. 암꽃

226. 흰꽃나도사프란

Hin-kkot-na-do-sa-pu-ran [Kor.]
Tamasudare [Jap.]

***Zephyranthes candida* Herb.** in Bot. Mag. t. 2607.; T. Lee in Illus. Fl. Kor. 222(1979); L. H. Bailey & E. Z. Bailey in Hort. Third 1182(1986).

지하에 인경鱗莖이 있는 다년생 초본이다. 잎은 선형線形으로 인경에서 총생叢生하고 두껍고 짙은 녹색을 띠며 길이 20~40cm로 화경花梗보다 길다. 꽃은 7~9월에 피고 백색이며 때로는 연한 홍색이 돌기도 한다. 높이 15~30cm의 근생 화경根生花梗 위에 꽃이 1개씩 달리며 기부가 붙은 2개의 포엽苞葉이 있다. 화피花被는 깔때기꼴이며 통부筒部는 짧고 열편裂片은 6개이며 장타원형長楕圓形으로 길이 2cm 정도이다. 수술은 6개이고 길이가 같으며 암술은 1개로 암술대는 백색이고 주두柱頭는 3개로 갈라진다.

* 남아메리카 원산이며, 우리나라에서는 관상용 식물로 재배되던 것이 제주도에서는 자연으로 일출逸出되어 야생화하였다.

* 나도사프란(*Zephyranthes carinata* Herb.)에 비해 잎이 가늘고 두꺼우며 꽃이 백색이다.

A. 꽃봉오리, B. 꽃, C. 수술과 암술, D. 내화피, E. 외화피, F. 주두, G. 수술

227. 등심붓꽃

Deung-sim-but-kkot [Kor.]
Niwazekisyoh [Jap.]
Blue-eyed Grass [Eng.]

***Sisyrinchium atlanticum* Bickn.**, Bull. Torr. Bot. Club. 134(1896).
-*Sisyrinchium angustifolium* Mill., Gard. Dict. Ed. 8(1768).

길가 잡초 가운데 자라는 다년생 초본으로 줄기는 높이 10~20cm이고 좁은 날개가 있다. 잎은 선형線形으로 길이는 4~8cm이고 칼 모양이며 기부는 줄기를 둘러싼다. 꽃은 4~6월에 피고 청자색青紫色 또는 백자색白紫色이다. 화피花被는 도란상 피침형倒卵狀披針形이며 6개로 외화피外花被는 5맥, 내화피內花被는 3맥의 자주색 줄이 있고 밑부분은 황색이다. 수술은 3개인데 수술대의 하반부가 붙어서 주머니꼴이 되며 표면에 황색의 선모腺毛가 밀생密生한다. 암술은 1개이며 끝이 3개로 갈라진다. 열매(蒴果)는 공 모양으로 지름이 3mm 정도이고 광택이 있다.

* 북아메리카 원산으로, 제주도의 길가나 잔디밭 등에서 흔히 볼 수 있다.
* 범부채〔*Belamcanda chinensis* (L.) DC.〕에 비해 식물체가 작고 수술대가 화피의 통부筒部 밑에 붙어 있다.

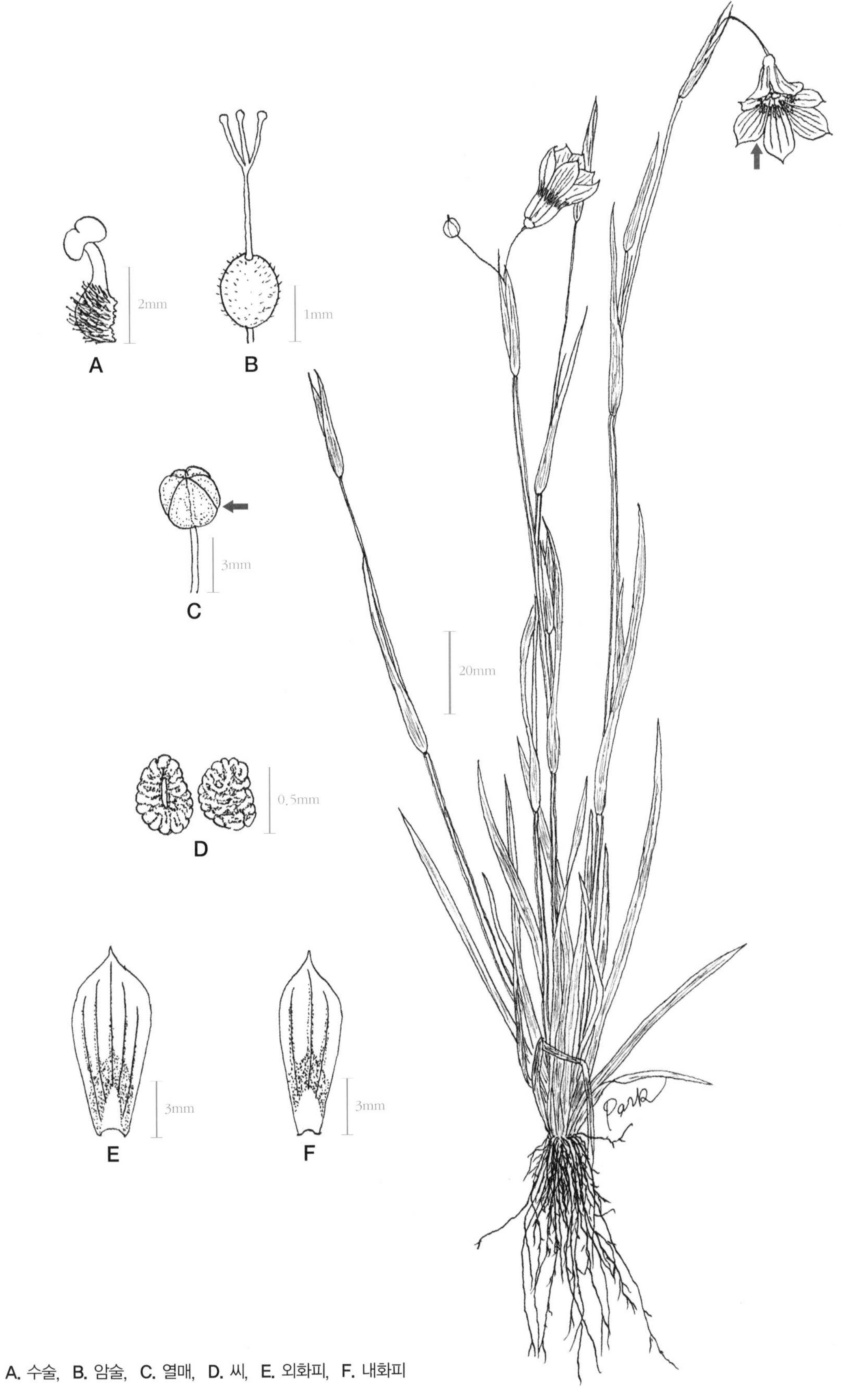

A. 수술, B. 암술, C. 열매, D. 씨, E. 외화피, F. 내화피

228. 몬트부레치아

Mon-teu-bu-re-chia [Kor.]
Himehiougizuisen [Jap.]
Montbretia [Eng.]

***Tritonia crocosmaeflora* Lemoine**, Nichols, Dict. Gard. 4: 94(1887); T. Osada in Col. Illus. Nat. Pl. Jap. 363(1976); Makino in Mak. Illus. Fl. Jap. 871(1988).

다년생 초본으로 땅속에 옆으로 기는가지가 있고 갈색 엽초 모양(葉鞘狀)의 섬유에 싸인 알줄기(球莖)를 만들어 번식한다. 줄기는 높이 50~80cm로 무리를 지어 자란다. 잎은 길이 20~50cm로 줄기의 아래쪽에서 2줄로 어긋나며(互生) 기부가 겹쳐진다. 여름에 1개의 꽃대가 생기고 위쪽에서 2~4개의 가지가 갈라지며 여러 개의 꽃이 편측적片側的으로 배열한 수상화서穗狀花序를 이룬다. 꽃의 지름은 2~3cm이고 2개의 포엽苞葉이 있다. 화피花被는 6개로 주홍색이고 장타원형長楕圓形이며 기부 근처에 2개의 진한 반점이 있다. 수술 3개, 암술은 1개로 암술머리가 3갈래로 갈라진다.

* 유럽에서 교잡에 의하여 생긴 잡종으로 정원에 재배하던 것이 일출逸出하여 귀화한 식물이다. 우리나라에서는 전남 거문도와 경북 울릉도, 제주도에서 야생화한 것이 발견된다.
* 재배종 *Tritonia aurea* Papp.과 달리 꽃이 주홍색이고 열매를 맺지 않는다.

A. 포엽에 싸인 열매, B. 화피, C. 암술머리, D. 수술

229. 자주닭개비

Ja-ju-dal-gae-bi [Kor.]
Murasaki-tsuyukusa [Jap.]
Reflexed Spiderwort [Eng.]

***Tradescantia reflexa* Rafin.**, Atl. Jour. 150(1832); H. Lee in Illus. Ency. Fl. Kor. Gar. Fl. 134(1964); Britton & Brown in Illus. Fl. U. S. & Can. Vol. 1: 461(1970).

다년초이며 식물 전체에 털이 없고 녹색이다. 줄기는 곧게 서며 높이는 50cm이다. 잎은 길이 20~30cm로 선형線形이며 곧거나 뒤로 휘어져 있고 기부는 줄기를 감싼다. 꽃은 5~9월에 피는데 우산 모양의 취산화서聚繖花序는 성숙해도 꽃이 밀집한다. 꽃은 지름 2~2.5cm로 일일화一日花이다. 작은 꽃자루(小花梗)는 길이 2~3cm로 가늘고 외화피外花被는 3개로 자녹색이다. 내화피內花被는 3개인데 길이는 20~25mm로 폭이 넓고 자주색 또는 붉은색이다. 수술은 6개, 꽃밥은 황색이고 수술대에 자주색의 장모長毛가 있다. 수술대의 털은 염주상念珠狀으로 배열하며 실험 재료로 쓰인다.

* 북아메리카 원산이며, 1912~1945년 사이 우리나라에 실험용 식물로 도입되어 재배되어온 식물이다. 최근 서울과 경기 벽제, 원당 등지에서 야생화한 것이 자주 관찰된다.
* 닭의장풀(*Commelina communis* L.)과 달리 잎이 선형이며 내화피는 3개로 넓고 자주색 또는 붉은색이며 길이는 20~25mm이다.

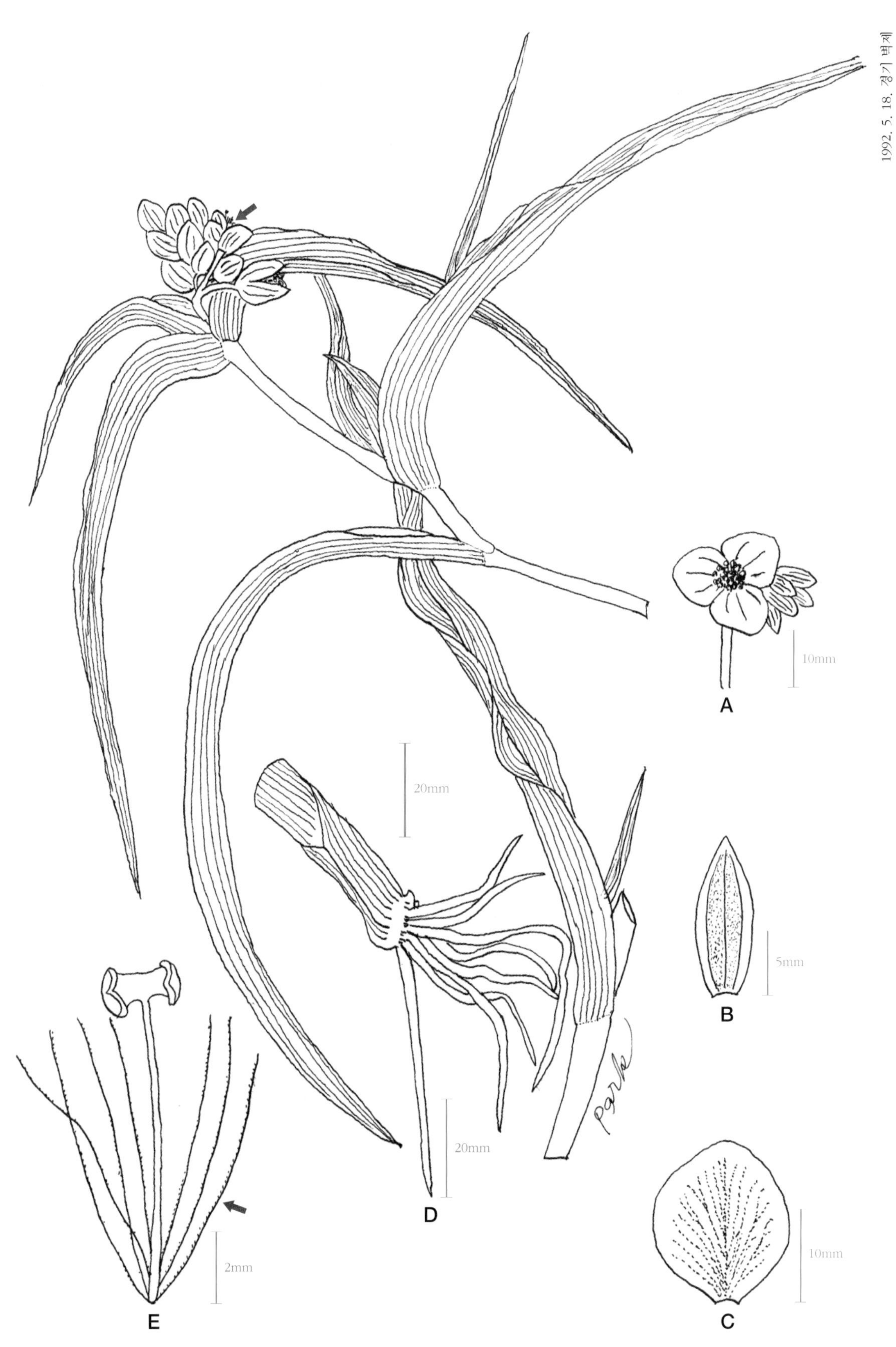

A. 꽃송이, B. 외화피, C. 내화피, D. 뿌리, E. 수술

230. 염소풀

Yom-so-pul [Kor.]
Yagimugi [Jap.]
Goat-grass [Eng.]

***Aegilops cylindrica* Host.**, Gram. Austr. 2: 6. t. 7(1802); Osada in Col. Illus. Nat. Pl. Jap. 393(1976); S. Park, Kor. Jour. Pl. Tax. Vol. 23(2): 98 (1993).

1년생 초본으로 높이는 20~60cm이다. 엽초葉鞘는 털이 없으며 엽설葉舌은 높이 1mm이고 잎새(葉身)는 길이 5~10cm, 폭 2mm이다. 6월에 꽃이 피고 수상화서穗狀花序는 길이 6~10cm로 원주형圓柱形이며 5~6마디이고 마디 사이에 소수小穗가 1개씩 붙는다. 소수는 길이 1cm이고 소화小花는 포영苞穎에 덮여 있다. 포영은 두껍고 호영護穎은 막질膜質이며 내영內穎도 막질이다. 화서花序 끝의 소수에는 길이 3~5cm의 까락(芒)이 4개 내외로 있다. 씨가 익으면 화서의 마디가 끊어지며 마디마다 소수가 부착된 채로 떨어진다.

* 유럽 원산으로, 우리나라에는 경기 시흥의 수인산업도로변과 인천 영흥도, 경북 울릉도에서 확인하였다.

* 염소풀속(*Aegilops* L.)식물은 원주형 수상화서로 이삭의 마디마다 1개씩의 소수가 부착된다.

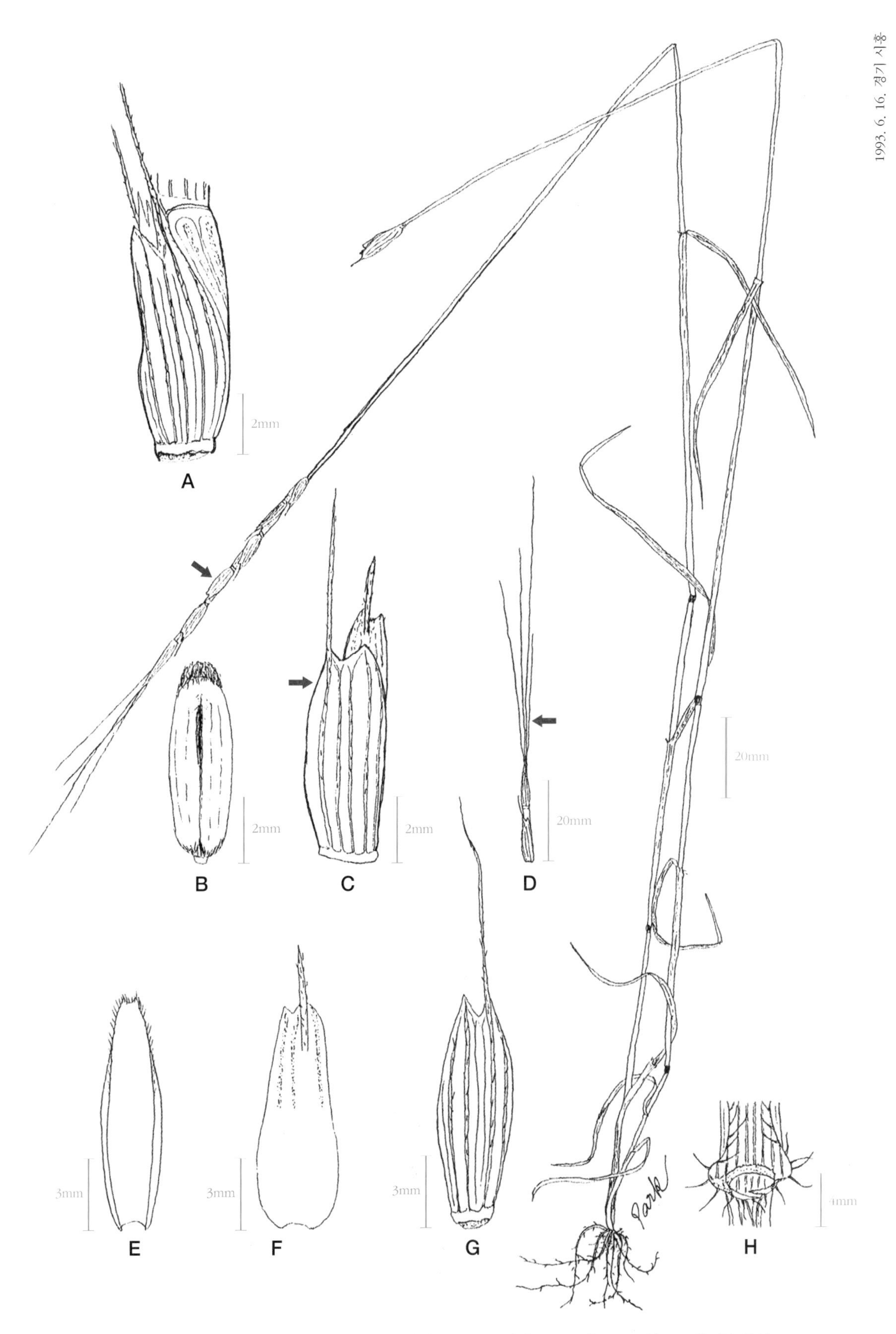

A. 수상화서의 한 마디, B. 씨, C. 포영과 1소화, D. 화서의 끝, E. 내영, F. 호영, G. 포영, H. 엽이와 엽설

231. 은털새

Eun-teol-sae [Kor.]
Nukasusuki [Jap.]
Silver Hairgrass [Eng.]

***Aira caryophyllea* L.**, Sp. Pl. 66(1753); T. Osada in Illus. Gra. Jap. 260 (1989); S. H. Park. Kor. Jour. Pl. Tax. Vol. 33(1): 79(2003).

1년생 초본으로 줄기는 모여 나고 높이는 10~30cm로 가늘고 직립한다. 잎새(葉身)는 길이 2~4cm로 좁은 선형線形이며 안쪽으로 말린다. 엽초葉鞘는 잎새보다 길고 엽설은 높이 3~5mm로 백색 막질膜質이다. 꽃은 5~6월에 피며 원추화서圓錐花序를 이룬다. 화서의 길이는 약 7cm로 아래쪽 가지가 가장 길고 실처럼 보인다. 소수小穗는 길이가 2.5~3.5mm로 양성소화兩性小花 2개가 있다. 포영苞穎은 2개이며 거의 같은 크기이고 막질로 광택이 있다. 2개의 소화는 크기가 같고 호영護穎은 기부 쪽에 5맥이 있으며 끝에 작은 톱니 2개가 있다. 중앙맥은 기부로부터 1/3 지점에서 유리되어 길이 2.4~3.3mm의 까끄라기(芒)가 된다. 내영內穎은 호영보다 짧다.

* 유럽 원산이며, 우리나라에서는 제주도 구좌읍 제동목장에서 발생하여 확산되고 있다.
* 겨이삭(*Agrostis clavata* var. *nukabo* Ohwi)과 비슷하지만 1개의 소수에 2개의 양성 소화와 2개의 까끄라기가 있어 구분이 쉽다.

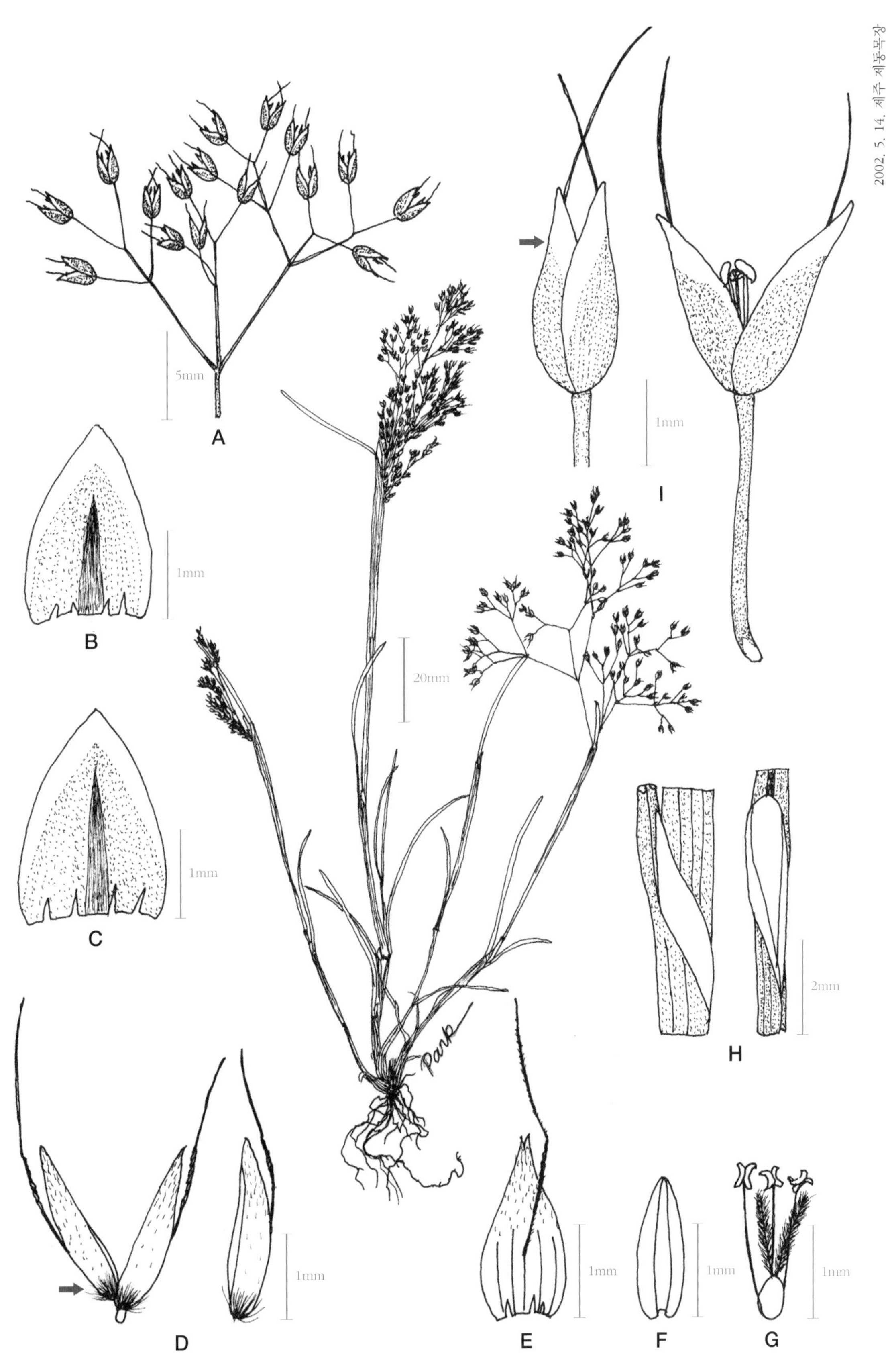

A. 화서의 일부, B. 제1포영, C. 제2포영, D. 소화, E. 호영, F. 내영, G. 암술과 수술, H. 엽초, I. 소수

232. 털뚝새풀

Teol-ttuk-sae-pul [Kor.]
Setogaya [Jap.]

***Alopecurus japonica* Steud.**, Synop. Gram.: 149(1855); Makino in Mak. Illus. Fl. Jap. 734(1988); T. Osada in Illus. Gras. Jap. 360(1989).

1년생 초본으로 줄기는 높이 20~60cm이다. 잎새(葉身)는 선형線形으로 백록색이며 길이는 4~15cm이고 엽초葉鞘는 보통 잎새보다 길다. 엽설葉舌은 백색이고 막질膜質이며 높이는 2~4mm이다. 꽃은 5월에 피며 화서花序는 길이가 3~6cm로 원주형圓柱形이다. 소수小穗는 길이 5~6mm로 납작하고 1개의 소화小花가 있다. 포영苞穎은 2개로 모양과 크기가 같고 분리되었으며 용골부龍骨部 위에 긴 털이 난다. 호영護穎은 5맥이 있고 중앙맥 기부 근처로부터 긴 까락(芒)이 생기며 까락 길이는 10~12mm이다. 수술은 3개, 꽃밥은 백색으로 길이 1mm 정도이다.

* 표준 산지는 일본으로, 국내에서는 경남 하동과 산청에서 확인하였다.
* 뚝새풀〔*Alopecurus aequalis* var. *amurensis* (Kom.) Ohwi〕에 비해 원추화서圓錐花序가 굵고 흰색 꽃밥이 늘어지며 까락 길이가 10~12mm인 점이 다르다.

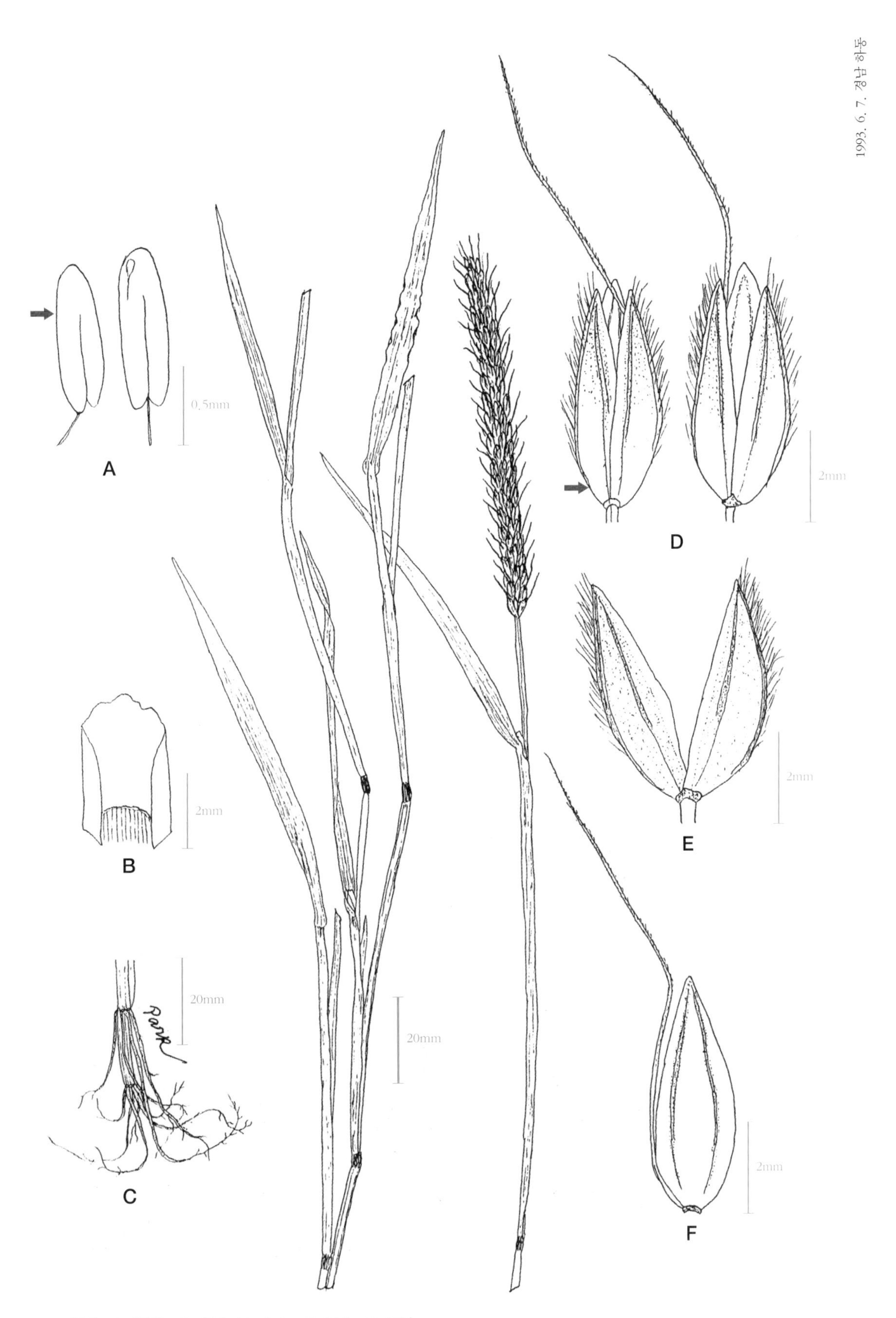

A. 꽃밥, B. 엽설, C. 뿌리, D. 소수, E. 포영, F. 호영

233. 쥐꼬리뚝새풀

Jwi-kko-ri-ttug-sae-pul [Kor.]
No-suzume-no-teppoh [Jap.]
Blackgrass [Eng.]

Alopecurus myosuroides **Huds.**, Fl. Angl.: 23(1762); T. Osada in Illus. Gras. Jap. 364(1989); S. H. Park, Kor. Jour. Pl. Tax. 24(2): 126(1994).

1년생 초본으로 줄기는 높이 20~50cm이다. 엽초葉鞘는 녹색이고 엽설葉舌은 백색 막질膜質로 높이 2~4mm, 잎새(葉身)는 길이 5~15cm이다. 꽃은 5~6월에 피며 원추화서圓錐花序는 길이 3~10cm로 원주형圓柱形이다. 소수小穗는 납작하고 1개의 소화小花로 이루어지며 길이는 5mm 내외이다. 제1포영苞穎과 제2포영은 크기와 모양이 같고 기부로부터 1/2 길이에 이르기까지 융합되어 있다. 호영護穎은 포영과 같은 길이이며 5맥이 있고 중앙맥은 그 기부에서부터 까락(芒)으로 되어 있으며 4~8mm의 까락이 소수 밖으로 초출超出된다. 내영內穎은 없다.

* 유럽과 온대 아시아 원산으로, 우리나라에는 인천 남항 바닷가와 경기 안산의 수인산업도로에 분포한다.
* 털뚝새풀(*Alopecurus japonica* Steud.)에 비해 키가 크고 원추화서가 가늘고 길며 2개의 포영이 기부로부터 중앙까지 융합되어 있다.

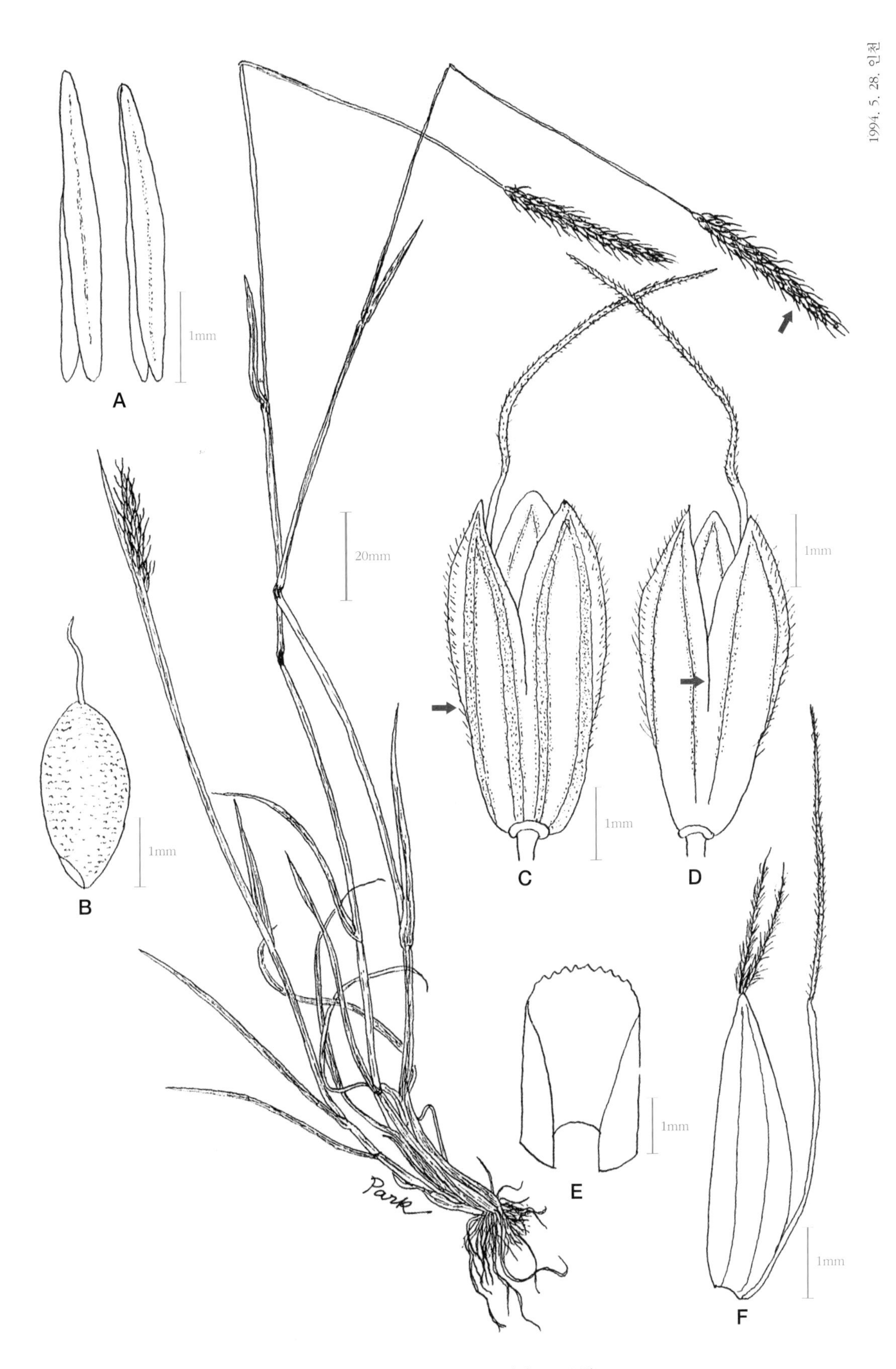

A. 꽃밥, B. 열매, C. 바깥쪽에서 본 소수, D. 안쪽에서 본 소수, E. 엽설, F. 소화

234. 큰뚝새풀

Keun-ttuk-sae-pul [Kor.]
Oh-suzume-no-teppoh [Jap.]
Meadow Foxtail [Eng.]

***Alopecurus pratensis* L.**, Sp. Pl. 60(1753); Britton & Brown in Illus. Fl. U. S. & Can. Vol. 1: 193(1970); Osada in Illus. Jap. Ali. Pl. 201(1972).

다년생 초본으로 줄기는 높이 50~100cm이다. 잎새(葉身)는 길이 20~40cm, 엽초葉鞘는 엷은 녹색이고 엽설葉舌은 높이 1~2mm 정도이다. 꽃은 5~7월에 피며 화서花序는 길이 5~8cm로 원주형圓柱形이다. 소수小穗는 길이가 4~5mm이고 납작한 1개의 소화小花로 이루어지며, 포영苞穎은 크기가 같고 3맥이 있으며 중앙맥을 경계로 접혀 있다. 중앙맥에는 길고 연한 털이 밀생密生한다. 호영護穎은 4맥이 있고 등 쪽 기부 근처에 1cm 내외의 까락(芒)이 1개 있다. 꽃밥은 외부로 돌출되며 길이 2~3mm로 담자색이거나 황색이다.

* 유럽, 서아시아, 북아프리카 원산으로 우리나라에서는 목초로 재배되던 것이 일출逸出되어 야생 상태가 되었다.
* 쥐꼬리뚝새풀(*Alopecurus myosuroides* Huds.)에 비해 식물체가 크며 포영 2개가 분리되어 있다.

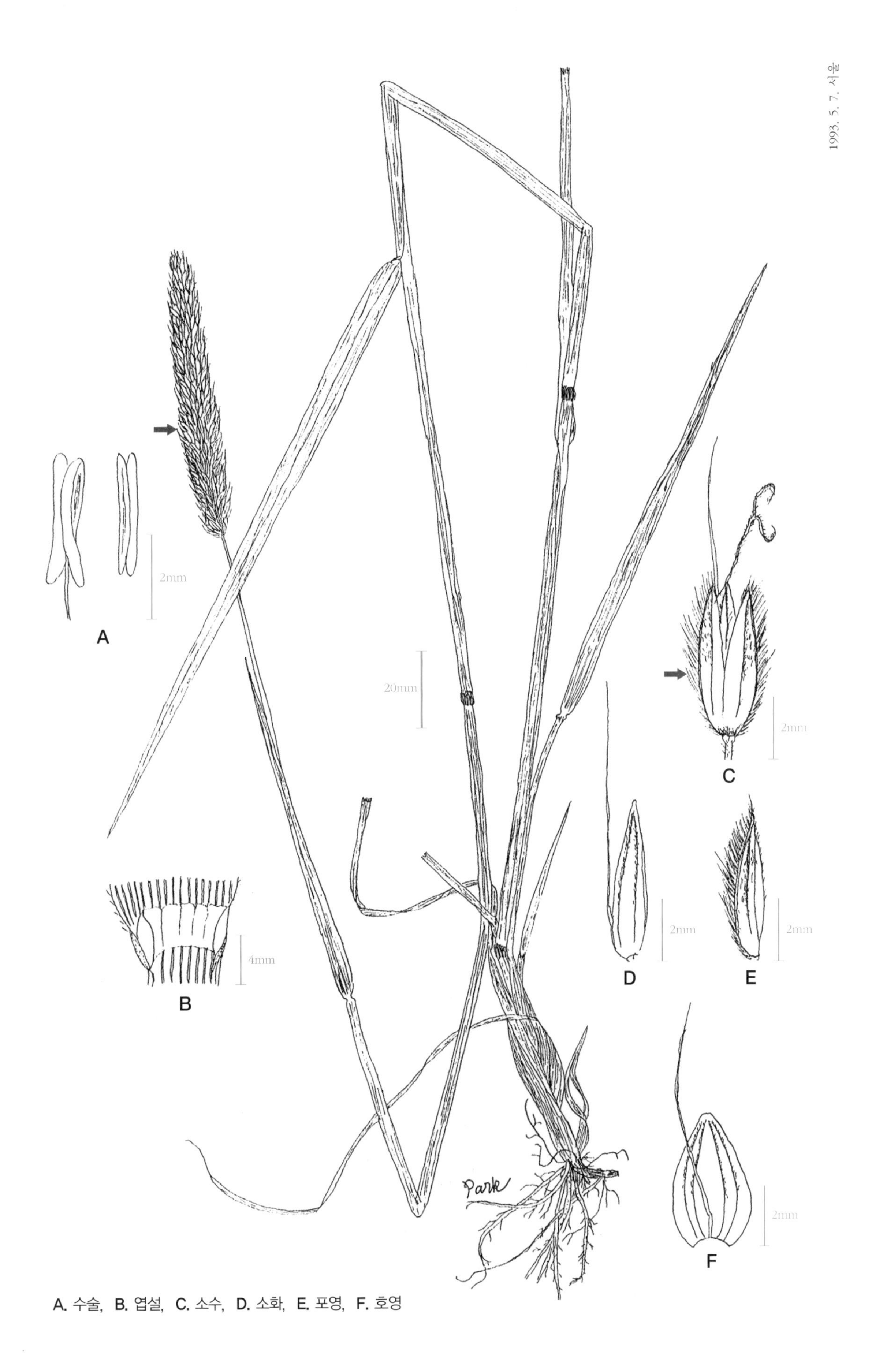

A. 수술, B. 엽설, C. 소수, D. 소화, E. 포영, F. 호영

235. 나도솔새

Na-do-sol-sae [Kor.]
Merigen-karukaya [Jap.]
Broom-sedge [Eng.]

***Andropogon virginicus* L.**, Sp. Pl. 1046(1753); T. Osada in Illus. Gr. Jap. 718(1989); A. S. Hitchcock, Manu. Gr. U. S. 763(1971).

다년생 초본으로 줄기는 여러 개가 모여서 나고 기부로부터 직립하며 높이는 50~120cm이다. 잎새(葉身)는 길이 10~30cm로 중앙맥을 경계로 접힌다. 엽초葉鞘는 편평하고 등 쪽이 접힌다. 엽설葉舌은 높이 0.6mm로 모연毛緣이다. 줄기 위쪽의 잎은 잎새가 퇴화되어 포엽苞葉이 된다. 포엽은 여러 개의 총總을 감싸고 총은 길이 2~3cm이며 축軸에 백색의 긴 털이 있다. 각 마디에 무병無柄의 양성 소수兩性小穗와 유병有柄의 무성 소수無性小穗가 있는데 무성 소수는 퇴화되어 자루만 남고 자루에는 긴 연모軟毛가 있다. 양성 소수는 길이 2~3mm로 2개의 소화小花가 있으며 아래쪽 소화는 1장의 호영護穎만 남고 퇴화되며 위쪽 소화만 열매를 맺는다. 호영은 작고 중앙맥이 길어져 길이 1~2cm의 까락(芒)이 된다.

* 북아메리카 원산이며, 우리나라에서는 울산의 바닷가에 왕성히 번지고 있다.
* 쇠풀(*Andropogon brevifolius* Sw.)과 달리 다년생이며 유병 소수는 무성이고 자루만 남고 퇴화되며 자루에는 긴 연모가 많이 붙는다.

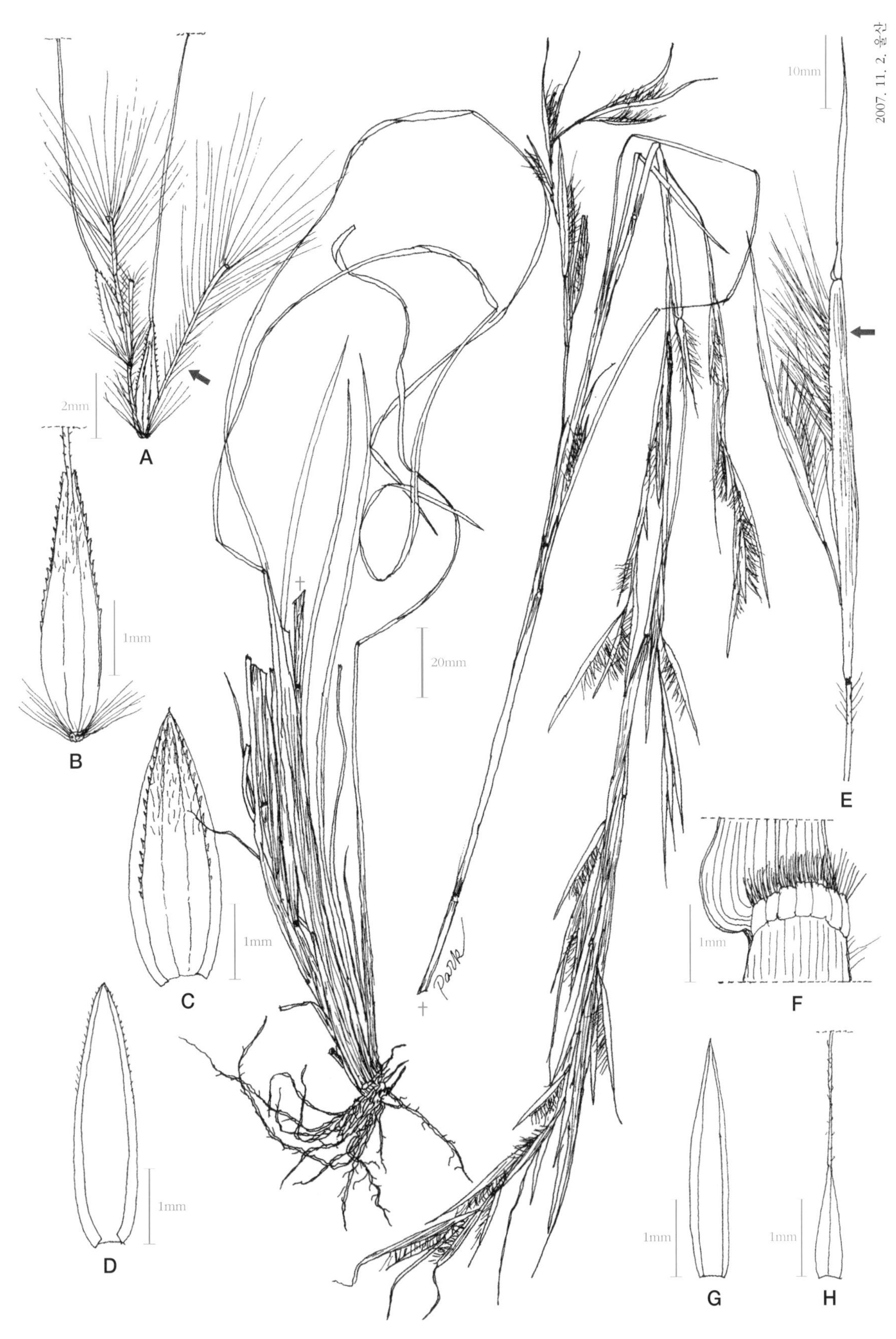

A. 화서의 일부, B. 무병의 양성 소수, C. 제1포영, D. 제2포영, E. 포엽에 싸인 화서, F. 엽설, G. 제1소화의 호영, H. 제2소화의 호영

236. 메귀리

Me-gwiri [Kor.]
Karasu-mugi [Jap.]
Wild Oat [Eng.]

***Avena fatua* L.**, Sp. Pl. 80(1753); Y. Lee in Man. Kor. Gras. 117(1966); Britton & Brown in Illus. Fl. U. S. & Can. Vol. 1: 218(1970).

길가나 농경지 근처에 자라는 2년생 초본으로 높이는 30~100cm이다. 잎새(葉身)는 길이 10~30cm이고 엽초葉鞘는 원통형으로 기부까지 갈라졌고 엽설葉舌은 높이 4mm이다. 꽃은 5~6월에 피고 원추화서圓錐花序는 길이 15~30cm이다. 소수小穗는 길이 1.8~2.5cm로 대개 3개의 소화小花로 이루어져 있으며 아래를 향하여 처진다. 포영苞穎은 넓은 피침형(廣披針形)으로 7~10맥이고 호영護穎은 난상卵狀 타원형이며 부속 까락(芒)은 길이 3.5~4cm이다. 내영內穎은 호영보다 짧다. 열매(穎果)는 방추형紡錘形으로 털이 있고 호영과 내영에 둘러싸인 채로 떨어진다.

* 유럽, 서아시아, 북아프리카 원산으로 우리나라에는 거의 전국에 분포한 잡초이다.
* 귀리(*Avena sativa* L.)와 달리 호영과 소화 기부에 긴 털이 있다.

A. 화서의 일부, B. 영과, C. 내영, D. 호영, E, F. 소화, G. 포영, H. 엽설

237. 귀리

Gwi-ri [Kor.]
Ohtomugi [Jap.]
Oat [Eng.]

***Avena sativa* L.**, Sp. Pl. 79(1753); M. L. Fernald in Gr. Manu. Bot. 146 (1950); Y. Lee in Manu. Kor. Gras. 117(1966); T. Lee in Illus. Kor. Fl. 87 (1979).

1년생 초본으로 줄기는 높이 60~100cm이며 가운데가 비어 있다. 잎새(葉身)는 길이 15~30cm, 너비 6~12mm로 폭이 넓은 선형線形이며 끝이 뾰족하다. 엽초葉鞘는 원통형이며 기부까지 갈라지고 털이 없으며 엽설葉舌은 높이 4mm 정도이다. 꽃은 5~6월에 피며 원추화서圓錐花序는 길이 20~30cm이고 가지는 윤생輪生한다. 소수小穗는 녹색이며 2개의 소화小花가 들어 있고 길이는 20~25mm이다. 제1포영苞穎은 길이 20mm, 9맥이며 제2포영은 길이 25mm, 11맥이다. 임성 호영稔性護穎은 길이 18mm로 털이 없고 까끄라기(芒)가 없거나 혹은 등 쪽에서 길이 3~20mm의 곧은 까끄라기가 생긴다.

* 유라시아 원산이며, 우리나라에서도 드물게 재배하고 있으나 일부가 자연으로 일출逸出되어 야생화되었다.
* 메귀리(*Avena fatua* L.)와 달리 호영과 소화 기부에 긴 털이 없고 호영의 까끄라기가 짧거나 없다.

A. 소화, B. 호영, C. 꽃밥, D. 제2포영, E. 제1포영, F. 엽설, G. 내영, H. 암술

238. 방울새풀

Bang-ul-sae-pul [Kor.]
Hime-kobansoh [Jap.]
Lesser Quaking Grass [Eng.]

***Briza minor* L.**, Sp. Pl. 70(1753); Y. Lee in Man. Kor. Gras. 141(1966); Britton & Brown in Illus. Fl. U. S. & Can. Vol. 1: 251(1970).

1년생 초본으로 줄기는 높이 10~60cm이다. 엽초葉鞘는 등 쪽이 둥글고 엽설葉舌은 높이 3~6mm로 백색 막질膜質이며 잎새(葉身)는 길이 3~10cm이다. 꽃은 5~6월에 피며 원추화서圓錐花序는 길이 4~15cm이다. 소수小穗는 난상 삼각형卵狀三角形으로 길이나 폭이 4mm이며 4~8개의 소화小花가 있고 담녹색이다. 포엽苞葉은 2개이며 크기와 모양이 같고 길이는 2~3mm로 3~5맥이 있다. 호영護穎은 콩팥형(腎臟形)으로 길이 2~3mm이며 7~9맥이 있고 등 쪽이 주머니꼴로 부푼다. 내영內穎은 호영보다 짧고 수술 3개, 꽃밥은 길이 0.6mm이다.

* 유럽 원산으로, 우리나라에서는 제주도와 전남 목포의 유달산에서 자라고 있다.
* 원예종 *Briza maxima* L.와 달리 화서는 직립하고 소수는 길이 4mm 정도로 작다.

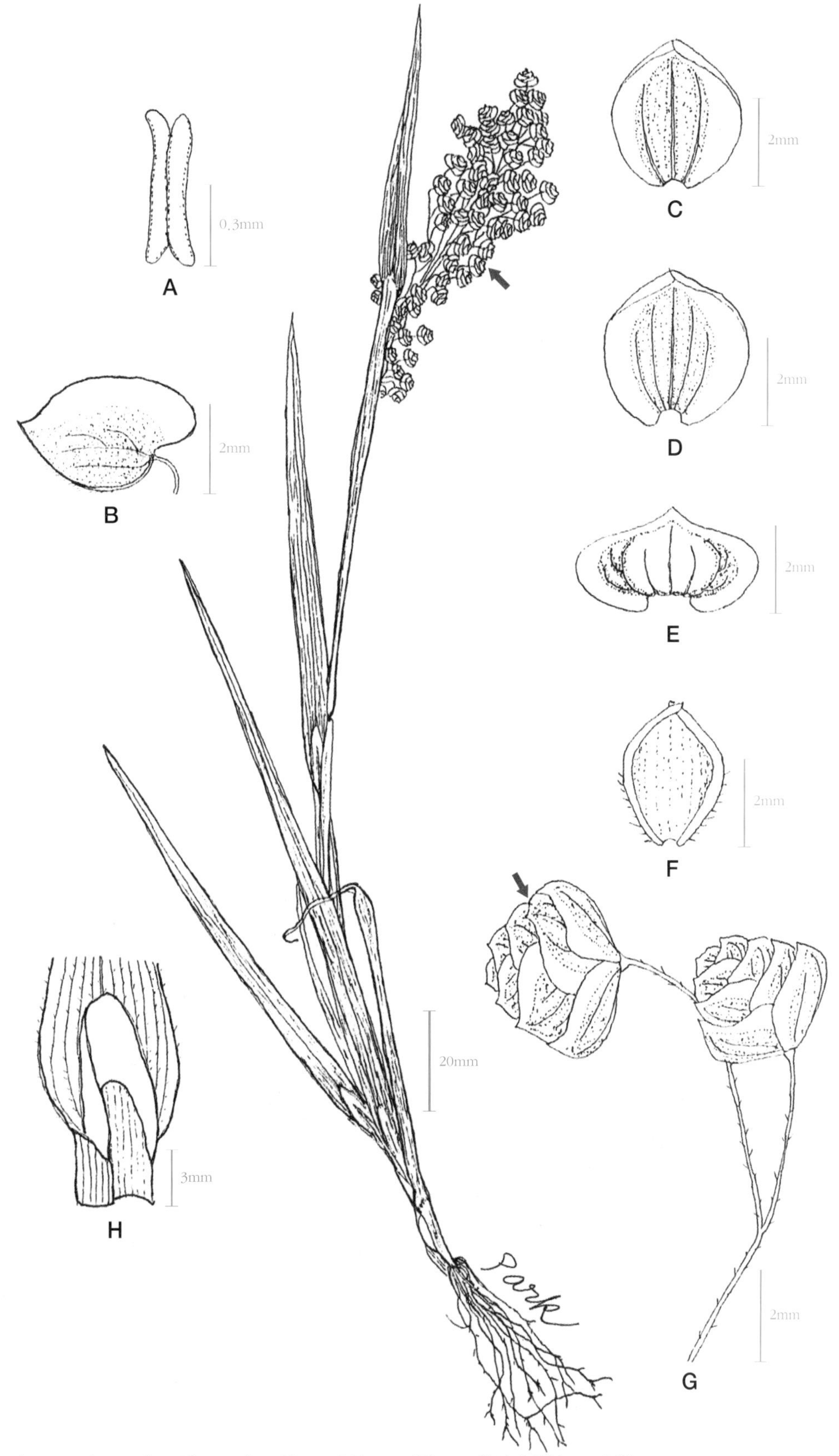

A. 꽃밥, B. 소화, C. 제1포영, D. 제2포영, E. 호영, F. 내영, G. 화서의 일부, H. 엽설

239. 좀참새귀리

Jom-cham-sae-gwi-ri [Kor.]
Ko-suzumeno-chahiki [Jap.]
Smooth Brome [Eng.]

Bromus inermis **Leyss.**, Fl. Hal. Ed. 1: 16(1761); T. Osada in Illus. Gras. Jap. 392(1989); R. Schubert in Exk. DDR & BRD. band 3: 678(1990).

다년생 초본으로 줄기는 높이 40~70cm이고 긴 근경根莖과 기는줄기가 있다. 엽초葉鞘는 통형筒形이며 엽설葉舌은 높이 1~2mm, 잎새(葉身)는 길이 10~20cm이다. 꽃은 6~7월에 피며 원추화서圓錐花序는 길이 10~20cm로 직립한다. 소수小穗는 길이 1.5~2.5cm이고 건조하면 꽃이 펼쳐져서 폭이 3~4mm가 된다. 제1포영苞穎은 길이 4~6mm이고 1맥이며 제2포영은 길이 6~8mm이고 3맥이다. 호영護穎은 길이 10~13mm, 5맥으로 까락(芒)이 없거나 작은 것이 있다. 내영內穎은 호영보다 짧고 용골龍骨 위에 미모微毛가 있다. 꽃밥은 선형線形이며 길이 4~5mm이다.

* 유럽, 시베리아 원산으로 국내에서는 중부지방에서 찾을 수 있다.
* 털빕새귀리(*Bromus tectorum* L.)와 달리 지하에 기는줄기가 있고 화서는 직립하며 호영에 까락이 없는 것이 많다.

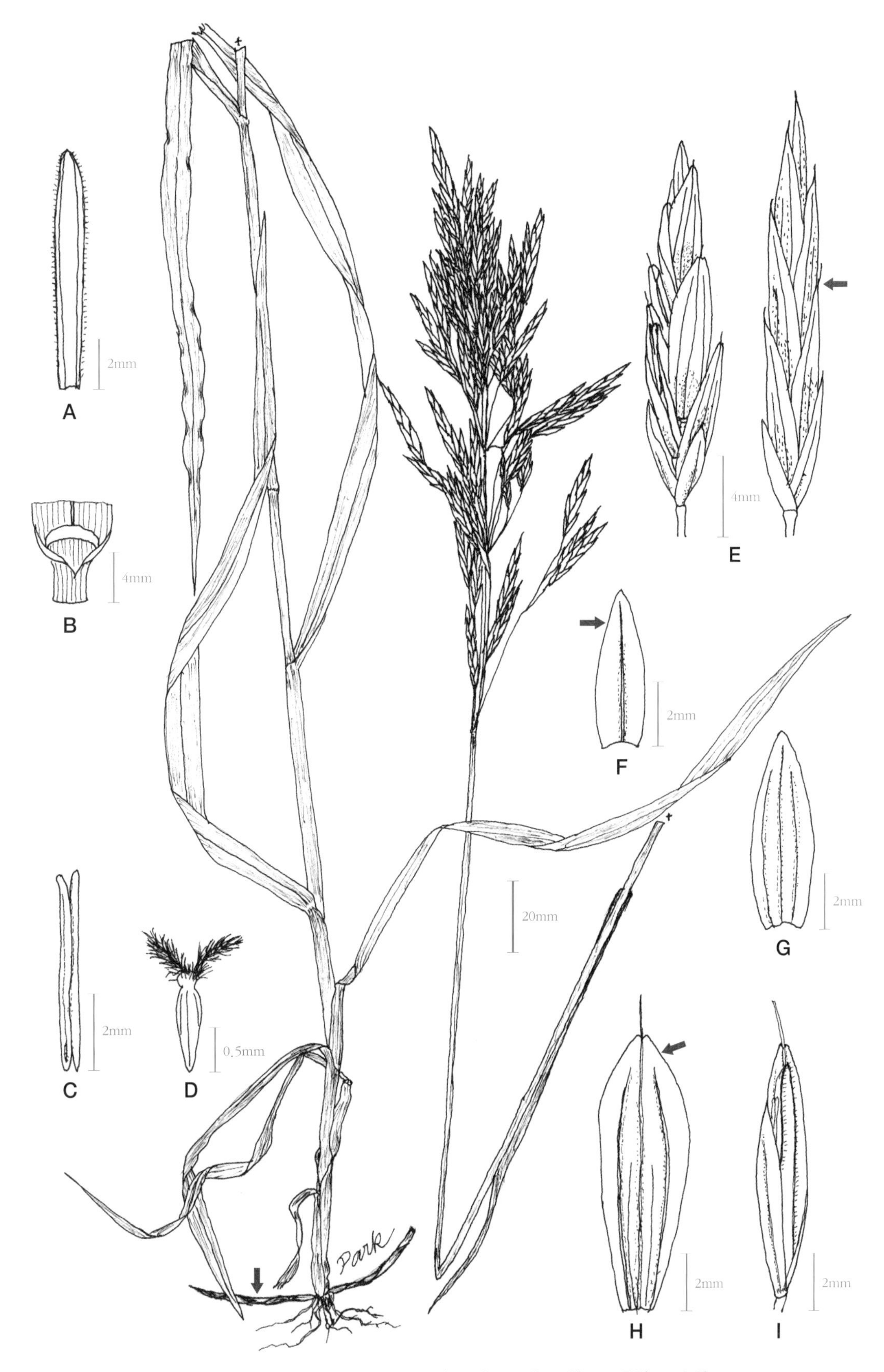

A. 내영, B. 엽초 구부, C. 꽃밥, D. 암술, E. 소수, F. 제1포영, G. 제2포영, H. 호영, I. 소화

240. 털참새귀리

Teol-cham-sae-kwi-ri [Kor.]
Hama-chahiki [Jap.]
Soft Brome [Eng.]

***Bromus mollis* L.**, Sp. Pl. Ed. 2, 1: 112(1762); A. S. Hitchcock in Manu. Gr. U. S. 1: 49(1971); S. H. Park in Kor. Jour. Pl. Tax. 29(3): 287(1999).

1~2년생 초본으로 줄기는 높이 30~80cm이다. 엽초葉鞘는 원통형으로 짧은 털이 밀생密生하며 엽설葉舌은 높이 2.5mm 이하이고 잎새(葉身)는 길이 5~20cm이다. 꽃은 5~6월에 피며 원추화서圓錐花序는 길이 5~10cm로 직립한다. 소수小穗는 길이 12~18mm이며 6~10개의 소화小花가 있다. 제1포영苞穎은 길이 5~6mm로 3~5맥이 있고 제2포영은 길이 6~8mm로 5~7맥이 있다. 호영護穎은 도란형倒卵形으로 길이 7~8mm이고 포영과 더불어 털이 밀생한다. 또한 7맥이 있고 등 쪽이 둥글며 원두圓頭이면서 끝에 2개의 톱니와 길이 6~10mm인 까락(芒)이 있다. 내영內穎은 호영보다 약간 짧고 용골부龍骨部에 개출모開出毛가 산생散生한다.

* 유럽과 시베리아 원산이며, 우리나라에서는 경기 시흥의 수인산업도로에서 처음 채집하였고 최근에는 서울 월드컵공원에도 자라고 있다.
* 큰참새귀리(*Bromus secalinus* L.)와 달리 소수자루가 응축되어 소수가 뭉쳐나며 포영과 호영에 털이 밀생한다.

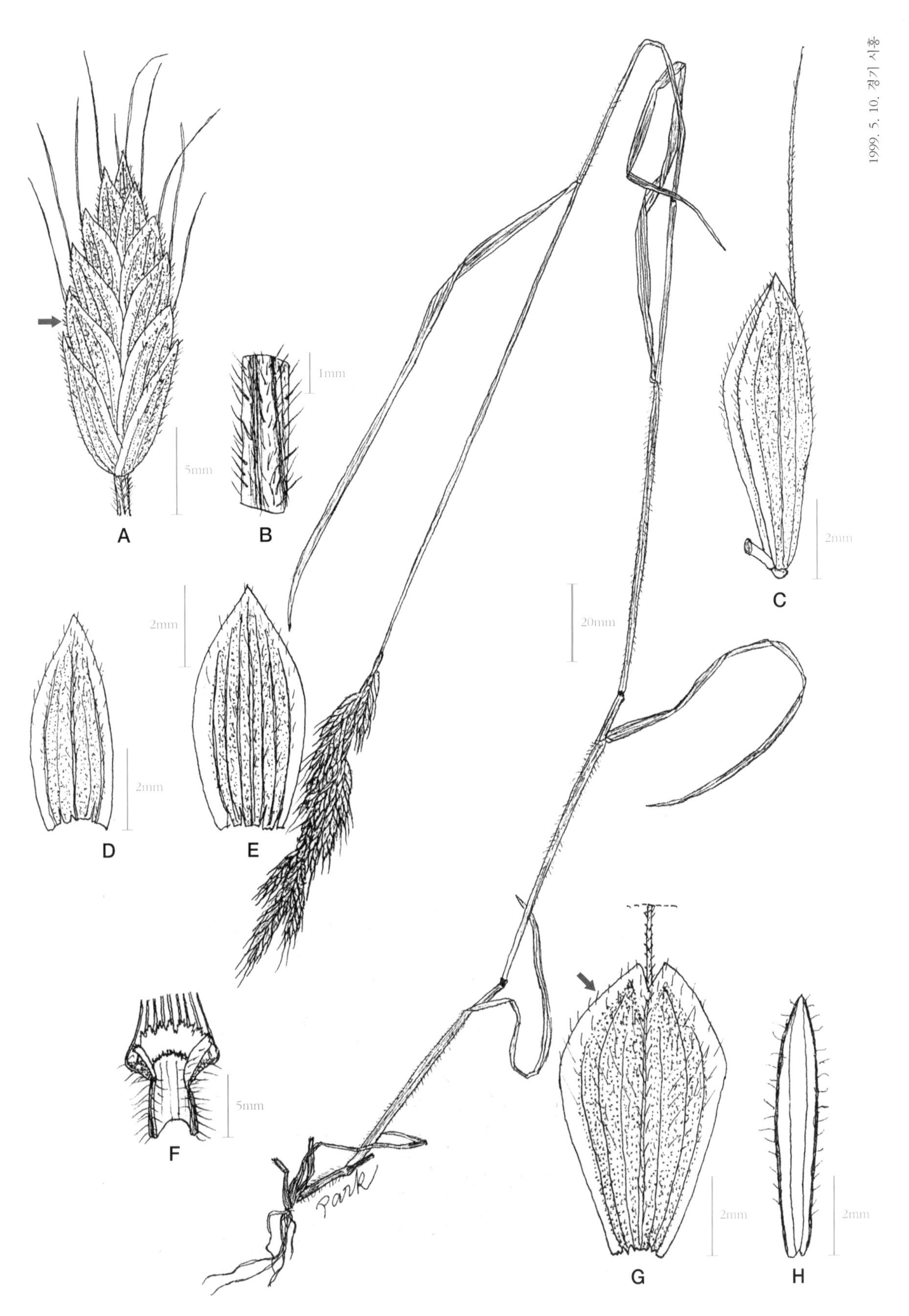

A. 소수, B. 화축의 일부, C. 소화, D. 제1포영, E. 제2포영, F. 엽설, G. 호영, H. 내영

241. 긴까락빕새귀리

Gin-kka-rak-bip-sae-kwi-ri [Kor.]
Higenaga-suzumenotyahiki [Jap.]
Ripgut-grass [Amer.]

Bromus rigidus **Roth** in Roem. et Uster., Bot. Mag. 10: 21(1790); T. Osada in Illus. Gra. Jap. 382(1989); S. H. Park in Kor. Jour. Pl. Tax. 26(4): 335(1996).

1~2년생 초본으로 줄기는 높이 40~70cm이다. 엽초葉鞘는 아래를 향한 짧은 털이 있고 잎새(葉身)는 길이 5~15cm, 너비 3~5mm이며 엽설葉舌은 높이 2~3mm이다. 꽃은 5~7월에 피며 원추화서圓錐花序는 길이 10~20cm로 1개의 마디에서 1~3개의 가지가 생기고 가지마다 1~2개의 소수小穗가 달린다. 소수는 6~8개의 소화小花로 이루어지며 길이 3~4cm이다. 제1포영苞穎은 1맥으로 길이 1.5cm, 제2포영은 3맥으로 길이 2.5cm이다. 호영護穎은 선상 피침형線狀披針形이고 길이는 2.5~3cm로 끝의 톱니 사이에서 길이 3~5cm의 긴 까끄라기(芒)가 나온다. 내영內穎은 호영보다 짧고 수술은 보통 2개이다. 열매(穎果)는 길이 1cm, 폭 1mm이다.

* 지중해 연안 원산이며 우리나라에서는 울산, 인천, 옹진군 대청도, 울릉도, 제주도에서 확인하였다.
* 까락빕새귀리(*Bromus sterilis* L.)에 비해 화서의 가지가 짧고 억세며 호영의 까락이 길이 3~5cm로 길다.

A. 호영, B. 포영, C. 엽설, D. 소수, E. 소화, F. 뿌리, G. 영과, H. 내영

242. 큰참새귀리

Keun-cham-sae-gwi-ri [Kor.]
Karasu-no-chahiki [Jap.]
Chess [Eng.]

Bromus secalinus L., Sp. Pl. 76(1753); Britton & Brown in Illus. Fl. U. S. & Can. Vol. 1: 278(1970); T. Osada in Illus. Gras. Jap. 388(1989).

1~2년생 초본으로 줄기는 높이 40~80cm이다. 엽초葉鞘는 대개 털이 없고 엽설葉舌은 높이 1~2mm, 잎새(葉身)는 길이 10~20cm이다. 꽃은 6~7월에 피고 원추화서圓錐花序는 길이 12~20cm이며 한 마디에 2~5개의 가지가 있고 가지마다 1~4개의 소수小穗가 붙는다. 소수는 장타원상 피침형長楕圓狀披針形이며 5~15개의 소화小花가 달리고 길이 1.5~2.5cm로 소화지小花枝가 열매 사이로 보인다. 제1포영苞穎은 길이 4~6mm로 3~5맥, 제2포영은 길이 6~7mm로 7맥이다. 호영護穎은 광타원형廣楕圓形이고 길이 6~7mm, 7맥으로 끝이 요두凹頭이며 8mm 정도의 곧은 까락(芒)이 있다. 내영內穎은 호영과 크기가 같고 용골龍骨 위에 경모硬毛가 있다.

* 아프리카, 유럽, 서아시아 원산으로 국내에는 중부지방에 분포한다.
* 참새귀리(*Bromus japonicus* Thunb. ex Murray)에 비해 소화경小花莖이 뻣뻣하고 직립하며 아래로 처지지 않고 소수에서 열매 사이로 소화지가 보인다.

A. 제1포영, B. 제2포영, C. 내영, D. 소수, E. 호영, F. 뿌리, G. 소화

243. 까락빕새귀리

Kka-rak-bip-sae-kwi-ri [Kor.]
Aretino-tiyahiki [Jap.]
Poverty Brome [Amer.]

Bromus sterilis L., Sp. Pl. 77(1753); A. S. Hitchcock in Manu. Gras. U. S. 1: 53(1971); C. L. Hitchcock & A. Cronquist in Fl. Paci. Nor. Illus. Manu. 624(1973).

1년생 초본으로 줄기는 높이 50~100cm이다. 잎새(葉身)는 선형線形이고 길이 5~25cm, 엽초葉鞘는 원통형이며 연모軟毛가 있다. 엽설葉舌은 막질膜質이며 높이 2~4mm이다. 꽃은 6~7월에 피며 원추화서圓錐花序는 길이 10~25cm로 아주 느슨하고 가지는 사상絲狀으로 10cm에 이르며 늘어진다. 소수小穗는 길이 25~35mm이며 4~10개의 소화小花로 이루어진다. 포영苞穎은 피침형披針形이며 제1포영은 길이 6~14mm로 1맥이 있고 제2포영은 길이 10~20mm로 3맥이 있다. 호영護穎은 길이 13~23mm로 7맥이 있으며 끝에 길이 15~30mm의 긴 까락(芒)이 달린다.

* 유럽 원산이며 우리나라에는 인천, 경기 시흥, 옹진군 대청도 그리고 서울의 월드컵 공원에 분포한다.
* 긴까락빕새귀리(*Bromus rigidus* Roth)와 달리 원추화서의 가지는 사상으로 자라 늘어지고 까락의 길이는 15~30mm이다.

A. 소화, B. 내영, C. 포영, D. 호영, E. 엽설, F. 소수

244. 털빕새귀리

Teol-bip-sae-gwi-ri [Kor.]
Umano-chahiki [Jap.]
Drooping Brome [Eng.]

Bromus tectorum **L.**, Sp. Pl. 77(1753); Y. Lee in Manu. Kor. Gras. 135 (1966); T. Chung in Illus. Ency. Fa. & Fl. Kor. Vol. 5. App.: 165(1970).

1~2년생 초본으로 줄기의 높이는 30~60cm이고 식물체 전체에 연모軟毛가 밀포密布한다. 엽초葉鞘는 원통형으로 밑을 향한 털이 밀생密生하며 잎새(葉身)는 길이 5~12cm로 양면에 털이 있다. 엽설葉舌은 막질膜質이며 높이 3~5mm이다. 꽃은 5~7월에 피고 원추화서圓錐花序의 길이는 10~15cm로 끝이 늘어진다. 소수小穗는 길이 1.2~2cm로 좁은 장타원형長楕圓形이고 5~8개의 소화小花로 이루어진다. 제1포영苞穎은 1맥, 길이 5~8mm, 제2포영은 3맥, 길이 7~10mm, 호영護穎은 5맥, 길이 10~12mm로 끝에 2개의 톱니가 있고 그 사이에서 길이 1.2~1.5cm의 까락(芒)이 생긴다. 내영內穎의 길이는 9mm 정도이고 능선에 털이 있다.

* 유럽 원산으로, 우리나라에서는 서울을 비롯하여 중·남부 각지의 도시 근교에 자라고 있다.
* 민둥빕새귀리(*Bromus tectorum* var. *glabratus* Spenner)와 달리 포영과 호영의 등쪽에 긴 털이 있다.

A. 화서지의 일부, B. 엽면의 일부, C. 엽설, D. 내영, E. 소수, F. 호영, G. 제2포영, H. 제1포영

245. 민둥빕새귀리

Min-dung-bip-sae-gwi-ri [Kor.]
Meumanotyahiki [Jap.]

Bromus tectorum* var. *glabratus Spenner, Fl. Friburg. 1: 152(1825); A. S. Hitchcock, Manu. Gr. U. S. 56(1971).

1년생 혹은 2년생 초본으로 줄기는 모여서 나며 높이는 25~60cm이다. 엽초葉鞘는 통형筒形이며 짧은 연모軟毛가 있다. 잎새(葉身)는 길이 8~15cm, 폭 3~5mm이고 엽설葉舌은 길이 2~4mm로 끝이 절두截頭이면서 많이 갈라진다. 꽃은 5~6월에 피며 개방 원추화서開放圓錐花序로 길이는 10~15cm이고 끝이 아래를 향하여 숙인다. 소수小穗는 길이 1~2cm이고 4~7개의 소화小花로 이루어진다. 포영苞穎은 모두 털이 없으며 제1포영은 1맥, 길이 6~8mm, 제2포영은 3맥, 길이 9~12mm이다. 호영護穎은 길이 10~12mm의 까락(芒)이 있다. 내영內穎은 길이 5~8mm이다.

* 유라시아 원산으로, 우리나라에서는 강원 정선 민둥산, 경북 울릉도의 추산에서 확인하였다.

* 털빕새귀리(*Bromus tectorum* L.)와 달리 포영과 호영의 등 쪽에 긴 털이 없다.

A. 제1포영, B. 제2포영, C. 영과, D. 소수, E. 꽃밥, F. 엽설, G. 내영, H. 호영, I. 소화

246. 큰이삭풀

Keun-i-sak-pul [Kor.]
Inu-mugi [Jap.]
Rescue Grass, Prairie Grass [Eng.]

***Bromus unioloides* H. B. K.**, Gen. Sp. 1: 151(1815); T. Chung in Illus. Enc. Fa. & Fl. Kor. Vol. 5. App. 165(1970); Osada in Illus. Gras. Jap. 396 (1989).

다년생 초본으로 줄기는 높이 40~100cm이다. 엽초葉鞘는 둥글며 엽설葉舌은 높이 3~5mm, 잎새(葉身)는 길이 15~30cm, 폭 4~10mm로 털이 없다. 꽃은 5~7월에 피며 원추화서圓錐花序로 높이는 15~20cm이고, 한 마디에서 2~4가지가 생겨서 늘어지며 성기게 소수小穗가 붙는다. 소수는 길이 3.5cm로 장타원형長楕圓形이며 6~10개의 소화小花가 붙고 납작하다. 제1포영苞穎은 3~5맥, 제2포영은 5~7맥으로 모두 길이 1cm 정도이고 중앙맥을 경계로 강하게 접힌다. 호영護穎은 광피침형廣披針形으로 길이 1.3~1.8cm이고 9~11맥과 1mm 이내의 짧은 까락(芒)이 있다. 내영內穎은 호영보다 짧고(1/2 길이) 가장자리에 세모細毛가 있다. 폐쇄화閉鎖花이며 꽃밥의 길이는 0.5mm이다.

* 남아메리카 원산으로, 우리나라에서는 목초로 재배하던 것이 일출逸出되었고 한반도의 남부지방과 제주도에서 흔히 볼 수 있다.
* 참새귀리속(*Bromus* L.)식물 중 소수가 가장 크며 6~10개의 납작한 소화가 있다.

A. 소화, B. 소수, C. 제1포영, D. 제2포영, E. 꽃밥, F. 내영, G. 엽이

247. 고사리새

Go-sa-ri-sae [Kor.]

***Catapodium rigidum* (L.) C. E. Hubbard**, Dony, Fl. Bedfordshire, 437 (1953).
-*Scleropoa rigida* (L.) Griseb. in A. S. Hitchcock, Manu. Gr. U. S. 1:76(1971).

1년생 초본으로 줄기는 높이 15~40cm이다. 잎새(葉身)는 선형線形으로 길이는 4~7cm이고 노쇠하면 윗면으로 말린다. 엽초葉鞘는 융합되지 않았으며 원통형이고 엽설葉舌은 막질膜質이며 길이 1.5~2mm이다. 꽃은 4~5월에 피며 화서花序는 경질硬質이고 응축되어 한쪽으로 치우친 원추화서圓錐花序를 이루며 길이는 5~10cm이다. 소수小穗는 길이 5~8mm로 4~10개의 소화小花로 이루어진다. 포영苞穎은 2개이며 제1포영이 1맥, 제2포영은 3맥이다. 호영護穎은 길이 2~3mm, 3맥이며 까락(芒)은 없다. 내영內穎의 용골부龍骨部 위쪽에 세모細毛가 있으며 수술은 3개이고 꽃밥의 길이는 1mm이다.

* 유럽 원산이며 우리나라에서는 전남 광양의 황금동, 경남 하동, 제주도에서 논 잡초로 위용을 떨치는 것을 발견하였다.
* *Catapodium*속식물은 *Poa*속과 달리 소화 기부와 호영의 주맥에 철모綴毛가 없고 식물체가 경질이다.

A. 엽설, B. 소수, C. 꽃밥, D. 어린 영과, E. 소화, F. 화서의 일부, G. 제1포영, H. 제2포영, I. 호영, J. 내영

248. 대청가시풀

Dae-cheong-ga-si-pul [Kor.]
Hime-kurinoiga [Jap.]
Field Sandbur [Amer.]

***Cenchrus longispinus* (Hack.) Fern.**, Rhodora 45: 388(1943); T. Shimizu, Nat. Pl. Jap. 280(2003); T. Lee, Col. Fl. Kor. II: 446(2003).

1년생 초본이다. 줄기의 높이는 15~40cm로 기부가 땅에 누우며 위는 직립한다. 잎새(葉身)는 길이 5~20cm이고 엽초葉鞘는 편평하고 털이 없으며 엽설葉舌은 높이 1mm의 털로 이루어진다. 꽃은 7~9월에 피며 줄기 끝에 자루가 없는 항아리 모양의 총포總苞 6~15개가 달린 길이 3~8cm의 수상화서穗狀花序가 달린다. 총포는 길이 5~8mm이며 전면全面에 백색 연모軟毛가 있다. 가시는 총포 위쪽의 것이 굵고 길며 기부 쪽으로 점차 작아지고 가시의 기부에 백색 연모가 난다. 소수小穗는 길이 5~6mm로 1개의 총포 속에 2~3개가 있으며 제1포영苞穎은 1맥, 제2포영은 4~5맥이며 2개의 소화小花가 있다. 아래쪽 소화는 불임성不稔性으로 호영護穎만 있고 위의 소화는 임성稔性이다.

* 중앙아메리카 원산이며, 우리나라에서는 인천 옹진군의 대청도와 백령도의 바닷가 모래땅에서 자라고 있다.

* *Cenchrus*속식물은 화서에서 총포의 모양이 항아리형이고 그 속에 2~3개의 소수가 들어 있다. 총포의 열편裂片 끝이 모두 가시로 변한다.

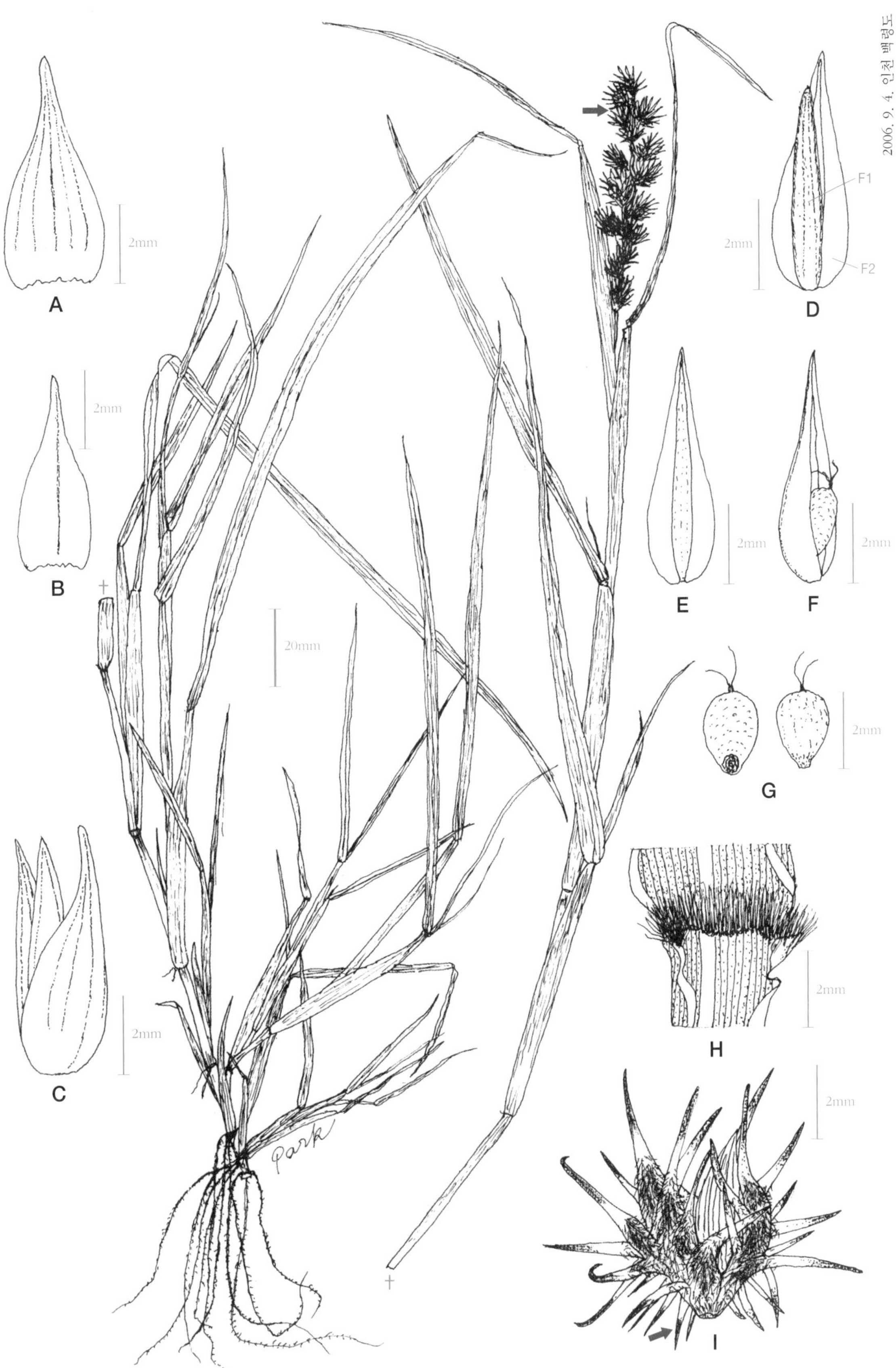

A. 제2포영, B. 제1포영, C. 2개의 소수, D. 2개의 소화, E. 2소화의 호영, F. 2소화의 내영, G. 영과, H. 엽설, I. 총포

249. 나도바랭이

Na-do-ba-raeng-i [Kor.]
O-hige-shiba [Jap.]
Feather Finger-grass [Eng.]

Chloris virgata **Swartz**, Fl. Ind. Occ. 1: 203(1797); Y. Lee in Manu. Kor. Gras. 244(1966); T. Osada in Illus. Gras. Jap. 522(1989).

1년생 초본으로 줄기는 높이 20~50cm이고 곧게 선다. 잎새(葉身)는 길이 6~15cm이고 엽초葉鞘는 등 쪽이 모가 나며 엽설葉舌은 높이 0.8mm 정도로 두껍다. 꽃은 8월에 피고 수상화서穗狀花序로, 4~10개의 총總이 뭉쳐나고 황갈색이며 길이는 5~7cm이다. 소수小穗는 길이 3~4mm로 2개의 소화小花로 이루어지고 아래쪽 소화는 유성有性으로 열매를 맺는다. 제1포영苞穎은 1맥으로 길이 2~2.5mm이고 제2포영은 길이 3~3.5mm로 1맥이며 맥의 끝이 까락(芒)이 된다. 호영護穎은 끝이 2개의 톱니가 되고 그 사이에서 길이 1~1.5cm의 까락이 생기며 두꺼운 3맥이 있다. 내영內穎은 호영보다 짧고 능선에 미모微毛가 있다.

* 열대 아메리카 원산이며, 개항 이후 우리나라에 귀화한 식물로 서해안 바닷가나 매립지에 분포한다.
* *Chloris*속식물은 4~10개의 총(화축花軸)이 손바닥꼴로 펼쳐지며 총의 길이는 5~7cm이다.

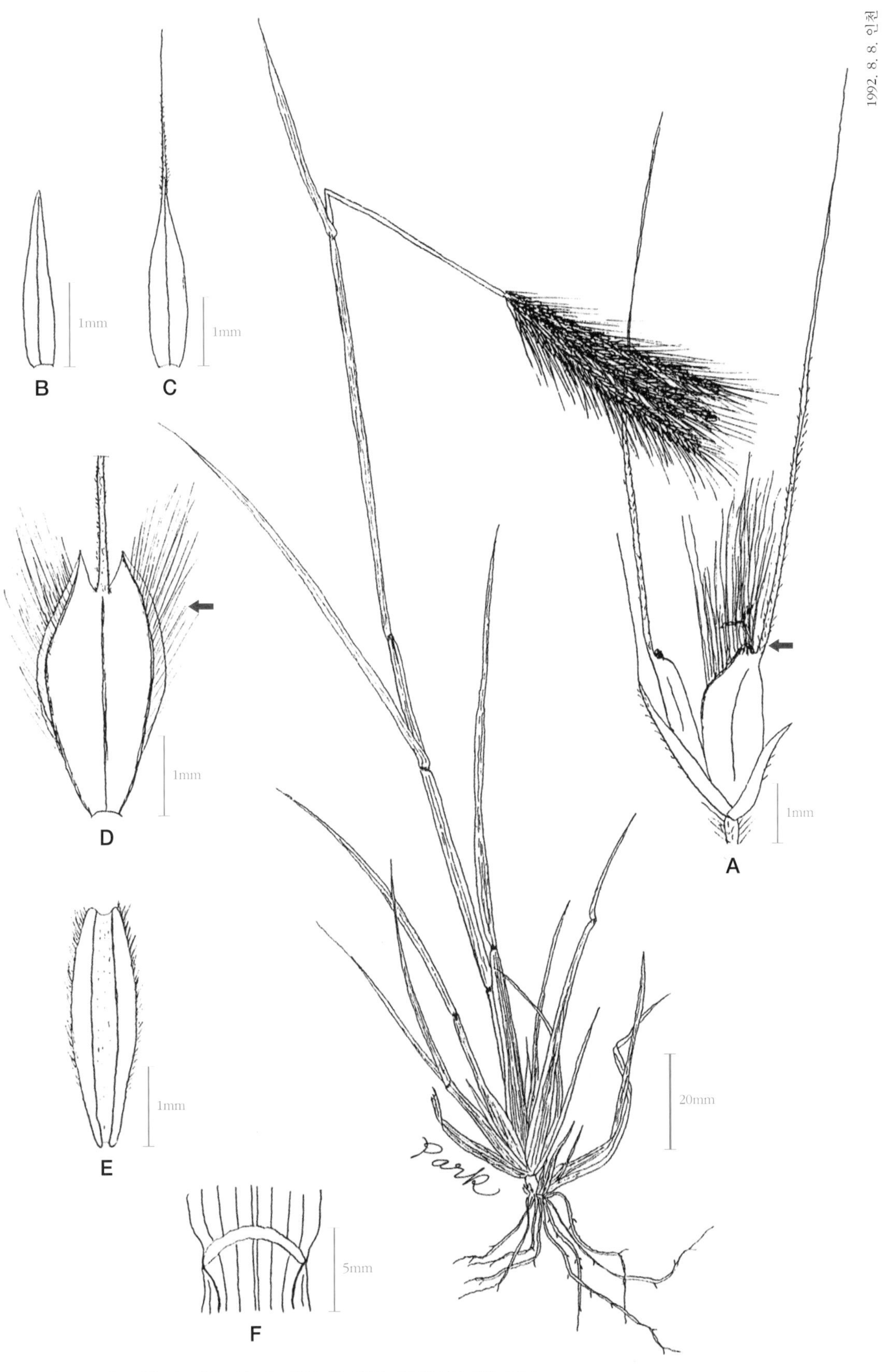

A. 소수, B. 제1포영, C. 제2포영, D. 호영, E. 내영, F. 엽설과 엽초 구부

250. 염주

Yom-ju [Kor.]
Juzudama [Jap.]
Job's Tears [Eng.]

***Coix lacrymajobi* L.**, Sp. Pl. 972(1753); T. Lee, Illus. Fl. Kor. 127(1979); Makino, Mak. Illus. Fl. Jap. 755(1988); Osada in Illus. Gras. Jap. 734 (1989).

대형 1년생 초본이다. 줄기는 아래쪽의 지름이 8~10mm, 높이는 80~200cm이며 곧추선다. 잎은 어긋나기(互生)이며 잎새(葉身)는 피침형披針形으로 길이 20~50cm, 폭 1.5~4cm이고 중앙맥은 굵고 흰색이다. 엽초葉鞘는 길이 4~10cm이고 등 쪽은 둥글며 엽설葉舌은 높이 1~1.5mm이다. 꽃은 7월에 피고 화서花序는 위쪽 잎겨드랑이(葉腋)에 달린다. 3개의 자성 소수雌性小穗는 긴 자루가 있는 총포엽總苞葉에 둘러싸여 있고 총포엽은 지름 8~12mm로 광택이 있고 백색 또는 회갈색이다. 웅성 소수雄性小穗가 모인 총總은 사상絲狀의 긴 자루를 갖고 있으며 회색이고 총포엽 밖으로 나와 밑을 향해 늘어진다.

* 열대 아시아 원산으로, 재배되고 있던 것이 일부 야생화되었다. 제주도와 경기지방에서 야생 상태의 것이 나타난다.
* 율무〔*Coix lacrymajobi* var. *mayuen* (Rom. & Caill.) Stapf〕와 달리 총포엽이 난형卵形이며 표면이 미끈하고 주름이 없다.

A. 수꽃의 호영, B. 수꽃의 포영, C. 수꽃의 소수, D. 꽃밥, E. 수꽃의 내영, F. 수꽃의 인편, G. 암꽃

251. 오리새

O-ri-sae [Kor.]
Kamogaya [Jap.]
Orchard Grass, Cock's Foot [Eng.]

***Dactylis glomerata* L.**, Sp. Pl. 71(1753); Y. Lee in Manu. Kor. Gras. 141 (1966); T. Osada in Col. Illus. Nat. Pl. Jap. 391(1976).

다년생 초본으로 줄기는 높이 50~120cm이고 3~5개의 마디가 있다. 잎은 길이 10~40cm, 폭 5~14mm이다. 엽설葉舌은 막질膜質이며 높이는 7~12mm이다. 꽃은 6~7월에 피고 원추화서圓錐花序는 길이 10~30cm이며 가지 끝에 소수小穗가 뭉쳐난다. 소수는 납작하고 길이 5~9mm로 자루가 극히 짧거나 없고 3~6개의 소화小花로 이루어진다. 제1포영苞穎은 길이 3~4mm, 1맥이고 제2포영은 길이 5~6mm, 3맥이다. 호영護穎은 길이 4~7mm, 5맥으로 중앙맥 끝은 짧은 까락(芒)이 되며 내영內穎은 호영과 거의 같은 크기이다. 꽃밥은 길이 3~4mm이고 열매(穎果)는 딱딱하게 된 호영과 내영에 싸여 있다.

* 유럽, 서아시아 원산으로 개항 이후 미국을 통해서 들어왔으며 지금은 서울 주변은 물론 한반도 전역으로 확산되었다.
* *Dactylis*속식물은 개방開放 원추화서이면서 2개의 포영이 있고 호영에 용골龍骨이 발달하며 까락이 있는 것이 특징이다.

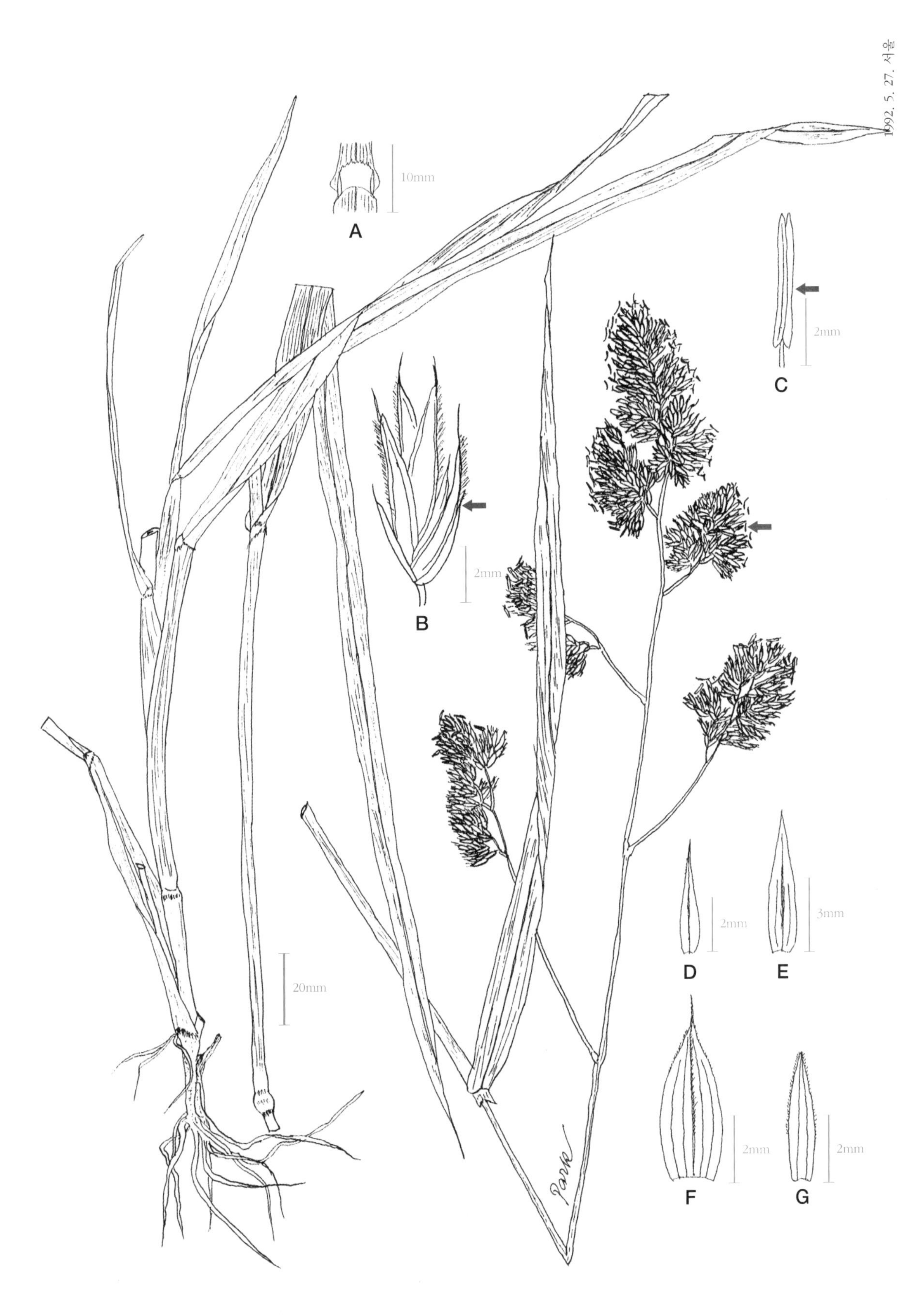

A. 엽설, B. 소수, C. 꽃밥, D. 제1포영, E. 제2포영, F. 호영, G. 내영

252. 지네발새

Ji-ne-bal-sae [Kor.]
Tatsu-no-tsumegaya [Jap.]
Crowfoot Grass [Eng.]

Dactyloctenium aegyptium **(L.) Beauv.**, Ess. Agrost.: 72, Expl. Pl. 15 (1812); S. H. Park. Kor. Jour. Pl. Tax. Vol. 33(1): 79(2003).

1년생 초본으로 줄기는 옆으로 비스듬히 뻗고 높이는 10~40cm이다. 잎새(葉身)는 길이 3~7cm, 엽초葉鞘 가까이에 털이 있고 엽설葉舌은 높이 0.5~1mm이다. 꽃은 7~10월에 피며 수상화서穗狀花序는 길이 2~5cm로 줄기 끝에 3~6개가 방사상으로 배열한다. 소수小穗는 자루가 없으며 화축花軸의 아래쪽에 2줄로 배열한다. 화축의 끝은 길이 2mm 정도가 자상 돌기刺狀突起로 이루어지며 이 부위에는 소수가 달리지 않는다. 소수에는 3~5개의 소화小花가 달려 있다. 제1포영苞穎은 길이 2mm, 제2포영에는 까락(芒)이 있다. 호영護穎은 3맥, 내영內穎은 좌우 용골부龍骨部에 날개가 있다. 열매의 길이는 0.7mm이다.

* 구세계 열대지방이 원산지이며, 우리나라에서는 서울 월드컵공원에서 확인하였다.
* 왕바랭이속식물(*Eleusine* Gaertn.)과 달리 제2포영 끝에 까락이 있으며 수상화서가 가지 끝에 방사상으로 배열되고 화축의 끝에 2mm 정도의 자상 돌기가 드러나 있다.

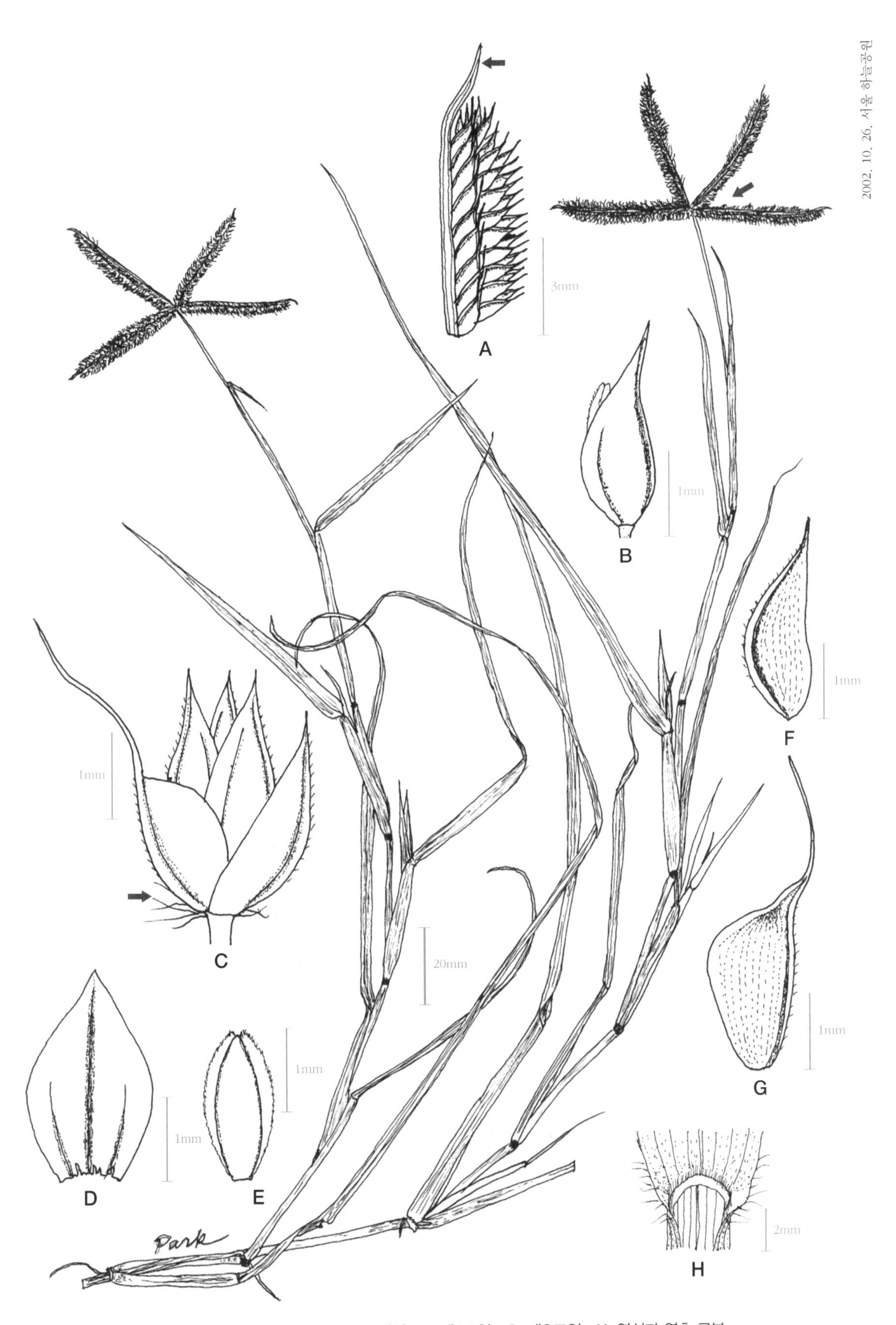

A. 화서의 일부, B. 소화, C. 소수, D. 호영, E. 내영, F. 제1포영, G. 제2포영, H. 엽설과 엽초 구부

253. 갯드렁새

Gaet-deu-reong-sae [Kor.]
Hamagaya [Jap.]

***Diplachne fusca* (L.) Beauv.**, Ess. Agrost. 80 & 163(1812); T. Osada in Illus. Gras. Jap. 460(1989); S. Park in Kor. Jour. Pl. Tax. Vol. 23(4): 270 (1993).

1년생 초본으로 줄기의 높이는 30~80cm이다. 잎새(葉身)는 길이 20~30cm, 엽초葉鞘는 절간節間보다 길며 엽설葉舌은 높이 3~4mm로 끝이 갈라진다. 7~9월에 꽃이 피며 원추화서圓錐花序는 길이 15~25cm로 여러 개의 총總이 화축花軸을 돌며 붙는다. 총은 길이 4~10cm로 10~15개의 소수小穗가 화지花枝를 감싸며 붙는다. 소수는 피침형披針形이며 길이 5~10mm로 8개 내외의 소화小花가 있다. 제1포영苞穎은 1맥, 길이 2mm, 제2포영은 1맥, 길이 3mm이다. 호영護穎은 길이 3.5~4mm로 3맥이며 끝에는 2톱니(齒)가 있고 바로 아래에 작은 2톱니가 배열하며 중앙맥은 까락(芒)이 된다. 내영內穎은 호영보다 짧으며 꽃밥은 3개이다.

* 표준 산지는 팔레스타인이며, 우리나라에서는 인천의 매립지와 남해안 바닷가에 자란다.
* 드렁새〔*Leptochloa chinensis* (L.) Nees〕와 달리 호영의 끝에 2쌍의 톱니가 있고 중앙맥은 까락이 된다.

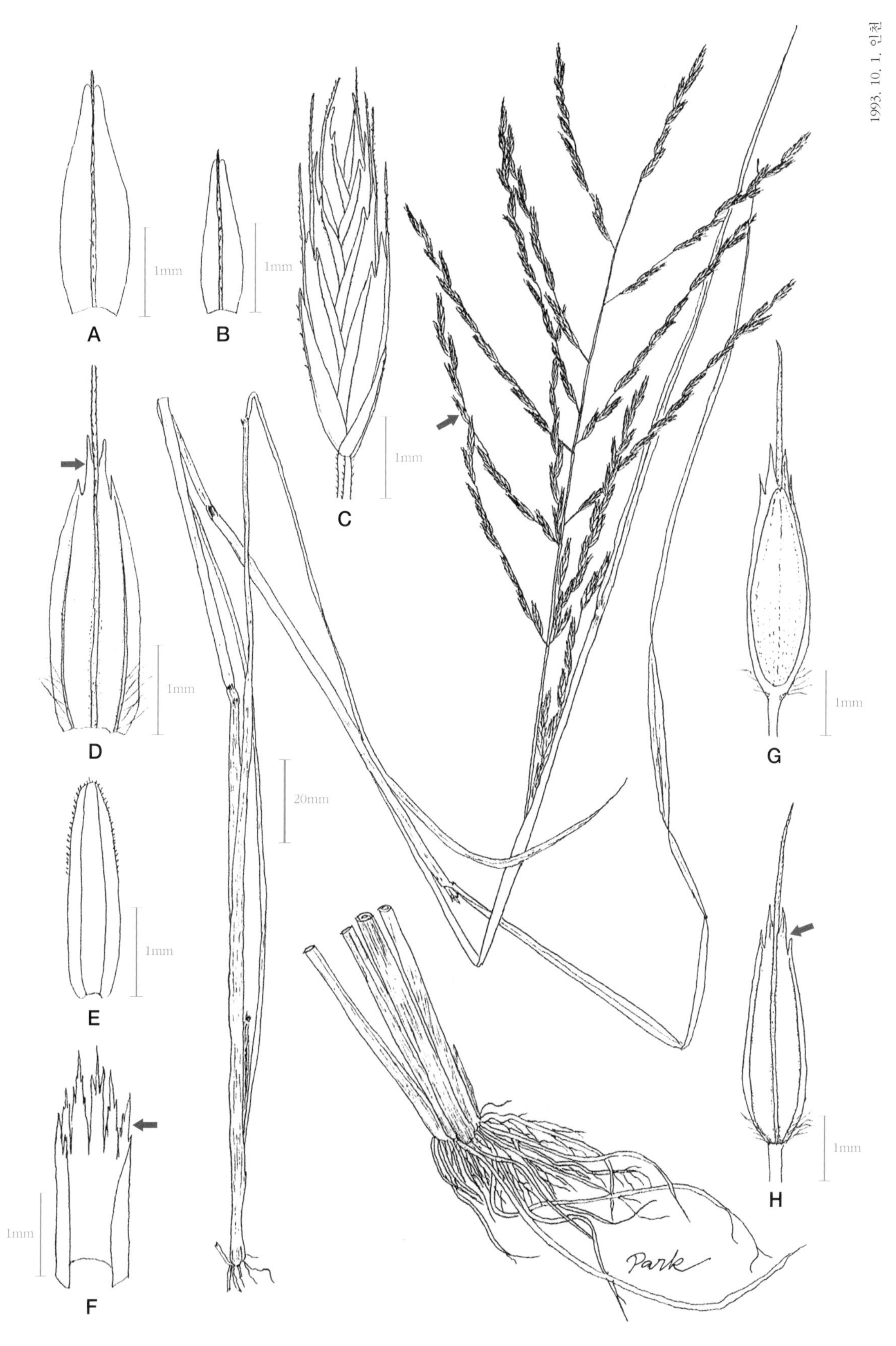

A. 제2포영, B. 제1포영, C. 소수, D. 호영, E. 내영, F. 엽설, G. 안쪽에서 본 소화, H. 바깥쪽에서 본 소화

254. 구주개밀

Gu-ju-gae-mil [Kor.]
Shiba-mugi [Jap.]
Couch-grass, Quack-grass [Eng.]

***Elymus repens* (L.) Gould**, Madrono 9: 127(1947); T. Osada in Illus. Gras. Jap. 428(1989).
-*Agropyron repens* (L.) Beauv., Agrost. 146(1812).

다년생 초본으로 긴 근경根莖이 있다. 줄기는 높이 40~90cm이다. 엽초葉鞘는 둥글며 엽초 구부口部에는 초승달 모양의 엽이葉耳가 있고 엽설葉舌은 높이 1mm 이내이며 잎새(葉身)는 길이 5~15cm이다. 꽃은 6~7월에 피며 수상화서穗狀花序는 곧게 서는데 길이 7~15cm이고 자루가 없는 소수小穗가 2줄로 빽빽하게 배열한다. 소수는 길이 1~2cm로 5~7개의 소화小花가 달린다. 2개의 포영苞穎은 길이 0.7~1.2cm로 크기가 같고 5~7맥이 있다. 호영護穎은 길이 7~11mm로 피침형披針形이고 5맥이 있으며 대개는 까락(芒)이 없다. 내영內穎은 포영보다 조금 짧다. 수술은 3개, 꽃밥은 길이 4~6mm이다.

* 유럽 원산으로, 국내에서는 목초로 재배하던 것이 일출逸出되어 서울 근교와 중부지방에서 많이 발견된다. 호영에 까락이 있는 식물을 까락구주개밀(*Elymus repens* var. *aristatum* Baumg)이라 한다.
* 개밀〔*Agropyron tsukushiense* var. *transiens* (Hack.) Ohwi〕과 달리 지하에 긴 근경이 있고 소수에 모양과 크기가 같은 포영이 있다.

A. 호영, B. 내영, C. 엽이와 엽설, D. 소수, E. 제2포영, F. 제1포영, G. 소화, H. 꽃밥

255. 능수참새그령

Neung-su-cham-sae-geu-ryong [Kor.]
Shinadare-suzumegaya [Jap.]
Weeping Love Grass [Eng.]

Eragrostis curvula **Nees**, Fl. Afr. Aust. 397(1841); C. Stace in Fl. Brit. Isl. 1077(1991); S. Park in Kor. Jour. Pl. Tax. Vol. 23(1): 29(1993).

다년생 초본으로 줄기는 높이 60~120cm이다. 잎새(葉身)는 길이 40~60cm, 엽초葉鞘는 털이 없고 엽설葉舌은 거의 없다. 꽃은 6~7월에 피며 원추화서圓錐花序는 길이 20~35cm로 가지의 분기점分岐点이 부풀고 그 위에 백색의 긴 털이 밀생密生한다. 소수小穗는 길이 6~10mm로 회녹색을 띠고 납작하며 7~11개의 소화小花로 이루어진다. 포영苞穎은 1맥으로 제1포영의 길이는 1.5mm, 제2포영의 길이는 2.5mm이다. 호영護穎은 막질膜質로 3맥, 길이는 2.5mm 정도이고 내영內穎은 호영과 크기가 거의 같고 폭이 좁다. 수술은 3개, 열매(穎果)는 타원형으로 길이 1.4mm이다.

* 남아프리카 원산으로, 사방용砂防用으로 들여온 것이 야생화되었다. 경기 안산, 서울 주변, 남부지방 등지에서 흔히 볼 수 있다.
* 참새그령〔*Eragrostis cilianensis* (All.) Link. ex Vignolo〕과 달리 잎이 뿌리 근처에 여러 개 모여 나고 건조하면 말려서 머리카락처럼 보인다. 화서의 가지 분기점이 부풀고 백색의 긴 털이 난다.

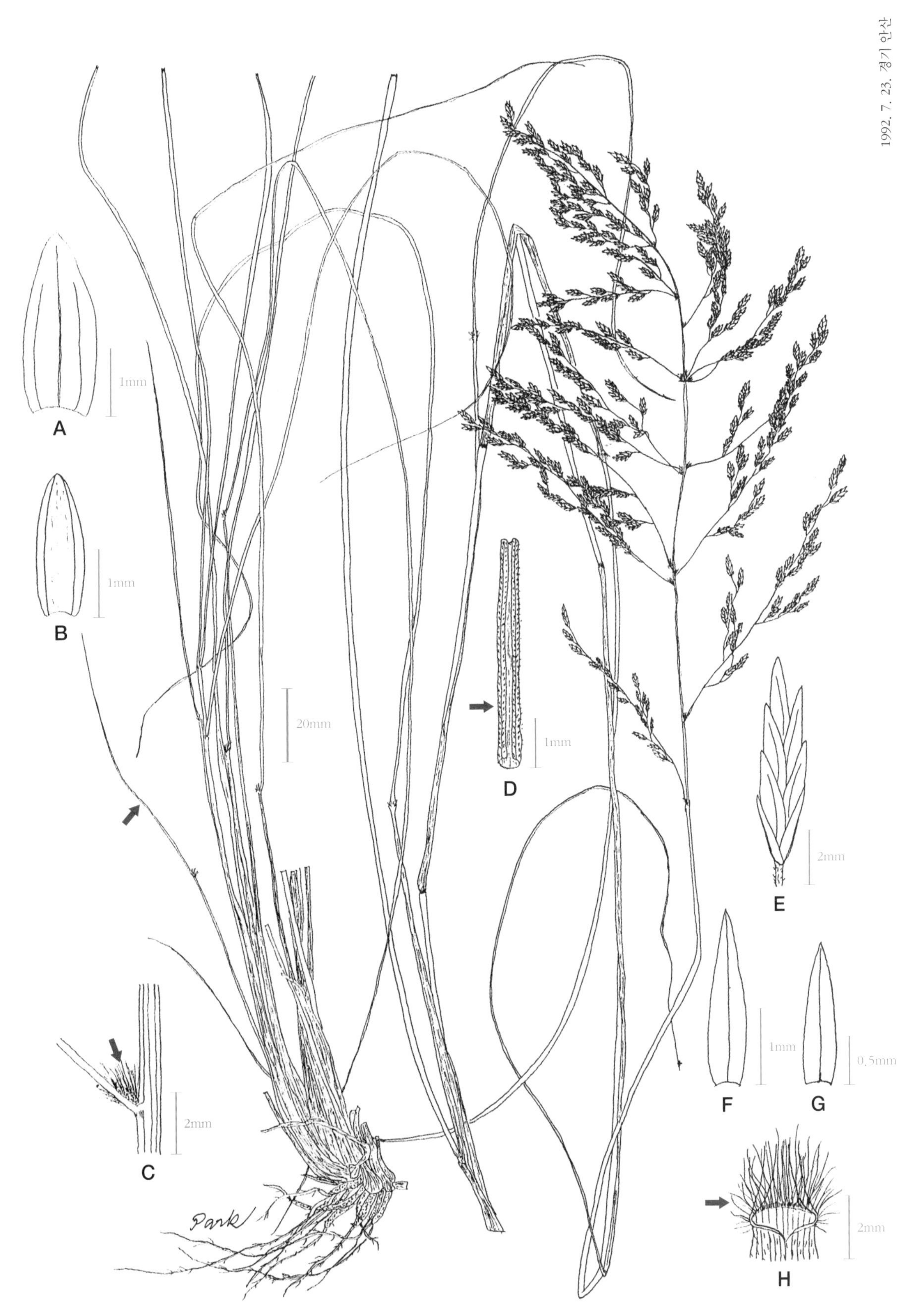

A. 호영, B. 내영, C. 화지의 분기점, D. 건조한 잎새 일부, E. 소수, F. 제2포영, G. 제1포영, H. 엽초 구부

256. 큰김의털

Keun-gim-ui-teol [Kor.]
Oni-ushinokegusa [Jap.]
Tall Fescue Grass [Eng.]

***Festuca arundinacea* Schreb.**, Spicil. Fl. Lips. 57(1771); Britton & Brown in Illus. Fl. U. S. & Can. Vol. I: 272(1970); T. Osada in Illus. Gras. Jap. 124(1989).

다년생 초본으로 줄기는 높이 40~180cm로 곧게 자란다. 잎은 길이 10~60cm, 엽초葉鞘는 기부까지 갈라지며 엽이葉耳가 있고 엽설葉舌은 높이 1~2m이다. 6~8월에 꽃이 피며 원추화서圓錐花序는 길이 20~50cm이고 한 마디에 2개의 가지가 있으며 하나는 길고 하나는 짧다. 소수小穗는 길이 1~1.5cm로 5~9개의 소화小花가 있다. 제1포영苞穎은 길이 3.5~6mm로 1맥, 제2포영은 길이 5~7mm로 3맥이 있다. 호영護穎은 5맥이며 중앙맥 끝에 길이 1~3mm의 까락(芒)이 있거나 드물게는 없다. 내영內穎은 호영과 같은 길이이며 끝 쪽 능선에 털이 줄지어 나서 거칠다. 수술은 3개이고 꽃밥의 길이는 4~4.5mm이다.

* 유럽 원산이며, 근년에 사방용砂防用으로 들어와 야생화된 것으로 서울 한강 둔치를 비롯하여 전국 각지에 널리 분포한다.

* 김의털(*Festuca ovina* L.)에 비해 식물체가 크고 화서의 마디마다 긴 가지와 짧은 가지가 함께 생긴다.

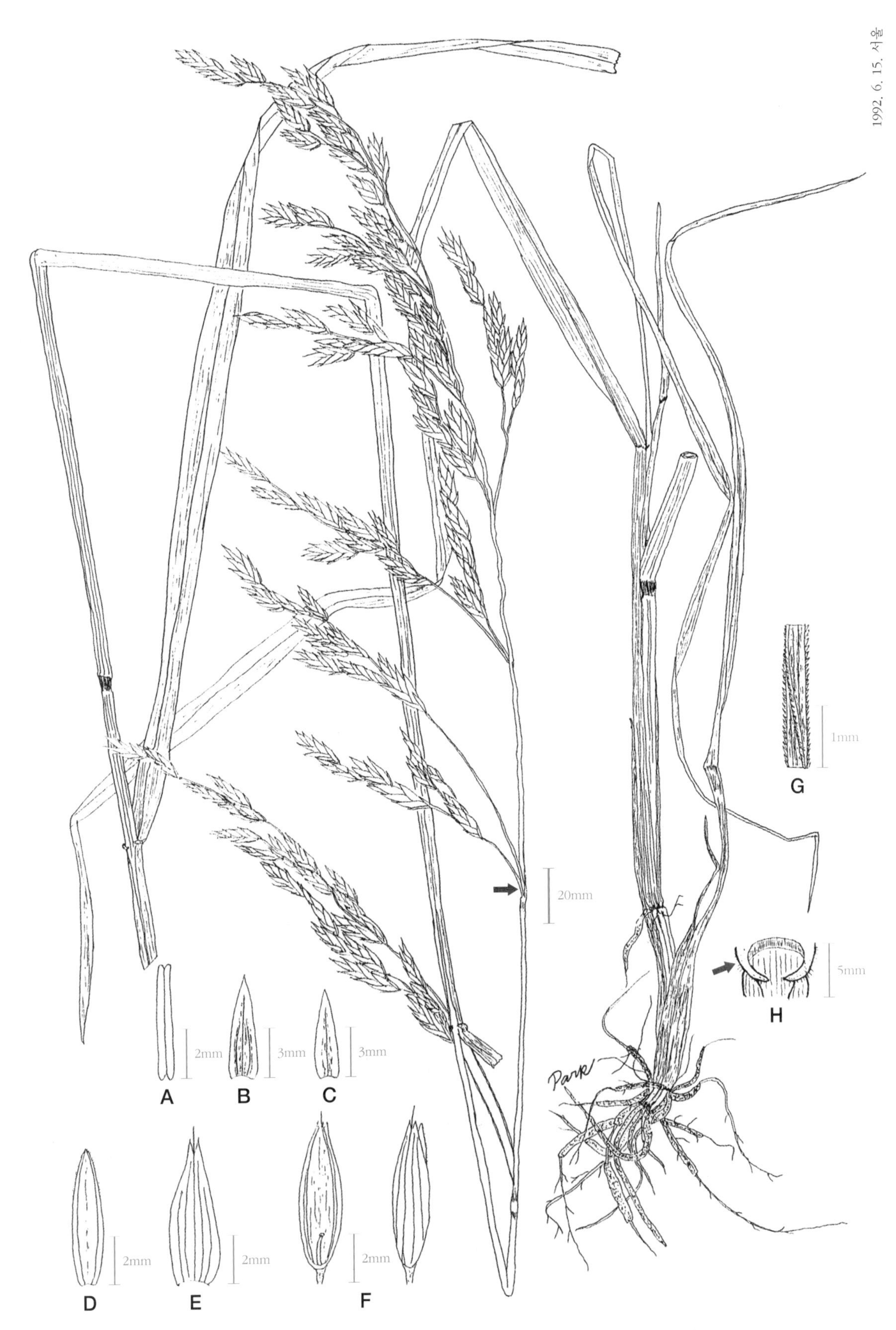

A. 꽃밥, B. 제2포영, C. 제1포영, D. 내영, E. 호영, F. 소화, G. 소화병의 일부, H. 엽이와 엽설

257. 흰털새

Hin-teol-sae [Kor.]
Shirage-gaya [Jap.]
Velvetgrass [Amer.]

***Holcus lanatus* L.**, Sp. Pl. 1048(1753); T. Nakai in Bull. Nat. Sci. Mus. 31: 138(1952); Y. Lee in Manu. Kor. Gras. 124(1966); T. Osada in Illus. Gras. Jap. 258(1989).

다년생 초본으로 식물체 전체에 백색의 단모短毛가 밀생하고 줄기는 높이 20~70cm이다. 잎새(葉身)는 길이 4~20cm, 엽초葉鞘는 절간節間보다 짧으며 엽설葉舌은 높이 1~4mm이다. 꽃은 6~8월에 피며 원추화서圓錐花序는 길이 3~20cm, 폭 1~8cm로 녹백색 때로는 적자색을 띤다. 소수小穗는 길이 4~6mm이고 2개의 소화小花가 있다. 제1포영苞穎은 길이 4~5mm, 1맥이고 제2포영은 길이 5~6mm, 3맥이다. 호영護穎은 길이가 2~2.5mm이며 3~5맥이 있다. 제1소화는 까끄라기가 없고 양성兩性, 제2소화는 웅성雄性이며 길이 2mm 정도의 까끄라기가 호영의 끝 쪽 근처에 달린다. 내영內穎은 2맥이 있다.

* 유럽 원산이며 우리나라에는 제주, 전북 남원, 서울 등지에 야생화된 상태로 분포하고 있다.
* 흰털새속(*Holcus* L.)식물은 제1소화가 양성이고 제2소화가 웅성으로 길이 2mm의 까끄라기가 호영의 끝 쪽에 달린다.

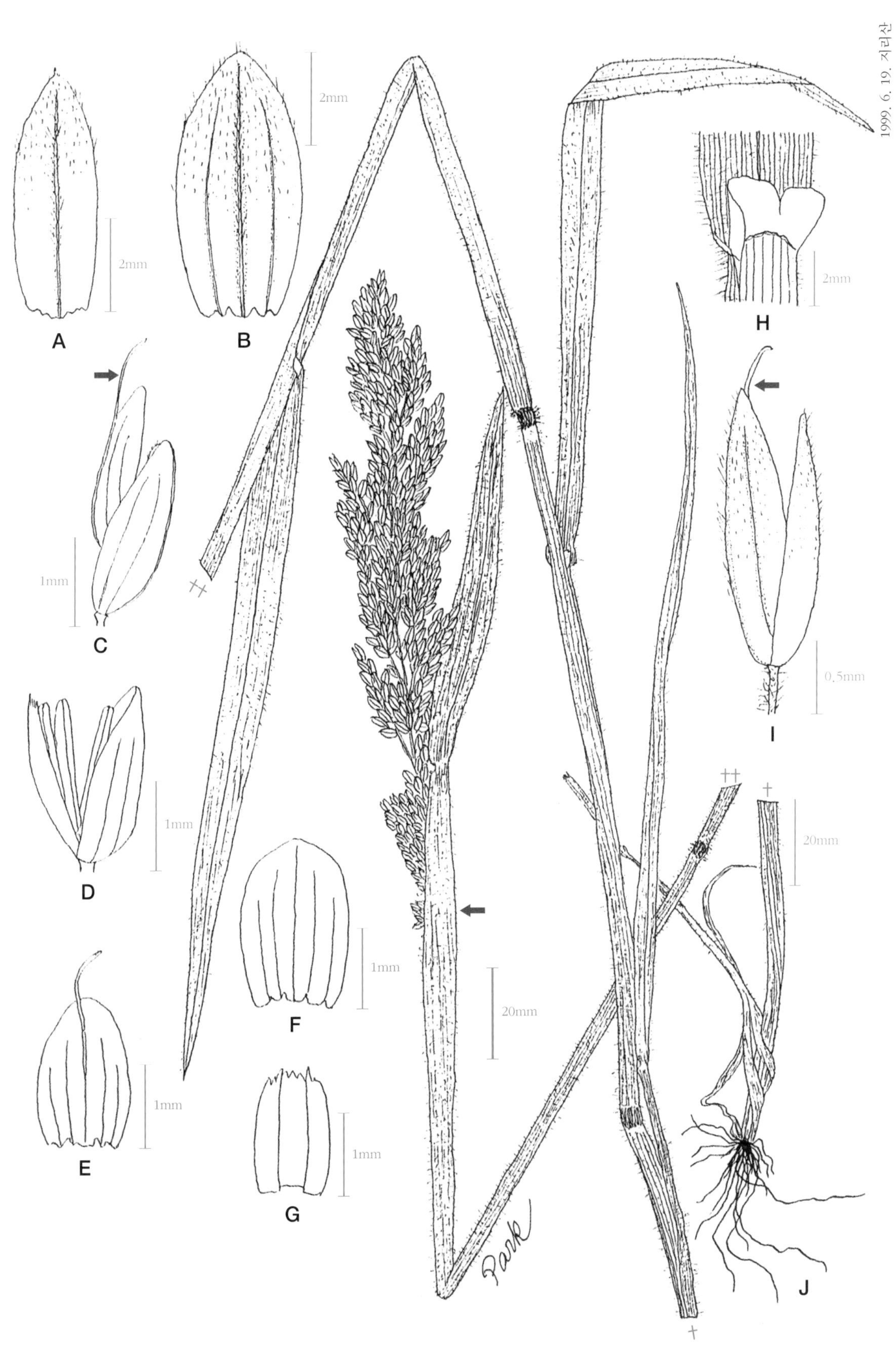

A. 제1포영, B. 제2포영, C. 소화, D. 제1소화, E. 제2소화의 호영, F. 제1소화의 호영, G. 제1소화의 내영,
H. 엽설, I. 소수, J. 뿌리

258. 긴까락보리풀

Gin-kka-rak-bo-ri-pul [Kor.]
Hosonogemugi [Jap.]
Squirrel-tail Grass [Amer.]

***Hordeum jubatum* L.**, Sp. Pl. 85(1753); Britton & Brown in Illus. Fl. U. S. & Can. Vol. 1: 287(1970); S. H. Park. Kor. Jour. Pl. Tax. Vol. 31(4): 379(2001).

다년생 초본으로 줄기는 높이 30~60cm이고 직립한다. 엽초葉鞘는 절간節間보다 짧고 잎새(葉身)는 선형線形이며 길이 10~20cm로 회녹색이고 짧은 털이 있다. 엽설葉舌은 높이 1mm 이내이며 절형切形이다. 꽃은 7~8월에 피며 수상화서穗狀花序는 길이 5~12cm로 소수小穗가 조밀하게 배열되며 길이 4~6cm의 까끄라기(芒)가 무수히 늘어진다. 소수는 각 마디에 3개씩 짝지어지고 중앙의 소수는 자루가 없으며 유성有性이고 다른 2개는 자루가 있으며 무성無性이다. 유성화와 무성화 모두 제1포영苞穎과 제2포영은 길이 4~6cm의 까끄라기로 이루어진다. 유성 소수의 호영은 길이 5mm, 무성 소수의 호영은 보다 작다. 열매(穎果)는 길이 3.5mm이며 위쪽에 털이 있다.

* 유럽 원산이며, 우리나라에서는 서인천의 수도권 쓰레기 매립지에서 확인된다.
* 보리풀(*Hordeum murinum* L.)과 달리 다년생이며 수상화서는 길이 5~12cm이고 소수가 조밀하게 배열되며 길이 4~6cm의 까끄라기(芒)가 무수히 늘어져 차이가 크다.

A. 엽설, B. 꽃밥, C. 짝지어진 3개의 소수, D. 영과, E. 유성화의 호영, F. 유성화의 내영, G. 유성 소수, H. 무성 소수

259. 보리풀

Bo-ri-pul [Kor.]
Mugikusha [Jap.]
Wall Barley [Amer.]

***Hordeum murinum* L.**, Sp. Pl. 85(1753); Britton & Brown in Illus. Fl. U. S. & Can. 1: 287(1970); S. H. Park in Kor. Jour. Pl. Tax. 26(4): 333(1996).

1년생 초본으로 줄기는 높이 15~50cm이고 털이 없다. 엽초葉鞘는 잎새(葉身)보다 길며 엽초 구부口部에 뾰족한 엽이葉耳가 있고 잎새는 길이 8~13cm로 털이 없다. 엽설葉舌은 높이 1~1.3mm로 막질膜質이다. 꽃은 5~7월에 피며 원추화서圓錐花序는 소수小穗가 밀집되었고 길이는 5~9cm이며 납작하다. 소수는 1개의 소화小花로 이루어지며 중앙에 임성稔性의 양성 소수兩性小穗와 좌우에 웅성 소수雄性小穗가 있어 한곳에서 3개씩 뭉쳐난다. 양성 소수의 포영苞穎은 선상 피침형線狀披針形이며 긴 까끄라기(芒)가 있고 호영護穎은 넓은 피침형으로 길이 2~3.5cm의 까끄라기가 있다. 웅성 소수는 불임성不稔性이다.

* 유럽과 서아시아 원산이며, 우리나라에서는 인천 장수동과 서울 월드컵공원에서 확인하였다.
* 좀보리풀(*Hordeum pusillum* Nutt.)과 달리 포영의 가장자리에 털이 있고 측소수側小穗의 포영 까락은 포영 길이의 1.5~2배이다.

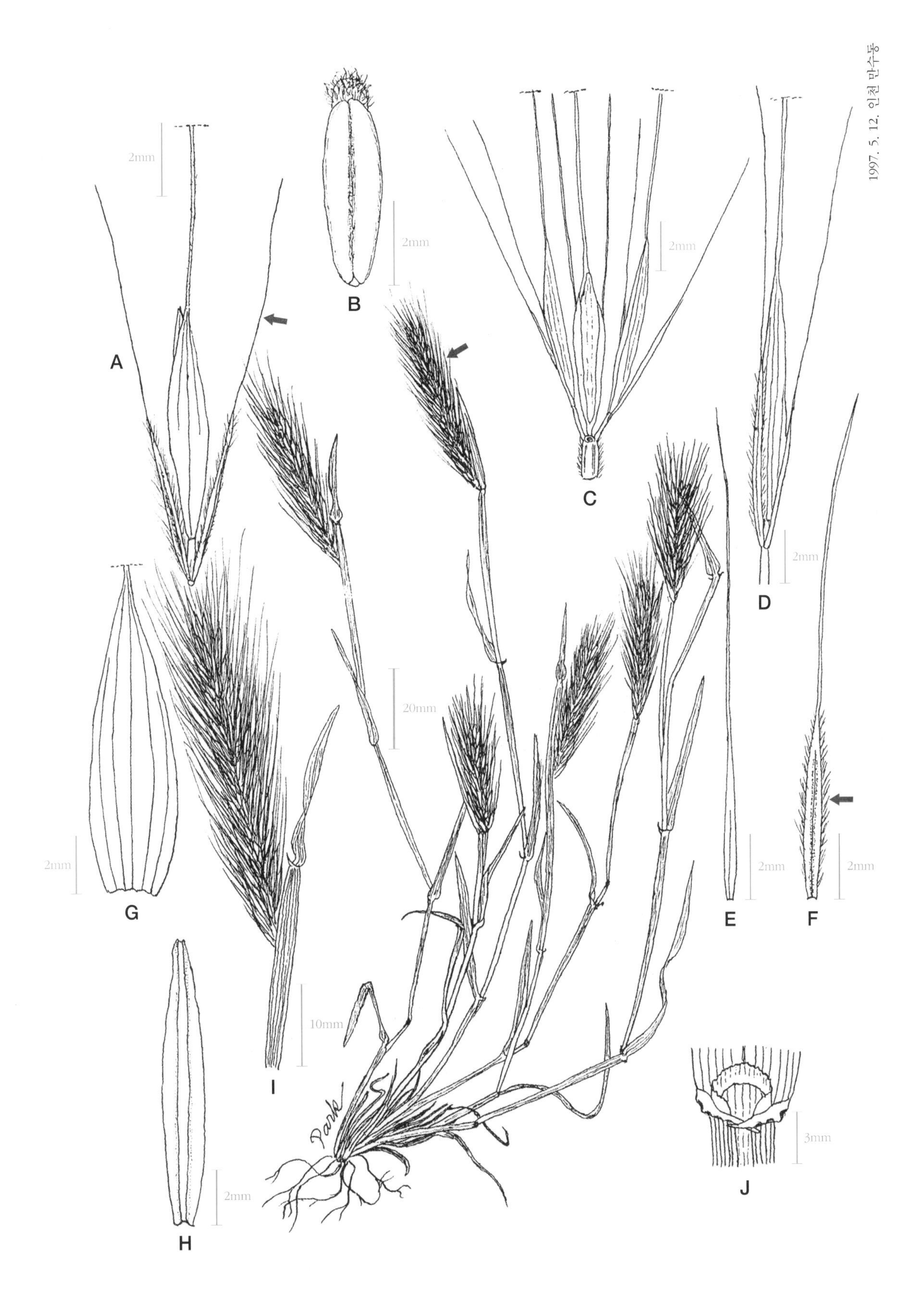

A. 양성화의 소수, B. 영과, C. 짝지어진 3개의 소수, D. 웅성 소수, E. 제1포영(♂), F. 제2포영(♂), G. 양성화의 호영, H. 양성화의 내영, I. 화서, J. 엽이와 엽설

260. 좀보리풀

Chom-porip'ul [Kor.]
Minato-mugi-kusa [Jap.]
Little Barley [Amer.]

***Hordeum pusillum* Nutt.**, Gen. Pl. 1: P. 87, 1818; A. S. Hitchcock in Manu. Gras. U. S. 1: 269(1971); S. H. Park in Kor. Jour. Pl. Tax. 27(3): 369(1997).

1년생 초본이며 줄기는 높이 20~40cm로 곧게 자란다. 엽초葉鞘는 둥글며 엽설葉舌은 백색 막질膜質로 높이 0.3~0.5mm, 잎새(葉身)는 길이 3~6cm이다. 꽃은 5월에 피며 화수花穗는 길이 3~5cm이고 소수小穗가 밀집된다. 소수는 각 마디에 3개씩 붙어 있는데 중앙의 것은 자루가 없고 양성화兩性花이며 양쪽 2개의 소수는 자루가 있고 불임성不稔性이다. 양성화는 포영苞穎이 피침형披針形으로 까락은 길이 1.2cm이고 호영護穎은 길이 6~7mm로 난상 피침형卵狀披針形이며 같은 길이의 까락이 있다. 불임성 소수는 제1포영이 좁은 피침형이고 끝에 같은 길이의 까락이 있으며 제2포영은 기부로부터 까락이 되고 호영은 난상 피침형으로 까락이 없다.

* 북아메리카 원산이며, 우리나라에서는 제주도 중문관광단지와 중문 사이의 다리 밑 해변 그리고 사계리에서 확인하였다.
* 보리풀(*Hordeum murinum* L.)과 달리 포영의 가장자리에 털이 없고 측소수側小穗의 포영 까락은 포영 길이와 같거나 약간 짧다.

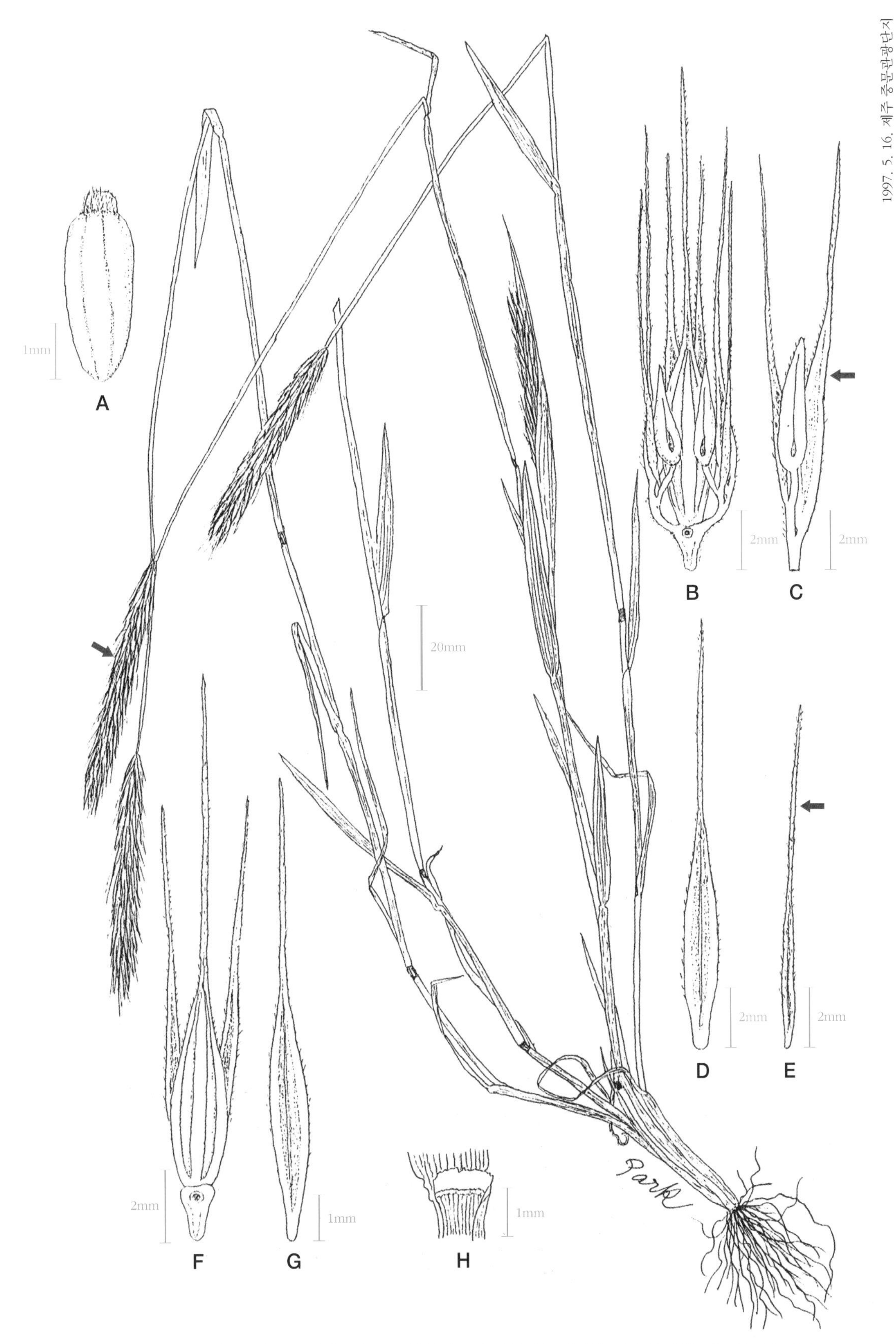

A. 영과, **B.** 짝지어진 3개의 소수, **C.** 웅성 소수, **D.** 웅성 소수의 제1포영, **E.** 웅성 소수의 제2포영, **F.** 자성 소수, **G.** 자성 소수의 포영, **H.** 엽설

261. 쥐보리

Jwi-bo-ri [Kor.]
Nezumimugi [Jap.]
Italian Rye-grass. [Eng.]

***Lolium multiflorum* Lam.**, Fl. Fr. 3: 621(1779); Britton & Brown in Illus. Fl. U. S. & Can. Vol. 1: 282(1970); T. Osada in Illus. Gras. Jap. 128(1989).

1~2년생 초본으로 줄기는 높이 30~100cm이다. 잎새(葉身)는 길이 10~20cm이며 엽초 구부葉鞘口部에 엽이葉耳가 있고 엽설葉舌은 높이 1~2mm이다. 꽃은 6~8월에 피며 수상화서穗狀花序는 곧게 뻗고 납작하며 길이는 15~30cm이다. 소수小穗는 자루가 없고 8~10개의 소화小花로 이루어지며 길이는 10~25mm이다. 포영苞穎은 1개(꼭대기의 것은 2개)로 소수 길이의 1/3~1/2이고 5~7맥이며 녹색으로 혁질革質이다. 호영護穎은 5맥으로 끝이 2개로 갈라지며 중앙맥의 연장으로 5~10mm 정도의 까락(芒)이 있다. 내영內穎은 호영과 길이가 같다. 꽃밥은 길이 3~4.5mm이며 열매(穎果)는 경화硬化된 호영과 내영에 싸여 있다.

* 유럽 원산으로 우리나라에는 근래에 목초, 사방용砂防用으로 들어와서 야생화된 것으로 보인다. 화서가 여러 개로 분지分枝하는 이형異形이 서울 마포 쪽 한강 둔치에서 발견되며 이는 가지쥐보리(*Lolium multiflorum* Lam. for. *ramosum* Guss.)이다.

* 호밀풀(*Lolium perenne* L.)과 달리 호영은 5맥으로 끝이 2개로 갈라지며 중앙맥의 연장으로 길이 5~10mm 정도의 까락이 있다.

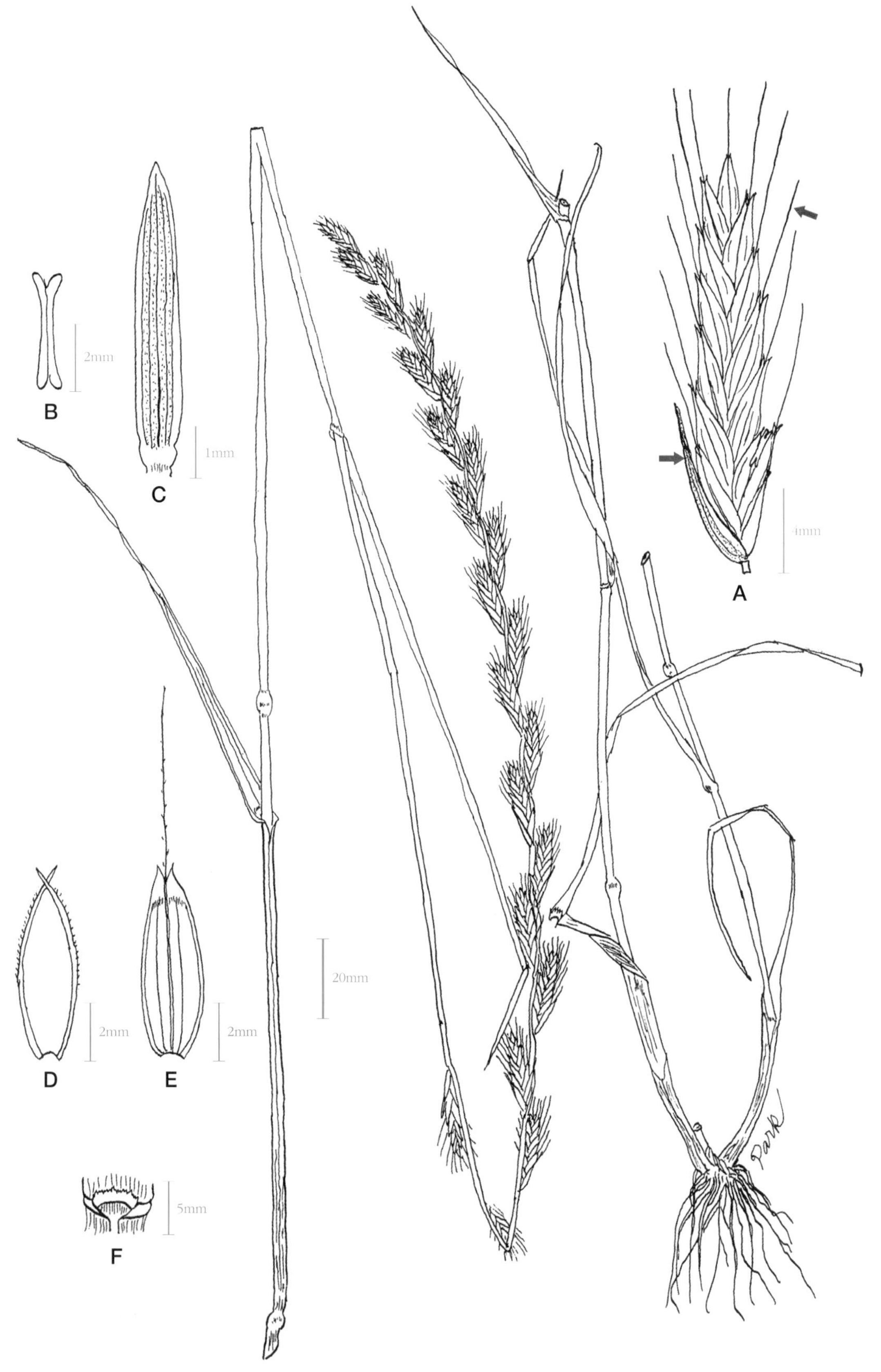

A. 소수, B. 꽃밥, C. 포영, D. 내영, E. 호영, F. 엽이와 엽설

262. 호밀풀(가는보리풀)

Ho-mil-pul [Kor.]
Hosomugi [Jap.]
Rye-grass. [Eng.]

***Lolium perenne* L.**, Sp. Pl. 83(1753); Y. Lee in Manu. Kor. Gras. 140(1966); T. Lee in Illus. Fl. Kor. 96(1979); Osada in Illus. Gras. Jap. 130(1989).

다년생 초본으로 줄기는 높이 30~90cm이다. 잎은 길이 3~20cm, 폭 2~6mm이고 엽초葉鞘는 둥글고 구부口部에 엽이葉耳가 있으며 높이 1~2mm의 엽설葉舌도 있다. 꽃은 6~9월에 피며 수상화서穗狀花序는 길이가 10~25cm이고 2줄로 소수小穗가 배열된다. 장타원형長楕圓形 소수는 자루가 없고 담녹색으로 길이는 0.7~2cm 정도이고 6~14개의 소화小花로 이루어진다. 포영苞穎은 소수의 1/2 길이이며 5~7맥으로 영존성永存性이다. 호영護穎은 장타원형으로 등 쪽이 둥글고 5맥이 있으며 까락(芒)은 없다. 내영內穎은 호영과 길이가 같다. 수술은 3개, 꽃밥의 길이는 3mm 정도이다.

* 유럽 원산으로, 우리나라에서는 8.15 광복 이후 목초 또는 사방용砂防用으로 재배한 것이 야생화하여 서울 한강 둔치를 비롯하여 한반도 전역에 분포한다.
* 쥐보리(*Lolium multiflorum* Lam.)와 달리 호영은 장타원형으로 등 쪽이 둥글고 5맥이 있으며 까락은 없다.

A. 내영, B. 꽃밥, C. 호영, D. 포영, E. 소수, F. 소화, G. 엽설과 엽이

263. 독보리

Dok-bo-ri [Kor.]
Doku-mugi [Jap.]
Arnel [Amer.]

***Lolium temulentum* L.**, Sp. Pl. 83(1753); Britton & Brown in Illus. Fl. U. S. & Can. 1: 282(1970); A. S. Hitchcock in Manu. Gras. U. S. 1: 275 (1971).

1년생 초본으로 줄기는 높이 30~80cm이다. 잎새(葉身)는 선형線形이며 길이 20~50cm, 엽초葉鞘는 절간節間과 길이가 같거나 조금 짧고 엽설葉舌은 막질膜質이며 길이 1~2.7mm이다. 꽃은 5~7월에 피고 수상화서穗狀花序는 길이 10~30cm이며 5~15개의 소수小穗로 이루어진다. 소수는 5~10개의 소화小花로 만들어지며 길이는 1~2.5cm이다. 제1포영苞穎은 정상頂上의 소수에만 존재하며 측생側生 소수에는 없다. 측생 소수에 있는 제2포영은 길이 7~30mm로 3~11맥이 있으며 소수의 길이와 같거나 조금 길며 혁질革質이다. 호영護穎은 난형卵形으로 길이 6~8mm이며 5~7맥이 있고 길이 7~20mm의 곧은 까끄라기(芒)가 있다.

* 유럽 원산이며, 우리나라에는 인천과 경기 안산에 분포하고 있다.
* 쥐보리(*Lolium multiflorum* Lam.)와 비교하면 제2포영은 길이 7~30mm로 소수의 길이와 같거나 조금 길며 3~11맥이 있고 혁질인 점이 다르다.

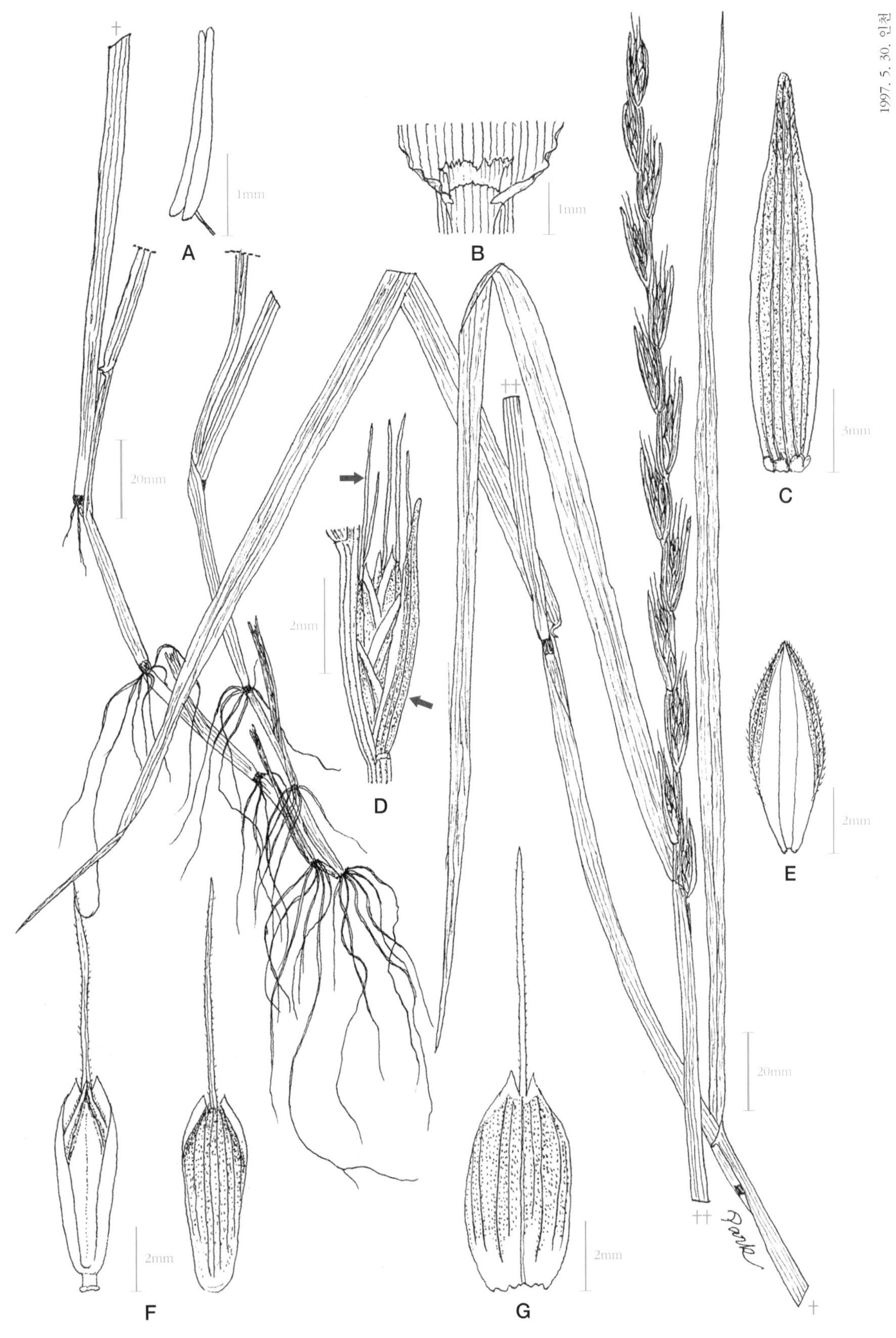

A. 꽃밥, B. 엽설과 엽이, C. 포영, D. 소수, E. 내영, F. 소화, G. 호영

264. 미국개기장

Mi-guk-gae-gi-jang [Kor.]
Oho-kusakibi [Jap.]
Fall Panicum [Eng.]

Panicum dichotomiflorum **Michx.**, Fl. Bot. Amer. 1: 48(1803); Y. Lee in Manu. Kor. Gras. 34(1966); Britton & Brown in Illus. Fl. U. S. & Can. Vol. 1: 138(1970).

1년생 초본이며 줄기의 높이는 40~100cm로 여러 개가 모여 난다. 잎새(葉身)의 길이는 20~50cm이고 엽초葉鞘는 둥글고 엽설葉舌은 아주 작으며 가장자리에 털이 있다. 꽃은 여름에 핀다. 원추화서圓錐花序의 높이와 폭은 12~25cm이고 각 마디에 1~2개의 가지가 중축中軸에 대해 45° 각도로 난다. 소수小穗는 난상 장타원형卵狀長楕圓形이고 길이 2~3mm로 가지에 달라붙는다. 제1포영苞穎은 소수 길이의 1/4~1/5이며 소수 기부를 둘러싸고 제2포영은 소수와 같은 길이이며 5~7맥이다. 호영護穎은 제2포영과 같은 크기이며 임성稔性 호영은 내영內穎과 열매(穎果)를 싸고 함께 떨어진다.

* 북아메리카 원산이며 한반도 전역에 귀화되어 있다.
* 큰개기장(*Panicum virgatum* L.)과 달리 지하경地下莖이 없고 1년생 식물이다.

1991. 9. 21. 경기 전곡

A. 엽설, B. 화서의 중축, C. 열매, D. 소수, E. 화서의 일부

265. 큰개기장

Keun-gae-gi-jang [Kor.]
Switch-grass [Amer.]

***Panicum virgatum* L.**, Sp. Pl. 59(1753); Britton & Brown in Illus. Fl. U. S. & Can. Vol. 1: 141(1970); S. H. Park. Kor. Jour. Pl. Tax. Vol. 33(1): 83(2003).

다년생 초본으로 지하경地下莖이 발달하고 줄기는 높이 100~200cm로 직립하며 모여서 난다. 잎은 길이 10~60cm로 기부 엽초葉鞘 근처에 연한 털이 있으며, 엽초는 털이 없고 엽설葉舌은 은색의 긴 털이 밀집하여 띠를 만든다. 꽃은 8~9월에 피고 원추화서圓錐花序를 이루며 화서는 길이 15~50cm이고 많은 가지를 친다. 소수小穗는 길이 3.5~5mm로 긴 난형체卵形體이다. 제1포영은 소수 길이의 2/3 정도이며 기부는 소수를 둘러싼다. 제2포영과 불임성 호영不稔性護穎은 크기가 약간 다르며 각각 눈에 잘 띄는 7개의 맥이 있다. 열매(穎果)는 좁은 난형이다.

* 북아메리카 원산이며, 우리나라에서는 경기 포천의 국립수목원 뒤 임도林道와 서울 월드컵공원에서 확인하였다.
* 미국개기장(*Panicum dichotomiflorum* Michx.)과 달리 다년생 초본이며 많은 지하경이 발달하고 높이가 200cm에 이르며 직립성인 특징이 있다.

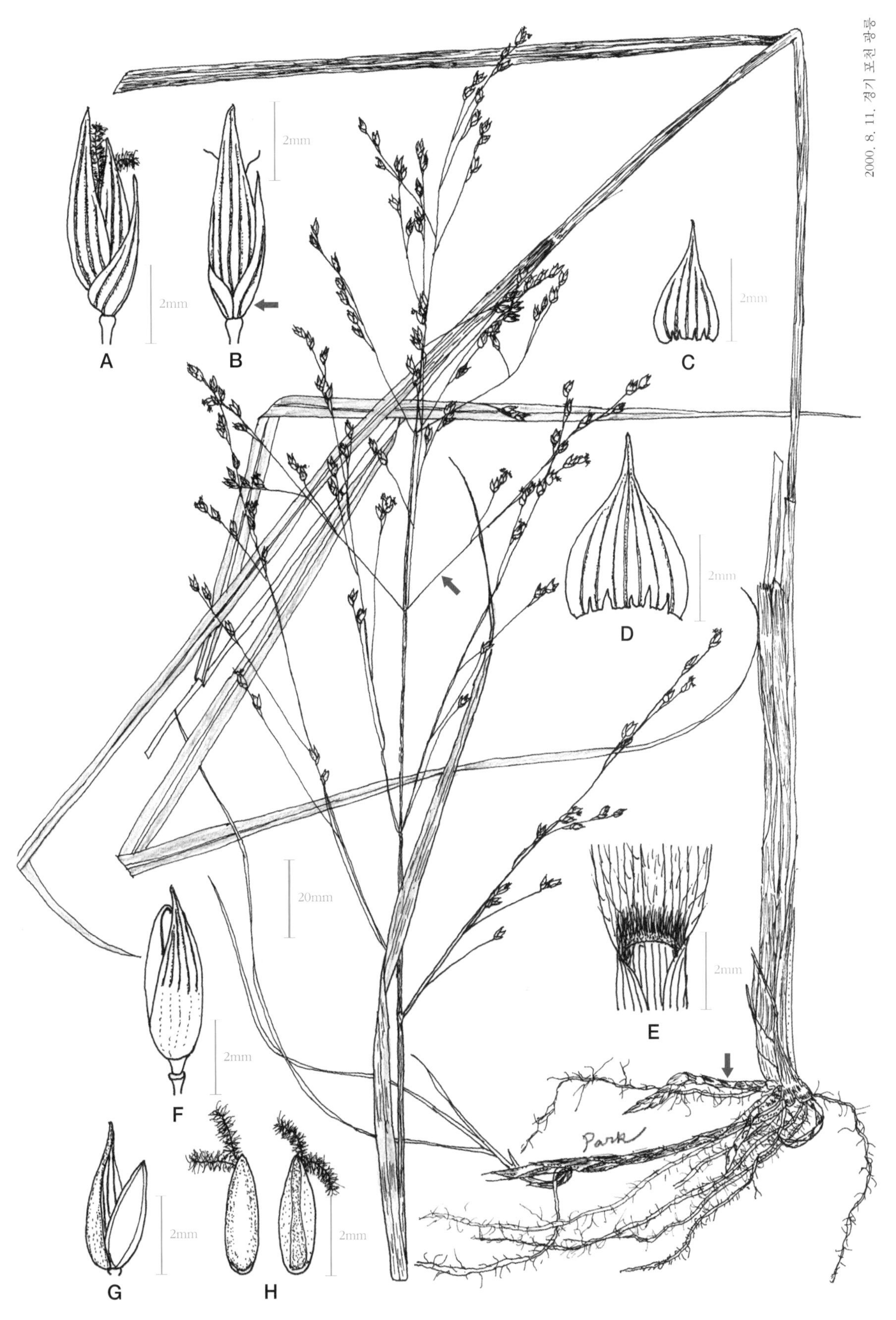

A. 옆에서 본 소수, B. 제2포영 쪽에서 본 소수, C. 제1포영, D. 제2포영, E. 엽설, F. 소화, G. 제1소화, H. 제2소화

266. 뿔이삭풀

Bbul-i-sak-pul [Kor.]
Suzumeno-naginata [Jap.]
Sickle-grass [Amer.]

***Parapholis incurva* (L.) C. E. Hubb.**, Blumea Sup. 3: 14(1946); A. S. Hitchcock in Manu. Grass. U. S. 1: 279(1971).
-*Aegilops incurva* L., Sp. Pl. 1051(1753).

1년생 초본으로 줄기는 높이 10~40cm이고 기부는 땅에 누우며 끝이 위를 향한다. 엽초葉鞘는 광택이 있고 엽설葉舌은 높이 0.5~1mm로 막질膜質이며 잎새(葉身)는 길이 2.5~12cm로 끝이 뾰족하다. 꽃은 4~6월에 피며 길이 4~10cm로 원주형圓柱形인 수상화서穗狀花序는 안쪽으로 굽었고 소수小穗는 길이 6~8mm이며 1개의 꽃으로 이루어진다. 포영苞穎은 모든 소수에 2개씩 있는데 3~5맥이고 혁질革質이며 녹색으로 끝이 뾰족하다. 호영護穎은 포영보다 작고 투명하며 1맥이 있다. 내영內穎은 호영보다 짧고 투명하다. 수술은 3개이고 꽃밥은 담황색이며 길이는 0.8mm이다.

* 유럽 원산이며, 우리나라에서는 필자가 1994년 6월 11일 제주도 용수리 바닷가에서 처음 채집하였고 지금은 제주도 바닷가, 전남 목포와 신안군에서도 확인된다.
* *Parapholis*속식물은 1년생으로 단수상화서單穗狀花序이며 총總의 중축中軸은 잘 부서지고 소수는 1개의 소화로 이루어지며 호영은 막질로 3맥이 있고 측맥은 짧다.

A. 수상화서, B. 포영, C. 가장 위쪽의 잎, D. 제2포영, E. 제1포영, F. 영과, G. 내영, H. 호영, I. 뿌리, J. 엽설

267. 큰참새피

Keun-c'am-sae-pi [Kor.]
Shima-suzumenohie [Jap.]
Tall Paspalum [Amer.]

***Paspalum dilatatum* Poir.**, Lam. Encycl. 5: 35(1804); Britton & Brown in Illus. Fl. U. S. & Can. Vol. 1. 132(1970); S. Park in Kor. Jour. Pl. Tax. Vol. 23(4): 270(1993).

다년생 초본으로 줄기의 높이는 30~80cm이다. 잎새(葉身)는 길이 10~30cm이고 엽초 구부葉鞘口部에 긴 털이 모여 나며 엽설葉舌은 길이 2~4mm로 엷은 갈색이다. 8~9월에 꽃이 피고 화서花序는 3~6개의 총總으로 이루어지며 총의 기부 분기점分岐点에 긴 털이 모여 난다. 총의 길이는 5~9cm로 옆 또는 아래를 향하며 소수小穗가 2~3줄로 규칙적으로 배열된다. 소수는 난형卵形으로 길이 3~3.5mm이고 가장자리에 긴 털이 있으며 1mm 길이의 자루가 있다. 포영苞穎은 3맥, 호영護穎은 5맥으로 포영과 호영 모두 아래쪽 가장자리에는 긴 털이 술처럼 밀생密生하고 위쪽은 털이 드물게 있다. 암술머리와 꽃밥은 흑자색이다.

* 남아메리카 원산으로, 우리나라에서는 제주도에서 자란다.
* 참새피(*Paspalum thunbergii* Kunth ex Steud.)와 비슷하나 잎새나 엽초에 털이 없고 소수의 길이는 3~3.5mm이며 가장자리에 긴 털이 밀포密布하는 특징으로 구분된다.

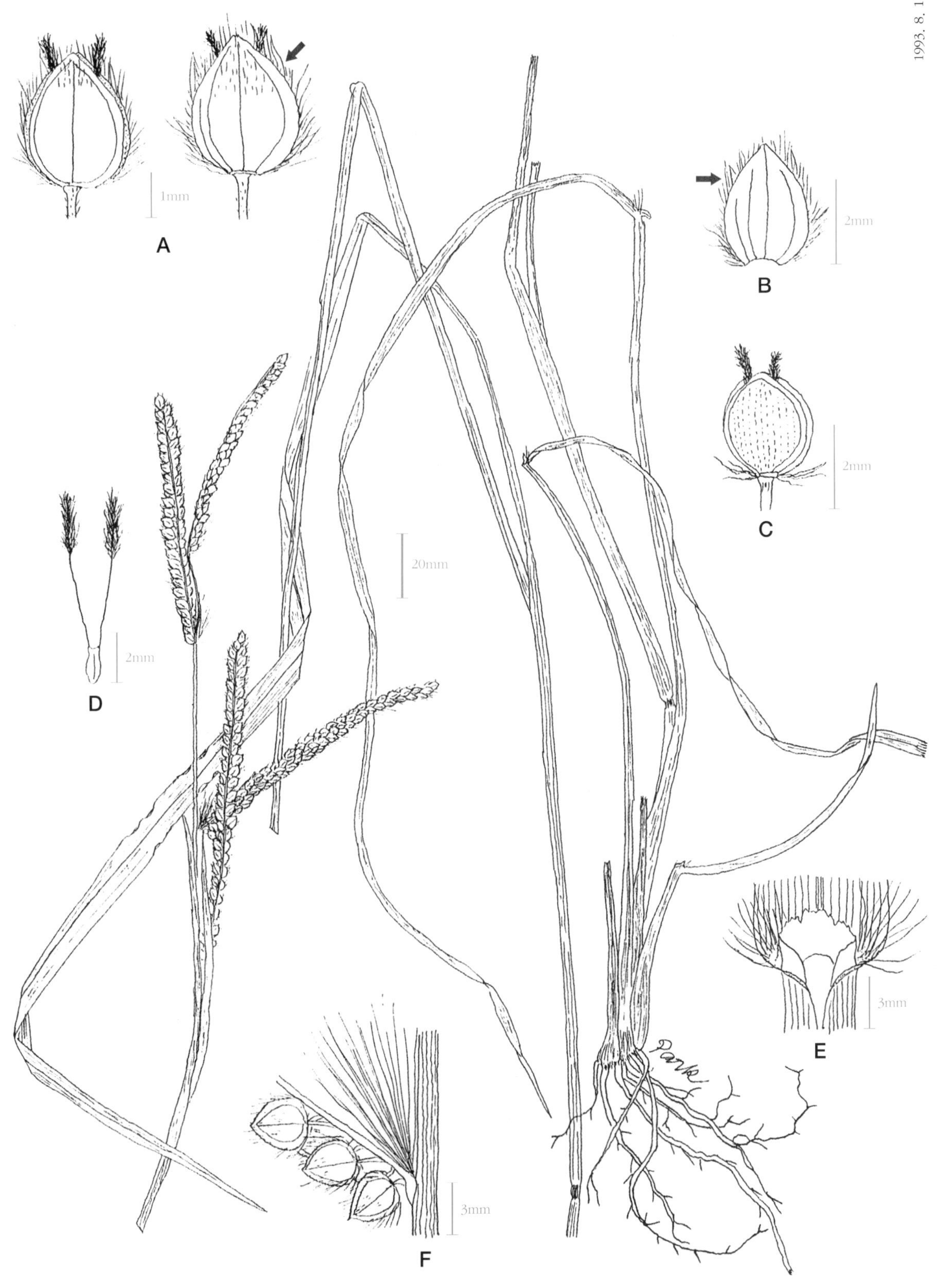

A. 소수, B. 불임성 소화의 호영, C. 제2소화, D. 암술, E. 엽설, F. 화지의 일부

268. 물참새피

Mul-cham-sae-pi [Kor.]
Kishu-suzumenohie [Jap.]
Joint Grass [Eng.]

***Paspalum distichum* L.**, Syst. Nat. Ed. 10, 2: 855(1759); Britton & Brown, Illus. Fl. U. S. & Can. Vol. 1: 133(1970); S. H. Park. Kor. Jour. Pl. Tax. 25(1): 58(1995).

수습지水濕地에 자라는 다년생 초본으로 줄기는 높이 20~40cm이다. 엽초葉鞘는 대개 털이 없고 엽초의 구부口部에만 긴 털이 있다. 엽설葉舌은 높이 2mm이고 잎새(葉身)는 길이 5~10cm이다. 꽃은 6~9월에 피고 화서花序는 길이 4~9cm의 총總 2개로 이루어지는데 총에는 2줄로 담녹색의 소수小穗가 달린다. 소수는 장타원형長楕圓形으로 길이 3mm이다. 제1포영苞穎은 퇴화되어 인편상鱗片狀이며 제2포영은 3~5맥으로 소수와 길이가 같다. 제1소화小花는 불임성不稔性이고 호영護穎은 3맥이며 제2소화는 양성兩性으로 임성稔性이고 소수와 길이가 같다. 암술머리는 흑자색이며 꽃밥의 길이는 1.5mm이다.

* 열대 아시아로부터 북아메리카, 열대 아메리카까지 널리 분포한다. 국내에서는 제주도 북제주군 한경면 용수리와 한반도 남부지방에서 확인된다.
* 털물참새피(*Paspalum distichum* L. var. *indutum* Shinners)와 달리 엽초와 잎새에 털이 없다.

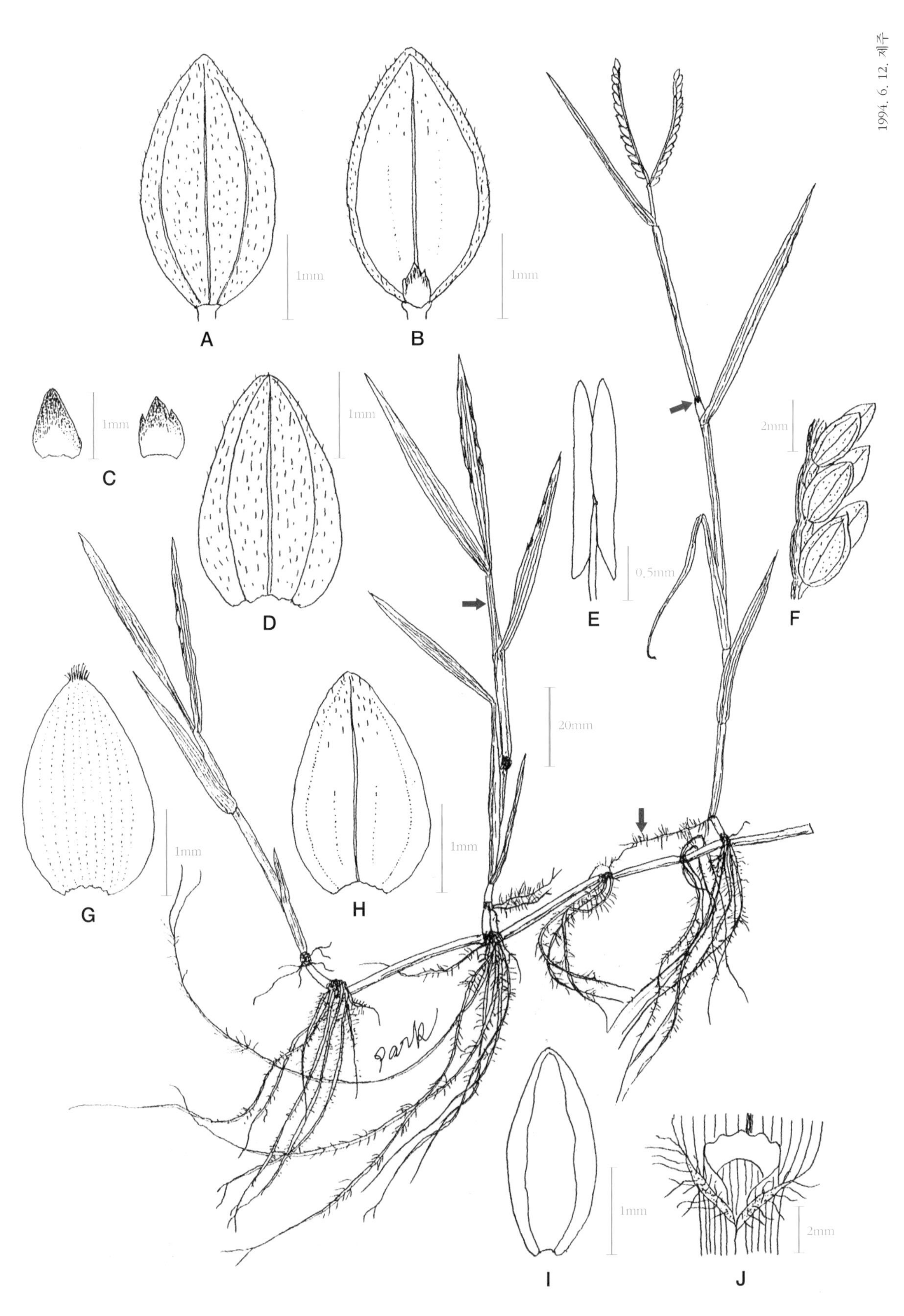

A. 제2포영 쪽에서 본 소수, B. 제1포영 쪽에서 본 소수, C. 제1포영, D. 제2포영, E. 꽃밥, F. 총의 일부,
G. 제2호영, H. 제1호영, I. 제2소화의 내영, J. 엽설과 엽초 구부

269. 털물참새피

Teol-mul-cham-sae-pi [Kor.]
Tikugo-suzumenohie [Jap.]
Knotgrass [Amer.]

***Paspalum distichum* L. var. *indutum* Shinners** Rhodora 56: 31(1954); T. Osada in Illus. Gras. Jap. 582(1989); S. H. Park in Col. Illus. Nat. Pl. Kor. 46(1995).

수생水生 다년생 초본으로 줄기는 높이 20~40cm이다. 아래쪽의 엽초葉鞘와 마디는 기부가 유두상乳頭狀으로 부푼 긴 백색모白色毛가 밀생密生한다. 잎새(葉身)는 백색모가 있으며 길이 5~20cm, 엽설葉舌은 높이 0.5mm로 절형切形이다. 꽃은 6~9월에 피며 화서花序는 2~3개의 총總으로 이루어진다. 총의 길이는 5~10cm이고 각각의 총은 2~4줄의 소수小穗가 줄지어 있다. 소수는 장타원형長楕圓形으로 길이 3.2~3.6mm이고 제1포영苞穎은 피침형披針形으로 1~3맥이 있으며 제2포영은 3~5맥이 있다. 제1소화小花는 불임성不稔性이나 제2소화는 양성兩性이며 호영護穎은 혁질革質이고 내영內穎은 끝 쪽에 짧은 강모剛毛가 있다.

* 북아메리카 원산이며, 우리나라에는 서해안과 남해안 그리고 제주도에 분포한다.
* 물참새피(*Paspalum distichum* L.)와 달리 엽초와 잎새에 긴 백색모가 있다.

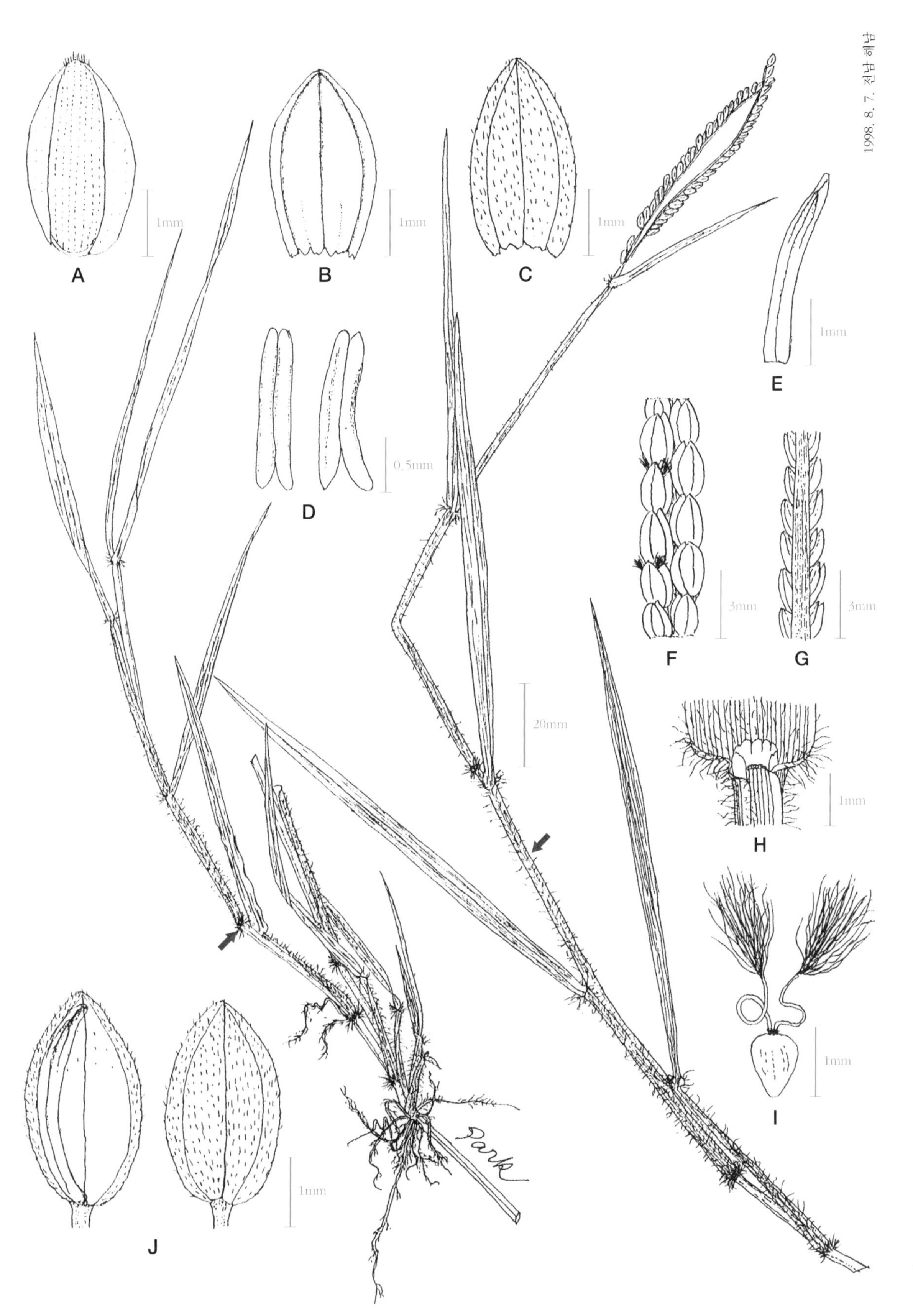

A. 제2소화의 내영, B. 제2소화의 호영, C. 제2포영, D. 꽃밥, E. 제1포영, F. 화축 반대쪽에서 본 총, G. 화축 쪽에서 본 총, H. 엽설, I. 암술, J. 소수

270. 카나리새풀

Ka-na-ri-sae-pul [Kor.]
Kanari-kusayoshi [Jap.]
Bird-seed-grass [Amer.]

***Phalaris canariensis* L.**, Sp. Pl. 54(1753); Britton & Brown in Illus. Fl. U. S. & Can. Vol. 1: 170(1970); S. Park in Kor. Jour. Pl. Tax. Vol. 23(4): 271 (1993).

1년생 초본으로 줄기는 높이 20~60cm이다. 잎새(葉身)는 길이 10~30cm이고 엽초葉鞘는 등이 둥글며 엽초 구부口部에 있는 엽설葉舌은 높이 3~6mm이다. 6~9월에 꽃이 피며 원추화서圓錐花序는 길이 3~5cm, 폭 1~2cm로 장타원형長楕圓形이다. 소수小穗는 도란형倒卵形이고 길이 5~9mm로 납작하며 3개의 소화小花로 이루어진다. 포영苞穎은 길이가 5~6mm로 2개가 모두 모양과 크기가 같고 중앙맥을 경계로 강하게 접혀서 용골龍骨이 되며 반달 모양의 지느러미가 있다. 3개의 소화 중 제1, 제2소화는 퇴화하고 제3소화가 양성兩性으로 성숙한다. 제3소화의 호영護穎은 5맥, 내영內穎은 2맥이 있다.

* 유럽, 서아시아, 시베리아, 북아메리카 등지에 널리 분포하며 카나리아의 먹이로 새와 함께 유럽에서 세계로 확산된 식물이다. 경기 원당에서 다수 발견하였다.
* 애기카나리새풀(*Phalaris minor* Retz.)에 비해 포영 용골부의 날개는 톱니가 없고 양성소화 기부에 퇴화된 2개의 소화가 있다.

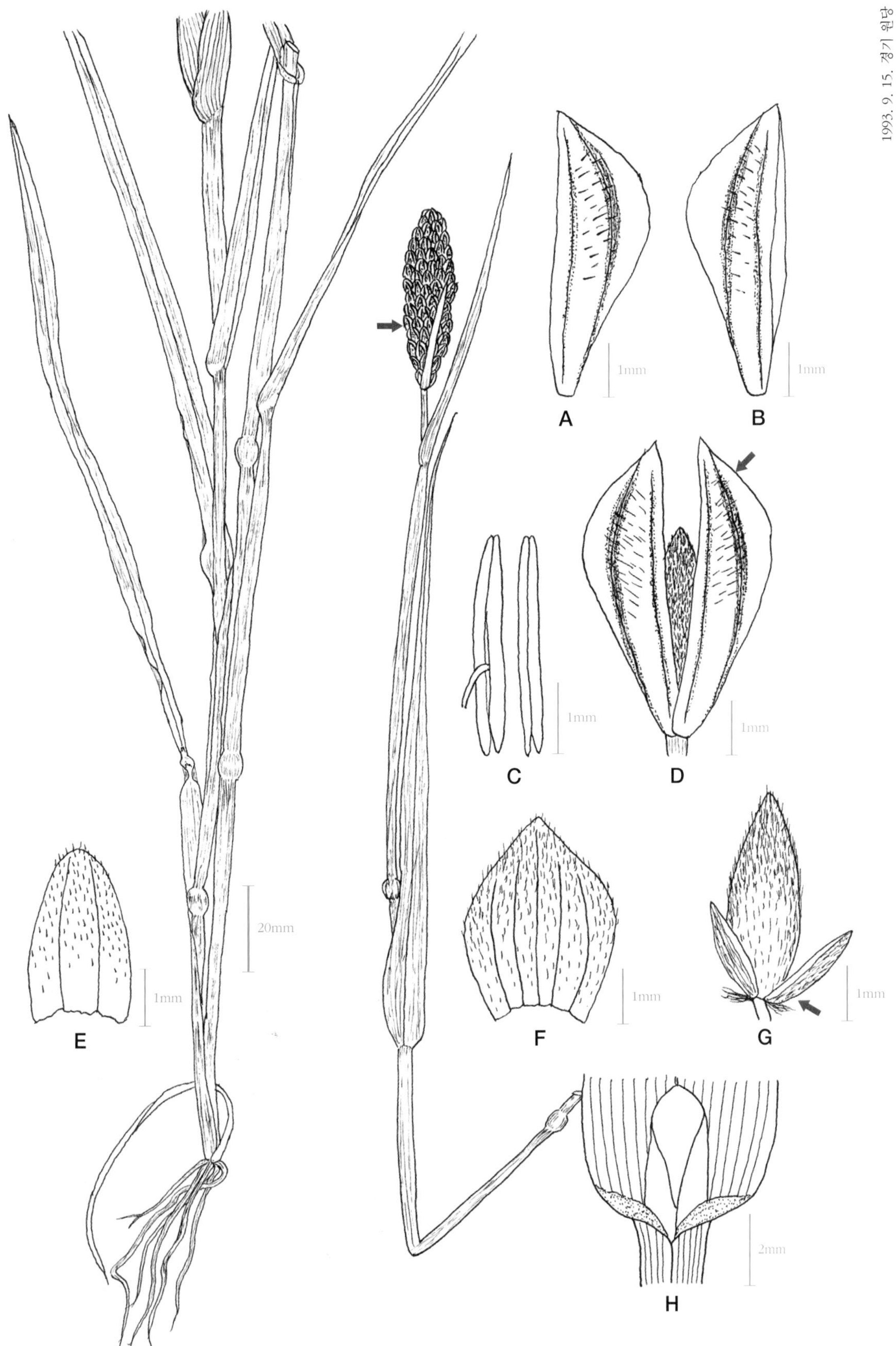

A. 제1포영, B. 제2포영, C. 수술, D. 소수, E. 제3소화의 내영, F. 제3소화의 호영, G. 소화, H. 엽초 구부

271. 애기카나리새풀

Ae-gi-ka-na-ri-sae-pul [Kor.]
Hime-kanari-kusayoshi [Jap.]

Phalaris minor **Retz.**, Observ. Bot. 3: 8(1783); A. S. Hitchcock in Manu. gras. U. S. 2nd Ed. 552(1971); S. H. Park in Kor. Jour. Pl. Tax. 28(3): 331(1998).

1년생 초본이다. 줄기는 기부에서 여러 개로 갈라져 다발을 이루며 높이는 20~50cm이다. 잎은 엽초葉鞘와 잎새(葉身)의 길이가 비슷하며 잎새의 길이는 5~20cm, 너비는 3~7mm, 엽설葉舌의 높이는 2~5mm이다. 줄기의 끝에 장타원형長楕圓形의 원추화서圓錐花序가 달리며 백록색 또는 황록색을 띤다. 1993년에 채집되어 발표된 카나리새풀(*Phalaris canariensis*)과 유사하나 차이점은 다음과 같다.

* 원추화서는 길이 2~6cm, 지름 1.2~2.2cm이며 소수小穗는 길이 6~9mm이고 포영苞穎의 중앙 용골부龍骨部의 날개에 톱니가 없다. 양성 소화兩性小花는 길이 3.5~5mm이며 꽃밥은 길이 3mm이다. ··········· 카나리새풀(*Phalaris canariensis*)
* 원추화서는 길이 1.5~4cm, 지름 0.8~1.5cm이며 소수는 길이 4.5~6mm로 포영의 중앙 용골부의 날개에 커다란 톱니가 있다. 양성 소화는 길이 2.8~3.3mm이며 꽃밥은 길이 1.5~2mm이다. ·················· 애기카나리새풀(*Phalaris minor*)
* 유라시아 원산이며, 인천 백석동에서 확인하였다.

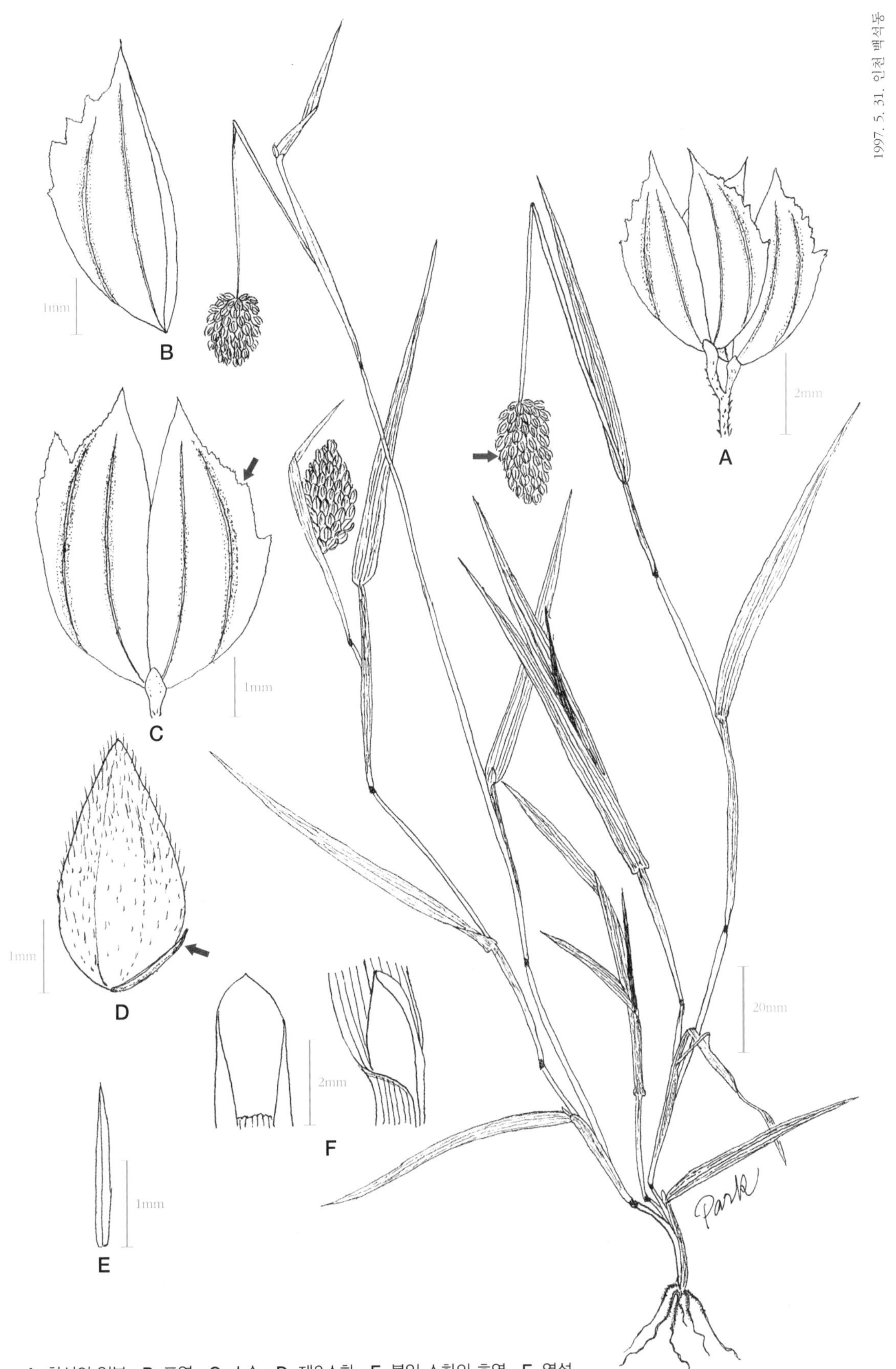

1997. 5. 31. 인천 백석동

A. 화서의 일부, B. 포영, C. 소수, D. 제3소화, E. 불임 소화의 호영, F. 엽설

272. 작은조아재비

Jag-eun-jo-a-jae-bi [Kor.]
Awagaeri [Jap.]

Phleum paniculatum **Huds.**, Fl. Angl. 23(1762); T. Osada in Illus. Gras. Jap. 372(1989); A. S. Hitchcock, Manu. Gr. U. S. 368(1971).

1년생 초본으로 줄기는 모여 나며 높이는 15~50cm이다. 잎새(葉身)는 선상 피침형線狀披針形으로 길이 3~8cm, 폭 2~5mm이고 엽설葉舌은 백색이며 높이 2~4mm, 엽초葉鞘는 잎새보다 길며 털이 없다. 꽃은 5~6월에 피며 여러 개의 소수小穗가 밀집해서 원주형圓柱形의 원추화서圓錐花序를 만든다. 화서는 길이 3~8cm, 폭 3~6mm로 처음에는 녹색이지만 후에 황색이 된다. 소수는 1개의 소화小花로 이루어지며 길이 2~2.5mm이고 포영苞穎 2개는 모양과 크기가 같고 위쪽이 넓고 기부가 좁아지며 3맥으로, 중앙맥을 경계로 강하게 접힌다. 소화는 포영의 1/2 길이이고 호영護穎은 투명한 막질膜質이며 짧은 각상 돌기角狀突起가 있다. 내영內穎은 호영과 같은 길이이다.

* 유럽 원산이며, 우리나라에서는 서울의 월드컵공원에서 확인하였다.
* 큰조아재비(*Phleum pratense* L.)와 달리 1년생 초본으로 높이는 15~50cm이고 포영은 끝이 넓고 기부가 좁아져서 구분된다.

2005. 6. 15. 서울 월드컵공원

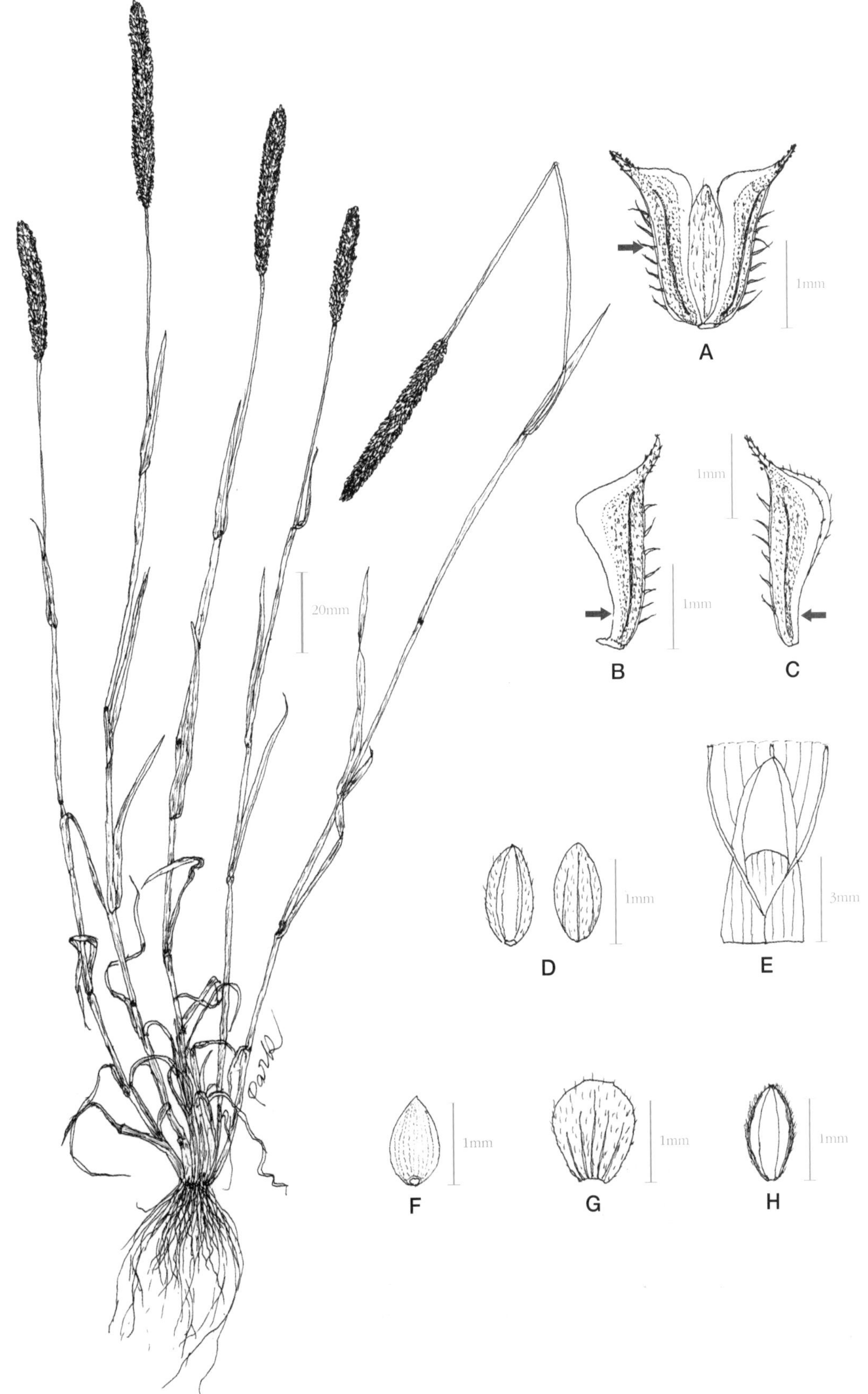

A. 소수, B. 제1포영, C. 제2포영, D. 소화, E. 엽설, F. 씨, G. 호영, H. 내영

273. 큰조아재비

Keun-jo-a-jae-bi [Kor.]
Oho-awagaeri [Jap.]
Timothy-grass [Eng.]

Phleum pratense **L.**, Sp. Pl. 59(1753); M. Park in Enum. Kor. Pl. 286 (1949); T. Chung in Kor. Fl. 916(1956); T. Lee in Illus. Fl. Kor. 82(1979).

다년생 초본으로 줄기는 높이 50~100cm이다. 잎새(葉身)의 길이는 15~60cm, 엽초葉鞘는 둥글며 엽설葉舌은 막질膜質로 높이 1~5mm 정도이다. 6~8월에 꽃이 피고 원추화서圓錐花序는 줄기 끝에 1개씩 생기며 길이 3~15cm, 원통圓筒꼴로 백록색이다. 소수小穗는 길이 3~3.5mm로 납작하고 1개의 소화小花로 이루어진다. 포영苞穎은 2개로 크기와 모양이 같고 중앙맥 끝에 1~2mm의 거친 까락(芒)이 있으며 맥을 따라 1mm 정도의 긴 털이 줄지어 난다. 호영護穎은 막질로 5~7개의 희미한 맥이 있다. 내영內穎은 호영보다 약간 짧다. 꽃밥은 황백색으로 길이 2mm 정도이고 열매(穎果)는 호영과 내영에 싸여 있다.

* 유럽, 시베리아 원산으로 목초로 재배하던 것이 일출逸出되어 야생화하였다. 강원 대관령과 춘천 근교에서 흔히 볼 수 있다.
* 산조아재비(*Phleum alpinum* L.)와 달리 화서는 길이 3~15cm로 긴 원주상圓柱狀이며 낮은 곳에 자라는 귀화식물이다.

A. 소수, B. 수술, C. 호영, D. 엽설, E. 내영

274. 이삭포아풀

I-sak-po-a-pul [Kor.]
Mukago-ichigo-tsunagi [Jap.]
Bulbous Bluegrass [Amer.]

***Poa bulbosa* L. var. *vivipara* Koel.**, Descr. Gram. 189(1802); M. L. Fernald in Gr. Manu. Bot. 120(1950); T. Osada in Illus. Gras. Jap. 204(1989).

다년생 초본으로 높이 15~40cm의 줄기는 구근球根처럼 부푼 기부로부터 곧게 자라며 기부는 자주색을 띠고 빳빳하다. 아래쪽의 잎은 길이 10cm, 너비 1~2mm이고 줄기의 잎은 2~3개이며 긴 엽초葉鞘와 짧은 잎새(葉身)로 이루어진다. 엽설葉舌은 길이 2~4mm로 백색의 막질膜質이다. 꽃은 4~6월에 피며 원추화서圓錐花序는 소수小穗가 조밀하게 들어찬 난형체卵形體로 길이 4~8cm이다. 소수는 난형이며 3~4개의 소화小花가 있고 길이는 2.7~4mm이다. 소화는 거의 다 자주색의 무성아無性芽로 전환된다. 호영護穎의 용골부龍骨部와 가장자리의 맥에는 연모軟毛가 있다.

* 유럽 원산이며, 우리나라에서는 1995년 경기 시흥의 수인산업도로변과 1999년 경기 광명에서 발견되었다.
* 왕포아풀(*Poa pratensis* L.)과 달리 줄기의 기부가 구근처럼 부풀고 소화는 거의 다 자주색의 무성아로 전환되는 특징이 있다.

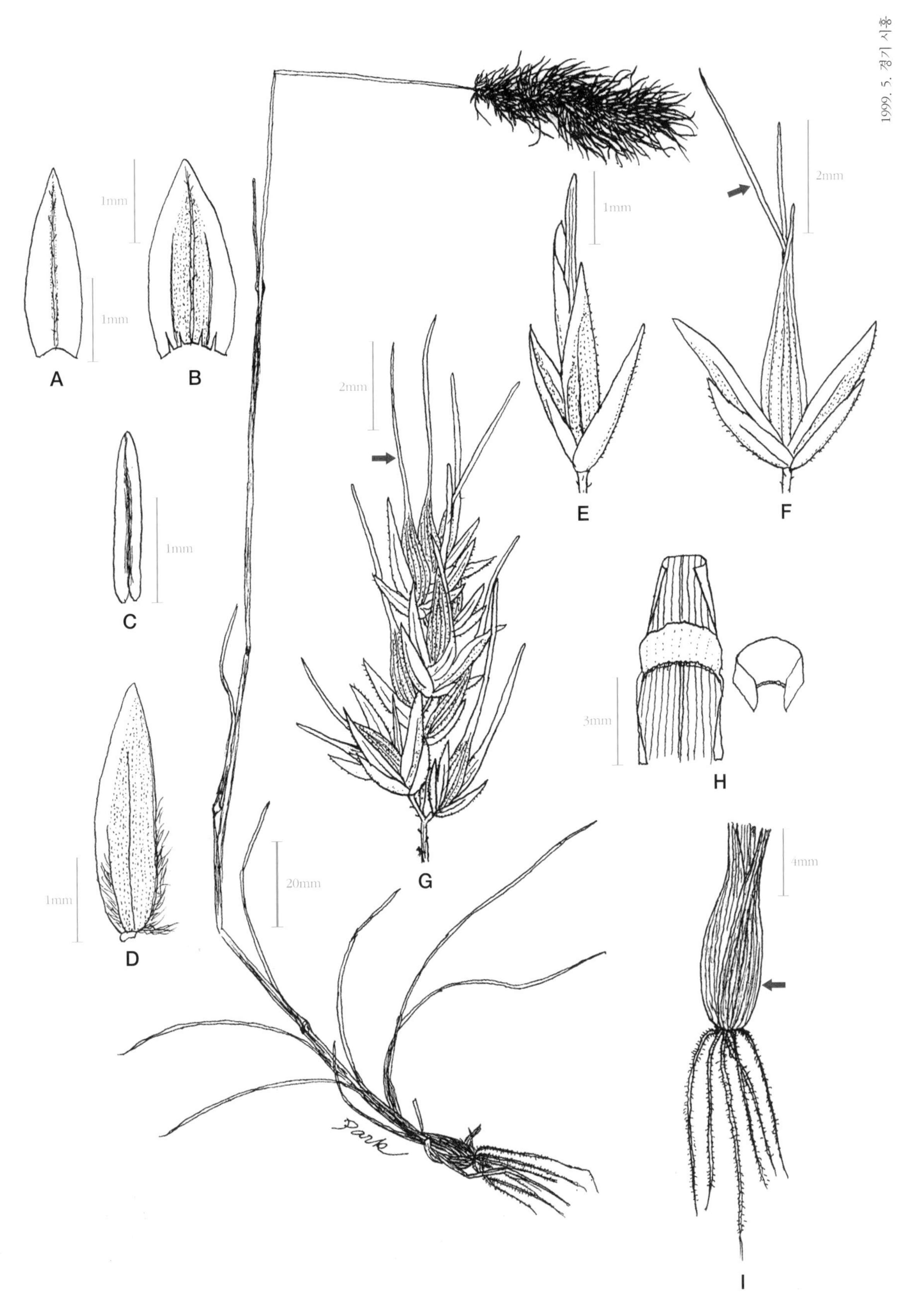

A. 제1포영, B. 제2포영, C. 꽃밥, D. 소화, E. 1개의 잎을 가진 새싹, F. 2개의 잎을 가진 새싹, G. 화서, H. 엽설, I. 줄기 기부의 구근

275. 좀포아풀

Jom-po-a-pul [Kor.]
Ko-itigo-tsunagi [Jap.]
Canada Bluegrass [Amer.]

Poa compressa L., Sp. Pl. 69(1753); Gleason & Cronquist in Manu. Vas. Pl. U. S. & Can. 2nd Ed. 754(1991); Takematsu & Ichizen in Weed. Wor. 3: 776(1997).

다년생 초본으로 줄기는 기부가 옆으로 누운 상태에서 위로 자라며 길이는 20~60cm이다. 잎새(葉身)는 길이 7~15cm이고 엽초葉鞘는 편평하며 절간節間보다 짧다. 엽설葉舌은 높이 0.5~1.5mm이다. 꽃은 6~8월에 피고 원추화서圓錐花序는 길이 3~7cm, 폭 0.5~2.5cm로 곧게 서며 가지는 짧고 기부까지 소수小穗가 부착된다. 소수는 길이가 2.5~4.5mm이고 3~5개의 소화小花로 이루어진다. 포영苞穎은 2~2.5mm로 길이가 거의 비슷하고 3맥이 있다. 호영護穎은 길이 2~3mm로 5개의 가는 맥이 있고 중앙맥과 가장자리의 맥에 연모軟毛가 있다. 기부의 솜털(綿毛)은 길이가 같지 않으며 때로는 없다. 꽃밥의 길이는 0.9~1.7mm이다.

* 유럽 원산이며, 우리나라에서는 중부와 남부지방에 분포한다.
* 왕포아풀(*Poa pratensis* L.)과 달리 줄기의 기부가 옆으로 누우며 원추화서의 가지가 짧아서 화서의 폭이 좁다.

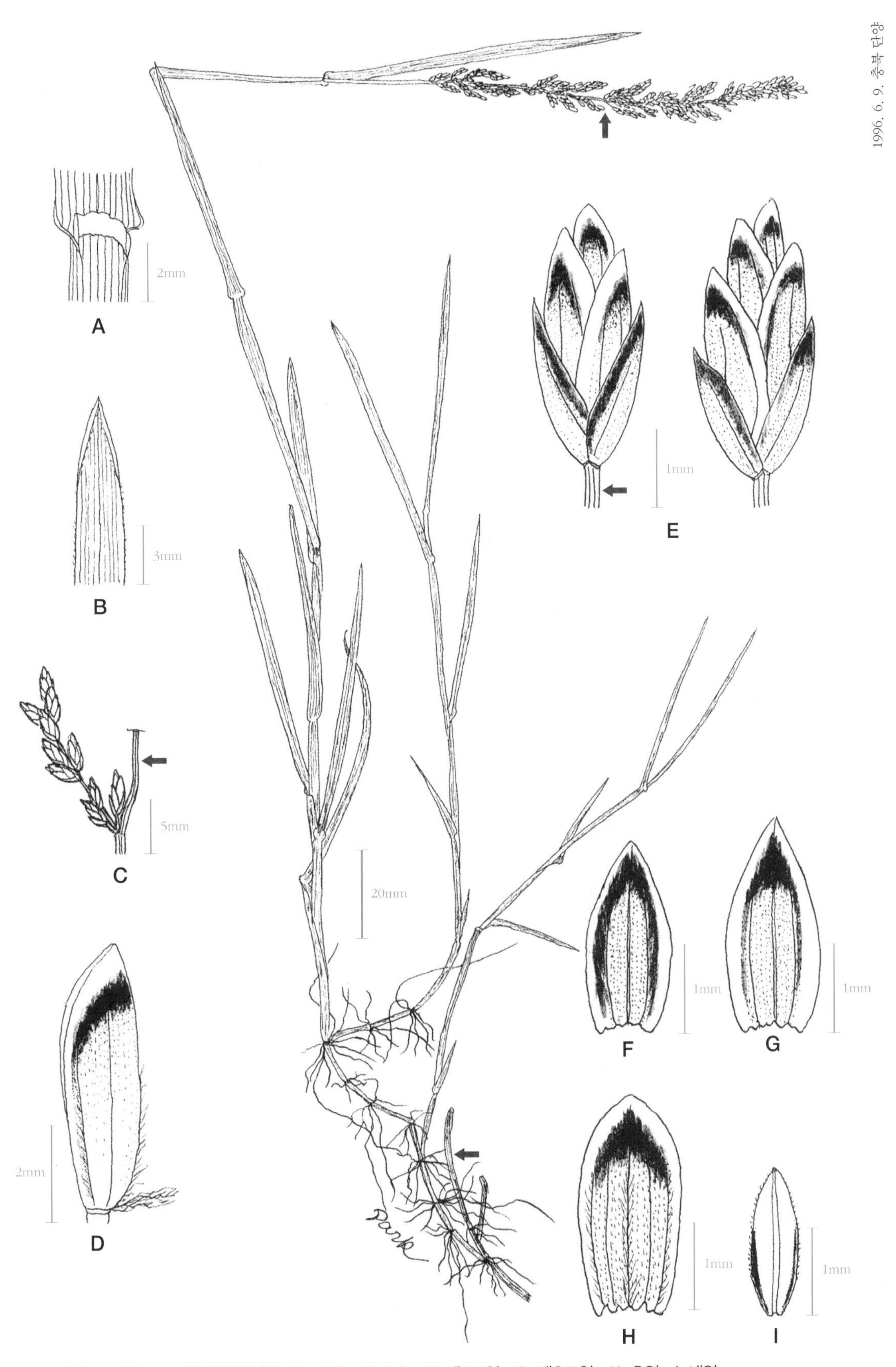

A. 엽설, B. 잎끝, C. 화서의 일부분, D. 소화, E. 소수, F. 제1포영, G. 제2포영, H. 호영, I. 내영

276. 왕포아풀

Wang-po-a-pul [Kor.]
Nagahagusa [Jap.]
Smooth Meadow-grass [Eng.]

***Poa pratensis* L.**, Sp. Pl. 67(1753); M. Park in Enum. Kor. Pl. 287(1949); T. Chung in Kor. Fl. 921(1956); Britton & Brown in Illus. Fl. U. S. & Can. Vol. 1: 256(1970).

다년생 초본으로 가는 뿌리줄기가 있고 줄기는 높이 30~80cm로 곧게 선다. 잎새(葉身)의 길이는 10~30cm, 엽초葉鞘는 원통형이고 엽설葉舌은 높이 0.5~2mm이다. 꽃은 6~7월에 피며 원추화서圓錐花序로 길이 8~15cm, 폭 4~9cm이다. 각 마디에 2~6개의 가지가 있고 가지마다 수 개 이상의 소수小穗가 있다. 소수는 길이 3~6mm이고 3~5개의 소화小花로 이루어진다. 제1포영苞穎은 1맥으로 길이 1.5~2mm, 제2포영은 3맥으로 길이는 2~2.5mm이다. 호영護穎은 뾰족한 난형卵形으로 5맥이고 길이는 3mm이며 하반부에 긴 털이 뭉쳐난다. 내영內穎은 호영과 크기가 같다. 꽃밥의 길이는 1~2mm 정도이다.

* 유럽 원산이며, 우리나라의 전국 각지에서 볼 수 있다.
* 좀포아풀(*Poa compressa* L.)과 달리 지상의 줄기는 곧게 서고 잎새의 길이가 길며 원추화서는 폭이 넓다.

A. 소수, B. 제1포영, C. 제2포영, D. 소화, E. 호영, F. 내영, G. 화서, H. 잎끝, I. 엽설과 엽초 구부

277. 시리아수수새

Si-ri-a-su-su-sae [Kor.]
Seiban-morokoshi [Jap.]
Johnson Grass [Eng.]

***Sorghum halepense* (L.) Pers.**, Synop. Pl. 1: 101(1805); Osada in Illus. Gras. Jap. 708(1989); S. Park. Kor. Jour. Pl. Tax. Vol. 23(4): 272(1993).

대형 다년생 초본으로 줄기는 높이 100~150cm이다. 잎새(葉身)는 길이 20~60cm로 중앙맥이 굵고 백색이며 엽초葉鞘는 둥글고 엽설葉舌은 높이 1~2mm이다. 6~8월에 꽃이 피고 원추화서圓錐花序는 길이 20~40cm이며 화지花枝가 돌려나고 화지 상반부에 여러 개의 소수小穗가 모여 난다. 유병 소수有柄小穗와 무병 소수無柄小穗가 짝을 지어 부착하고 화지 끝에만 1개의 무병 소수가 2개의 유병 소수와 짝을 이룬다. 유병 소수는 웅성雄性이며 길이 4~5mm, 무병 소수는 양성兩性이며 길이 5mm이다. 포영苞穎은 두껍고 겉에 성긴 털이 있으며 호영護穎은 투명하고 대개 1cm 정도의 긴 까락(芒)이 있다.

* 지중해 연안 원산이며 표준 산지는 시리아이다. 우리나라에서는 전북 군산과 제주도, 최근에는 서울 월드컵공원에서 확인하였다. 호영의 끝에 까락이 없는 것을 무망시리아수수새(*Sorghum halepense* for. *muticum* Hubb.)라 하며 원종과 혼생한다.
* 수수새〔*Sorghum nitidum* (Vahl) Pers.〕에 비해 식물체가 크며 줄기의 마디에 털이 없고 화서의 가지는 다시 갈라진다.

무망시리아수수새

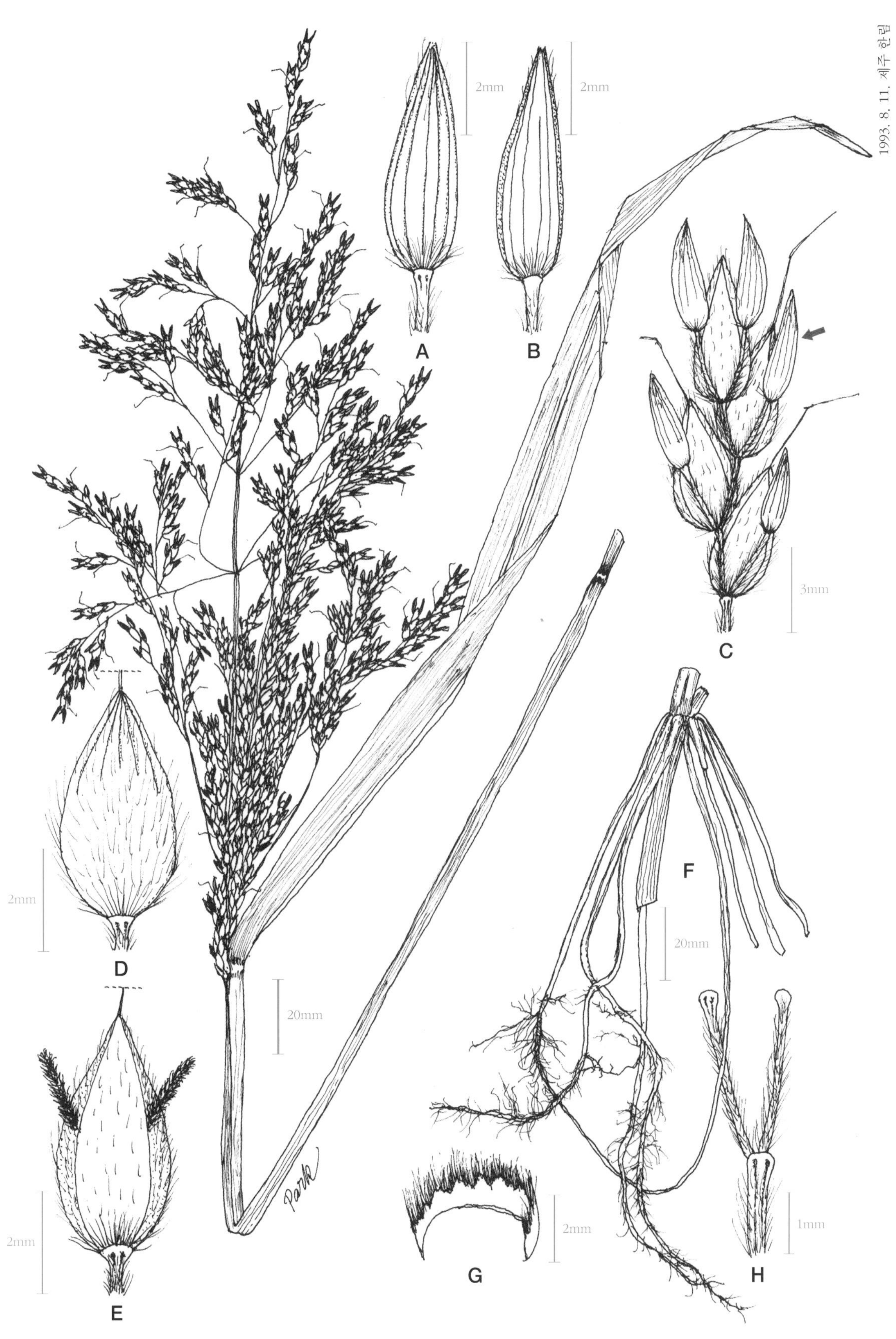

A. 제1포영에서 본 소수(♂), B. 제2포영에서 본 소수(♂), C. 화서의 일부, D. 제1포영에서 본 소수(양성화), E. 제2포영에서 본 소수(양성화), F. 줄기의 기부, G. 엽설, H. 소수병

278. 들묵새(구주김의털)

Deul-muk-sae [Kor.]
Naginatagaya [Jap.]
Rat's-tail Fescue-grass [Eng.]

***Vulpia myuros* (L.) C. C. Gmel.**, Fl. Baden. 1: 8(1805); Nakai in Bull. Nat. Sci. Mus. 31: 142(1952).
-*Festuca myuros* L., Sp. Pl. 74(1753).

1년생 초본으로 줄기는 높이 10~70cm이며 연약하여 비스듬히 눕거나 곧게 선다. 잎새(葉身)는 길이 2~15cm로 안쪽으로 말려서 실 모양을 한다. 엽설葉舌은 높이 1mm 정도이다. 꽃은 6~7월에 피고 원추화서圓錐花序이며 길이는 15~30cm이다. 소수小穗는 엷은 녹색으로 길이가 7~10mm이고 3~7개의 소화小花로 이루어진다. 제1포영苞穎은 길이 1~2mm로 1맥, 제2포영은 길이 4~8mm로 1~3맥이다. 호영護穎은 길이 5~7mm로 희미한 5맥이 있고 끝에 8~15mm의 곧은 까락(芒)이 있다. 내영內穎은 호영과 같은 크기이며 양쪽 가장자리에 작은 침 모양의 털이 있다. 수술은 1~3개, 꽃밥은 길이 0.3~0.8mm이다.

* 유럽 원산으로, 우리나라에는 한국전쟁 전후로 귀화했으며 중 · 남부지방과 제주 등지의 해변과 냇가에 무리 지어 자란다.

* 큰묵새〔*Vulpia myuros* var. *megalura* (Nutt.) Ryd.〕와 달리 호영의 끝 쪽 가장자리에 긴 털이 없다.

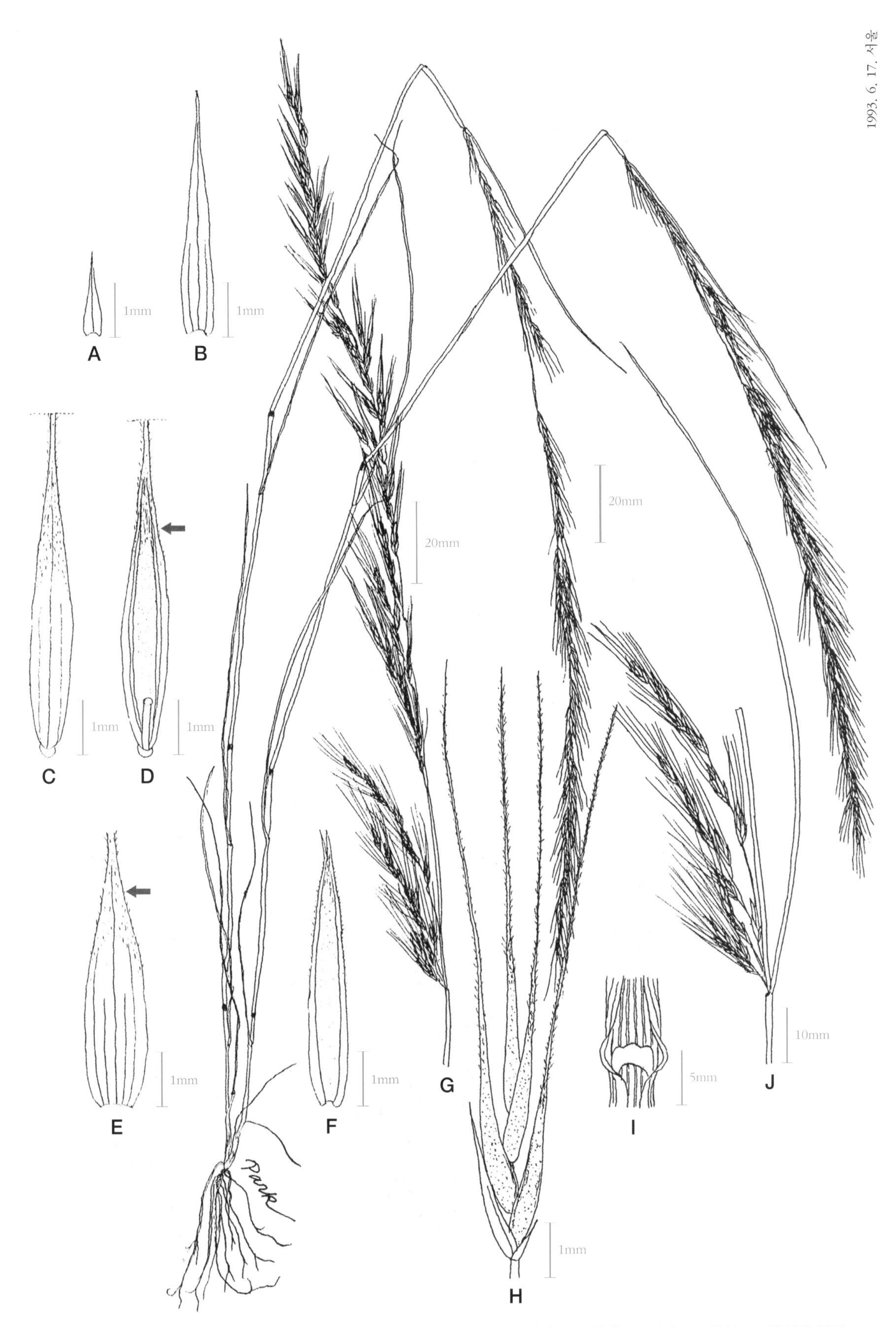

A. 제1포영, B. 제2포영, C. 소화(바깥쪽), D. 소화(안쪽), E. 호영, F. 내영, G. 화서, H. 소수, I. 엽설, J. 화서의 하단

279. 큰묵새

Keun-muk-sae [Kor.]
Oho-naginatagaya [Jap.]
Foxtail-fescue [Amer.]

***Vulpia myuros* C. C. Gmel var. *megalura* Ryd.**, Bull. Torrey Bot. Club. 36: 538(1909).
-*Festuca megalura* Nutt. in Jour. Acad. Philad. N. S. 1: 188(1847).

1년생 초본으로 줄기는 뭉쳐나고 높이는 10~60cm로 가늘다. 잎새(葉身)는 선형線形이며 길이는 5~15cm로 털이 없다. 엽초葉鞘 또한 털이 없으며 엽설葉舌은 높이 2~3.3mm이다. 꽃은 5~6월에 피고 원추화서圓錐花序는 길이 15~30cm이다. 소수小穗는 장타원형長楕圓形으로 길이 7~10mm이며 4~5개의 소화小花가 있다. 제1포영苞穎은 선상 피침형線狀披針形으로 길이 1.5~2mm이고 1맥이 있다. 제2포영은 피침형이고 길이는 4~5mm이며 1~3맥이 있다. 길이 5~6mm의 호영護穎은 선상 피침형으로 5맥이 있고 위쪽 가장자리에 긴 털이 있으며 끝에 길이 10mm의 까끄라기(芒)가 있다. 내영內穎은 길이가 5~6mm이고 열매는 선상 피침형으로 길이는 3mm이다.

* 북아메리카 원산으로 남아메리카, 유럽, 아시아와 호주에 귀화되었다. 우리나라에는 부산과 제주도에 분포한다.
* 들묵새〔*Vulpia myuros* (L.) C. C. Gmel.〕와 달리 호영의 끝 쪽 가장자리에 긴 털이 있다.

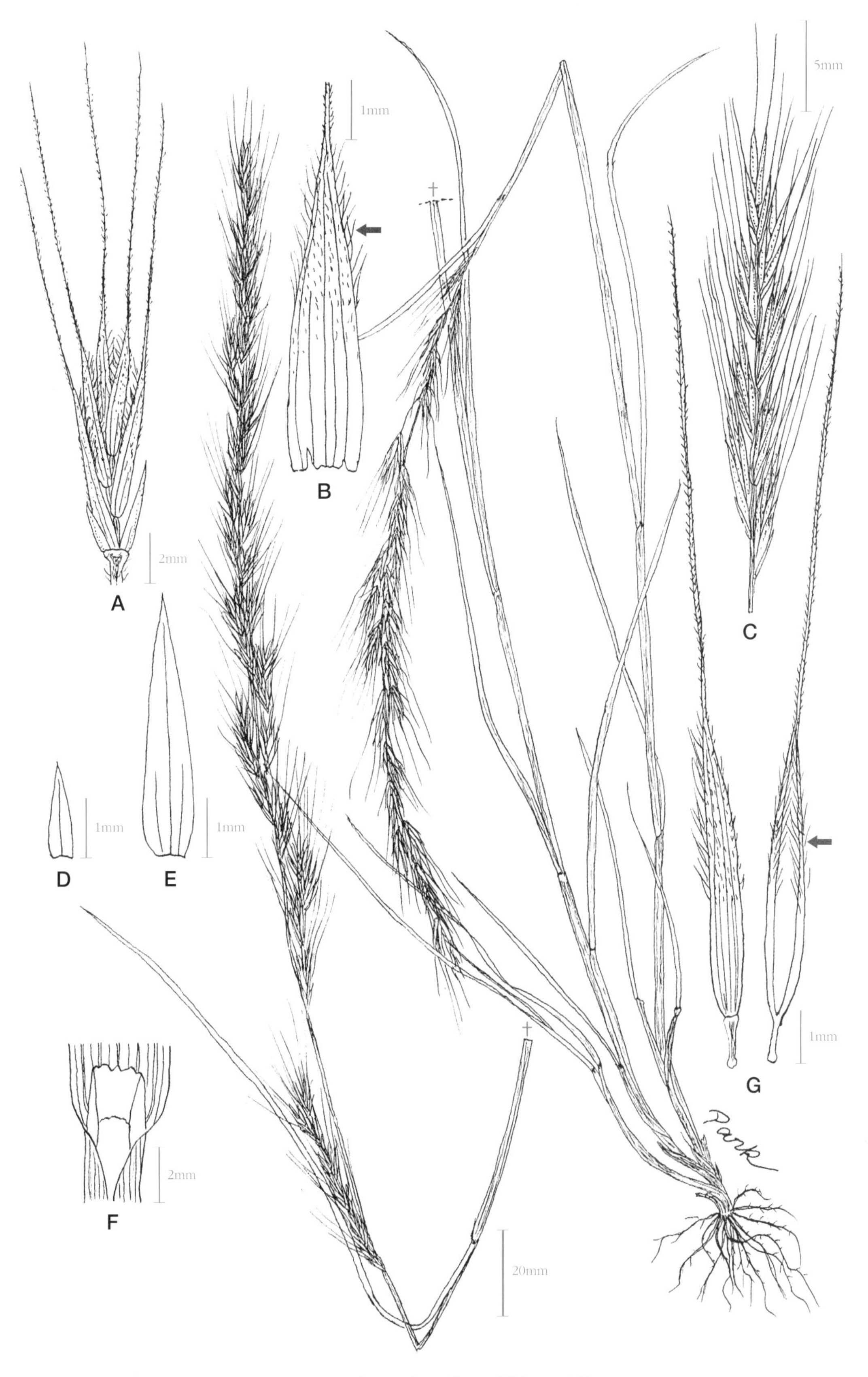

A. 소수, B. 호영, C. 화서의 일부, D. 제1포영, E. 제2포영, F. 엽설, G. 소화

학명 찾아보기

A

B

C

M

N

O

P

Q

R

S

T

V

X

Z

한글명 찾아보기

ㄱ

ㄴ

ㄷ

ㅁ

ㅂ

ㅅ

ㅇ

ㅈ

일본명 찾아보기

A

B

D

E

G

H

I

J

K

M

N

O

S

T

U

W

Y

Z

영어명 찾아보기

M

N

O

P

Q

R

S

T

V

W

Y

세밀화와 사진으로 보는
한국의 귀화식물

1판 1쇄 펴낸날 2009년 4월 10일

지은이 | 박수현
펴낸이 | 김시연

펴낸곳 | (주) 일조각
등록 | 1953년 9월 3일 제300-1953-1호(구 : 제1-298호)
주소 | 110-062 서울시 종로구 신문로 2가 1-335
전화 | 734-3545 / 733-8811(편집부)
733-5430 / 733-5431(영업부)
팩스 | 735-9994(편집부) / 738-5857(영업부)
이메일 | ilchokak@hanmail.net
홈페이지 | www.ilchokak.co.kr

ISBN 978-89-337-0562-9 96480
값 60,000원

* 이 도서의 국립중앙도서관 출판시도서목록(CIP)은
e-CIP홈페이지(http://www.nl.go.kr/ecip)에서 이용하실 수 있습니다.
(CIP제어번호 : CIP2009000958)